Java程序设计

（视频讲解版）（第6版）

施威铭研究室 ◎ 著

·北京·

内容提要

《Java程序设计（视频讲解版）（第6版）》从编程初学者的角度出发，用浅显易懂的语言，全面、系统地介绍了Java开发所需要的各种技术，简单、易学，既是一本入门教程，也是一本视频教程。全书共18章，结合大量中小实例和视频讲解，对Java语言的使用方法和编程技术进行了详细说明，并通过引导读者一步步操作，提高读者的动手能力，掌握良好的程序设计方法，形成一定的编程思想。其中前两章主要对Java进行了简要介绍，如Java语言特色、Java程序的编译和执行、Java程序的组成要素等；第3~7章介绍了Java编程的基础知识，如变量、表达式、条件语句、循环语句、数组等；从第8章开始到第18章依次介绍了面向对象程序设计、对象的构造、字符串、继承、抽象类/接口/内部类、包、异常处理、多线程、数据输入与输出、Java标准类库、图形用户界面。

《Java程序设计（视频讲解版）（第6版）》配套资源丰富，包括225集视频讲解，全书代码源文件和PPT课件等，可下载后使用，方便读者教学与自学。

《Java程序设计（视频讲解版）（第6版）》适合Java零基础读者、Java从入门到精通层次的读者参考学习，特别适合作为应用型高校计算机相关专业作为Java算法、Java程序设计和面向对象编程的教材或参考书。

北京市版权局著作权合同登记号：图字 01-2020-4378

图书在版编目（CIP）数据

Java程序设计：视频讲解版 / 施威铭研究室著.
—6版.—北京：中国水利水电出版社，2021.4
ISBN 978-7-5170-9053-3

Ⅰ.①J… Ⅱ.①施… Ⅲ.①Java语言—程序设计 Ⅳ.①TP312.8

中国版本图书馆CIP数据核字(2020)第213362号

书　　名	Java程序设计（视频讲解版）（第6版） Java CHENGXU SHEJI (DI 6 BAN)
作　　者	施威铭研究室　著
出版发行	中国水利水电出版社 （北京市海淀区玉渊潭南路1号D座100038） 网址：www.waterpub.com.cn E-mail：zhiboshangshu@163.com 电话：（010）62572966-2205/2266/2201（营销中心）
经　　售	北京科水图书销售中心（零售） 电话：（010）88383994、63202643、68545874 全国各地新华书店和相关出版物销售网点
排　　版	北京智博尚书文化传媒有限公司
印　　刷	河北华商印刷有限公司
规　　格	190mm×235mm　16开本　36.25印张　877千字
版　　次	2021年4月第1版　2021年4月第1次印刷
印　　数	0001—5000册
定　　价	108.00元

前　言 Preface

Java 是一种面向对象的程序设计语言，因其跨平台、可移植性强、多线程等特点，简单易学又功能强大，使其推出到现在 20 多年，仍然是使用最广泛、最受欢迎的程序设计语言之一，举凡 Android App、桌面应用程序、Web 开发、游戏、企业后台、嵌入式设备及消费类电子产品、大数据等，都是其活跃的应用领域。如很多旅游网站和交通出行的订票系统多数都是用 Java 开发的，很著名的一款电脑网络游戏《我的世界》是用 Java 开发的，而大数据领域最主流的框架 Hadoop 也主要是由 Java 开发的……，在网络和信息高速发展的大数据时代，Java 技术的应用可以说已经无处不在。正因为 Java 的功能强大，应用范围极其广泛，对于有志进入 IT 领域的学生与业界人士，通常都需要具备编写与开发 Java 程序的能力。

本书内容

本书从编程零基础读者的角度出发，全面、系统地介绍了 Java 开发所需要的各种技术。本书虽然是针对 Java 初学者设计，但通过本书不仅可以使读者学会编写能正确编译与执行的 Java 程序，还可以使读者掌握良好的程序设计方法，形成一定的编程思想。

本书共 18 章，结合大量中小实例，对 Java 语言的语法、概念、难点进行了详细说明，并通过引导读者一步步操作，提高读者的动手能力，从而快速掌握 Java 程序语言。其中前两章主要对 Java 进行了简要介绍，如 Java 语言特色、Java 程序的编译和执行、Java 程序的组成要素等；第 3~7 章介绍了 Java 编程的基础知识，如变量、表达式、条件语句、循环语句、数组等；从第 8 章开始到第 18 章依次介绍了面向对象程序设计、对象的构造、字符串、继承、抽象类 / 接口 / 内部类、包、异常处理、多线程、数据输入与输出、Java 标准类库、图形用户界面。

在学习过程中，经常会有提示、说明各种语言元素的变化用法，在最抽象的面向对象程序设计章节，用大量的实例一步步引出相关问题和解决问题的思考角度与方案，并通过每章末的综合演练板块，让读者可以立即运用新学到的技巧进行实际操作，加强印象。

本书针对初学者还提供了软件下载，并在附录中（电子版，需根据后面介绍的方式下载后使用）有详细的安装说明。为了帮助初学者能更好地从事 Java 编程工作，本书图例说明部分均采用世界标准的 UML 图例，可以使读者尽早熟悉 Java 开发工具。另外，附录中还介绍了编写 Java 程序常用的 Eclipse 集成开发环境，并提供所有实例代码，以方便读者学习与练习。

本书特点

➘ 视频讲解，通俗易懂，高效学习

为了提高学习效率，本书由10多年实战和授课经验的专业老师录制了教学视频。在录制时采用模仿实际授课的形式，在知识点的关键处给出解释、提醒和需注意的事项，专业知识和经验的提炼，可以让读者在学习编程时少走弯路，高效学习。

➘ 结构合理，深入浅出，快速入门

本书定位以初学者为主，在内容安排上由浅入深，循序渐进，并充分考虑到初学者的特点，在知识点讲解时用最平易化的语言，让新手很容易看懂，并克服对新领域的恐惧感，接受度更强，快速入门。

➘ 实例新颖，举一反三，快速提升

本书在介绍知识点过程中，设计了大量新颖、生活化的实例，并通过类比、对比等方法，引导读者积极思考，举一反三，理论与应用紧密结合，帮助读者快速理解并掌握所学知识点。

➘ 代码解析，课后演练，彻底掌握

本书中设置了大量实例，并对实例代码进行了详细解析，有助于读者更好地理解程序，了解程序的设计思路，掌握一定的编程思想；在每章最后还设置了课后练习和程序练习，可以让读者检验对本章知识点的掌握程度，并实际运用本章知识进行编程练习。

➘ 大量小贴士，精彩关键，少走弯路

根据需要并结合实际工作经验，作者在各章知识点的叙述中穿插了大量的小贴士，将一些需注意、拓展说明的事项和一些编程技巧等及时传达给读者，精彩关键，让读者切实掌握相关技术的应用技巧。

本书显著特色

➘ 体验好

二维码扫一扫，随时随地看视频。书中大部分章节都提供了二维码，读者可以通过手机随时随地扫码看视频。读者也可以参考下面的“资源获取方式及服务”说明，将视频下载到计算机上观看。

➘ 实例、练习多

实例丰富新颖，边做边学效率高。“中小实例 + 综合演练”，读者可跟着大量实例学习，边学边做，从做中学，学习可以更深入、更高效。通过“课后练习 + 程序练习”，读者可对本章学习效果进行综合检测。

➘ 入门易

遵循学习规律，理论实践相结合。编写模式采用“基础知识 + 中小实例 + 综合演练”的形式，内容由浅入深，循序渐进，理论与实践相结合。

➘ **服务快**

提供在线服务，随时随地可交流。提供 QQ 群、公众号等多渠道贴心服务。读者可在群里自由交流，促进更好学习。通过公众号可获取最新出版信息。

资源获取方式及服务

本书的配套资源包括视频、程序源代码、PPT 等，读者可通过下面的方式下载：

（1）扫描右侧的二维码，或在微信公众号中直接搜索“人人都是程序猿”，关注后输入 Java533 并发送到公众号后台，即可获取资源的下载链接。

（2）将链接复制到计算机浏览器的地址栏中，按 Enter 键即可下载资源。注意，在手机中不能下载，只能通过计算机浏览器下载。

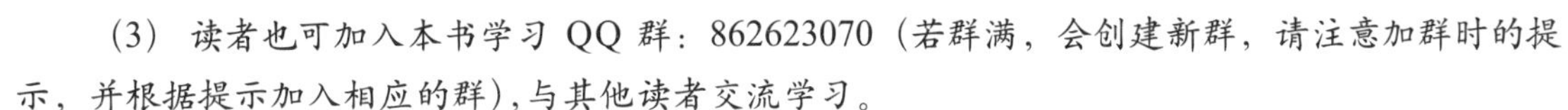

（3）读者也可加入本书学习 QQ 群：862623070（若群满，会创建新群，请注意加群时的提示，并根据提示加入相应的群），与其他读者交流学习。

本书读者

➘ 编程初学者
➘ 大中专院校的老师和学生
➘ 相关培训机构的老师和学员
➘ 初中级程序开发人员
➘ 程序测试及维护人员
➘ 所有编程爱好者

致　谢

特别感谢胡相云老师对本书特别录制的视频，胡老师有 10 多年 Java 授课经验，相信通过观看她的视频、认真看书和反复上机练习，你一定能够顺利掌握 Java 编程技术。

本书的顺利出版是作者和所有编辑、排版、校对等人员共同努力的结果。在出版过程中，尽管我们力求完美，但因为时间、学识和经验有限，难免也有疏漏之处，请读者多多包涵。如果对本书有什么意见或建议，请直接将信息反馈到邮箱 2096558364@QQ.com，我们将不胜感激。

祝你学习愉快！并衷心祝愿你早日踏入理想的工作领域，早日实现财务自由，拥抱美好生活！

编　者

目　录 Contents

1

CHAPTER

第 1 章 Java 简介

学习目标

- 了解 Java 程序语言的特色
- 了解 Android 与 Java 的关系

1.1　Java 程序语言的特色

为什么要学习 Java 程序语言？因为 Java 是目前主流程序语言之一，为业界广为使用，缘于 Java 具有严谨的结构和简明扼要的特点。

1. 简单

有些程序语言功能越来越强，但是语言本身也越来越繁杂，对于软件开发人员来说，不但整个学习与掌握软件的时间变长，程序的调试也越来越困难。也正因为如此，Green 小组便舍弃了早期采用的 C++，而自行开发了 Java，将程序语言最精髓的部分提取出来，以减小软件开发人员的负担。

2. 跨平台 (Cross-Platform)

什么是跨平台呢？例如常见的 PC 和 Mac 就是不同的平台，开发软件时往往需要为不同的平台开发专属的版本。例如 Photoshop、Word、Excel 等都分别有 Windows 版和 Mac 版，这两个版本无法通用，对写程序的人和使用程序的人都很不方便。

为了解决跨平台的问题，Java 程序语言采取了一种特殊的做法。首先，Java 为每个平台设计了一个 Java 虚拟机（Java Virtual Machine，JVM），编译好的 Java 程序代码（.Java 文件）就放在 JVM 中执行。换言之，Java 先采取编译的方式，将程序编译成虚拟机的字节码（Byte Code）（.class 文件）；执行程序时，再由 Java 虚拟机（JVM）以直译的方式，将字节码转译成机器码让计算机执行，如图 1.1 所示。

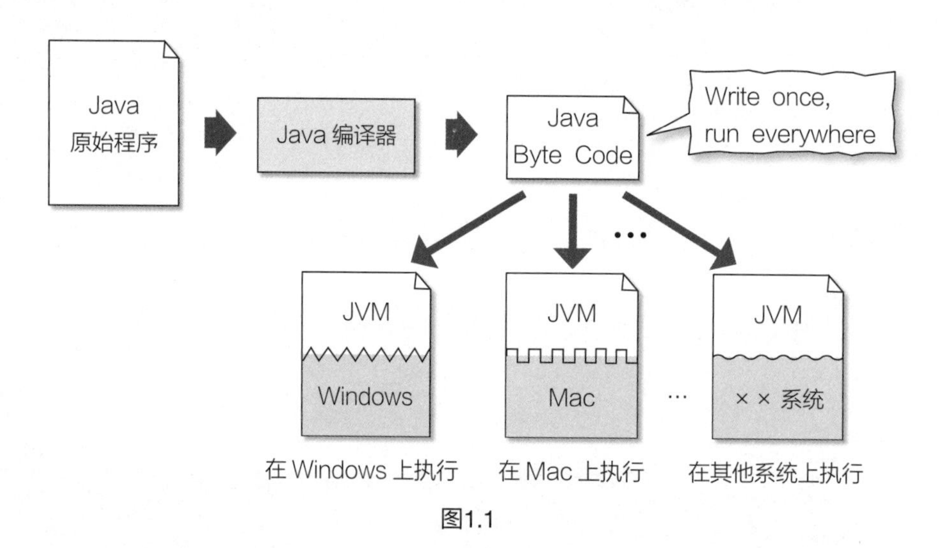

图1.1

通过这样的方式，只要在不同的计算机上先安装好 Java 虚拟机，那么同样的 Java Byte Code 不需要经过重新编译，就可在不同计算机上执行，也因此 Java 程序语言在一开始就打出“Write once，run everywhere”（一次编译，到处运行）的口号。

TIP 为提升执行效率，JVM 也支持 JIT(Just in Time，即时）编译功能。

3. 网络功能 (Networking)

由于 Java 语言一开始的设计就已经考虑到了网络，因此随着网络日益盛行，对于开发网络应用软件特别便利的 Java，自然成为开发人员的首选。

4. 面向对象

Java 在一开始的设计就是以面向对象为核心，使代码具有可重用性，例如封装、继承、多态等类与对象中的关系，并可搭配相关软件开发工具使用。

5. 开发工具随处可得

如同本书附录（电子版，需下载后使用）所提，只要联上网，就可以下载 Java 最新版本，而不需要先耗费巨资购买产品。

由于以上这些特性，Java 从开发到现在，可以说已经非常成熟，在各种类型的应用、不同的硬件平台上，都能看到 Java 软件的应用。

1.2 Java 平台简介

在 Java 中，将可以执行 Java 程序的环境称为 Java 平台（Java Platform），其中，根据不同环境的特性，又可以分为以下 3 个版本。

◎ Java ME（Java Micro Edition）：主要应用于嵌入式系统开发，如手机、掌上电脑等移动通信电子设备。由于此类设备不像计算机拥有强大的 CPU 及内存空间，因此 Java ME 提供的功能比较有限，其也被称为 Java 的微型版。

◎ Java SE（Java Standard Edition）：这是 Java 的标准版，像常见的个人电脑上所提供的 Java 执行环境就属于这一种。如果没有特别指出，那么一般所说的 Java 平台也多是指此，本书也是以这个平台为基础进行讲解的。

◎ Java EE（Java Enterprise Edition）：Java 企业版是为了商用所搭建的平台，是以 Java SE 为基础，但架构及开发规模都更加强大，故能提供大规模的运算能力。

每一个版本都有对应的开发包，例如 Java SE 的开发包称为 JDK（Java SE Development Kit），下载 JDK 后就可以立即开发 Java 程序了。

Java 改版策略

在 2018 年 3 月，Oracle 甲骨文公司宣布推出 Java 10，之后每 6 个月会更新一次 Java 版本。Java 的更新版本又可区分为**大改版**和小改版（正式名称应该是长期支持版本和短期支持版本），其中：2014 年推出的 Java 8 就属于**大改版**（长期支持），而其后的 Java 9、Java 10 都是小改版；2018 年 9 月推出的 Java 11 则是**大改版**，2019 年 3 月推出的 Java 12 又是小改版。

属于**大改版**的版本，甲骨文公司至少会提供 5 年以上的更新支持，小改版则只提供支持到下一个版本推出为止，例如 Java 10 在 Java 11 推出当日即不再被支持了。

大部分 Java 版本的更新都会兼容老版本的语法，特别是 Java 基础语法几乎不会有变动，因此尽管你未来有可能使用比本书更新的 Java 版本，书上的范例程序应该都可编译执行，无须担心。

1.3 Android 与 Java

近年当红的 Android 智能手机，其应用程序（Android App，简称 App）开发所用的程序语言就是 Java，也由于 Android 手机、各类设备（例如掌上电脑）的风行，又带动新一波 Java 的学习热潮。图 1.2 所示为 Android 开发程序的下载页面。

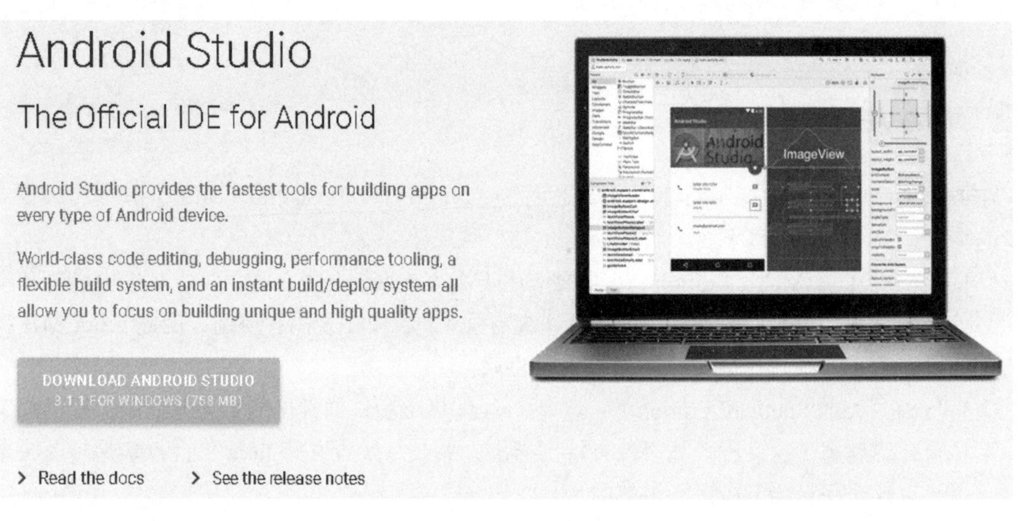

图1.2

目前，Android 是采用 Google 自行设计的 Dalvik 虚拟机作为 Android App 的执行平台。因此要开发 Android App 除需使用 Java 程序语言外，还要使用 Android SDK（Software Development Kit），其中有许多 Android 平台特有的类库、API 等（关于什么是类库、API 请参见 17.1 节）。

开发 Android App 一般使用 Android Studio 作为程序开发的环境，其具有以下特点。

◎ 即时执行：代码可以借由移动设备或是模拟器立即进行测试。

◎ 智能程序代码编辑：可供快速且便利的程序编写，而且提供许多智能的辅助输入、修正程序功能。

◎ 模拟器快速且功能丰富：可在虚拟的设备上安装并执行程序，支持的模拟器有手机、平板电脑、穿戴设备、电视等。

◎ 灵活的构建系统：轻易地汇整项目，包括引用类库、从单一程序生成多个构建配置文件等。

◎ 为所有 Android 设备开发：不同设备的程序可以简单地分享代码，其开发环境有手机、平板电脑、穿戴设备、电视与 Android Auto 等。

◎ 性能分析：内置的分析系统提供即时的程序 CPU、内存与网络活动侦测。

虽然开发 Android 程序有其专属的类库和开发环境，一般仍称开发 Android 应用程序要用“Java 程序语言”，简单地说，至少要学会 Java 基本语法、面向对象概念，才能进一步学习（学好）Android App 程序设计。有兴趣学习 Android App 程序设计的读者，可参考中国水利水电出版社出版的《Android App 从入门到精通》。

课 后 练 习

1.（　　）一般个人电脑上所使用的 Java 执行环境是 Java 哪一个版本？

（a）Java EE　　（b）Java ME

（c）Java PE　　（d）Java SE

2.（　　）Java 程序语言属于哪一种程序语言？

（a）机器语言　　（b）汇编语言

（c）面向对象程序语言　　（d）以上都不对

3.（　　）Java 语言是由哪一家公司所开发的？

（a）Google　　（b）微软 (Microsoft)

（c）升阳 (Sun Microsystems)　　（d）苹果 (Apple)

4.（　　）以下哪一项不是 Java 程序语言的特性？

（a）多线程　　（b）跨平台

（c）松散数据类型　　（d）以上都对

5.（　　）Java 程序是在何处执行？

（a）Java 真实机器　　（b）Java 空间

（c）Java 虚拟机　　（d）以上都不对

6.（　　）因为以下哪一项的设计，使得 Java 程序可以跨平台执行？

（a）资源回收系统　　（b）多线程

（c）Unicode　　（d）Java 虚拟机

2

CHAPTER

第 2 章
初探 Java

学习目标

- 编写 Java 程序
- 编译、运行与检查程序
- 使用 Eclipse 创建、编辑与运行程序
- 认识 Java 程序结构

本章将开始编写 Java 程序，请先按附录 B（电子版，请根据前言中所述方式下载后使用）的说明安装 Java 开发环境。如果你是在学校的计算机实训室操作，计算机中可能已安装好了 Java 开发环境，则此步骤可以略过。

2.1 编写第一个 Java 程序

要使用 Java 程序语言，必须先将按照 Java 语法编写的程序存储在一个纯文本文件中（扩展名一般为 .java），然后利用 Java 程序语言的编译器编译程序，也就是将所编写的 Java 程序编译成 Java 虚拟机的字节码文件（扩展名为 .class 文件），称为 Byte Code。最后使用 Java 虚拟机（JVM）来执行 Byte Code，如图 2.1 所示。

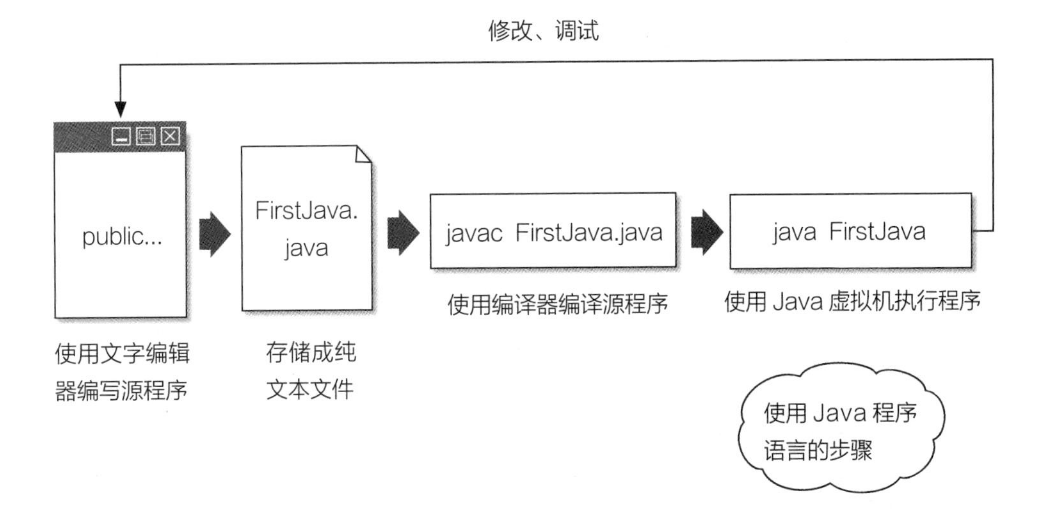

图2.1

接下来就按上述步骤完成第一个 Java 程序。

2.1.1 使用文字编辑器编写程序

要编写 Java 程序，必须使用纯文字编辑器（Text Editor），如 Windows 的记事本，但不能使用 Word 这一类的办公软件。

为什么不能使用办公软件 Word 编写 Java 程序？

因为 Word 之类的文字处理软件必须记录段落文字的样式（大小、颜色、字体等），因此除了输入的文字以外，还会附加许多关于文字样式的信息，而且默认会以用户自定义的格式存储。

Java 编译器既不识别这些办公软件的文件格式，也无法识别其中所附加的格式相关信息，因此无法正确编译程序，所以**请不要使用像 Word 这样的办公处理软件来编写程序**。

现在，使用文字编辑器编写以下的程序。

文件名称要和 class 名称一致

程序 FirstJava.java 第一个 Java 程序

```
01 public class FirstJava {
02   public static void main (String [] args) {
03     System.out.println ("我的第一个 Java 程序。");
04   }
05 }
```

请按上述代码和格式编写自己的第一个 Java 程序，并存储为 FirstJava.java 这样的文件名，**请注意！扩展名为 .java，若使用记事本，保存类型要先切换为"所有文件"。**

TIP 请特别注意：上述程序并不包含每一行开头的"行号"，如 01、02、03 等，行号是为了本书中解释程序时比较方便，并不是程序的一部分。

2.1.2 编译写好的程序

扫一扫，看视频

Java 程序编写好后，要先使用 Java 编译器编译后才能执行。如何在 Windows 平台安装 Java 编译器及相关工具，请参考附录 B 与附录 C（电子版），下面以 Windows 10 为例示范编译及执行 Java 程序的过程。

请按照以下步骤打开命令提示符窗口（或简称命令窗口）。

方法 1

执行"开始"菜单中的"Windows 系统/命令提示符"命令，如图2.2所示。

方法 2

①在"开始"菜单图标上右击，在弹出的快捷菜单中选择"搜索"命令，如图 2.3 所示；②在下面的搜索框中输入 cmd 命令；③选择"命令提示符"应用，如图 2.4 所示。

图2.2

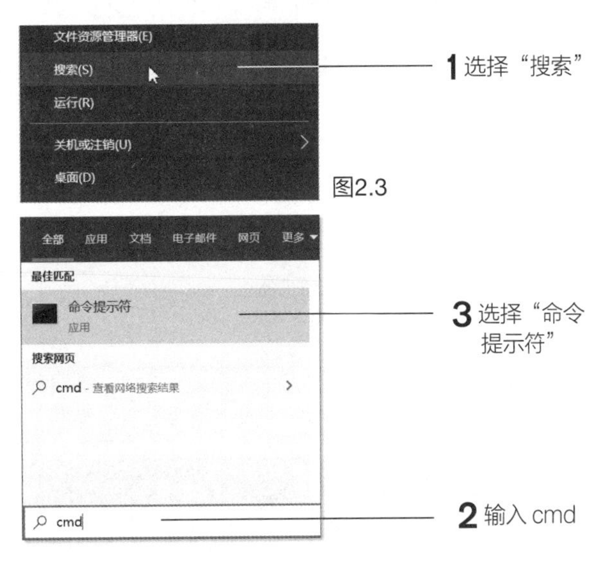

图2.3

图2.4

打开的命令提示符窗口如图 2.5 所示，然后利用 cd 命令切换到存储程序文件的文件夹中，如 FirstJava.java 是存储在 C 盘的 Example\Ch02 文件夹下，就必须先执行以下指令切换到该文件夹。

```
cd \Example\Ch02
```

TIP 如果文件夹是在不同的磁盘，如 D 盘，则需要先执行"d:"命命切换到 D 盘。

然后输入以下指令进行编译。

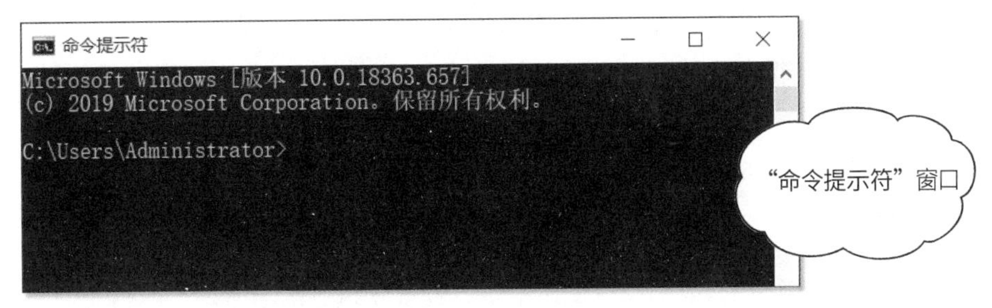

图2.5

直接通过命令提示符窗口打开指定文件夹

可用资源管理器将命令提示符窗口打开在指定文件夹，如图 2.6 和图 2.7 所示。

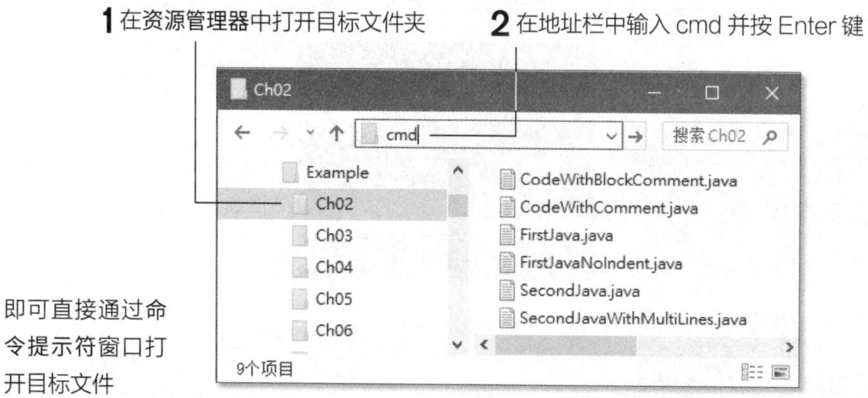

1 在资源管理器中打开目标文件夹

2 在地址栏中输入 cmd 并按 Enter 键

图2.6

即可直接通过命令提示符窗口打开目标文件

标题栏会显示执行的程序(cmd.exe)的名称，但其实和命令提示符窗口是一样的

```
Microsoft Windows [版本 10.0.18363.657]
(c) 2019 Microsoft Corporation。保留所有权利。

C:\Example\Ch02>
```

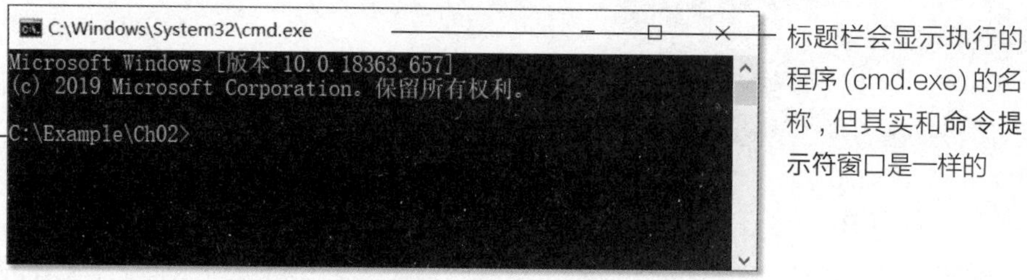

图2.7

```
javac FirstJava.java
```

TIP 执行时如果显示“javac 不是内部或外部命令，也不是可运行的程序或批处理文件”，这可能是没有设置环境变量 path 的值，请参考附录 B（电子版）进行设置。

如果编译之后发现有错误，请回过头去检查所输入的程序，看看是不是输入错误，如果还是有问题，请参考编写 Java 程序的注意事项（2.1.4 小节），仔细检查程序。

若是编译成功，文件夹中会多出一个 FirstJava.class 文件，此文件即为前面所说的 Java 编译器所产生的字节码文件（Byte Code）。

2.1.3 执行程序

扫一扫，看视频

一旦程序编译完成，没有任何错误，就可以执行刚刚所编写的程序了。在打开的命令提示符窗口中输入以下指令执行刚刚编译好的程序。

```
java FirstJava
```

图 2.8 所示就是代码从编译到执行的实际结果。

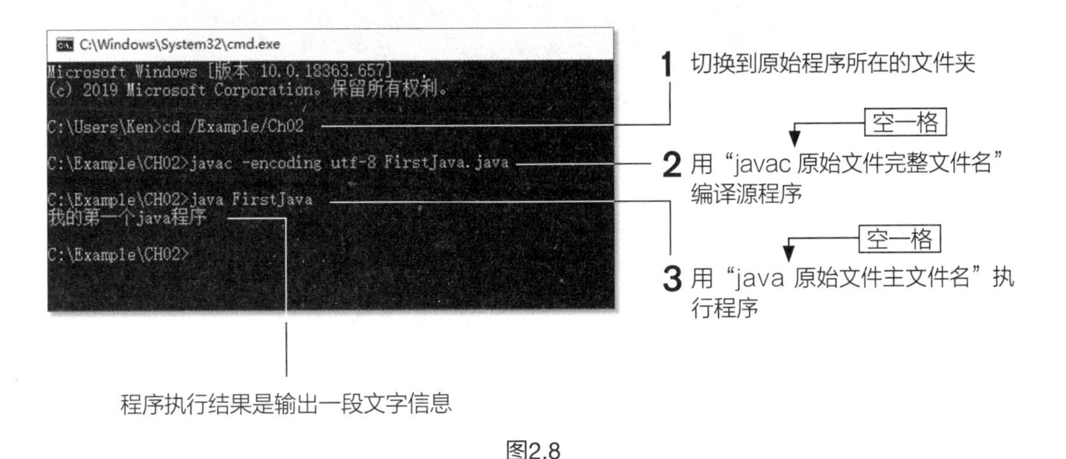

图2.8

这里的 javac（全名是 javac.exe）是 Java 的编译器（Compiler），而下一行的 java（全名是 java.exe）则是 Java 的虚拟机（JVM）。javac FirstJava.java 就是用 Java 编译器把编写的 FirstJava.java 纯文本文件编译成字节码文件（Byte Code）；而 java FirstJava 则是调用 JVM 来执行 FirstJava 这个 Byte Code 文件。示意图如图 2.9 所示。

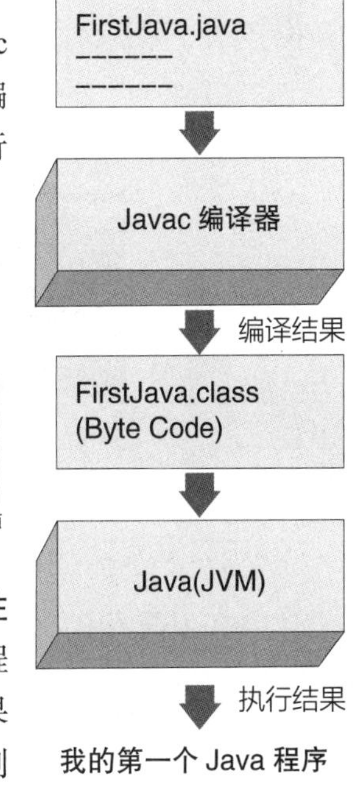

图2.9

2.1.4 编写 Java 程序的注意事项

如果编译或是执行的过程中出现问题，请按照以下注意事项仔细检查程序。

扫一扫，看视频

1. 文件名称

文件名称必须和第一行 public class 之后的 FirstJava 完全相同（**注意大小写**），并且加上 .java 作为扩展名，以表示这是一个 Java 原始程序文件（源文件）。因此，存储的文件必须取名为 FirstJava.java，如果名字不一致，编译时就会出现错误信息。如将程序存储成 Erst.java，则编译的结果如图 2.10 所示。

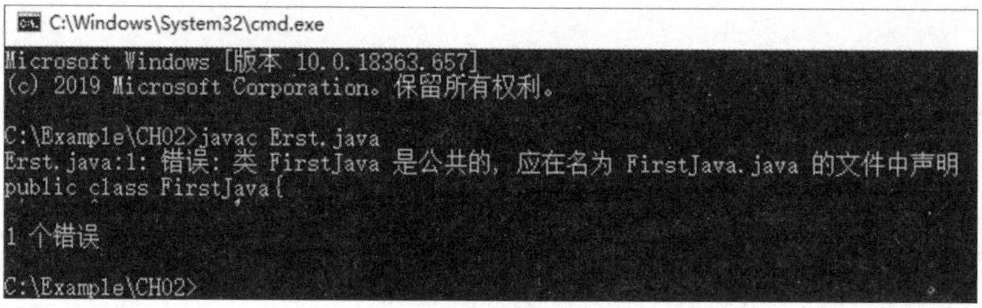

```
C:\Windows\System32\cmd.exe
Microsoft Windows [版本 10.0.18363.657]
(c) 2019 Microsoft Corporation。保留所有权利。

C:\Example\CH02>javac Erst.java
Erst.java:1: 错误: 类 FirstJava 是公共的, 应在名为 FirstJava.java 的文件中声明
public class FirstJava{

1 个错误

C:\Example\CH02>
```

图2.10

这个错误信息提示“程序的文件名一定要命名为 FirstJava.java”。

2. 英文大小写不同

Java 编译器对英文字母的大小写敏感，会视为不同的字母。举例来说，2.1.1 小节的程序的第 3 行一开头的 System 就不能写为 system，也不能写为 SYSTEM，否则编译时都会出现错误信息。同样地，FirstJava 和 firstjava 也是不同的。

另外，执行时所指定的主文件名大小写必须与 public class 后的名称相同。以本例来说，主文件名必须和第一行 public class 之后的名称一样，也就是一定要是 FirstJava，如果大小写不同，执行时就会发生错误，如图 2.11 所示。

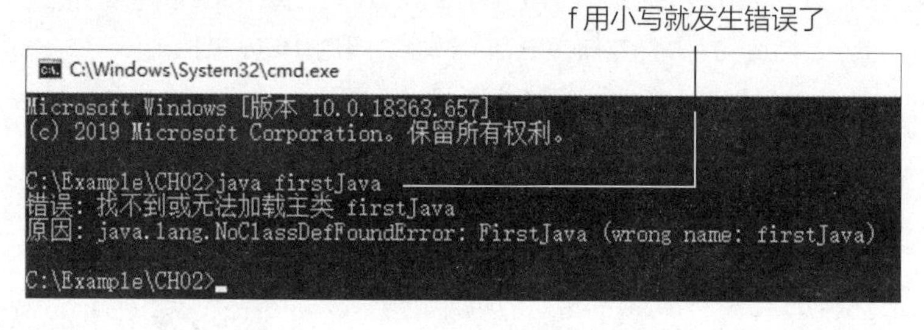

图2.11

3. 中文和英文的符号是不同的

如果习惯使用中文的标点符号或括号，那么就**要特别注意，在程序中必须使用英文的标点符号以及括号**。举例来说，程序中的大括号 {}、中括号 []、小括号 () 和分号; 等都要使用英文符号，不可以用中文的符号。

4. 运行时不需要指定扩展名

执行编译好的程序时只需要指定主文件名，也就是文件名称中 .java 之前的部分。如果连带列出扩展名，若是使用 Java 10 或更早的版本，那么就会出现执行错误，如图 2.12 所示。

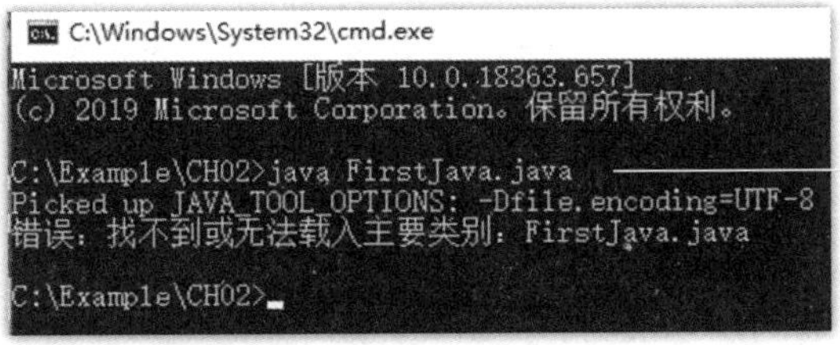

```
C:\Windows\System32\cmd.exe
Microsoft Windows [版本 10.0.18363.657]
(c) 2019 Microsoft Corporation。保留所有权利。

C:\Example\CH02>java FirstJava.java
Picked up JAVA_TOOL_OPTIONS: -Dfile.encoding=UTF-8
错误: 找不到或无法载入主要类别: FirstJava.java

C:\Example\CH02>
```

不能加上文件扩展名，因为 JVM 加载的是 Byte Code 文件而不是 .java 的源文件

图2.12

但若是使用 Java 11 之后的版本，上述代码则会直接在存储器中编译并执行，而不会出现错误，原因请看下面说明。

用 java 命令直接“编译并执行”单一原始文件的程序

从 Java 11 开始，使用 java 命令 (就是执行 Java.exe 虚拟机程序) 可以直接“编译并执行”单一原始文件的程序，示例如图 2.13 所示。

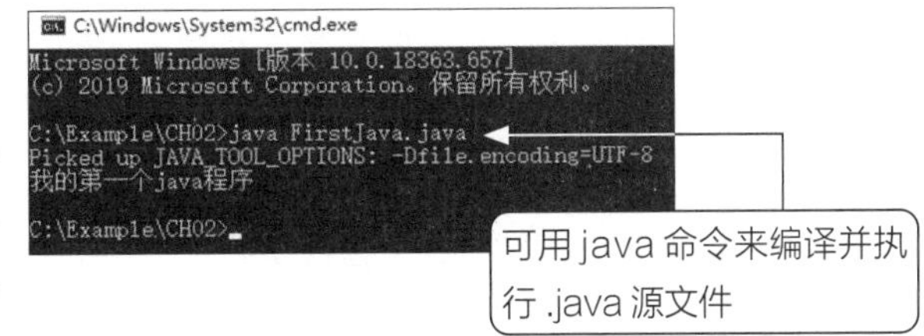

图2.13

此时 java 会直接在存储器中编译并执行程序，而不会存储 Byte Code 文件，因此速度会比先生成 Byte Code 文件后再执行要快一点。不过此功能有以下两个限制。

(1) 程序必须是独立的单一原始文件，也就是可以独立执行，而不需搭配其他的 Java 原始程序。

(2) 程序文件中可以有多个类 (class)，但包含 main() 的类要放在最前面。下列代码是包含两个类的程序。

TIP 有关 main() 稍后介绍，而类 (class) 则在第 8 章详细介绍。

```
public class FirstJava{
  public static void main(String[]args){
    System.out.println("我的第一个Java程序。");
}
}

public class Second{
//空的类(示范用)
}
```

第一个类，因包含 main()，必须放在最前面才行

第二个类

这项功能主要是方便测试简单的程序，如果程序文件符合以上两个条件，那么就可直接用 java.exe 来快速编译并执行。

5. 无法执行 javac.exe 或 java.exe

这很可能是没有设置环境变量 path 的值所导致的，具体请参考附录 B（电子版）。

2.2　使用 Eclipse 创建、编写与运行 Java 程序

上一节是使用文字编辑器及命令窗口来编写、编译与运行 Java 程序，而本节则要介绍 Java 程序常用的整合开发环境 Eclipse，它提供了强大的辅助程序开发及项目管理功能，不过对于初学者在编写 Java 的一些简单程序可能还用不到它的强大功能，所以也可以选择暂时略过本节，待有需要时再回来学习。

2.2.1　启动 Eclipse

扫一扫，看视频

请先依照附录 A（电子版）的说明安装好 Eclipse，然后按图 2.14 ~ 图 2.18 操作来启动 Eclipse。

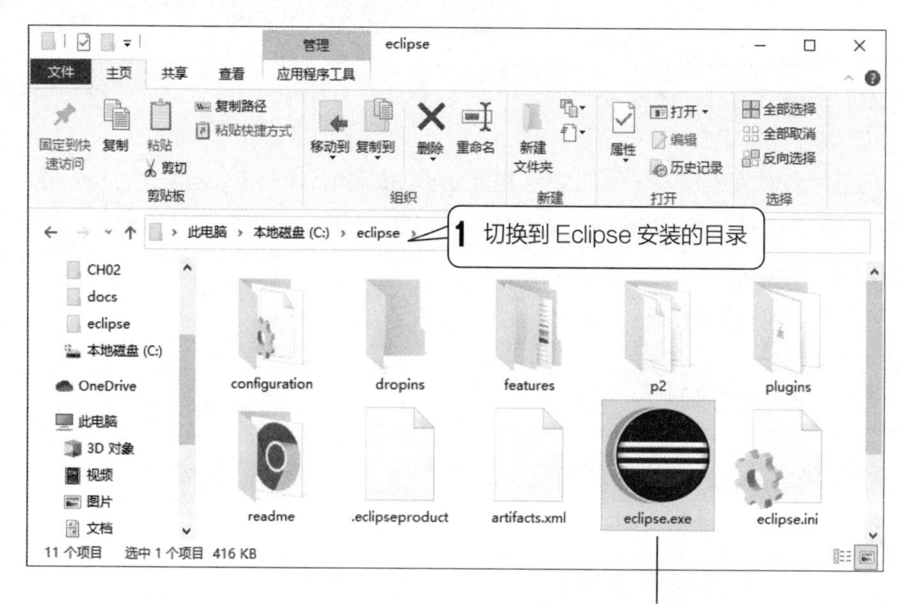

图2.14

3 如果询问是否允许，请单击“**是**”按钮执行

图2.15

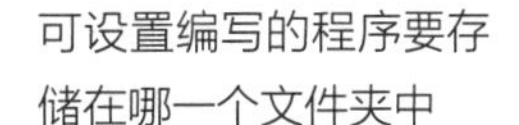

可设置编写的程序要存
储在哪一个文件夹中

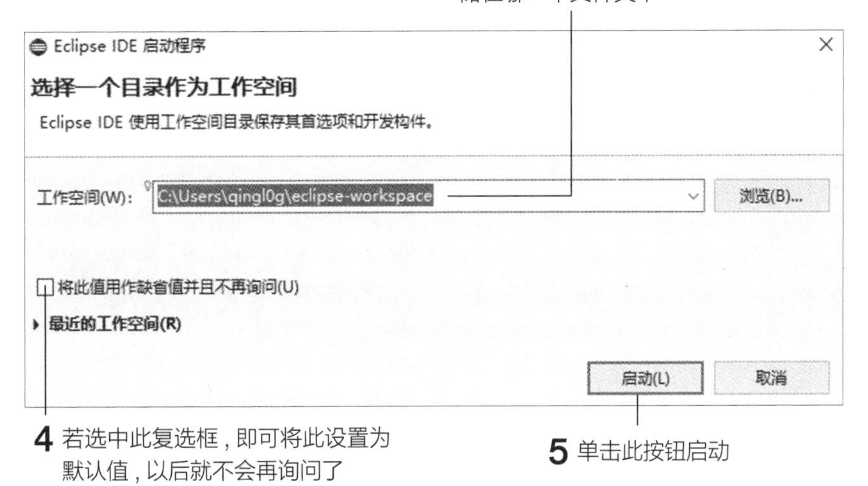

4 若选中此复选框，即可将此设置为默认值，以后就不会再询问了

5 单击此按钮启动

图2.16

图2.17

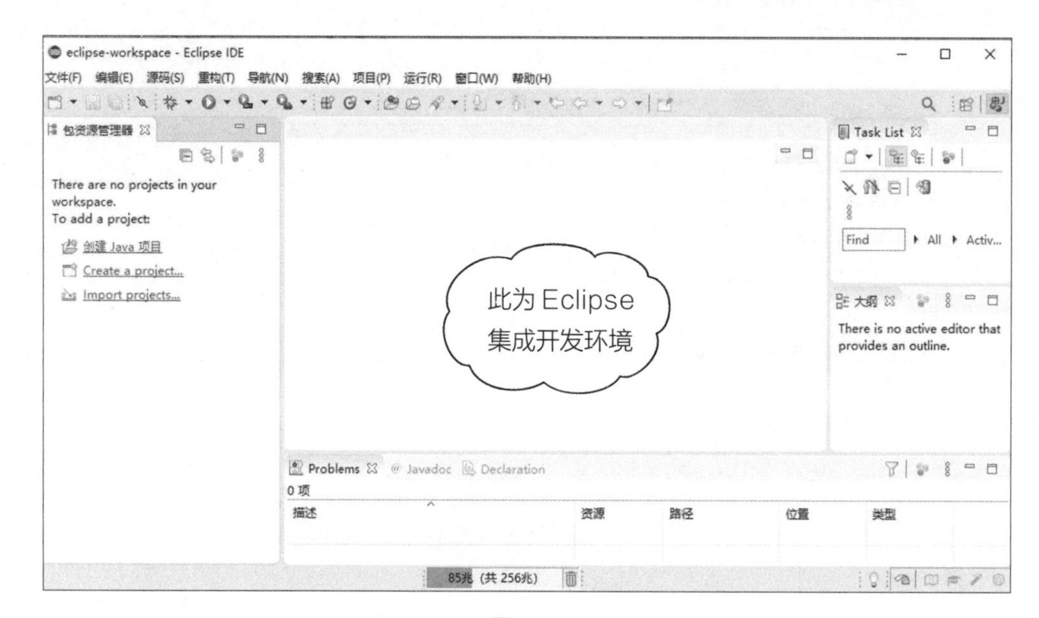

图2.18

TIP 如果之前使用过 Eclipse，则在启动后会自动将环境恢复到上一次关闭软件之前的状态。

2.2.2 创建新项目与新文件

由于 Eclipse 被设计为以项目（Project）的方式来开发 Java 程序，但对初学者而言，通常原始程序文件只有一个，因此刚开始学习时，并不需要复杂的项目管理功能。所以为方便初学者学习，我们将尽量避开 Eclipse 的项目管理功能，以单一原始文件的开发方式学习。

扫一扫，看视频

TIP 当用户对 Java 程序的开发较为熟悉后，可以再来研究如何利用 Eclipse 提供的项目管理及自动生成程序等功能来开发中大型程序，进而使开发工作更轻松。

要开始编写一个新的程序文件时，请按图 2.19 和图 2.20 所示操作先创建一个新项目。

1 单击“新建”按钮旁边的箭头打开下拉列表后，选择“Java 项目”选项（或执行“文件 / 新建 /Java 项目”命令）

图2.19

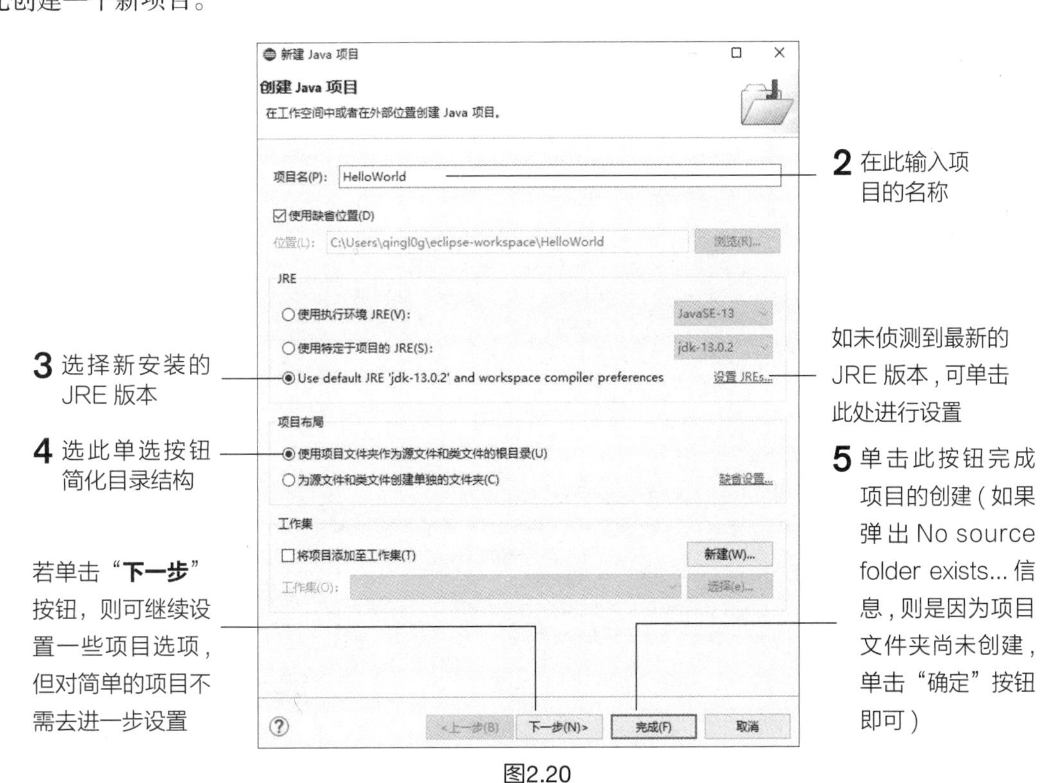

图2.20

创建项目后，即可在此项目内创建新的 Java 源文件，如图 2.21 ~ 图 2.23 所示。

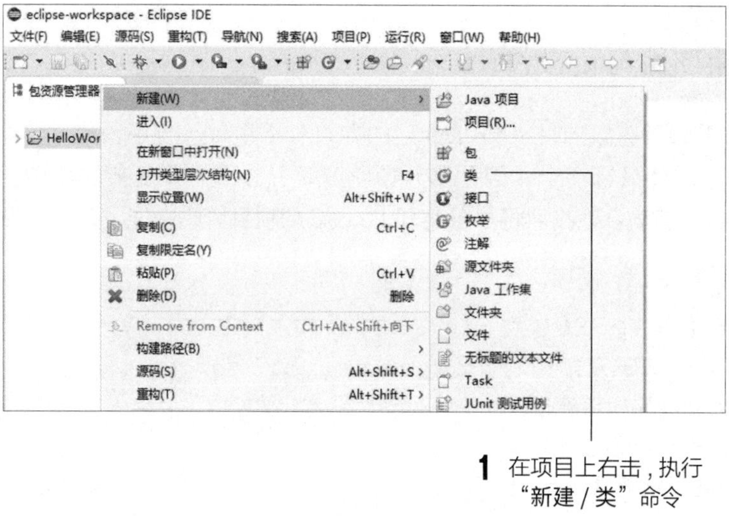

eclipse-workspace - Eclipse IDE
文件(F) 编辑(E) 源码(S) 重构(T) 导航(N) 搜索(A) 项目(P) 运行(R) 窗口(W) 帮助(H)
包资源管理器
HelloWor
新建(W)
进入(I)
在新窗口中打开(N)
打开类型层次结构(N) F4
显示位置(W) Alt+Shift+W
复制(C) Ctrl+C
复制限定名(Y)
粘贴(P) Ctrl+V
删除(D) 删除
Remove from Context Ctrl+Alt+Shift+向下
构建路径(B)
源码(S) Alt+Shift+S
重构(T) Alt+Shift+T
Java 项目
项目(R)...
包
类
接口
枚举
注解
源文件夹
Java 工作集
文件夹
文件
无标题的文本文件
Task
JUnit 测试用例

1 在项目上右击，执行“新建 / 类”命令

图2.21

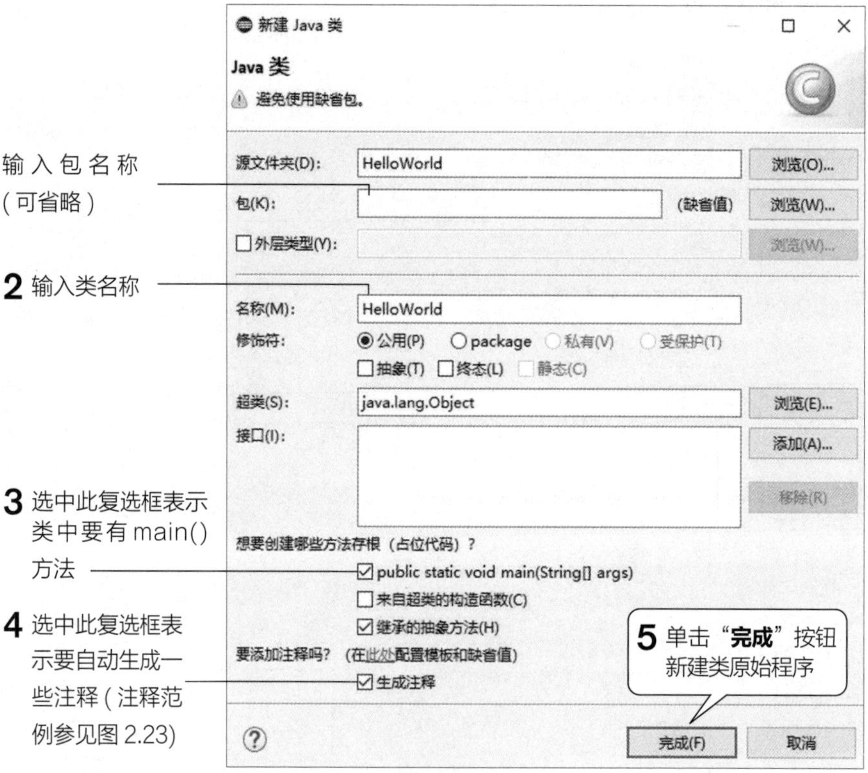

新建 Java 类
Java 类
避免使用缺省包。
源文件夹(D): HelloWorld 浏览(O)...
包(K): (缺省值) 浏览(W)...
外层类型(Y): 浏览(W)...
名称(M): HelloWorld
修饰符: 公用(P) package 私有(V) 受保护(T)
抽象(T) 终态(L) 静态(C)
超类(S): java.lang.Object 浏览(E)...
接口(I): 添加(A)... 移除(R)
想要创建哪些方法存根（占位代码）？
public static void main(String[] args)
来自超类的构造函数(C)
继承的抽象方法(H)
要添加注释吗？（在此处配置模板和缺省值）
生成注释
完成(F) 取消

输入包名称（可省略）

2 输入类名称

3 选中此复选框表示类中要有main()方法

4 选中此复选框表示要自动生成一些注释（注释范例参见图 2.23)

5 单击“**完成**”按钮新建类原始程序

图2.22

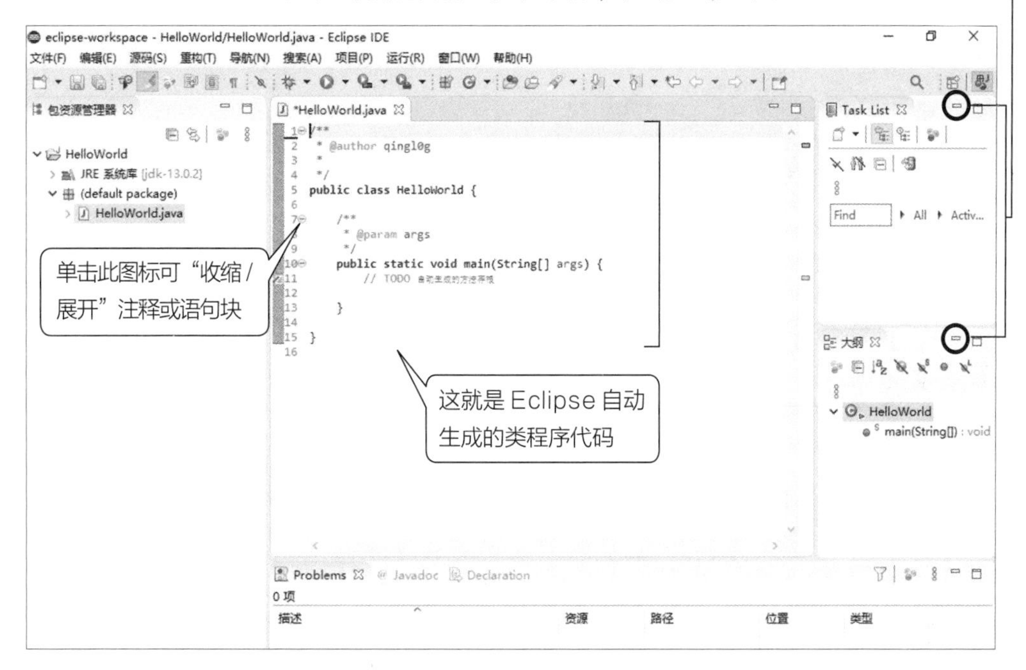

图2.23

使用 Eclipse 的类创建功能时，Eclipse 会按照我们在对话框中指定的选项创建基础的程序架构，让用户少输入一些代码。例如在图 2.22 中第 3 步骤勾选了 public static void main（string[] args）复选框，所以产生的类中就会有一个空的 main() 方法，接下来就可以在这个方法中写入想要的代码了。

2.2.3 使用 Eclipse 编辑器

Eclipse 不仅能自动生成程序框架，在其内置的编辑器中，也提供实用强大的辅助功能，可以大幅提升程序的编写效率，且减少错误发生率，接下来就以编写一个简单的“Hello World”程序来示范 Eclipse 编辑器的用法，如图 2.24 ~ 图 2.27 所示。

扫一扫，看视频

TIP 如果只记得类名称的前几个字，例如输入 Sys 后不确定后面的字，只要按 Alt+/ 组合键，Eclipse 就会弹出代码辅助菜单列出以 Sys 开头的项目。

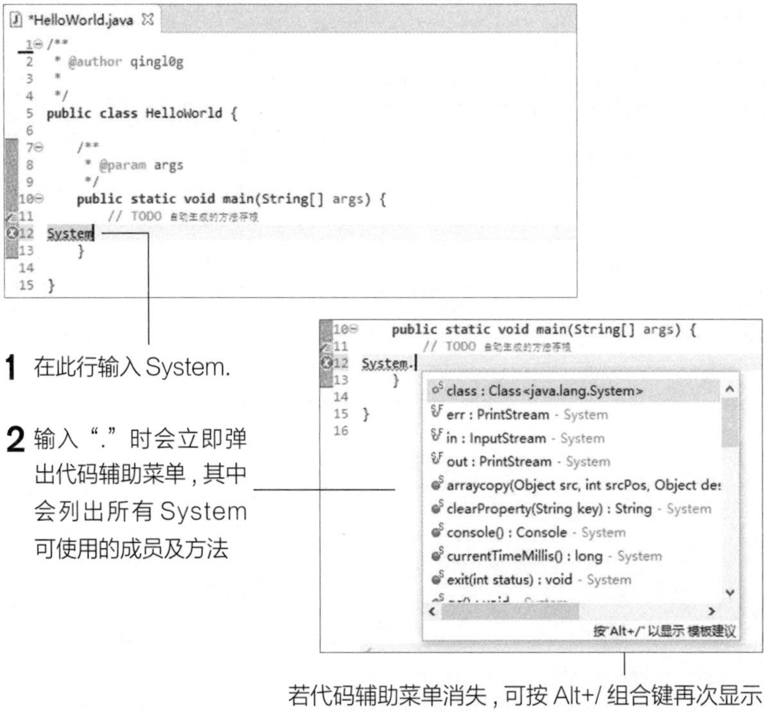

```
*HelloWorld.java
1  /**
2   * @author qingl0g
3   *
4   */
5  public class HelloWorld {
6
7      /**
8       * @param args
9       */
10     public static void main(String[] args) {
11         // TODO 自动生成的方法存根
12 System
13     }
14
15 }
```

1 在此行输入 System.

```
10     public static void main(String[] args) {
11         // TODO 自动生成的方法存根
12 System.
13     }
14
15 }
16
```

class : Class<java.lang.System>
err : PrintStream - System
in : InputStream - System
out : PrintStream - System
arraycopy(Object src, int srcPos, Object de:
clearProperty(String key) : String - System
console() : Console - System
currentTimeMillis() : long - System
exit(int status) : void - System
按"Alt+/"以显示 模板建议

2 输入"."时会立即弹出代码辅助菜单，其中会列出所有 System 可使用的成员及方法

若代码辅助菜单消失，可按 Alt+/ 组合键再次显示

图2.24

请继续如下操作。

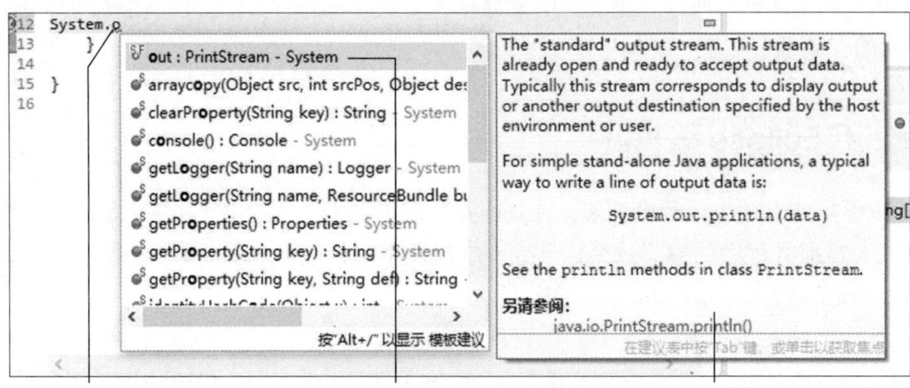

1 输入 o 就只显示以 o 为开头的成员或方法

2 这里准备输入的恰好是 out，所以直接按 Enter 键

这里还会显示相关说明

图2.25

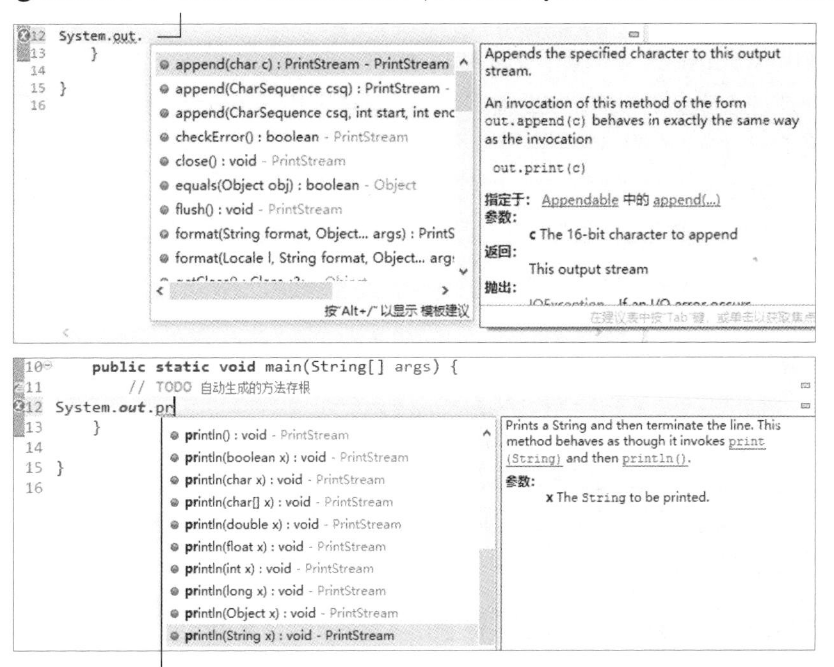
3 继续输入“.”时又会弹出代码辅助菜单，列出所有 System.out 可使用的成员及方法
System.out.
append(char c) : PrintStream - PrintStream
append(CharSequence csq) : PrintStream -
append(CharSequence csq, int start, int enc
checkError() : boolean - PrintStream
close() : void - PrintStream
equals(Object obj) : boolean - Object
flush() : void - PrintStream
format(String format, Object... args) : PrintS
format(Locale l, String format, Object... arg:
按"Alt+/"以显示 模板建议
Appends the specified character to this output stream.
An invocation of this method of the form out.append(c) behaves in exactly the same way as the invocation
out.print(c)
指定于: Appendable 中的 append(...)
参数:
c The 16-bit character to append
返回:
This output stream
抛出:
public static void main(String[] args) {
// TODO 自动生成的方法存根
System.out.pr
println() : void - PrintStream
println(boolean x) : void - PrintStream
println(char x) : void - PrintStream
println(char[] x) : void - PrintStream
println(double x) : void - PrintStream
println(float x) : void - PrintStream
println(int x) : void - PrintStream
println(long x) : void - PrintStream
println(Object x) : void - PrintStream
println(String x) : void - PrintStream
Prints a String and then terminate the line. This method behaves as though it invokes print(String) and then println().
参数:
x The String to be printed.
4 可继续输入前几个字进行筛选（例如 pr），或用 Up 和 Down 键（或滚动鼠标中键）选择需要的项目，然后按 Enter 键（或双击）即可自动输入

图2.26

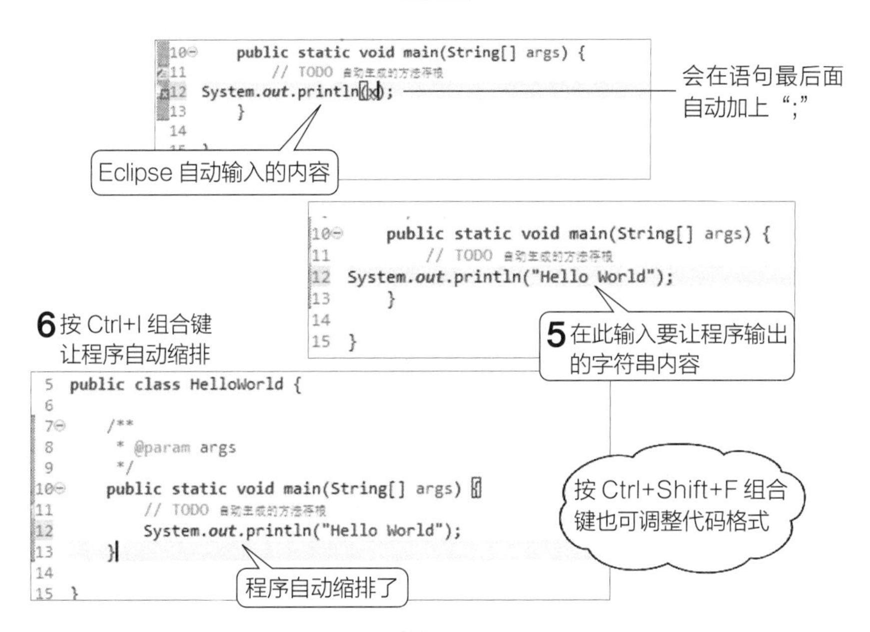
public static void main(String[] args) {
// TODO 自动生成的方法存根
System.out.println(x);
会在语句最后面自动加上“;”
Eclipse 自动输入的内容
System.out.println("Hello World");
5 在此输入要让程序输出的字符串内容
6 按 Ctrl+I 组合键让程序自动缩排
public class HelloWorld {
/**
* @param args
*/
程序自动缩排了
按 Ctrl+Shift+F 组合键也可调整代码格式

图2.27

以上就是利用 Eclipse 的自动检查及输入功能完成一行 println() 语句的操作过程。初次使用 Eclipse 编辑器或许会有点不习惯，但只要多练习，就能利用 Eclipse 的功能加快输入程序的速度，而且可避免自己输入时打错字的问题。

在编辑程序的过程中，要随时保存，以免辛苦写的程序因为意外而丢失。要存储文件只需单击工具栏中的 图标，或执行“文件 / 存储” 命令，或者按 Ctrl + S 组合键。如果要以另外的文件名存储，则可执行“文件 / 另存为” 命令。

2.2.4 编译、执行程序

扫一扫，看视频

Eclipse 默认会自动编译项目中的程序（“项目” 菜单中的“自动建置” 命令默认为选中状态），即在编辑程序的过程中，Eclipse 会一直尝试编译程序（所以在程序输入一半或是语句未完成时，因语法错误，会出现红色的错误提示）。完成编辑后，只要项目没有出现红色的错误提示，就可立即执行，如图 2.28 所示。

TIP 若出现黄色提示，则为警告，可在 Eclipse 窗口下方的问题窗格中（见图 2.29）查看警告的内容，再决定是否修改程序。

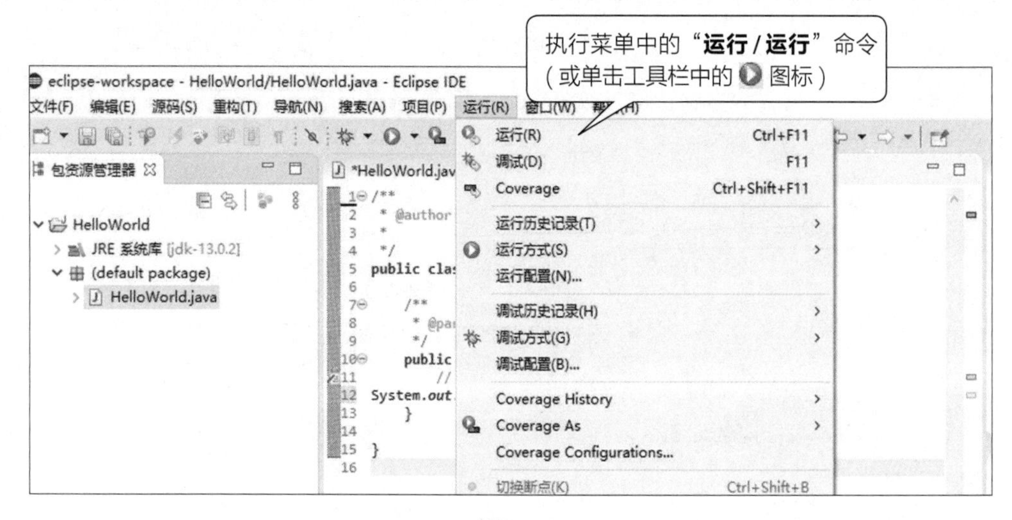

图2.28

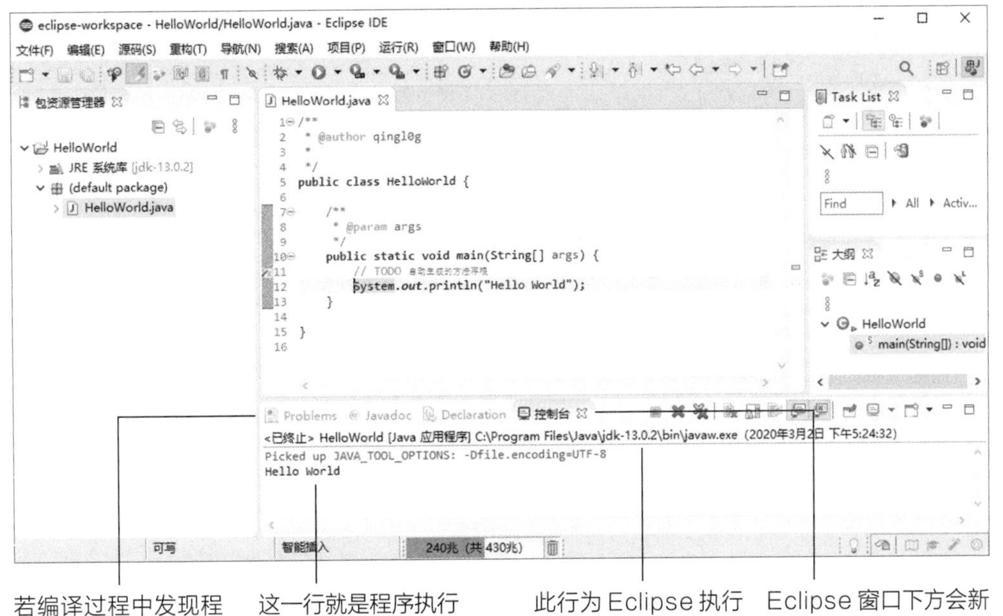

图2.29

TIP 使用“运行 / 运行方式 /Java 应用程序”命令也可执行程序。

2.2.5 编译书中范例程序文件

如果要用 Eclipse 来编译书中的范例程序或其他来源的 Java 程序，且无 Eclipse 的项目文件，则可依本小节介绍的方式来进行编译。

扫一扫，看视频

由于 Eclipse 是以项目来处理程序，所以要先创建项目。为方便起见，先关闭目前打开的项目，如图 2.30 和图 2.31 所示。

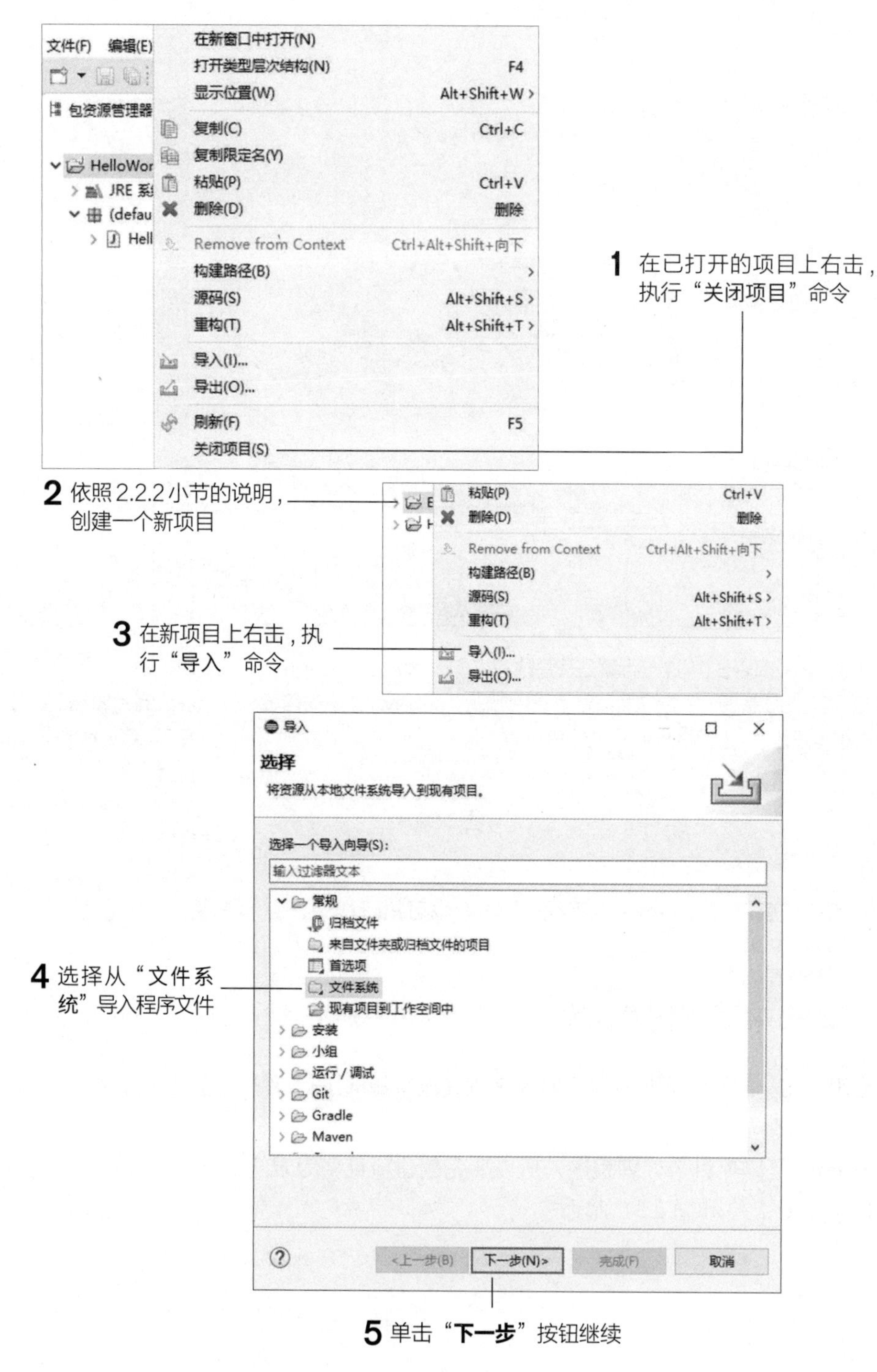
文件(F) 编辑(E)
包资源管理器
HelloWor
JRE 系
(defau
Hell
在新窗口中打开(N)
打开类型层次结构(N) F4
显示位置(W) Alt+Shift+W
复制(C) Ctrl+C
复制限定名(Y)
粘贴(P) Ctrl+V
删除(D) 删除
Remove from Context Ctrl+Alt+Shift+向下
构建路径(B)
源码(S) Alt+Shift+S
重构(T) Alt+Shift+T
导入(I)...
导出(O)...
刷新(F) F5
关闭项目(S)
1 在已打开的项目上右击，执行“关闭项目”命令
2 依照2.2.2小节的说明，创建一个新项目
粘贴(P) Ctrl+V
删除(D) 删除
Remove from Context Ctrl+Alt+Shift+向下
构建路径(B)
源码(S) Alt+Shift+S
重构(T) Alt+Shift+T
导入(I)...
导出(O)...
3 在新项目上右击，执行“导入”命令
导入
选择
将资源从本地文件系统导入到现有项目。
选择一个导入向导(S)：
输入过滤器文本
常规
归档文件
来自文件夹或归档文件的项目
首选项
文件系统
现有项目到工作空间中
安装
小组
运行 / 调试
Git
Gradle
Maven
4 选择从“文件系统”导入程序文件
<上一步(B)
下一步(N)>
完成(F)
取消
5 单击“下一步”按钮继续

图2.30

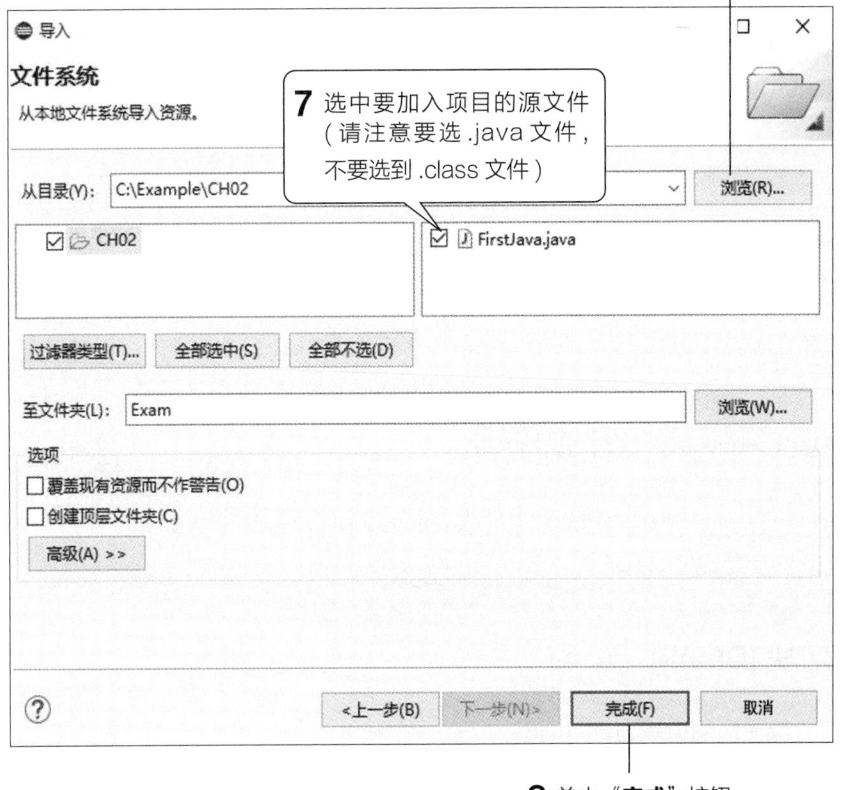

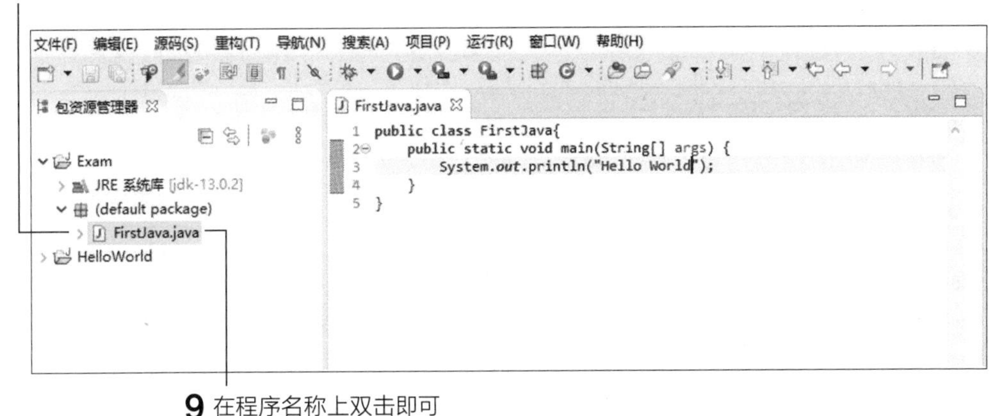

图2.31

如果从其他只读设备导入程序文件，导入后文件可能会留有只读属性，所以编辑时 Eclipse 会弹出以下对话框，如图 2.32 所示。

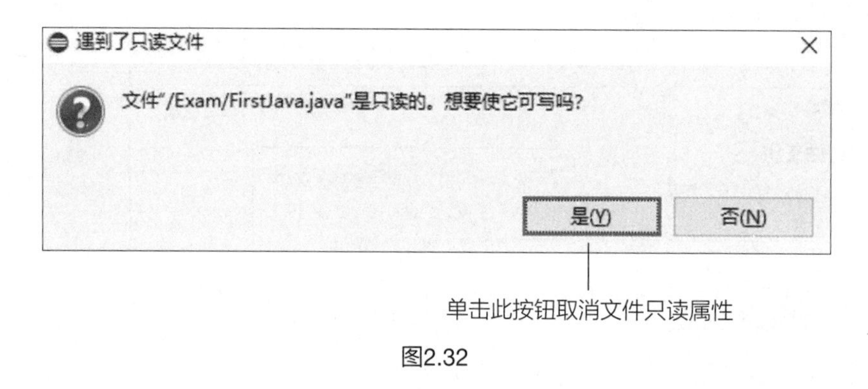

图2.32

接下来可依前一小节介绍的方式执行菜单中的“运行 / 运行”命令执行程序。

2.3 Java 程序的组成要素

在上一节中，已经带领大家实际编写了第一个 Java 程序，接下来就要针对这个简单的程序一一解析构成 Java 程序的基本要素。

2.3.1 语句块 (Block)

扫一扫，看视频

选择刚刚所编写的 FirstJava 程序。

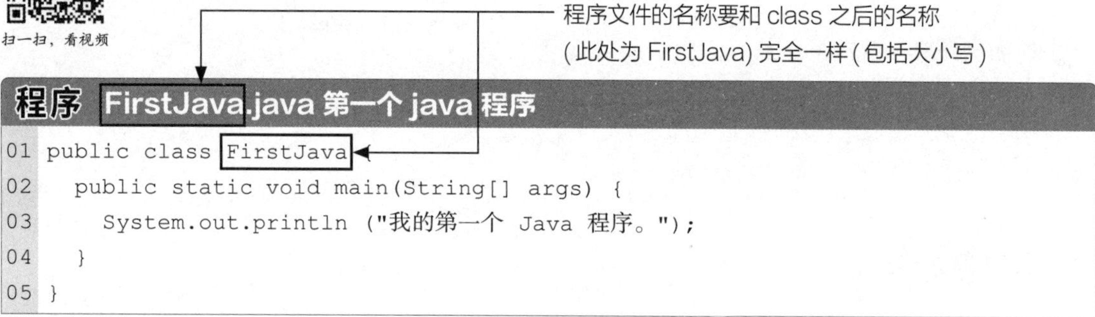

程序 FirstJava.java 第一个 java 程序

```
01 public class FirstJava
02   public static void main(String[] args) {
03     System.out.println ("我的第一个 Java 程序。");
04   }
05 }
```

简简单单的 5 行代码就构成了 Java 程序最基本的架构，其中，需要注意以下问题。

◎ 程序中以一对大括号“{”与“}”括起来的部分称为语句块（Block），语句块中可以再包含其他的语句块，比如第 1 ~ 5 行中的语句块就包含了第 2 ~ 4 行的语句块。在左大括号（{）左边的文字代表的是该语句块的种类与名称，如图 2.33 所示，不同的语句块构成 Java 程序中的各种元素，后续的章节会说明每一种语句块的意义。

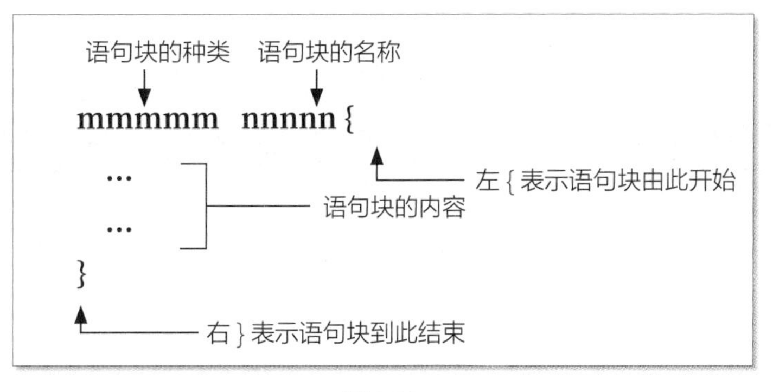

图2.33

◎ 为了突显语句块，并且方便辨识语句块的包含关系，在编写程序时会把语句块的内容往右边缩进 (Indent)。FirstJava.java 程序示例中第 2 ~ 4 行的语句块因为是在第 1 ~ 5 行的语句块内，所以将其往右缩进，这样在视觉上就可以清楚地区分出语句块间的关系。不过，将程序缩进只是为方便阅读，对 Java 编译器不会有什么影响，所以也可以对程序进行如下修改。

在修改程序并另存为新文件名后，程序文件的名称要和 class 之后的名称完全一致

程序 FirstJavaNoIndent.java 不缩进也一样可以正确编译执行

```
01 public class FirstJavaNoIndent {
02 public static void main(String[]args){
03 System.out.println("我的第一个Java程序。");
04 }
05 }
```

程序完全可以正常编译执行。至于缩进时要往右移多少空格，则是凭个人喜好而定，一般以 2 ~ 4 个空格最恰当。

2.3.2 Java 程序的入口——main()

扫一扫，看视频

在 2.3.1 小节示例的代码中，有一个语句块是每个 Java 程序都必须要有的，就是第 2 ~ 4 行的语句块，这个语句块的名称叫作 main()，小括号内部的 String[] 和 args 是 main() 的参数。

main() 是 Java 程序真正执行时的入口，当 Java 程序执行时，会从 main() 所包含的这个语句块内的程序开始顺序执行，一直到这个语句块结束为止。以 FirstJava.java 来说，main() 的语句块中只有一行程序，这行程序的作用就是用 System.out.println() 在屏幕上输出信息。其中，用一对双引号（""）所括起来的内容就是要输出的信息，在本例中，就是输出“我的第一个 Java 程序。”，只要改变用双引号括起来的内容，就可以输出不同的信息。

因此，只要更改 main() 的内容，程序的执行结果就会不同。我们可以修改 FirstJava.java 程序，让

main() 的内容更加丰富,具体程序如下。

这里要完全一致

程序 SecondJava.java 更改 main() 方法的内容

```
01 public class SecondJava{
02   public static void main(String[]args){
03      System.out.println("这是我所写的第二个Java程序,");
04      System.out.println("显示更丰富的信息哦!");
05   }
06 }
```

执行结果

```
这是我所写的第二个Java程序,
显示更丰富的信息哦!
```

在 SecondJava.java 程序中，main() 语句块内有两行程序，分别输出两段信息。因此，编译、执行程序就会看到这两行信息。

从本章开始到第 7 章，我们的范例程序都会按照和 FirstJava.java 类似的架构讲解，仅仅更改 main() 语句块的内容来学习 Java 的基本程序编写（见图 2.34）。

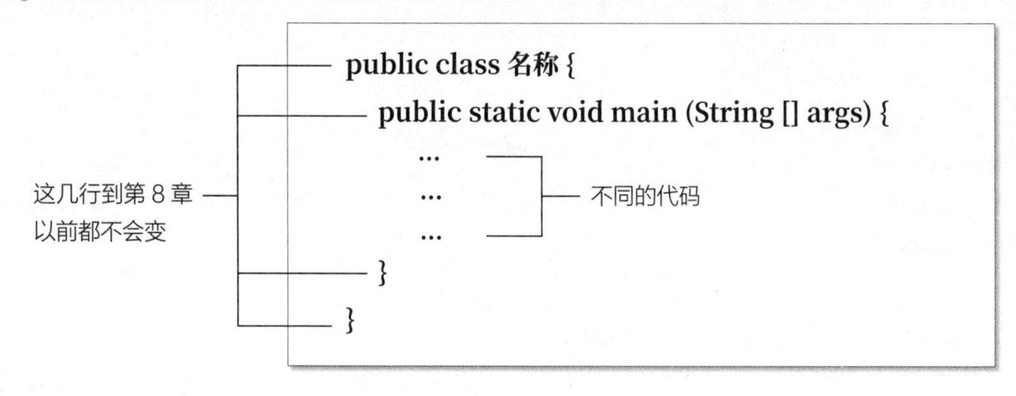

图2.34

除此之外，第一行 public class 之后的名称也会按照程序来命名，以说明程序的功能，但记得要和程序文件的文件名完全保持一致（包括大小写），这样编译才不会出错。

2.3.3 语句 (Statement)

每个程序中的语句块都是由一条或多条语句（Statement）所构成。简单的语句是以分号（;）结尾，有些较复杂的语句则是以一个语句块作为结尾（例如第 5 章和第 6 章介绍的流程控制语句）。以 SecondJava.java 为例，在 main() 这个语句块中就有两个语句，分别是：

```
03     System.out.println("这是我所写的第二个Java程序,");
04     System.out.println("显示更丰富的信息哦!");
```

Java 程序基本上就是由语句组合而成，而程序在执行时就是以语句为单元，由上往下顺序进行。

1. 语句以分号为结尾

简单的语句都是以分号为结尾，同一条语句可以分成多行编写，和写在同一行是一样的效果。多条简单语句也可以写在同一行，只要用分号作分隔，结果和每条语句单独编写在一行是相同的。举例来说，以下这个程序就和 SecondJava.java 意义完全相同，只是断行的方式不同而已。

程序 SecondJavaWithMultiLines.java 单一语句可以分行编写

```
01 public class SecondJavaWithMultiLines{
02   public static void main(String[]args){
03     System.out.println
04     ("这是我所写的第二个Java程序,");
05     System.out.println(
06     "显示更丰富的信息哦!");
07   }
08 }
```

原本一行可以断成两行，结果不变

其中，3、4 两行就是原程序的第 3 行；而 5、6 两行则是原程序的第 4 行。

2. 字符 (Token) 与空白符号 (Whitespace)

如果再对语句剖开，那么语句可以再细分为由一个或多个字符（Token）组成。例如 SecondJava.java 的第 3 行“System.out.println (" 这是我所写的第二个 Java 程序 ,") ;” 就是由 System、（.）、out、（.）、println、（、" 这是我所写的第二个 Java 程序 ,"、）、; 这些字符所组成。字符与字符之间可以加上适当数量的空白符号（Whitespace），以方便识别。举例来说，下述的程序虽然在 println 与（间加上了额外的空格，但此程序和 SecondJava.java 的意义是相同的。

程序 SecondJavaWithSpace.java 字符间可以加上额外的空格

```
01 public class SecondJavaWithSpace{
02   public static void main(String[]args){
03     System.out.println    ("这是我所写的第二个Java程序,");
04     System.out.println    ("显示更丰富的信息哦!");
05   }
06 }
```

如果字符间不隔开会造成混淆，就一定得加上空白符号。举例来说，第 2 行的 public、static、void 与 main 这 4 个字符中间若不以空格隔开，就变成 publicstaticvoidmain，Java 编译器就会以为这是一个字符而造成错误。

在 Java 中，空格符、换行字符（也就是按 Enter 键）以及定位字符（也就是按 Tab 键）都可以作为空白符号，可以依据实际的需要采用不同的方式。前文曾经提过，同一条语句可以分成多行编写，其实就是利用换行字符当作空白符号。但是在断行时，必须以字符为界线，比如下面这个程序编译时就会有错误，因为它把 println 这个字符断开成两行了。

程序 WrongBreakLine.java 错误的断行

```
01 public class WrongBreakLine{
02   public static void main(String[]args){
03     System.out.prin          ←  println是一个字符，
04     tln("这是我所写的第二个Java程序,");   不可中断(也就是不可
05     System.out.println("显示更丰富的信息哦!");   加入空白符号)
06   }
07 }
```

3. 分隔符号 (Separator)

要特别注意的是，“（”“）”“{”“}”“[”“]”“;”“,”“.”这些字符在 Java 中称为分隔符号（Separator 或 punctuator），它们可以将其之前与之后的字符隔开，除此之外，如果是成对的分隔符，比如“{”与“}”，则由这对分隔符号所包含的内容会是其前面字符的附属部分。举例来说，在 SecondJava.java 中，main() 后面由 "{" "}" 括起来的语句块就是附属于 main()，即称为 main() 的主体（body），如图 2.35 所示。

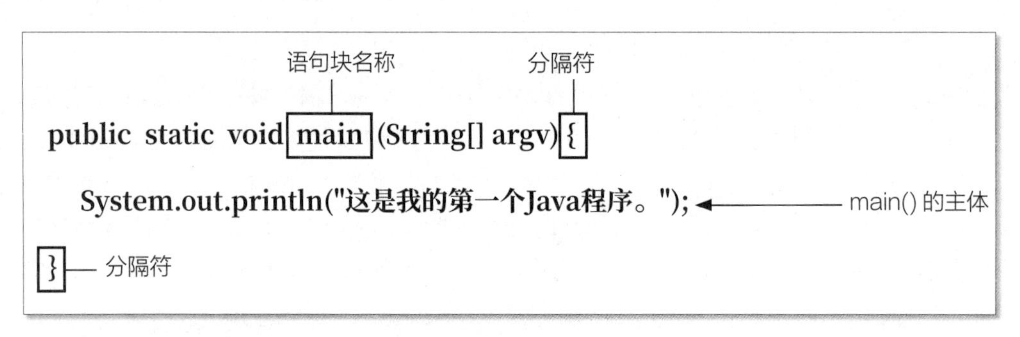

图2.35

“;”在前文中已经说明过，它是用来分隔语句的，其余的分隔符号会在后面章节中加以说明。

2.3.4 为程序加上注释 (Comment)

扫一扫，看视频

在程序中我们经常要加上注释（Comment）来说明程序的用途。在程序中加注释，可以更轻松地看懂程序的内容，例如：

程序 CodeWithComment.java 加上注释的程序

```
01 //以下就是我们所要编写的第一个有注释的程序
02 public class CodeWithComment{
03   public static void main(String[]args){
04     //到上面这两行为止都是固定的程序框架
05
06     //在main()语句块中就是我们要执行的程序
07     System.out.println("我的第一个Java程序。");
08
09     //以下也都是固定的程序框架
10   } //main()语句块的结束括号
11 }   //CodeWithComment语句块的结束括号
```

其中，// 字符开始往后一直到该行文字结束之前的内容都是注释，当 Java 编译器看到 // 字符后，就会忽略其后的文字，一直到下一行开始，才会继续编译程序的内容。这种注释称为单行注释（End-Of-Line Comment）。另外，还有一种可以跨越多行的注释方式，称为多行注释或块注释（Block Comment），以成对的 /* 与 */ 来包含所要加入的注释说明，例如：

程序 CodeWithBlockComment 多行注释

```
01 /*第2章范例Java程序
02   作者：施威铭研究室
03   版本：1.0
04   */
05 public class CodeWithBlockComment{
06   public static void main(String[]args){
07     /*到上面这两行为止都是固定的程序框架*/
08
09     //在main()方法中就是我们要执行的程序
10     System.out.println("我的第一个Java程序。");
11
12     //以下也都是固定的程序框架
13   }
14 }
```

其中第 1～4 行就是一个跨越 4 行的多行注释，而第 7 行则是一个仅在单一行内的多行注释。第 9 和第 12 行则是单行注释。

TIP 支持 Java 的 IDE(集成开发环境,例如前面介绍的 Eclipse) 或编辑器 (例如免费的 Notepad++),其编辑界面都会支持以不同颜色来标识程序和注释 (例如黑色文字是程序、绿色文字是注释等),因此在编写程序时,就很容易分辨哪些文字是注释。

注释是一项非必要、但强烈建议使用的工具。尤其是当程序很长或是逻辑比较复杂时，加上适当的注释不但可以让自己在过一段时间后还能够记得编写程序当时的想法，并且如果程序接下来要交给他人维护，那么注释也可以帮助接手人更好地理解程序。

总之，Java 程序是由字符（token）组成语句，再由语句组成语句块，然后再由语句块组成整个程序。到此，我们已经完成 Java 程序最基本架构的说明。

课后练习

1.（　　）Java 程序中由一对大括号“{”与“}”所括起来的部分称为什么？
（a）语句块　　（b）字符
（c）语句　　（d）以上都不对

2.（　　）每一个 Java 程序都必须要有的语句块是以下哪一个？
（a）Main 语句块　　（b）main 语句块
（c）注释语句块　　（d）start 语句块

3.（　　）以下哪个是 Java 程序中可以加上的注释形式？
（a）单行注释　　（b）多行注释
（c）传统式注释　　（d）以上都是

4.（　　）在 Java 程序中每一条语句都要以哪一个符号结尾？
（a）逗号（,）　　（b）冒号（:）
（c）分号（;）　　（d）以上都不对

5.（　　）关于 Java 程序的说法，以下哪个是错误的？
（a）一条语句一定要写在同一行
（b）大小写英文字母不同
（c）只要用分号分隔，多条语句可以写在同一行
（d）main() 是程序的起点

6.（　　）以下哪项不能作为 Java 程序中的空白符号？
（a）断行字符　　（b）井字号（#）
（c）空白字符　　（d）以上都是

7.（　　）{ 与 } 字符在 Java 中称为什么？
（a）空白符号　　（b）语句块符号
（c）结尾符号　　（d）分隔符号

8.（　　）以下哪项叙述是正确的？
（a）Java 程序中一定要加上注释，否则无法正确编译
（b）语句块的内容一定要向右缩进，否则无法正确编译
（c）单一语句一定要写在同一行
（d）以上都不对

9．编写好的 Java 程序存储时，一定要加上______________作为扩展名。

10．Java 程序的起点是__________________。

程序练习

1. 请编写一个 Java 程序，执行后可以在屏幕上显示以下这首唐诗。

```
春眠不觉晓,处处闻啼鸟
夜来风雨声,花落知多少
```

2. 以下程序有错误，请修改并编译执行。

```
01 public class EX2_2{
02   public static void main(String[]args){
03     System.out.println(//我要打印的信息"我的Java程序");
04   }
05 }
```

3. 请编写一个 Java 程序，执行后可以在屏幕上显示以下图形。

```
*
**
***
****
*****
```

4. 以下程序有错误，请修改并编译执行。

```
01 public class EX2_4{
02   public static void Main(String[]args){
03     System.out.println("我的Java程序");
04   }
05 }
```

5. 以下程序有错误，请修改并编译执行：

```
01 public class EX2_5{
02   public static void main(String[]args){
03     System.out.println("我的Java程序")
04     system.out.println("怎么会有错?");
05   }
06 }
```

3

CHAPTER

第3章 变 量

学习目标

- 认识变量
- 认识各种类型的数据
- 熟悉变量的命名规则

在第 2 章中，已经认识了 Java 程序的基本要素，有此作为基础，接下来可以进一步使用 Java 编写程序来解决问题了。本章主要介绍程序设计中最基本但也是最重要的元素——变量。

3.1 什么是变量

如果你看过一些心算才艺表演的节目，必定会对那些神童们精湛的记忆与心算能力佩服不已。如果自己想试一下看看能不能做到时，可能就会发现脑容量并不够大，连要计算的题目都记不住，更不要说想要在脑中计算出答案了。因此，对于一般人来说，最简单的方法就是找个地方，比如说一张纸把题目记录下来，然后再一步一步地慢慢计算，才有可能算出正确的答案。事实上，计算机也没有高明多少，当程序执行时，也必须使用类似的方法将所需要的数据存储到特定的地方，才能够进行运算，这个地方就是变量（Variable）。换言之，变量是用来存放暂时的数据，以便后续处理。

知识拓展：计算机中内存是用来存储运行中的应用程序所需要的数据，变量其实就是内存中的一个存储空间，用来存储数据，这个数据又是临时性的，可变性强，所以称之为变量。

3.1.1 变量的声明

扫一扫，看视频

先来看看以下这个程序。

程序 Variable.java 声明变量并给变量赋值

```
01 public class Variable{
02   public static void main(String[]args){
03     int i;
04     i = 20;
05     System.out.println(i);
06   }
07 }
```

执行结果

```
20
```

在这个程序中，第 3 行的意思就是声明（Declare）一个变量，变量的名字叫作 i，而最前面的 int 则表示这个 i 的变量是要用来存放整数（Integer）类型的数据。当 Java 编译器看到这一行时，就会在程序执行时预留一块空间，用于存放整数数据。

强类型的程序语言

Java 是一种强类型 (Strong-Typed，或是 Strict-Typed) 的程序语言，变量在使用前一定要先声明，并且明确标示所要存储数据的类型。

3.1.2 设置变量的内容

扫一扫，看视频

声明了变量之后，接着要设置变量的初值。3.1.1 小节程序中的第 4 行就是将 20 这个数值放入名字为 i 的变量中。在这一行中的“=”称为赋值运算符（Assignment Operator），它的作用就是将数据放到变量中，如图 3.1 所示。

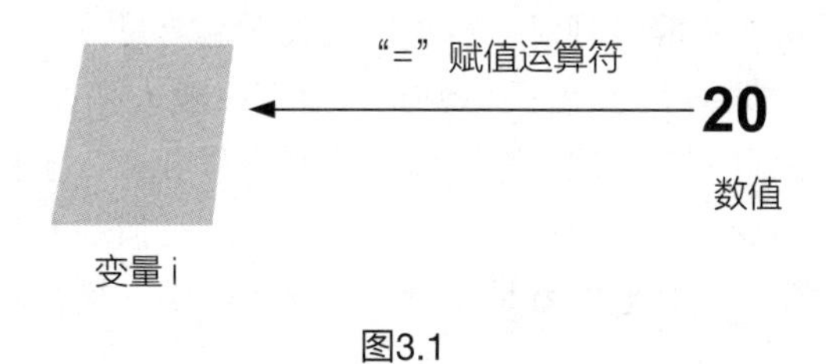

图3.1

上述程序中的第 5 行则是用 System.out.println() 把变量 i 存放的值显示到屏幕上，即可以在屏幕上看到 20。

System.out.println() 是 Java 编译器提供的一个 Method（方法），所谓的 Method 基本上是一种功能，是面向对象（Object Oriented）语言的一个特色，我们在第 8 章之后会再详细介绍，现在只要会使用它的一些简单功能即可。现在再看下面的例子。

程序 Variable2.java

```
01 public class Variable2{
02   public static void main(String[]args){
03     int i=20;
04     System.out.println("变量i的内容为："+ i);
05   }
06 }
```

执行结果

```
变量i的内容为：20
```

在程序第 4 行 System.out.println() 的小括号 () 中，双引号 "" 之间的文字会原封不动地被显示在屏幕上，所以 "" 中的 i 是英文字母 i 而不是变量 i。而 "" 之外的 i 则是变量 i，所以显示出来的是变量 i 的值，也就是 20。所以第 4 行就相当于：

```
System.out.println("变量 i 的内容为：" + 20);
```

至于 "" 和变量 i 之间的 + 则是连接运算符（Concatenation Operator），它会把两段文字连接起来，因此上一行也就相当于是：

```
System.out.println("变量 i 的内容为：20");
```

因此，最后程序的执行结果就是将“变量 i 的内容为：20”这段文字显示出来了。

声明同时设置初值

在 Java 中，可以在声明变量的同时就设置该变量的初值。在上述程序第 3 行中，就是在声明变量 i 为整数的同时把 i 的值设为 20，这样两行程序就变成一行了。

3.1.3 变量的名称

在前面的范例中，变量的名称只是很简单的 i，就字面来说，看不出有任何的意义。为了方便阅读，最好为变量取个具有说明意义的名称。举例来说，如果某个变量代表的是学生的年龄，那么就可以将这个变量命名为 studentAge，下面就是一个实际的范例。

程序 VariableName.java 为变量取适当的名称

```
01 public class VariableName{
02   public static void main(String[]args){
03     int studentAge = 19;//变量名称代表变量的意义
04     System.out.println("你的年龄是: "+ studentAge);
05   }
06 }
```

执行结果

```
你的年龄是: 19
```

这样一来，在阅读程序的时候，就更容易了解每个变量的意义与用途，而且如果变量被用在其他用途上时，也很容易发现，而这很可能就是造成程序执行有问题的原因。

1. 变量的命名规则

本书的变量名称均采用驼峰式命名法则（Camel Case），也就是变量如果是由一个以上的英文单词组成，则英文单词之间没有空格，第一个英文单词由小写开始，之后的英文单词的首字母为大写其余为小写（即变量名中除第一个单词之外，其他单词首字母大写），例如前面程序中的 studentAge。此外，变量的名称必须符合下述的标识符（Identifier）规范。

◎ 必须以英文字母开头，大小写均可（但驼峰式命名法则是由小写字母开头）。另外，也可以用“_”或是“$”这两个字符开头。如 3am 或是 !age 就不能作为变量的名称。

◎ 之后的字符除了英文字母和“_”“$”字符之外还可以加上 0 ~ 9 的数字，如 apple1 或是 apple2 都可以作为变量的名字，但 apple! 就不行。

◎ 变量名称的长度没有限制，可以使用任意个字符来为变量命名。

◎ 变量名称不能和 Java 程序语言中的保留字（Reserved Word）重复。所谓的保留字，是指在 Java 中代表特定意义的字，主要分为两类：第一类是代表程序执行动作的关键字（Keywords），见表 3.1，这些关键字会在后续的章节中介绍；第二类是 Java 内置的特定字面常量（Literal），包含 true、false 以及 null。这些内置的字面常量已被 Java 保留使用权，因此都不能拿来作为变量名称。

表3.1

abstract	continue	for	new	switch
assert	default	goto	package	synchronized
boolean	do	if	private	this
break	double	implements	protected	throw
byte	else	import	public	throws
case	enum	instanceof	return	transient
catch	extends	int	short	try
char	final	interface	static	void
class	finally	long	strictfp	volatile
const	float	native	super	while

◎ 字母相同，但大小写不同时会被视为不同的变量名称，如程序中 age 和 Age 指的是不同的变量。

根据上述规则，下列程序示范了几个可以作为变量名称的标识符。

程序 LegalVariableName.java 合法的变量名称

```
01 public class LegalVariableName{
02   public static void main(String[]args){
03     int age;                //合法变量名称
04     int AGE;                //合法变量名称
05     int Age;                //合法变量名称
06     int No1;                //合法变量名称
07     int No11111111;         //合法变量名称
08     int _Total;             //合法变量名称
09     age = 19;               //合法变量名称
10     System.out.println("你的年龄是："+ age);
11   }
12 }
```

请注意第 3~5 行，因为字母大小写不同，这 3 个变量名称是不同的。

以下程序中的变量名称就不符合规定，在编译时会出现错误信息。

程序 InvalidVariableName.java 不合法的变量名称

```
01 public class InvalidVariableName{
02   public static void main(String[]args){
03     int 3age;       //不能以数字开头
04     int #AGE;       //不能使用"#"字符
05     int A#GE;       //不能使用"#"字符
```

```
06      int while;     //不能使用关键字
07      int true;      //不能使用内置保留的字面常量
08      3age = 19;
09      System.out.println("你的年龄是: "+ 3age);
10    }
11 }
```

其中第 3 行的变量是以数字开头，而第 4、5 行的变量名称使用了 "#" 字符，第 6、7 行的变量名称则分别用到了保留的关键字与字面常量，这些都不符合 Java 对于标识符的规定，在编译时就会看到错误的信息。

执行结果

```
InvalidVariableName.java:3:not a statement
    int 3age;              //不能以数字开头
    ^
InvalidVariableName.java:3:';'expected
    int 3age;              //不能以数字开头
        ^
InvalidVariableName.java:3:not a statement
    int 3age;              //不能以数字开头
         ^
InvalidVariableName.java:4:illegal character:\35
    int #AGE;              //不能使用"#"字符
        ^
InvalidVariableName.java:4:not a statement
    int #AGE;              //不能使用"#"字符
    ^
InvalidVariableName.java:4:not a statement
    int #AGE;              //不能使用"#"字符
        ^
InvalidVariableName.java:5:illegal character:\35
    int A#GE;              //不能使用"#"字符
         ^
InvalidVariableName.java:5:not a statement
    int A#GE;              //不能使用"#"字符
          ^
InvalidVariableName.java:6:not a statement
    int while;             //不能使用关键字
    ^
InvalidVariableName.java:6:";"expected
```

```
    int while;            //不能使用关键字
        ^
InvalidVariableName.java:6:"("expected
    int while;            //不能使用关键字
          ^
InvalidVariableName.java:7:not a statement
    int true;             //不能使用内置保留的字面常量
    ^
InvalidVariableName.java:7:";"expected
    int true;             //不能使用内置保留的字面常量
        ^
InvalidVariableName.java:8:not a statement
    3age = 19;
    ^
InvalidVariableName.java:8:";"expected
    3age = 19;
     ^
InvalidVariableName.java:9:")"expected
    System.out.println("你的年龄是: "+ 3age);
                                   ^
InvalidVariableName.java:9:';'expected
    System.out.println("你的年龄是: "+ 3age);
                                     ^
17 errors
```

请不要使用“$”为变量命名

虽然在标识符的命名规则中允许使用“$”字符，但不建议用。因为 Java 编译器在编译程序的过程中可能会创建额外的变量，而这些变量的名称都是以“$”开头。因此，对于 Java 软件开发人员来说，“$”开头的变量代表的是由 Java 编译器自动创建的变量。如果用户自行声明的变量也取了以“$”开头的名字，就会让阅读程序的人产生混淆，故建议不使用“$”字符开头创建变量。

2. 使用标准万国码 (Unicode) 字符为变量命名

由于 Java 支持使用标准万国码（Unicode），因此前文变量命名规则中也可以使用许多 Unicode 字符，即包含中文等亚洲国家语言的文字在内。举例来说，以下这个程序就使用了中文来为变量命名。

程序 CVariableName.java 使用中文为变量命名

```
01 public class CVariableName{
02   public static void main(String[]args){
03     int 年龄 = 19;//使用中文的变量名称
04     System.out.println("你的年龄是: "+年龄);
05   }
06 }
```

执行结果

```
你的年龄是: 19
```

除了变量名称是中文以外，这个程序就和 VariableName.java 相同。不过由于 Java 程序语言是以近似英文的语法构成，如果在程序中夹杂中、英文，不但会造成阅读上的困扰，软件开发人员自己在编写程序时也得在中、英文输入方式间切换，并不方便。因此，以中文来为变量命名虽然合乎 Java 程序语言的语法，但建议不要这样做。

3.2 数据类型 (Data Types)

扫一扫，看视频

一般而言，程序所需要处理的数据并不会只有一种，如之前范例中仅有整数数据的情况其实是很少见的。在这一节中，就要介绍 Java 程序语言中所能够处理的数据种类，以及这些数据的表达方式。

Java 把数据分成多种数据类型（Data Types）。举例来说，除了整数以外，Java 也可以处理带有小数的数值。

程序 DoubleDemo.java 处理带有小数的数值

```
01 public class DoubleDemo{
02   public static void main(String[]args){
03     int i = 3;
04     double d = 0.14159;           //声明d为double类型的变量
05
06     d = d + i;                    //加法运算
07     System.out.println("圆周率: "+ d);
08   }
09 }
```

执行结果

```
圆周率: 3.14159
```

在这个程序中，第 4 行声明了一个 double 类型的变量 d，并设置了这个变量的内容为 0.14159。另外，在第 6 行中，使用 + 这个运算符将变量 d 的内容与变量 i 的内容相加，再将相加的结果返回到变量 d 中，所以最后变量 d 的内容就会变成 3.14159。

你可能会有疑惑，之前不是说 + 是连接运算符，会将文字连接在一起，怎么又变成加法了呢？其实 + 运算符会根据前后的数据类型，自行判断后，再进行不同的运算操作。如果前后的数据中有文字，它就会做连接的运算；如果前后都是数值，进行的就是加法运算。

= 的意义

如果你没有学习过其他程序语言，那么很可能会对这里的 = 与数学中的等号产生混淆。Java 中的 = 称为赋值运算符 (Assignment Operator)，与数学的等号一点关系都没有。事实上，它是指定的意思，可以将其理解为**把右边的算式计算出结果后，放到左边的变量中**。因此，DoubleDemo.java 中的第 6 行：

```
d = d + i;//加法运算
```

就应该解读为“将 d+i 计算后的结果 (0.14159 + 3) 放入变量 d 中”，所以最后显示出来 d 的内容就是 3.14159。

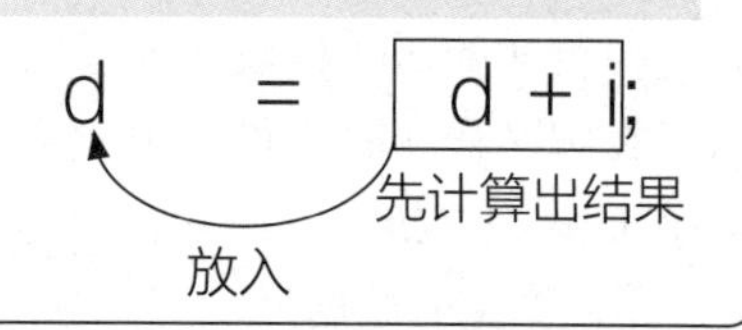

那么 Java 到底可以处理哪些数据类型呢？我们可以先粗略地将 Java 中的数据类型分成两种：第一种是基本数据类型（Primitive Data Types）；第二种是引用数据类型（Reference Data Types）。区分这两种数据类型的方式如下。

◎ 基本数据类型：这种类型的数据是直接放在变量中，如前文中使用过的整数以及浮点数，都属于这种数据。

基本数据类型通常用来存放少量的数据，就像我们把物品直接放到抽屉一样，如图 3.2 所示。

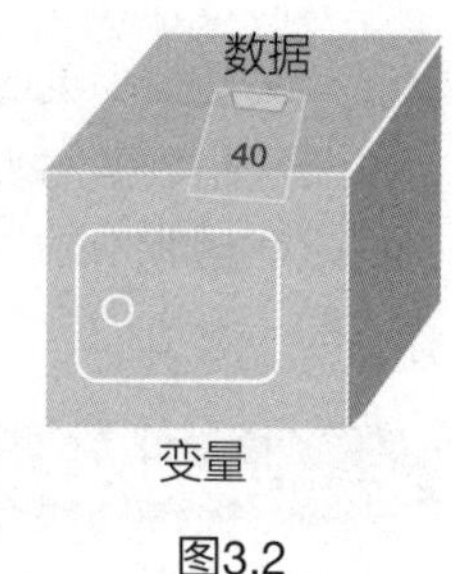

图3.2

◎ 引用数据类型：这种类型的数据并不是放置在变量中，而是另外配置一块空间来放置数据，变量中存储的则是这块空间的地址，真正要使用数据时，必须参照变量中所记录的地址，以找到存储数据的空间，如图 3.3 所示。

图3.3

引用数据类型通常用来存放数量较大的数据，就像我们把大量货物放到仓库中，然后把地址给搬运公司，请其到仓库取货物。所以引用数据类型的变量只记载数据存放处的地址，并不直接存放数据。

不论是基本数据类型还是引用数据类型，都还可以再细分成多种类型，接下来，就分别介绍这些数据类型。

3.3 基本数据类型 (Primitive Data Types)

Java 的基本数据类型分为两大类：布尔类型（Boolean Data Type）与数值类型（Numeric Data Type）。

3.3.1 布尔类型 (Boolean Data Type)

扫一扫，看视频

布尔类型的数据只能有两种值，分别是 true 与 false，通常用来表示某种情况成立或是不成立（真或假），将在第 5、6 章中讨论流程控制时学习布尔值的用法，其表达方式如下。

程序 UsingBoolean.java 使用布尔类型变量

```
01 public class UsingBoolean{
02   public static void main(String[]args){
03     boolean test = false;        //false是Java内置的字面常量
04     System.out.println("布尔变量test的值："+ test);
05
06     test = true;                 //true也是Java内置的字面常量
07     System.out.println("布尔变量test的值："+ test);
08   }
09 }
```

执行结果

```
布尔变量test的值：false
布尔变量test的值：true
```

程序的第 3 行中声明了一个布尔类型的变量 test，并设置其值为 false（此为 Java 内置的字面常量），并显示出来。第 6 行则是再将变量 test 的值设置为 true，所以第 2 次显示的变量值就变成 true 了。

3.3.2 数值类型 (Numeric Data Type)

扫一扫，看视频

扫一扫，看视频

数值类型又可分为两大类，分别是整数类型（Integral Data Type）与浮点数类型（Floating Point Data Type），如果所处理的数据完全没有小数，那么使用整数类型即可，否则应该使用浮点数类型。

在这两大类的数值类型中，依据所能表示的数值范围又可再细分为几种数据类型，接下来分别介绍。

1. 整数类型 (Integral Data Type)

整数类型可以细分为 byte、short、int、long、char 这 5 种数据类型，表 3.2 列出这 5 种数据类型所能表示的整数范围。

表3.2

数据类型	最 小 值	最 大 值	占用字节	占用位数
byte	-128	127	1	8
short	-32768	32767	2	16
int	-2147483648	2147483647	4	32
long	-9223372036854775808	9223372036854775807	8	64
char	0	65535	2	16

要表示整数值时，可以使用十进制、二进制、十六进制、八进制，接下来分别介绍。

◎ 十进制：以非 0 的数字开头的数值就是十进制的数值，如 123、10、19999 等。

◎ 二进制：以 0b 或 0B 开头的数值就是二进制数值，由于二进制中只能使用 0、1，所以 0b101 （十进制的 5）或 0B1001 （十进制的 9）都是合法的数值，但 0b123 就会被视为语法错误。

TIP 二进制表示法是自 Java 7 起新增的语法，旧版的 JDK 不支持此种写法。

◎ 十六进制：以 0x 或 0X 开头的数值就是十六进制的数值，可以任意采用大写或是小写的 a ~ f （A~F）字母来表示十进制的 10~15。例如 0x11 就是十进制的 17，而 0xff、0XFF、0xfF 都是十进制的 255。

◎ 八进制：以 0 开头的数值就是八进制的数值，例如 077 就是十进制的 63。

范例程序如下。

程序 IntegerValue.java 使用整数值

```
01 public class IntegerValue{
02   public static void main(String[]args){
03     System.out.println("十进制1357              = "+ 1357);
04
05     int i = 0b10011001;          //int类型,二进制
06     System.out.println("二进制0b10011001        = "+ i);
07
08     long l = 0XADEF;             //long类型,十六进制
09     System.out.println("十六进制0XADEF          = "+ l);
10
```

```
11      short s = 01357;             //short类型,八进制
12      System.out.println("八进制01357       = "+ s);
13    }
14 }
```

程序第 5、8、11 行分别声明了 int、long、short 类型的变量，并用二进制、十六进制、八进制等表示法来设置变量值，再输出变量值。println() 输出数值时默认都采用十进制表示，如执行结果所示。

执行结果

```
十进制 1357              = 1357
二进制 0b10011001        = 153
十六进制 0XADEF          = 44527
八进制 01357             = 751
```

TIP 读者若不熟悉不同数制间的换算，可参考其他计算机基础的书籍。此外，在 Windows 10 内附的计算器程序，选择程序员模式，即可快速进行二进制、八进制、十进制、十六进制的换算。

除此之外，关于整数数值的表示，还有以下需要注意的事项。

◎ 可以在数值前面加上“–”，表示这是一个负数，如 –123、–0x1A，也可以加上“+”，表示为一个正数。若没有加上任何正负号，则默认为正数。

◎ Java 默认会把整数数值当成 int 类型，如果要表示一个 long 类型的数值，必须在数值后加上 L 或是 l，例如 123L、2147483649l 等。

◎ 若数值很长（位数较多），可在适当位置插入下划线字符以方便阅读，例如 1_000_000 或 100_0000 都表示 100 万（此为 Java 7 之后新增语法，不适用于较旧版本）。

上述这些数值表示法可视需要同时使用，也可应用于前文中的不同数字系统。

程序 UsingNumber.java 善用不同数字表示法

```
01 public class UsingNumber{
02   public static void main(String[]args){
03     short s =-13666;                    //负数
04     System.out.println("变量s = "+ s);
05
06     long l = 2_135_482_789L;            //用L表示long整数
07     System.out.println("变量l = "+ l);
08
09     int i = 0b1100_0110_0011_1010;      //下划线字符
10     System.out.println("变量i = "+ i);
11   }
12 }
```

执行结果

```
变量s = -13666
变量l = 2135482789
变量i = 50746
```

正负号因为在日常生活也会用到，下划线字符仅是为方便阅读，一般都不会用。初学者比较可能忽略的就是用 L 表示 long 整数，因为 Java 编译器默认将数值当成 int 类型，只要超过表 3.2

列的范围，就会出现编译错误，例如：

程序 LongValueError.java 超过 int 范围的整数

```
01 public class LongValueError{
02   public static void main(String[]args){
03     long l = 2_147_483_649;      //未指定为long数值,编译会出现错误
04     System.out.println("变量l = "+ l);
05   }
06 }
```

执行结果

```
LongValueError.java:3:error:integer number too large
    long l = 2_147_483_649;      //未指定为long数值,编译会出现错误
             ^
1 error
```

程序第 3 行设置变量值 2_147_483_649 已超过 int 类型的最大值，因此在编译时会出现 integer number too large 的信息。

请使用大写 L

虽然小写 l 和大写 L 字符都可表示 long 类型的数值，不过因为小写的 l 容易和阿拉伯数字 1 混淆，因此建议使用大写的 L。

另外，在整数数据类型中，char 是比较特别的一种，它主要是用来表示单一 Unicode 字符（以英文来说，就是一个英文字母，以中文来说，就是一个中文字）。正因为 char 类型的特性，所以在设置数据值时可以使用数值，也可以使用字符的方式，例如：

程序 CharValue.java 处理 char 数据

```
01 public class CharValue {
02   public static void main(String[] args) {
03     char ch;
04     ch = 'b';  //指定为英文字母
05     System.out.println("变量 ch 的内容为：" + ch);
06     ch = '中'; //指定为中文字
07     System.out.println("变量 ch 的内容为：" + ch);
08     ch = 98;   //指定为数值
09     System.out.println("变量 ch 的内容为：" + ch);
10   }
11 }
```

执行结果

```
变量 ch 的内容为：b
变量 ch 的内容为：中
变量 ch 的内容为：b
```

其中，第 4、6 行就是以字符的方式设置变量值，必须使用一对单引号（'）将字符括起来。第 8 行就是使用数值，此时这个数值代表的是 Unicode 的编码，实际显示变量内容时，就会显示出该字码对应的字符。

虽然如此，但这里并不建议以数值来设置 char 类型的数据，因为这样的程序无法显示原来 ch 是 char 类型的数据（也可叫转义序列）。如果需要直接以字码的方式设置数据值，那么可以使用转义字符（Escape Sequence）的方式:'\uXXXX'，其中 XXXX 是以十六进制表示的字符。请注意，一定要用 4 位数和小写的 u。将转义字符赋值给变量时，有一对单引号，可以明显看出这是一个字符。

TIP 虽然目前一般使用的 Unicode 编码都在 65536 范围内，但 Unicode 编码范围已超过 65536(延伸的部分称为增补字集，Supplementary Character)，要表达此部分的字符，需要用两个 char 来表示其编码，详见 Java 的线上说明文档。

另外，转义字符也可以用来指定一些会引起编译器混淆的特殊字符，比如要设置某个 char 变量的内容为单引号时，如果直接写 ''' ，那么编译器看到第 2 个单引号时，便以为字符结束，不但使前两个单引号没有包含任何字符，而且第 3 个单引号也变成多余。表 3.3 是转义字符可以表示的特殊字符，其中包含了一些无法显示的字符。

表3.3

转义字符	Unicode 值	字　符
\b	\u0008	BS(左箭头键)
\t	\u0009	HT(Tab 键)
\n	\u000a	LF(换行)
\f	\u000c	FF(换页)
\r	\u000d	CR(回车)
\"	\u0022	"(双引号)
\'	\u0027	'(单引号)
\\	\u005c	\(反斜杠)

使用转义字符的范例如下。

程序 EscapeValue.java 使用转义字符

```
01 public class EscapeValue {
02   public static void main(String[]args){
03     char ch ='\u5b57';    //十六进制5b57是'字'的Unicode编码
04     System.out.println("变量ch的内容为: "+ ch);
05
06     ch ='\\';             //反斜杠\
```

```
07     System.out.println("变量ch的内容为: "+ ch);
08 
09     ch ='\"';//单引号'
10     System.out.println("变量ch的内容为: "+ ch);
11   }
12 }
```

执行结果

```
变量ch的内容为: 字
变量ch的内容为: \
变量ch的内容为: '
```

其中第 3 行指定给变量的 '\u5b57' 值是“字” 的 Unicode 编码，所以输出时就会出现该字符。另外，在第 6、9 行示范了设置特殊字符的方式。

特殊字符

在转义字符所能表示的特殊符号中，有一些是沿用过去打字机时代的符号，表示打字机要做的动作，而不是要打印的字符。举例来说，\r 是让打字机的印字头回到同一行的最前面，而 \f 则是送出目前所用的纸(换页)。这些字符有部分对于在屏幕显示文字、使用打印机打印(尤其是早期的点矩阵打印机)时也都还有效用。

2. 浮点数类型 (Floating Point Data Type)

浮点数数据依据其所能表示的数值范围，还可分为 float 与 double 两种。表 3.4 列出可表示的浮点数数值范围。

表3.4

数据类型	可表示范围	占用字节	占用位数
float	± 3.40282347E+38 ~ ± 1.40239846E-45	4	32
double	± 1.79769313486231570E+308 ~ ± 4.94065645841246544E-324	8	64

也可以用以下的方式表示浮点数。

◎ 带小数点的数值:例如 3.4、3.0、0.1234 等。如果整数部分是 0，也可以省略整数部分，如 .1234。同样地，如果没有小数，也可以省略小数，如 3。

◎ 科学记数法:例如 1.3E2、2.0E−3、0.4E2，指数部分也可以用小写的 e。同样地，如果有效数字中整数部分是 0，也可以省略，如 .4E2。如果有效数字中没有小数，也可以省略小数，如 2E−3。

使用的范例如下。

程序 DoubleValue.java 使用浮点数

```
01 public class DoubleValue{
02   public static void main(String[]args){
03     double d;
04     d = 3.4;
05     System.out.println("变量d的内容为: "+ d);
06
07     d = 3.0;
08     System.out.println("变量d的内容为: "+ d);
09
10     d = 0.1234;
11     System.out.println("变量d的内容为: "+ d);
12
13     d = 3;
14     System.out.println("变量d的内容为: "+ d);
15
16     d =.1234;
17     System.out.println("变量d的内容为: "+ d);
18
19     d = 2.0E-3;
20     System.out.println("变量d的内容为: "+ d);
21
22     d = 6.022_140_78E23
23     System.out.println("变量d的内容为: "+ d);
24   }
25 }
```

执行结果

```
变量d的内容为: 3.4
变量d的内容为: 3.0
变量d的内容为: 0.1234
变量d的内容为: 3.0
变量d的内容为: 0.1234
变量d的内容为: 0.002
变量d的内容为:
6.02214078E23
```

需要注意的是，Java 会将任何带有小数点的数值视为 double 类型，如果希望使用 float 类型，就必须在数值后面加上一个 f 或是 F，例如：

程序 Floating.java 使用 f 表示 float 类型

```
01 public class Floating {
02   public static void main(String[] args) {
03     float f1 = 0.01f;
04     float f2 = 0.99f;
05
06     f1 = f1 + f2; //加法运算
07     System.out.println("计算的结果是: " + f1);
08   }
09 }
```

（03~04行）数值必须加f，否则会被视为double类型而造成编译错误（因Java不允许直接将double数据存入float变量中，以免因数值太大放不下而导致错误）

执行结果

```
计算的结果是: 1.0
```

如果有必要，也可使用 d 或 D 来强调某个浮点数值为 double 类型。

var 局部变量类型推断

在 Java 10 中，新增了**局部变量类型推断**功能，可以使用 var 这个关键字来声明变量，由编译器自行判断合适的数据类型，例如：

```
var i=1357;            //变量i会被指定为int类型
var ch='b';            //变量ch会被指定为char类型
```

必须同步设置变量初值才能应用此功能判断变量类型，而且还有其他不少使用限制，实际上只有第 8 章声明对象变量时比较有用，可以简化代码、提高程序易读性。

为了使读者能准确掌握变量的数据类型，本书将沿用一般声明变量的方法。

3.4 引用数据类型 (Reference Data Types)

扫一扫，看视频

引用数据类型比较特别，故以保管箱来打比喻。假设卖场提供的服务足够好，可以依据物品大小实时定做保管箱。首先，当你需要用保管箱放置物品时，因为不知道物品有多大，所以服务员会先配给你一个固定大小的保管箱，不过这个保管箱并不是用来放置你的物品。

等到服务人员看到实际的物品后，就会依据物品的大小立刻定做刚好可以放物品的保管箱，然后把这个保管箱的号码牌放到之前配置的固定大小的保管箱内，最后将这个固定大小的保管箱的号码牌给你。之后当你需要取出物品时，就把号码牌给服务人员，服务人员就会从保管箱中取出真正放置物品的保管箱的号码牌，然后依据这个号码牌到真正放置物品的保管箱内取出物品。示意图如图 3.4 所示。

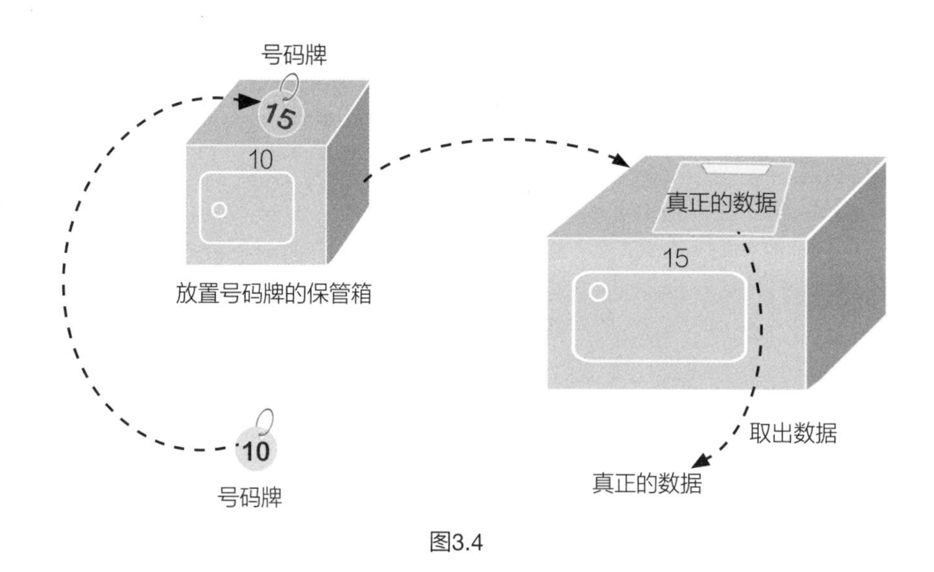

图3.4

由于物品的大小不一，因此，一开始只要准备好可以放置号码牌的小保管箱即可，真正需要放置物品时再把适合物品大小的保管箱做好。这样不但可以应对不同大小的物品，而且也可以有效利用空间，不用事先浪费空间准备很大的保管箱。

因此，引用数据类型的变量本身并不放置数据，而是将真正的数据存储到另外的空间，而引用数据类型的变量本身所存放的就是这个空间的地址。当需要取数据时，就从引用数据类型的变量取得存放数据的地址，然后到该地址所指的空间取出数据，也正因为这样的处理方式，才称为引用（Reference）数据类型。

Java 共有 3 类常用的引用数据类型，分别是字符串（String）、数组（Array）、对象（Object）。事实上，字符串与数组也是对象，只是 Java 对于这两种对象有特殊的支持，所以把它们当成是两种单独的数据类型。我们会在第 7 章介绍数组，第 8 章介绍对象。至于字符串将在第 10 章中详细介绍，不过由于字符串在后续的范例中使用频繁，这里先做个简单的讲解。

字符串 (String) 类型

如果用来存储字符串的变量，那么就必须使用 String 类型，例如：

程序 StringVariable.java 使用字符串

```
01 public class StringVariable{
02   public static void main(String[]args){
03     String s1 = "第一个字符串";
04     String s2 = "第二个\t字符串";          //字符串中可使用转义字符
05
06     System.out.println(s1);
07     System.out.println(s2);
08     System.out.println(s1 +'\'+ s2);    //字符串也可与字符相加
09   }
10 }
```

执行结果

```
第一个字符串
第二个    字符串 ←        '\t'为定位字符Tab,所以输出字符串中会有空白
第一个字符串  ┐           '\n'代表换行字符,所以输出字符串s1的内容后,
第二个    字符串 ┘         会换行再输出字符串s2的内容
```

String 类型在变量的声明以及使用上和其他类型的变量并没有什么不同，但需要注意以下两项。

◎ 字符串类型的数据值必须用双引号（"）括起来，如第 3、4 行代码。

◎ 字符串可以使用“+” 来连接，这在之前的范例中已经介绍过。而此处范例程序第 8 行“s1 +'\n'+ s2” 则是将字符串 s1、换行字符 '\n'、s2 串接在一起（\n 是转义字符）。

特殊的 String 类型

读者可能已经发现基本数据类型的变量名称都是小写字母，但是 String 类型却是首字母大写，这表示 String 和基本数据类型有所差异，目前你至少知道 String 是引用数据类型，在后续的章节还会介绍其他特殊的地方。

除了可以使用连接字符以外，String 类型还有一个特别的功能，就是可以使用 length() 这个 Method（方法）来获取所存储字符串的长度（也就是字符串中总共包含几个字符）。有关于什么是 Method（方法）将会在第 8 章介绍，在这里你只要知道如果 s 是一个 String 变量，那么 s.length() 就可以取得 s 所指字符串的长度即可，例如：

程序 StringLength.java 使用 length 方法获取字符串长度

```
01 public class StringLength{
02   public static void main(String[]args){
03     String  s1 = "第一个\t字符串";
04     String  s2 = "Second字符串";
05
06     System.out.println("变量s1的长度："+ s1.length());
07     System.out.println("变量s2的长度："+ s2.length());
08   }
09 }
```

执行结果

```
变量s1的长度：7
变量s2的长度：9
```

再次说明，Java 是用 Unicode 表示字符，所以中、英文字都算一个字。此外，上例 s1 字符串中间有一个转义字符 '\t'，虽然用两个字符来表示，但它其实代表的是字码 '\u0009' 的定位字符。编译器解读后只将它当成“一个” 字符，所以变量 s1 的长度会是 7，而不是 8。

3.5 声明变量的技巧

了解了变量的各种类型后，就可以学习变量声明相关的技巧与注意事项。

1. 一次声明多个变量

如果有多个相同类型的变量，可以使用逗号（,）分隔，在一条语句中同时声明，而不需要为每一个变量都使用单独的语句进行声明。请看以下程序。

程序 MultipleVariable.java 同时声明多个同类型的变量

```
01 public class MultipleVariable{
02   public static void main(String[]args){
03     int i,j,k,sum;
```

```
04     i = 10;
05     j = 20;
06     k = 30;
07     sum = i + j + k;
08     System.out.println("总和等于: "+ sum);
09   }
10 }
```


在第3行中就同时声明了4个变量，程序也可以写成这样。

程序 MultipleLineVariable.java 单独声明个别变量

```
01 public class MultipleLineVariable{
02   public static void main(String[]args){
03     int i;
04     int j;
05     int k;
06     int sum;
07     i = 10;
08     j = 20;
09     k = 30;
10     sum = i + j + k;
11     System.out.println("总和等于: " + sum);
12   }
13 }
```

执行结果

```
总和等于: 60
```


原本只要一条语句就可以完成而写成4条语句，写起来就比较麻烦。

TIP 只有同一种数据类型的变量才可以在同一条语句中一起声明，不同类型的变量必须使用不同的语句声明。

2. 变量的初值

在声明多个变量的同时也可以设置变量值。

程序 MultiVarInit.java 同时声明多个变量并设置初值

```
01 public class MultiVarInit{
02   public static void main(String[]args){
03     int i = 10,j = 20,k = 30,sum;
04     sum = i + j + k;
05     System.out.println("总和等于: " + sum);
06   }
07 }
```

执行结果

```
总和等于: 60
```

也可以直接用表达式来设置变量的初值。

程序 MultiVarInitAll.java 使用表达式设置变量初值

```
01 public class MultiVarInitAll{
02   public static void main(String[]args){
03     int i = 10,j = 20,k = 30,sum = i + j + k;
04     System.out.println("总和等于: " + sum);
05   }
06 }
```

执行结果

```
总和等于: 60
```

3.6 常量

除了变量之外，还有一种数据称为常量（Constant）。顾名思义，变量所存储的数据随时可以改变，因此称为变量，那么常量所存储的数据则是固定不变的，因此称为常量。

在 Java 中，有两种形式的常量，一种称为字面常量（Literal），另一种称为命名常量（Named Constant）。

3.6.1 字面常量 (Literal)

扫一扫，看视频

所谓字面常量，就是直接以文字表达其数值的意思，在之前的范例程序中其实已经用过许多次了。以上一节的 MultiVarInitAll.java 程序为例。

程序 MultipleVariableInitAll.java 使用字面常量

```
01 public class MultipleVariableInitAll{
02   public static void main(String[]args){
03     int i = 10,j = 20,k = 30,sum = i + j + k;
04     System.out.println("总和等于: " + sum);
05   }
06 }
```

其中第 3 行设置变量初值的语句中，10、20、30 就是字面常量，直接看其文字就可以了解其所代表的数值。又如“Good morning” “你好吗？” 这些字符串也是字面常量。

使用字面常量就是这么简单，不过有以下几点需要注意。

◎ 有些数据类型必须在字面常量的数值之后加上代表该类型的字尾，例如用 f 或 F 代表 float 类型、d 或 D 代表 double 类型，请参考前文讲解数据类型的内容。

◎ char 类型的字面常量以字符来表达时必须用单引号括起来，如 'a'。

◎ 如果要表示一串文字，则必须用一对双引号 ("") 括起来，如 " 这是一串文字 "。也可以在双引号之间使用转义字符来表示特殊字符，如 " 这里换行 \n" 就表示在字符串后面会加上一个换行字符。

3.6.2 命名常量 (Named Constant)

有时候需要使用一个具有名字的常量来代表某个具有特定意义的数值。举例来说，如果想在程序中以 PI 这样的名称来表示圆周率，这时就可以使用命名常量（Named Constant）。

扫一扫，看视频

程序 NamedConstant.java 计算圆面积与圆周长

```
01 public class NamedConstant{
02   public static void main(String[]args){
03     double r = 3.0;          //半径
04     final double PI = 3.14;  //圆周率
05     System.out.println("圆周长：" + 2 * PI * r);
06     System.out.println("圆面积：" + PI * r * r);
07   }
08 }
```

执行结果

```
圆周长：18.84
圆面积：28.259999999999998
```

声明变量时，只要在数据类型之前加上 final 字符，就会限制该变量在设置初值之后无法进行任何更改。也就是说，之后只能获取该变量的值，但无法改变其内容，我们称这样的变量为命名常量。在 NamedConstant.java 程序中，第 4 行代码就使用这种方式声明了一个代表圆周率的变量 PI，并且在第 5、6 行使用 PI 与代表半径的变量 r 计算圆的周长及圆的面积，其中“*” 称为乘法运算符（Multiplier），可以进行乘法运算。

和常规变量一样，命名常量并不一定要在声明时就设置初值，所以同样的程序也可以写成这样。

程序 NamedConstantNoInit.java 先声明再设置初值的命名常量

```
01 public class NamedConstantNoInit{
02   public static void main(String[]args){
03     double r = 3.0;     //半径
04     final double PI;    //圆周率
05     PI = 3.14;          //设置初值
06     System.out.println("圆周长：" + 2 * PI * r);
07     System.out.println("圆面积：" + PI * r * r);
08   }
09 }
```

不管是声明时就设置初始值，还是声明后另外设置初值，只要设置后，就不能再修改。例如下面的范例程序就会在编译时出现错误。

程序 NamedConstErr.java 重新设置 final 变量的值

```
01 public class NamedConstErr{
02   public static void main(String[]args){
03     double r = 3.0;              //半径
04     final double PI = 3.14;      //圆周率
05     PI = 3.1416;                 //不可重新设置 final 变量的值
06     System.out.println("圆周长: " + 2 * PI * r);
07     System.out.println("圆面积: " + PI * r * r);
08   }
09 }
```

执行结果

```
NamedConstErr.java:5:error:cannot assign a value to final variable PI
    PI = 3.1416;                 //不可重新设置 final 变量的值
    ^
1 error
```

当然，也可以不使用命名常量，而改用字面常量。

程序 Constant.java 改用字面常量

```
01 public class Constant{
02   public static void main(String[]args){
03     double r = 3.0;              //半径
04     System.out.println("圆周长: " + 2 * 3.14 * r);
05     System.out.println("圆面积: " + 3.14 * r * r);
06   }
07 }
```

与 Named Constant.java 程序执行的结果相同，但是使用命名常量有以下几个好处。

◎ 具有说明意义。命名常量的名称可以说明其所代表的意义，在阅读程序时容易理解。如前面程序中的 PI，就可以知道其代表圆周率。

◎ 避免手误。举例来说，如果在 Named ConstantNoInit.java 程序的第 5 行把 3.14 打成 4.14，那程序运行结果就错了。如果常量用到很多次，就很容易出现这样的错误。如果改用命名常量，那么当手误打错名称时，编译程序就会帮你找出来，避免这样的意外发生。

◎ 方便修改程序。如我们希望圆周率的精确度高一些，而将原本使用的 3.14 改成 3.1416。如果使用命名常量，就只要修改 NamedConstant.java 程序的第 4 行；否则就必须在程序中找出每一个出现 PI 为 3.14 的地方，将 3.14 改成 3.1416。

3.7 良好的命名方式

可以合理使用 Java 程序语言的命名规则来为变量赋予一个具有意义的名称，建议如下。

（1）变量的名称通常都以小写字母开头，并且应该能说明变量的用途，如有必要，请组合多个单词来为变量命名。例如，一个代表学生年龄的变量可以取名为 age，或是为更清楚一点取名为 ageOfStudent。

（2）为了方便阅读，同时也避免编写程序时手误，在组合多个单词来为变量命名时可以采取第一个单词小写其他单词首字母大写的方式，如 ageOfStudent。

（3）当组合的单词过长时，可以采用适当的首字母缩写，或是套用惯用的简写方式，如把 outdoorTemperature 改成 outTemp，或是把 redGreenBlue 改成 rgb，都是不错的做法。

（4）对于名称相近但是类型不同的变量，建议可以为变量名称加上一个字头以表示其为某种类型的变量。如用 i 代表 int 类型，那么代表学生年龄的整数变量就可以取名为 iAgeOfStudent。

（5）对于命名常量，一般都是采用全部大写字母的命名方式，以表示其为常量，如上一节范例中的命名常量 PI 就是明显的例子。这种命名方式一方面可在编写程序时减少错误，另一方面也让阅读程序的人很清楚地看到这些命名常量。也可以使用“_”来连接多个单词帮命名常量取个好名字。

课后练习

※ 选择题可能单选或多选

1.（　　）以下哪项是正确的？
（a）变量使用前不需要声明
（b）double 类型的字面常量一定要加上 d 或 D 作为字尾
（c）char 类型的变量可以直接以整数值设置内容
（d）以上都不对

2.（　　）有关 byte 类型，以下哪项是错误的？
（a）可以表示介于 -128 到 127 之间的整数
（b）占用 1 字节的空间
（c）不能直接以整数值设置变量
（d）可以用来表示一个 Unicode 字符

3.（　　）有关浮点数，以下哪项是正确的？
（a）Java 会将带小数的数值当成 double 类型
（b）float 类型可表示的范围比 double 类型广
（c）double 类型不能存储整数值
（d）以上都不对

4. (　　)以下哪项是合法的变量名称?

(a) ?age　(b) AG&　(c) _age　(d) iAge

5. (　　)下列哪项赋值给 char 类型的变量时会出现错误?

(a) 0x33　(b) '3'

(c) 3_3　(d) '\U0033'

6. (　　)以下哪一条语句有错?

(a) byte b = 257;　(b) int i = 21_4748_3648;

(c) float f = 3.2;　(d) char c = 128;

7. (　　)以下哪一条语句有错?

(a) int i, j, k = 10;　(b) int i, j, byte b;

(c) int i = 1, j = 2, k;　(d) int thisisalongname = 1;

8. (　　)关于 char 类型的描述,以下哪项是错误的?

(a) 不能存放中文字　(b) 占用 2 字节

(c) 可以使用转义字符　(d) 可以表示 Unicode 字符

9. (　　)以下哪项是有效的浮点数值?

(a) 3.2　(b) 0.33E-4

(c) 3F　(d) 以上都是

10. (　　) 0.23E2与下列哪项相等?

(a) 2.3E3　(b) 2.3E-2

(c) 2.3E1　(d) 0.0023E3

程 序 学 习

1. 请编写一个程序，其中包含一个代表正方形边长的变量，设置边长值后，程序会计算并显示出正方形的面积。
2. 请编写一个程序，声明两个浮点数类型的变量并设置初值，接着计算并显示出这两个变量的和与积。
3. 请编写一个程序，声明一个变量并设置其初值，计算并显示这个变量值的平方值与立方值。
4. 请编写一个程序，将 Unicode 中字码为 97 到 99 之间的字符显示在屏幕上。
5. 请编写一个程序，在屏幕上显示如下信息。

```
\这是第 3 章的习题\
```

6. 请编写一个程序，将 x 这个字符对应的 Unicode 显示出来。
7. 请编写一个程序，声明两个变量，设置变量初值后，计算并显示这两个变量的和的平方值。
8. 请编写一个程序，在屏幕上显示以下信息。

```
我正在学习 "Java 程序语言"
```

9. 请编写一个程序，显示单引号（'）对应的 Unicode 值。
10. 请练习使用命名常量设置存款年息（例如 0.0084，即 0.84%），然后通过程序计算和显示存款 24 万元和 150 万元时，一个月的本利和。

4

CHAPTER

第4章 表达式

学习目标

- 认识表达式
- 掌握各种运算符
- 了解运算符的优先顺序
- 数据类型的转换

在上一章，已经学习了 Java 的各种数据类型，本章要对数据进行处理。在 Java 程序中，大部分的数据处理工作就是运算，如大家都很熟悉的四则运算、逻辑运算、比较运算以及位运算等。

4.1 什么是表达式

在 Java 程序语言中，大部分的语句都是由表达式（Expression）所构成。所谓表达式，是由运算符（Operator）与操作数（Operand）所组成。其中，运算符代表的是运算的动作，而操作数则是要运算的具体数据。例如：

```
5 + 3
```

就是一个表达式，其中“+” 是运算符，代表要进行加法运算，而要相加的则是 5 与 3 这两个数据，所以“5” 与“3” 就是操作数。

TIP 运算符也有人称为操作符，但意义较不明确，又容易和操作数弄混，所以本书采用运算符，代表运算符号之意。

要注意的是，不同的运算符所需的操作数数量不同，如刚刚所提的加法运算就需要两个操作数，这种运算符称为二元运算符（Binary Operator）；如果运算符只需单一个操作数，就称为一元运算符（Unary Operator）。

操作数除了可以是字面常量（一般的文字、数字）外，也可以是变量，例如：

```
5 + i
```


甚至操作数也可以是另外一个表达式，例如：

```
5 + 3 * 4
```

在程序的实际执行过程中，由于乘法比加法优先运算（详情参见 4.6 节），所以 Java 会将“5” 与“3*4” 视为加法的两个操作数，其中“3*4” 本身就是一个表达式（会优先运算）。

每一个表达式都有一个运算结果，以加法运算来说，运算结果就是两个操作数相加的结果。当某个操作数为一个表达式时，该操作数的值就是这个表达式的运算结果。本例中 12 就是“3*4” 这个表达式的运算结果，它就会作为加法运算的第二个操作数的值，相当于将原本的表达式改为“5 + 12”。

另外，在表达式中，也可以如同数学课程中所学的一样，任意使用配对的小括号“( )”，明确表示计算的方式，例如：

程序 Parens.java 用括号改变运算顺序

```
01 public class Parens{
02   public static void main(String[]args){
03     int i = 1 + 3*5 + 7;          //先算3*5
04     System.out.println("1 + 3*5 + 7 = "+ i);
05
06     i =(1 + 3)*5 + 7;             //先算1+3
07     System.out.println("(1 + 3)*5 + 7 = "+ i);
08
09     i = 1 + 3*(5 + 7);            //先算5+7
10     System.out.println("1 + 3*(5 + 7) = "+ i);
11   }
12 }
```

执行结果

```
1 + 3*5 + 7   = 23
(1 + 3)*5 + 7 = 27
1 + 3*(5 + 7) = 37
```

有了以上的基本认识后，就可以进一步学习各种运算了。以下就分门别类地介绍 Java 程序语言中的运算符。

运算符的语法

在以下的章节中，我们会在说明每一个运算符之前列出该运算符的语法，举例来说，赋值运算符的语法如右。

var = opr

这个意思就表示要使用赋值运算符 =，必须有两个操作数，左边的操作数一定是一个变量（以 var 表示，var 是变量 variable 的缩写），右边的操作数则没有限制。注意：如果某个运算符的操作数必须受限于某种类型，会以右表的单词来表示；否则仅以 opr 来表示该位置需要 1 个操作数，opr 是操作数 operand 的缩写。

单　词	意　义
var	变量
num	数值数据
int	整数数据

另外，我们也会以不同的数字字尾区别同类型的不同的操作数，比如说在乘法运算符中，语法如右：

num1*num2

就表示需要两个数值类型的操作数。

4.2 赋值运算符 (Assignment Operator)

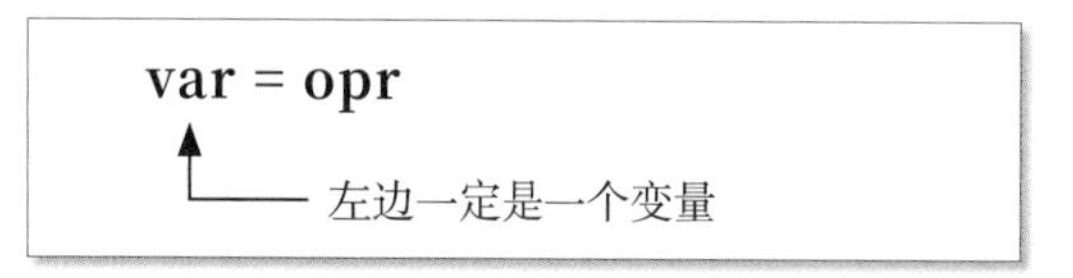

赋值运算符 = 用来设置变量的内容，它需要两个操作数，左边的操作数必须是一个变量，而

右边的操作数可以是变量、字面常量、表达式。这个运算符的作用如下。

◎ 如果右边的操作数是一个表达式，那么赋值运算符的作用就是把右边表达式的运算结果放入左边的变量。

◎ 如果右边的操作数是一个变量，那么赋值运算符就会把右边变量的内容取出，放入左边的变量。

◎ 如果右边的操作数是一个字面常量，就直接将常量值放入左边的变量。

请看下面的范例。

程序 Assignment.java 使用赋值运算符

```
01 public class Assignment{
02   public static void main(String[]args){
03     int i = 3,j = 4;
04     i = 3 + j + 5 + 6;
05     j = i;
06     System.out.println("变量i的内容是: " + i);
07     System.out.println("变量j的内容是: " + j);
08   }
09 }
```

执行结果

```
变量i的内容是: 18
变量j的内容是: 18
```

其中，第 3 行是直接使用字面常量设置变量 i 和变量 j 的值；第 4 行则是将右边表达式的运算结果放入左边的变量 i 中；第 5 行就是将右边变量 i 的内容放到左边的变量 j 中，因此，最后的结果就使得 i 与 j 这两个变量的内容一模一样了。

4.2.1 把赋值表达式当成操作数

前文中提过，每一个表达式都有一个运算结果，而赋值表达式的运算结果就是放入赋值运算符左边变量的内容。因此，Java 的赋值运算有一个特殊的用法，范例如下。

扫一扫，看视频

程序 AssignmentExpr.java 将指定表达式当成操作数

```
01 public class AssignmentExpr{
02   public static void main(String[]args){
03     int i,j;
04     i = (j = 6)+ 4;
05     System.out.println("变量i的内容是: "+ i);
06     System.out.println("变量j的内容是: "+ j);
07   }
08 }
```

执行结果

```
变量i的内容是: 10
变量j的内容是: 6
```

其中在第 4 行中，使用了“j = 6”这个赋值表达式当作加法运算中的一个操作数，因此，这一行的执行过程如下。

（1）将 6 放到变量 j 中，所以 j 的内容变成 6，而“j = 6”这个表达式的运算结果就是 6。

（2）将“j = 6”这个表达式的结果（也就是 6）与 4 相加，得到 10。

（3）将“(j = 6)+ 4”这个表达式的结果（也就是 10）放入变量 i 中，i 的内容就变成了 10。

以上这种用法很容易混淆，所以非不得已情况下不要采用此方法。

4.2.2 同时给多个变量赋值

扫一扫，看视频

由于赋值表达式可以作为操作数，因此我们也可以将同样的内容连续指定给两个以上的变量。

程序 AssignmentToAll.java 同时指定多个变量值

```
01 public class AssignmentToAll{
02   public static void main(String[]args){
03     int i,j,k,l;
04     i = j = k = l = 3 + 5;
05     System.out.println("变量i的内容是: " + i);
06     System.out.println("变量j的内容是: " + j);
07     System.out.println("变量k的内容是: " + k);
08     System.out.println("变量l的内容是: " + l);
09   }
10 }
```

执行结果

```
变量i的内容是: 8
变量j的内容是: 8
变量k的内容是: 8
变量l的内容是: 8
```

第 4 行的赋值运算会将“3 + 5”这个表达式的运算结果 8 放入变量 l 中，而“l = 3 + 5”这个表达式的运算结果（一样是 8）放入 k 中，因此 l 与 k 的内容就都是 8。以此类推，最后 i、j、k、l 这 4 个变量的内容就全部都是 8 了，如图 4.1 所示。

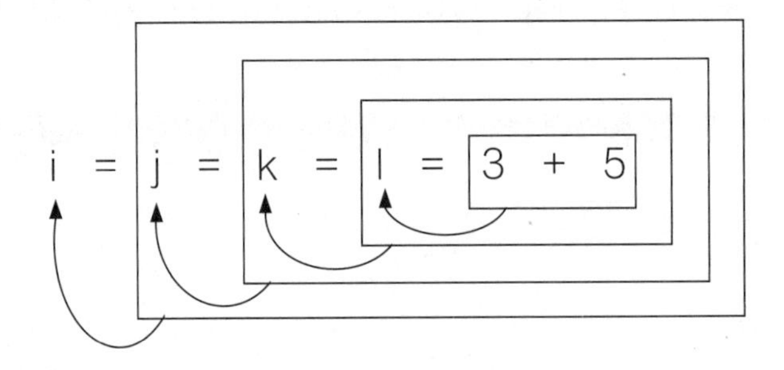

图4.1

4.3 数值运算

4.3.1 四则运算

```
num1 + num2          //加
num1 - num2          //减
num1 * num2          //乘
num1 / num2          //除
num1 % num2          //求余数
```

在数值运算中，最基本的运算就是四则运算，不过在 Java 中，四则运算中的乘法是以 * 表示，而除法则是以 / 表示，例如：

程序 Arithmetic.java 四则运算

```
01 public class Arithmetic{
02   public static void main(String[]args){
03     int i = 13,j = 7,result;
04     System.out.println("i="+ i +"j="+ j);
05
06     result = i + j;        //加
07     System.out.println( "i + j: " + result);
08     result = i - j;        //减
09     System.out.println( "i - j: " + result);
10     result = i *j;         //乘
11     System.out.println( "i *j: " + result);
12     result = i / j;        //除
13     System.out.println( "i / j: " + result);
14   }
15 }
```

执行结果

```
i = 13   j =7
i + j: 20
i - j: 6
i * j: 91
i / j: 1
```

要特别注意的是，由于 i 与 j 都是 int 类型，因此在进行除法运算时，计算的结果也是整数，而不会出现小数，因此当无法整除时（第 12 行程序），所得到的就只剩整数而没有小数。

TIP 了解这一点就可以知道在 Java 程序中，(5/3)*2 与 (5*2)/3 的结果是不同的。

Java 中还可以通过 % 运算符（Remainder Operator）来获取余数。

程序 Mod.java 计算余数

```
01 public class Mod{
02   public static void main(String[]args){
03     int apple = 100,people = 7,q,r;
04     q = apple/people;     //取商数
05     r = apple%people;     //取余数
06
07     System.out.println(people+"人分"+apple+"个苹果,");
08     System.out.println("每人分"+ q +"个,还剩"+ r +"个");
09   }
10 }
```

执行结果

```
7人分100个苹果,
每人分14个,还剩2个
```

如果有任何一个操作数是浮点数，那么除法的结果就会是浮点数。

程序 Division.java 浮点数的除法

```
01 public class Division{
02   public static void main(String[]args){
03     int i = 5;double d = 1.5;
04     System.out.println("i="+ i +"d="+ d);
05     //操作数中有浮点数
06     System.out.println("i/d: "+(i/d));  //取商数
07     System.out.println("i%d: "+(i%d));  //取余数
08   }
09 }
```

执行结果

```
i= 5  d=1.5
i/d: 3.3333333333333335
i%d: 0.5
```

4.3.2 递增与递减运算

扫一扫，看视频

由于在设计程序的时候经常会需要将变量的内容递增或是递减，因此 Java 也设计了简单的运算符，可以用来帮变量加 1 或是减 1。如果需要变量加 1，可以使用

```
var++
++var
var--
--var
```

++ 这个递增运算符（Increment Operator）；如果需要变量减 1，则可以使用 -- 这个递减运算符（Decrement Operator）。

程序 Increment.java 使用递增与递减运算符

```
01 public class Increment{
02   public static void main(String[]args){
03     int i = 5;
04     i++;//递增,相当于i=i+1
05     System.out.println("变量i的内容是: " + i);
06     i--;//递减,档当于i=i-1
07     System.out.println("变量i的内容是: " + i);
08   }
09 }
```

执行结果

```
变量 i 的内容是: 6
变量 i 的内容是: 5
```

其中第 4 行使用了递增运算符，因此变量 i 的内容会变成 5 + 1，也就是 6。而在第 6 行中，使用了递减运算符，因此变量 i 就又变回 5 了。

要注意的是，递增运算符或递减运算符可以写在变量的后面，也可以写在变量的前面，但其所代表的意义并不相同，请看以下范例。

程序 PostInc.java 前置与后置递增运算符

```
01 public class PostInc{
02   public static void main(String[]args){
03     int i = 0,j;
04     j =(i++)*10;  //后置递增
05     System.out.println("变量 i 的内容是: " + i);
06     System.out.println("变量 j 的内容是: " + j);
07
08     i = 0;
09     j =(++i)*10;  //前置递增
10     System.out.println("变量 i 的内容是: " + i);
11     System.out.println("变量 j 的内容是: " + j);
12   }
13 }
```

执行结果

```
变量 i 的内容是: 1
变量 j 的内容是: 0
变量 i 的内容是: 1
变量 j 的内容是: 10
```

分别在第 3 行和第 8 行将 i 的内容设置为 0，然后在第 4 行和第 9 行中使用递增运算符设置变量 j 的内容。这两行程序唯一的差别就是递增运算符的位置一个是在变量后面、一个是在变量前面，结果却不相同。主要的原因就是当递增运算符放在变量后面时，虽然变量的值会自增，但递增表达式的运算结果却是变量自增前的原始值。因此，第 4 行的表达式就相当于以下程序。

```
j = 0*10;          //0是变量i递增前的值
```

这种方式称为后置递增运算符（Postfix Increment Operator）。如果把递增运算符放在变量之前，那么递增表达式的运算结果就会是变量递增后的内容。因此，第 9 行的语句就相当于以下程序。

```
j = 1*10;          //变量i递增后是1
```

由于递增表达式的运算结果是变量递增后的值，所以 ++i 让 i 先变成 1 之后才和 10 相乘，再设置给 j，因此 j 就变成 10 了。这种方式称为前置递增运算符（Prefix Increment Operator）。

请再看以下的范例，会更清楚递增运算的方式。

程序 PreInc.java 后置与前置递增运算

```
01 public class PreInc{
02   public static void main(String[]args){
03     int i = 2,j;
04     j =(i++)+ i + 5;      //后置递增
05     System.out.println("变量 i 的内容是: " + i);
06     System.out.println("变量 j 的内容是: " + j);
07
08     i = 2;
09     j =(++i)+ i + 5;      //前置递增
10     System.out.println("变量 i 的内容是: " + i);
11     System.out.println("变量 j 的内容是: " + j);
12   }
13 }
```

执行结果

```
变量 i 的内容是: 3
变量 j 的内容是: 10
变量 i 的内容是: 3
变量 j 的内容是: 11
```

其中第 4 行的动作可以拆解成以下步骤。

（1）由于是后置递增运算，因此 i++ 的运算结果是变量 i 未递增前的值 2，表达式为

```
j = 2 + i + 5;
```

（2）变量 i 的值已经递增，所以 i 是 3。

（3）把 i 的值代入表达式，变成

```
j = 2 + 3 + 5;
```

（4）所以最后 j 为 10。

而第 9 行则是前置递增运算，所以递增表达式的运算结果就等于递增后变量 i 的值即 3，因此这行程序就等于是：

```
j = 3 + 3 + 5;            //前置递增
```

所以最后 j 就为 11。

要特别提醒的是，递增与递减运算符只能用在变量上，也就是说，不能编写这样的程序。

```
5++;
```

另外，递增或递减运算也可以用在浮点数值类型的变量上，而非只能用在整数变量上。

4.3.3 单操作数的正、负号运算符

```
+num
-num
```

+ 与 - 除了可以作为加法与减法的运算符外，也可以当作只需要单一操作数的正、负号运算符，例如：

扫一扫，看视频

程序 Minus.java 负号运算

```
01 public class Minus{
02   public static void main(String[]args){
03     int i = -7;
04     i = -(i + 3)+ 6;
05     System.out.println("变量i的内容是: "+ i);
06   }
07 }
```

执行结果

```
变量i的内容是: 10
```

在第 3、4 行就利用了负号运算符设置负值来改变运算结果的正负值。

4.4 逻辑运算符 (Logical Operation)

在这一节中要介绍逻辑运算符，这类运算对于下一章的流程控制以及用来表示某种状态是否成立时特别有用。

4.4.1 单操作数的取反运算符 (Logical Complement Operator)

取反运算符只需要一个布尔类型的操作数，其运算结果就是操作数的反向值。也就是说，如果操作数的值是 true，那么反向运算的结果就是 false；反之，如果操作数的值是 false，那么反向运算的结果就是 true。例如：

```
!opr
```

扫一扫，看视频

程序 Complement.java 利用反向运算符改变布尔值

```
01 public class Complement{
02   public static void main(String[]args){
03     boolean lightIsOn = false;          //用lightIsOn代表是否有开灯
```

```
04     System.out.println("现在有开灯? "+lightIsOn);
05
06     lightIsOn = !lightIsOn;              //做反向运算
07     System.out.println("现在有开灯? "+lightIsOn);
08   }
09 }
```

执行结果

```
现在有开灯? false
现在有开灯? true
```

在这个例子中，用 lightIsOn 这个布尔类型的变量表示房间的灯是否打开，例如 lightIsOn 的值为 true 表示开灯、false 表示没开灯。第 3 行设置变量初始值为 false（没开灯），第 6 行则用反向运算符（!）改变布尔变量的值，所以在执行结果中就会看到不同的内容。

TIP 在学习过第 5 章的流程控制后，将会发现取反运算经常用来判断某种状况（条件）是否成立。

4.4.2 比较运算符 (Comparison Operator)

扫一扫，看视频

```
num1 == num2        //比较左边的操作数是否等于右边的操作数
num1 != num2        //比较左边的操作数是否不等于右边的操作数
num1 > num2         //比较左边的操作数是否大于右边的操作数
num1 < num2         //比较左边的操作数是否小于右边的操作数
num1 >= num2        //比较左边的操作数是否大于或等于右边的操作数
num1 <= num2        //比较左边的操作数是否小于或等于右边的操作数
```

比较运算符（又叫关系运算符）需要两个数值类型的操作数，并依据运算符的比较方式比较两个操作数是否满足指定的关系。

比较运算符的运算结果是一个布尔值，表示所要比较的关系是否成立。举例说明：

程序 Comparison.java 比较运算

```
01 public class Comparison{
02   public static void main(String[]args){
03     int i = 4,j = 5;
04     System.out.println("当i = "+ i +",j = "+ j);
05     System.out.println("i < j: "+(i < j));
06     System.out.println("i <= j: "+(i <= j));
07     System.out.println("i > j: "+(i > j));
08     System.out.println("i >= j: "+(i >= j));
```

```
09        System.out.println("i == j: "+(i == j));
10        System.out.println("i!= j: "+(i!= j));
11    }
12 }
```

执行结果

```
当i = 4,j = 5
i < j: true
i <= j: true
i > j: false
i >= j: false
i == j: false
i!= j: true
```

“==” 与“!=” 运算符除了可以用在数值数据上，也可以用在布尔类型的数据上，其余的比较运算符则只能用在数值数据上。例如：

程序 CompareBoolean.java 比较布尔类型的数据

```
01 public class CompareBoolean{
02   public static void main(String[]args){
03     boolean a = true,b = false;
04     System.out.println("a == b: "+(a == b));
05     System.out.println("a!= b: "+(a!= b));
06   }
07 }
```

执行结果

```
a == b: false
a!= b: true
```

避免使用浮点数进行比较运算

另外要提醒读者，要避免使用浮点数进行比较运算。因为浮点数是以二进制来表示的小数（如1/2、1/4、1/8、…），有时不能“精确”表示十进制小数值，范例如下：

程序 CompFloat.java 对浮点数进行比较运算

```
01 public class CompFloat{
02   public static void main(String[]args){
03     double a = 1.1*3;//1.1*3 = 3.3
04     double b = 3.3*1;//3.3*1 = 3.3
05     System.out.println("a == b:"+(a == b));    // "相等"比较
06     System.out.println("a!= b:"+(a!= b));      // "不等"比较
07     System.out.println("a ="+ a);              //输出a的值
08     System.out.println("b ="+ b);              //输出b的值
09   }
10 }
```

执行结果

```
a == b: false
a!= b: true
a = 3.3000000000000003   ←— 1.1*3的结果不是3.3
b = 3.3
```

小学生都知道“1.1*3”和“3.3*1”的结果是相同的，但上述范例做“==”比较运算的结果竟然是 false，而输出这两个变量的值时才发现 a 的值出现了微小的误差。

一般若需做精确的十进制小数计算，都会采用其他的技巧或使用 Java 提供的 BigDecimal 类来处理，读者可待熟练掌握 Java 操作之后再来了解。目前只需记住**使用浮点运算可能会产生一些意想不到的误差**即可。

4.4.3 逻辑运算符 (Logical Operator)

逻辑运算符就相当于是布尔数据的比较运算，它们都需要两个布尔类型的操作数。各个运算符的意义如下。

扫一扫，看视频

```
opr1 ^ opr2
opr1 & opr2
opr1 | opr2
opr1 && opr2
opr1 || opr2
```

◎ & 与 && 运算符是逻辑与（AND）的意思，当两个操作数的值都是 true 时，运算结果就是 true，否则就是 false。

◎ | 与 || 运算符是逻辑或（OR）的意思，两个操作数中只要有一个是 true，运算结果就是 true，只有在两个操作数的值都是 false 的情况下，运算结果才会是 false。

◎ ^ 则是逻辑异或（XOR，EXCLUSIVE OR）的运算，当两个操作数的值不同时，运算结果为 true，否则为 false。

范例如下。

程序 Logical.java 逻辑运算

```
01 public class Logical {
02   public static void main(String[] args) {
03     boolean a = true, b = false;
04     System.out.println("a= " + a + ", b= " + b);
05     System.out.println("a &  b: " + (a & b) );
06     System.out.println("a && b: " + (a && b));
07     System.out.println("a |  b: " + (a | b) );
08     System.out.println("a || b: " + (a || b));
09     System.out.println("a ^  b: " + (a ^ b) );
10   }
11 }
```

执行结果

```
a= true, b=false
a &  b: false
a && b: false
a |  b: true
a || b: true
a ^  b: true
```

其中第 5、6 行由于 b 是 false，所以 AND 运算结果为 false。第 7、8 行因为 a 是 true，所以 OR 运算结果是 true。第 9 行因为 a 与 b 的值不同，所以异或运算的结果是 true。读者可试着修改程序第 3 行变量的初始值（例如都改成 false），并在执行前预测会有什么结果。

你可能会觉得奇怪，&、| 这一组运算符和 &&、|| 这一组运算符的作用好像一样，那么为什么要有两组功能相同的运算符呢？其实这两组运算符进行的运算虽然相同，但是 &&、|| 会在左边的操作数就可以决定运算结果的情况下，忽略右边的操作数（因此它们又称为条件运算符，Conditional Operator）。请看下面的范例。

程序 ShortCircuit.java 短路模式的逻辑运算

```
01 public class ShortCircuit {
02   public static void main(String[] args) {
03     int i = 3, j = 4;
04     System.out.println("使用 | 的运算结果：" +
05       (true | (i++ == j)));    //i++会被执行
06     System.out.println("运算后i的内容：" + i);
07
08     i = 3;
09     j = 4;
10     System.out.println("使用 || 的运算结果：" +
11       (true || (i++ == j)));   //i++不会被执行
12     System.out.println("运算后i的内容：" + i);
13   }
14 }
```

执行结果

```
使用 | 的运算结果：true
运算后i的值：4
使用 || 的运算结果：true
运算后i的值：3
```

可以发现，虽然第 5 行与第 11 行的运算结果一样，但是它们造成的结果却不同。在第 11 行中，由于 || 运算符左边的操作数是 true，因此不需要看右边的操作数就可以知道运算结果为 true，

所以 i++ == j 这个表达式根本就不会执行，i 的值也就不会递增，最后看到 i 的值保持不变。再看第 5 行，由于是使用 | 运算符，所以会把两个操作数的值都求出，因此就会递增变量 i 的内容了。

以此类推，& 运算符与 && 运算符也是如此。像这样只靠左边的操作数便可推算运算结果，而忽略右边操作数的方式，称为短路模式（Short Circuit），表示其取捷径，而不会浪费时间继续计算右边操作数的值。在使用这一类的运算符时，必须考虑到短路模式的效应，以避免发生有些我们以为会执行的动作其实并没有执行的意外情况发生。

4.5 位运算符 (Bitwise Operation)

在 Java 中，整数类型的数据是以二进制数来表示的，例如，以 Byte 类型的整数来说，就是用一个字节来表示数值，如 2 拆解成 8 个位就是：

```
00000010
```

而负数是以 2 的补码法（2's Complement）表示，也就是用其绝对值减 1 的补码（Complement）表示，即其绝对值减 1 后以二进制表示，然后将每一个位的值反向（相关原理可参考计算机概论的书籍）。例如：

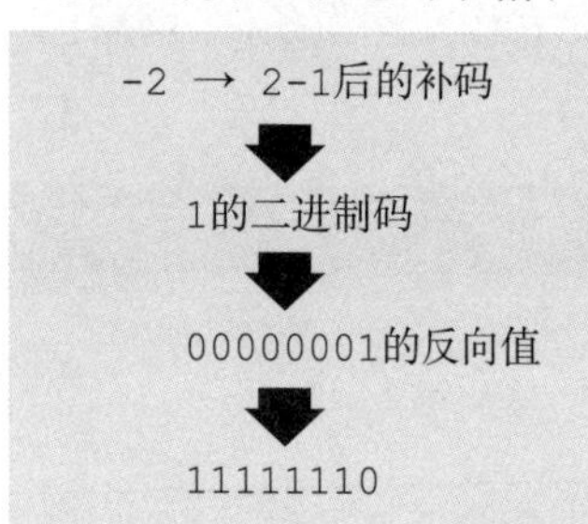

位运算就是以位为基本单位的运算。

扫一扫，看视频

4.5.1 位逻辑运算符 (Bitwise Logical Operator)

“|”“&”与“^”可以进行位逻辑运算，也就是将两个整数操作数的对应位两两进行逻辑运算。范例如下。

int1 | int2
int1 & int2
int1 ^ int2

程序 BitwiseLogical.java 位运算

```
01 public class BitwiseLogical {
02   public static void main(String[] args) {
03     byte i = 2;          //0000_0010
```

```
04      byte j = -2;          //1111_1110
05
06      System.out.println("i | j: " + (i | j));
07      System.out.println("i & j: " + (i & j));
08      System.out.println("i ^ j: " + (i ^ j));
09    }
10  }
```

执行结果

```
i | j: -2
i & j: 2
i ^ j: -4
```


由于 2 的二进制表示法为 00000010，而 –2 的二进制表示法为 11111110，所以 2 |–2 就是针对对应位两两进行逻辑或的运算，对应位中有一个值为 1，则结果即为 1；否则就是 0。

```
 00000010
|11111110
 --------
 11111110
```

结果就是 11111110，即 –2。2&–2 则是针对对应位两两进行逻辑与的运算，只有对应位的值都是 1 时，结果才为 1；否则为 0，即：

```
 00000010
&11111110
 --------
 00000010
```

结果就是 00000010，即 2。2 ^–2 就是针对对应位两两进行逻辑 XOR（异或）的运算，当对应位的值不同时，结果为 1；否则为 0，即：

```
 00000010
^11111110
 --------
 11111100
```

结果就是 11111100，即 –4。

TIP 位逻辑运算符 (|、&、^) 会将二元操作数的值都求出来，其两边的操作数必须都是布尔类型（此时会做逻辑运算，参见 4.4.3 小节）或都是整数类型（此时会做位逻辑运算）。

4.5.2 单操作数的位补码运算符 (Bitwise Complement Operator)

扫一扫，看视频

位补码运算符只需要一个整数类型的操作数，运算的结果就是“取操作数的二进制补码”，例如：

```
~opr
```

程序 BitwiseComplement.java 取补码

```
01 public class BitwiseComplement {
02   public static void main(String[] args) {
03     byte i = 127; // =>01111111
04                   // ~01111111 => 10000000 => -128
05     System.out.println("~127: " + (~i));
06 
07     i = -1;  // => 11111111
08              // ~11111111 => 00000000 => 0
09     System.out.println("~(-1): " + (~(-1)));
10   }
11 }
```

执行结果

```
~127: -128
~(-1): 0
```

由于 127 的二进制表示为（01111111），取补码即为将各个位值反相，得到 10000000，也就是 −128；而 −1 的二进制表示为（11111111），取补码为 00000000，也就是 0。另外，还有一个快速的算法，即"（~x）=（−x）−1"，读者可自行验证一下。

4.5.3 移位运算符 (Shift Operator)

扫一扫，看视频

```
int1 << int2     //左移位运算：左移后右边位补0
int1 >> int2     //右移位运算：右移后左边位补原最左边的位值
int1 >>> int2    //右移位运算：右移后左边位补0
```

移位运算符需要两个整数类型的操作数，运算的结果就是将左边的操作数以二进制表示后，依据指定的方向移动右边操作数所指定的位数，移动之后空出来的位则依据运算符的不同会补上不同的值。

◎ 如果是 >> 运算符，左边空出来的所有位都补上原来最左边的位值。

◎ 如果是 >> 以外的移位运算符（<<）或（>>>），那么空出来的位都补 0。

请注意 >>> 和 >> 的差别在于 >>> 是最左边位补 0，而 >> 是补最左边的原位。举例来说，如果左边的操作数是 int 类型的 2，并且只移动一位，那么各种移位的运算操作如下所示。

◎ 2 >> 1

```
00000000...00000010
↓ 右移一个位
_0000000...00000001
↓ 最左边补原值最左边位,本例为0
00000000...00000001
↓
1
```

◎ 2 >>> 1

```
00000000...00000010
↓ 右移一个位
_0000000...00000001
↓ 最左边补0
00000000...00000001
↓
1
```

◎ 2 << 1

```
00000000...00000010
↓ 左移一个位
00000000...0000010_
↓ 最右边补0
00000000...00000100
↓
4
```

但如果左边的操作数是 –2，那么移动 1 个位就会变成这样。

◎ –2 >> 1

```
11111111...11111110
↓ 右移一个位
_1111111...11111111
↓ 最左边补原值最左边位,本例为1
11111111...11111111
↓
-1
```

◎ –2 >>> 1

```
11111111...11111110
↓ 右移一个位
_1111111...11111111
↓ 最左边补0
01111111...11111111
↓
2147483647
```

◎ –2 << 1

```
11111111...11111110
↓ 左移一个位
11111111...1111110_
```

```
  ↓ 最右边补0
11111111...11111100
  ↓
-4
```

移位运算与乘除法

由于移位运算是以位为单位，如果是向左移 1 位，就等于是原本代表 1 的位数往左移成为代表 2 的位数、而原本代表 2 的位数则往左移 1 位变成代表 4 的位数，以此类推，最后就相当于把原数乘以 2；如果移 2 位，就变成乘以 4。相同的道理，当使用 >> 时，右移 1 位的运算就等于是除以 2、右移 2 位就变成除以 4。对于整数来说，使用移位运算因为不牵涉数值的计算，会比使用除法运算效率高，如果你的程序需要提高运算效率的话，可以善加利用。

实际的范例如下。

程序 Shift.java 使用移位运算

```
01 public class Shift {
02   public static void main(String[] args) {
03     int i = 2; //00000000000000000000000000000010
04     System.out.println("2 >> 1 : " + (i >> 1));
05     System.out.println("2 << 1 : " + (i << 1));
06     System.out.println("2 >>> 1: " + (i >>> 1));
07
08     i = -2;    //11111111111111111111111111111110
09     System.out.println("-2 >> 1 : " + (i >> 1));
10     System.out.println("-2 << 1 : " + (i << 1));
11     System.out.println("-2 >>> 1: " + (i >>> 1));
12   }
13 }
```

执行结果

```
2 >> 1 : 1
2 << 1 : 4
2 >>> 1 : 1
-2 >> 1 : -1
-2 << 1 : -4
-2 >>> 1 : 2147483647
```

类型自动转换

在使用移位运算符时，请特别注意，除非左边的操作数是 long 类型，否则 Java 会先把左边操作数的值转换成 **int 类型**，然后才进行移位运算。这对于负数的 >>> 运算会有很大的影响。举例来说，如果 Shift.java 程序中的第 3 行将 i、j 声明为 byte，并且以一个字节来进行移位运算，-2 >>> 1 的结果应该是：

```
11111110
↓ 右移一个位
_1111111
↓ 左边位补0
01111111
↓
127
```

不过实际上因为 -2 会先被转换成 int 类型，因此移位运算的结果和 Shift.java 代码中的一样，还是 2147483647。

有关 Java 在进行运算时对操作数进行的转换，在 4.7 节中含有说明。

4.6 表达式的运算顺序

在 4.5 节中虽然已经了解了 Java 中大部分运算符的功能，不过如果不注意，可能会写出并不是自己想要的程序。举例来说，以下这个表达式：

```
i = 3 + 5 >> 1 / 2;
```

你能够猜出来变量 i 最后的内容是什么吗？为了确认 i 的内容，必须先了解当一个表达式中有多个运算符时，Java 究竟是如何解译这个表达式的呢？

4.6.1 运算符间的优先级 (Operator Precedence)

扫一扫，看视频

影响表达式解译的第一个因素就是运算符之间的优先级，这个顺序决定了表达式中不同种类运算符之间计算的先后次序。请看下面这个表达式。

```
i = 1 + 3 * 5 >> 1;
```

在这个表达式中，也许可以根据数学中对于四则运算的基本认识猜测加法要比乘法优先级低，所以 3 会与乘法运算符结合。可是乘法和移位运算哪一个比较优先呢？如果乘法运算符比移位运算符优先，5 就会选取乘法运算符，整个表达式就可以解译成这样：

```
i = 1 + (3 * 5) >> 1;
```

也就是

```
i = 1 + 15 >> 1
```

那么接下来的问题就是加法运算符和移位运算符哪一个优先，以便能够决定 15 是要和加法运算符结合还是与移位运算符结合。以此例来说，如果加法运算符优先，也就是 16 >> 1，结果变成 8；如果是移位运算符优先，就是 1 + 7，结果也是 8。

但是如果移位运算符比乘法运算符优先的话，就会解译成这样：

```
i = 1 + 3 * (5 >> 1);
```

那么 i 的值就会变成是 1 + 3*2，也就是 1 + 6，结果变成 7 了。从这里就可以看到，运算符间的优先级不同将会导致表达式的运算结果不同。

Java 制定了一套运算符之间的优先级来决定表达式的计算顺序。以刚刚的范例来说，乘法运算符最优先，其次是加法运算符，最后才是移位运算符，因此，i 的值实际上会是 8，就如同第一种假设的方式一样。以下是实际的程序。

程序 Priority.java 运算符的优先顺序

```
01 public class Priority {
02   public static void main(String[] args) {
03     int i;
04     i = 1 + 3 * 5 >> 1; //计算顺序 *, +, >>
05     System.out.println("1 + 3 * 5 >> 1 结果为: " + i);
06     i = 8 - 8 >> 1;      //计算顺序 -, >>
07     System.out.println("8 - 8 >> 1 结果为: " + i);
08   }
09 }
```

从执行结果可以看出来，第 6 行的算式的确是先选了减法运算符，否则 i 的值应该是 4；同样的道理，第 4 行中则先选了乘法运算符，否则 i 的值应该是 7。

执行结果

```
1 + 3 * 5 >> 1 结果为: 8
8 - 8 >> 1 结果为: 0
```

4.6.2 运算符的结合性 (Associativity)

扫一扫，看视频

所谓结合性，是指对于优先级相同的运算符，彼此之间的计算顺序。二元运算符（需两个操作数）的结合性大多为左边优先，也就是说，当多个二元运算符串在一起时，会先从左边的运算符开始。现在来看看实际的程序。

程序 Associativity.java 运算符的结合性

```
01 public class Associativity {
02   public static void main(String[] argS) {
03     int i = 8 / 2 / 2; // -> (8 / 2) / 2
04     System.out.println("变量 i 现在的内容: " + i);
05
06     i = 99 % 13 % 5;    // -> (99 % 13) % 5
07     System.out.println("变量 i 现在的内容: " + i);
08   }
09 }
```

执行结果

```
变量 i 现在的内容: 2
变量 i 现在的内容: 3
```

但是赋值运算符 = 的结合律则是右边优先，范例如下。

程序 AssignmentAssoc.java 赋值运算符的结合性

```
01 public class AssignmentAssoc {
02   public static void main(String[] args) {
03     int i,j,k,l;
04     i = j = k = l = 3;
05     System.out.println("变量 i 的内容是: " + i);
06     System.out.println("变量 j 的内容是: " + j);
07     System.out.println("变量 k 的内容是: " + k);
08     System.out.println("变量 l 的内容是: " + l);
09   }
10 }
```

执行结果

```
变量 i 的内容是: 3
变量 j 的内容是: 3
变量 k 的内容是: 3
变量 l 的内容是: 3
```

其中第 4 行就是采用右边优先的结合性，否则，如果采用左边优先结合的话，就变成：

```
(((i = j) = k) = l) = 3;
```

如此表达式将无法正常执行，因为第 2 个赋值运算符左边需要变量作为操作数，但左边这个表达式 i = j 的运算结果并不是变量，而是数值。另外，一元运算符也是右边优先，例如 –++i 就相当于 –（++i），当 i 为 1 时，其运算结果为 –2，而 i 会变成 2。

4.6.3 以括号强制运算顺序

扫一扫，看视频

了解了运算符的结合性与优先级之后，就可以综合这两项特性，深入了解表达式的解译方法了。表 4.1 中先列出所有运算符的优先级与结合性，方便判断表达式的计算过程（优先等级数目越小越优先）。

表4.1

<table>
<tr><th>运算符</th><th>说 明</th><th>优先等级</th><th>结合性</th></tr>
<tr><td>++、--</td><td>递增、递减运算符</td><td>1(最优先)</td><td>右</td></tr>
<tr><td>+、-</td><td>单操作数的正、负号运算符</td><td>1</td><td>右</td></tr>
<tr><td>~</td><td>位补数运算符</td><td>1</td><td>右</td></tr>
<tr><td>!</td><td>逻辑非运算符</td><td>1</td><td>右</td></tr>
<tr><td>(类型)</td><td>类型转换运算符(请参考第 4.7 节)</td><td>1</td><td>右</td></tr>
<tr><td>*、/、%</td><td>数学运算</td><td>2</td><td>左</td></tr>
<tr><td>+、-</td><td>数学运算</td><td>3</td><td>左</td></tr>
<tr><td>+</td><td>字符串连接运算符(请参考第 10 章)</td><td>3</td><td>左</td></tr>
<tr><td>>>、>>>、<<</td><td>移位运算符</td><td>4</td><td>左</td></tr>
<tr><td><、<=、>、>=</td><td>比较运算符</td><td>5</td><td>左</td></tr>
<tr><td>instanceof</td><td>类型运算符(请参考第 11 章)</td><td>5</td><td>左</td></tr>
<tr><td>==、!=</td><td>比较运算符</td><td>6</td><td>左</td></tr>
<tr><td>&</td><td>AND 运算符</td><td>7</td><td>左</td></tr>
<tr><td>^</td><td>XOR 运算符</td><td>8</td><td>左</td></tr>
<tr><td>|</td><td>OR 运算符</td><td>9</td><td>左</td></tr>
<tr><td>&&</td><td>逻辑与运算符</td><td>10</td><td>左</td></tr>
<tr><td>||</td><td>逻辑或运算符</td><td>11</td><td>左</td></tr>
<tr><td>?:</td><td>条件运算符(请参考第 4.8.2 小节)</td><td>12</td><td>右</td></tr>
<tr><td>=、*=、/=、%=、+=、-=、<<=、>>=、>>>=、&=、|=、^=</td><td>赋值运算符及复合赋值运算符(请参考第 4.8.1 小节)</td><td>13(最不优先)</td><td>右</td></tr>
</table>

TIP 为了方便记忆，可先记住以下优先顺序(注意：只有第 2 项的结合性是左边优先)：

一元运算符(右)> 二元运算符(左)> 三元运算符(右)> 赋值运算符(右)

(例如 ++、~ 等)　(例如 *、>> 等)　(?:)　(例如 =、+=、&= 等)

1. 解译表达式

有了结合性与优先级的规则，任何复杂的表达式都可以找出计算的顺序，以右侧上的表达式为例。

```
j = 10;
i = ++j + 20 * 8 >> 1 % 6;
```

要得到正确的计算结果，先在各个运算符下标记优先等级，如右侧下。

```
i = ++j + 20 * 8 >> 1 % 6 ;
 ⑬ ❶  ❸    ❷    ❹    ❷
```

从优先等级最高的运算符开始，找出它的操作数，然后用括号将这个运算符所构成的表达式标记起来，视为一个整体，以作为其他运算符的操作数。如果遇到相邻的操作数优先等级相同，就套用结合性，找出计算顺序。以此类推，一直标记到优先等级最低的运算符为止。

```
优先顺序最高的是 1
i = (++j) + 20 * 8 >> 1 % 6 ;
      ❶
↓
i = (++j) + (20 * 8) >> (1 % 6);
                ❷         ❷
↓
i = ((++j) + (20 * 8)) >> (1 % 6);
           ❸
↓
i = (((++j) + (20 * 8)) >> (1 % 6));
                        ❹
```

所以，最后变量 i 的值应该是：

```
(((++j) + (20 * 8)) >> (1 % 6))
↓
(((11) + (160)) >> (1))
↓
((171) >> (1))
↓
(85)
↓
85
```

实际程序执行结果如下。

程序 Expression.java 套用优先顺序与结合性进行运算

```
01 public class Expression {
02   public static void main(String[] args) {
03     int i,j;
04     j  = 10;
05     i = ++j + 20 * 8 >> 1 % 6;
06     System.out.println("变量 i 现在的内容：" + i);
07   }
08 }
```

执行结果

```
变量 i 现在的内容：85
```

2. 明确标识运算顺序

可想而知，如果每次看到这样的表达式，都要耗费时间才能确定其运算的顺序，不但难以阅读，而且编写的时候也可能出错。因此，建议用括号明确地标识出表达式的运算优先级，以便让自己以及其他阅读程序的人都能够一目了然，清清楚楚地了解计算的顺序。拿刚刚所举的例子来说，至少要改写成这样才不会让阅读程序的人对于计算的顺序有所误会。

```
i = ((++j) + 20 * 8) >> (1 % 6);
```

3. 运算符识别

Java 在解译一个表达式时，还有一个重要的特性，就是会从左往右读取，一一辨识出个别的运算符，范例如下。

程序 LeftToRight.java 找出正确的运算符

```
01 public class LeftToRight  {
02   public static void main(String[] args) {
03     int i = 3,j = 3,k;
04     k = i+++j; //-> k = (i++) + j
05     System.out.println("变量 i 现在的内容：" + i);
06     System.out.println("变量 j 现在的内容：" + j);
07     System.out.println("变量 k 现在的内容：" + k);
08   }
09 }
```

执行结果

```
变量i现在的内容：4
变量j现在的内容：3
变量k现在的内容：6
```

其中第 4 行赋值运算符右边的操作数如果对于运算符的归属解译不同，结果就会不同。如果解译为

```
(i++) + j
```

那么运算结果就是 6，而且 i 变为 4、j 的值不变。但如果解译成这样：

```
i + (++j)
```

那么运算结果就会是 7，而且 i 不变，但 j 会变成 4。如果解译成这样：

```
i + (+(+j))
```

那么运算结果就是 6，而且 i、j 的值均不变。

事实上，Java 会由左往右，以最多字符能识别出的运算符为准，因此真正的结果是第一种解译方式。

为了避免混淆，一般建议读者在编写这样的表达式时加上适当的括号来明确运算符的优先级。

4.7 数据类型的转换 (Type Conversion)

到目前为止，已经把各种运算符的功能以及表达式的运算顺序都说明清楚了，即便如此，还是有可能写出不是自己想要的表达式。因为 Java 在计算表达式时，除了套用之前所提到的结合性与优先级规则以外，还使用了几条处理数据类型的规则，如果不了解这些，编写程序时就会遇到许多奇怪的令人费解的情况。

4.7.1 数值类型的自动提升 (Promotion)

扫一扫，看视频

请先看看以下这个程序。

程序 Promotion.java 数值会自动提升类型

```
01 public class Promotion {
02   public static void main(String[] args) {
03     byte i = -2;
04     i  = i >> 1;
05     System.out.println("变量 i 现在的内容: " + i);
06   }
07 }
```

看起来这个程序似乎没有什么问题，把 1 个 byte 类型的变量值右移 1 位，然后放回变量中，但是如果编译这个程序，就会看到以下的信息。

```
Promotion.java:4: error: incompatible types: possible lossy conversion from
int to byte
   i  = i >> 1;
          ^
1 error
```

Java 编译器提示可能会遗失数据，这是因为 Java 在计算表达式时所进行的额外动作所造成的。以下就针对不同的运算符，详细说明 Java 内部的处理方式。

1. 一元运算符

对于一元运算符来说，如果其操作数的类型是 char、byte、short，那么在运算之前就会先将操作数的值提升为 int 类型。

2. 二元运算符

如果是二元运算符，规则如下。

◎ 如果有任一个操作数是 double 类型，那么就将另一个操作数提升为 double 类型。

◎ 否则，如果有任一个操作数是 float 类型，那么就将另一个操作数提升为 float 类型。

◎ 否则，就再看是否有任一个操作数是 long 类型，如果有，就将另外一个操作数提升为 long 类型。

◎ 如果以上规则都不符合，就将两个操作数都提升为 int 类型。

简单来说，就是将两个操作数的类型提升到同一种类型。根据这样的规则，就可以知道刚刚的 Promotion.java 程序为什么会出错了。

由于 Java 在计算时会把 >> 运算符两边的操作数都提升为 int 类型，因此 i >> 1 的运算结果也是 int 类型，接着要把 int 类型的数据赋值给 byte 类型的变量 i，Java 就会担心数值过大，无法符合 byte 类型可以容纳的数值范围。这就好比如果想把一个看起来体积比保管箱大的物品放进保管箱中，服务人员自然不会准许。

“智慧的”整数数值设置

如果是使用字面常量设置类型为 char、byte、short 的变量，那么即使 Java 默认会将整数的字面常量视为 int 类型，但只要该常量的值落于该变量所属类型可表示的范围内，就可以放入该变量中。也就是说，以下这行程序是可行的。

```
byte b = 123; //123 落于 byte 类型的范围内
```

但此项规则并不适用于 long 类型的字面常量，以下这行程序

```
int i = 123L; //long 类型不适用此规则
```

编译时就会出错。

```
TestConstant.java:4: incompatible types: possible lossy
conversion from long to int
        int i = 123L; //long 类型不适用此规则
                ^
1 error
```

请务必特别注意。

4.7.2 强制类型转换 (Type Casting)

扫一扫，看视频

那么到底要如何解决上述问题呢？如果以保管箱的例子来说，除非先把物品挤压成能够放入保管箱的大小，否则很难保证它能放进去。在 Java 中也是一样，除非可以自行改变要放进去的数值符合 byte 的可接受范围，否则就无法将 int 类型的数据放入 byte 类型的变量中。这个改变的方法就称为强制类型转换（Cast），请看以下程序。

程序 Casting.java 强制类型转换

```
01 public class Casting {
02   public static void main(String[] args) {
03     byte i = -2;
04     i  = (byte) (i >> 1);
05     System.out.println("变量 i 现在的内容: " + i);
06   }
07 }
```

执行结果

```
变量 i 现在的内容: -1
```

这个程序和 Promotion.java 几乎是一模一样，差别只在于将第 4 行中原本的移位运算整个括起来，并且使用（byte）这个类型转换运算符（Casting Operator）将运算结果转成 byte 类型。这等于是告诉 Java，要求把运算结果变成 byte 类型，后果自行负责。

通过这样的方式，就可以将运算结果放回 byte 类型的变量中了。

强制类型转换的风险

强制类型转换虽然好用，但因为是把数值范围比较大的数据强制转换为数值范围比较小的类型，因此有可能在转型后造成数据值不正确，例如：

程序 CastingError.java 强制类型转换造成错误

```
01 public class CastingError  {
02   public static void main(String[] args) {
03     int i = 32768;
04     System.out.println("i=" + i);
05     short s = (short) i;       //int 强制转型为 short
06     System.out.println("s=" + s);
07     byte b = (byte) s;         //short 强制转型为 byte
08     System.out.println("b=" + b);
09   }
10 }
```

执行结果

```
i=32768
s=-32768
b=0
```

第 3 行变量 i 的值为 32768 （二进制为 1000 0000 0000 0000），在第 5 行强制转型为 short 时，已超出其可表达的范围，结果被解读为 –32768。第 7 行进一步转型为 byte，此时只会留下最低的 8 位，使得转型后 b 的值变为 0 了。

4.7.3 自动类型转换

除了运算符所带来的转换效果以外，还有一些规则也会影响数据的类型，进而影响到表达式的运算结果，分别在这一小节中探讨。

扫一扫，看视频

1. 字面常量的自动类型转换

除非特别以字尾字符标识，否则 Java 会将整数的字面常量视为是 int 类型，而将带有小数点的字面常量视为是 double 类型。编写程序时，常常会忽略这一点，导致得到意外的运算结果，甚至无法正确编译程序。

2. 赋值运算符的自动类型转换

在使用赋值运算符时，会依据下列规则将右边的操作数自动转型。

◎ 如果左边操作数类型比右边操作数类型的数值范围要广，就直接将右边操作数转换成左边操作数的类型。

◎ 如果左边的操作数是 byte、short、char 类型的变量，而右边的操作数是仅由 byte、short、int、char 类型的字面常量所构成的表达式，并且运算结果落于左边变量类型的数值范围内，那么就会将右边操作数自动转换为左边操作数的类型。

上述规则正是我们能够编写以下程序的原因。

程序 AutoConversion.java 整数的转型

```
01 public class AutoConversion {
02   public static void main(String[] args) {
03     byte b = -2 * 3 + 1;    //右边是 int
04     int  i = b;             //右边是 byte
05     System.out.println("变量 b 现在的内容: " + b);
06     System.out.println("变量 i 现在的内容: " + i);
07   }
08 }
```

执行结果

```
变量 b 现在的内容: -5
变量 i 现在的内容: -5
```

第 3 行赋值运算符的右边就是 int 类型，但左边是 byte 类型的变量，可是因为右边的表达式仅由字面常量构成，且计算结果未超出 byte 的范围，一样可以放进去。第 4 行则很简单，右边 byte 类型的数据可以直接放入左边 int 类型的变量中。如果把第 3 行改成：

```
byte b = -2 * 300 + 1; //右边是 int
```

由于右边表达式的运算结果超出了 byte 的范围，连编译的动作都无法通过。

转换的种类

在 Java 中，像由 byte 到 int 这种从数值范围较小的基本类型转换为范围较大的基本类型，称为**宽化转型** (Widening Primitive Conversion)；反之，则称为**窄化转型** (Narrowing Primitive Conversion)。

4.8 其他运算符

本节主要介绍两种运算符来简化编写程序时的工作。

4.8.1 复合赋值运算符 (Compound Assignment Operator)

扫一扫，看视频

如果在进行数值或位运算时，左边的操作数是个变量，而且会将运算结果放回这个变量中，那么可以采用简洁的方式来编写，范例如下。

```
i = i + 5;
```

就可以改写为

```
i += 5;
```

这种做法看起来好像只节省了一点点的打字时间，但实际上还做了其他事情，请先看以下程序。

程序 CompoundAssignment.java 复合赋值运算符的妙用

```
01 public class CompoundAssignment {
02   public static void main(String[] args) {
03     int i = 2;
04     i += 2;
05     System.out.println("变量 i 现在的内容：", i);
06     i += 4.6;
07     System.out.println("变量 i 现在的内容：", i);
08   }
09 }
```

执行结果

```
变量 i 现在的内容：4
变量 i 现在的内容：8
```

其中第 6 行的程序如果不使用复合赋值运算符，并不能写成这样：

```
i = i + 4.6;
```

因为 Java 会将 4.6 当成 double 类型，而依据 4.7 节的说明，为了使 i 可以和 4.6 相加，i 的值会先被转换成 double 类型。因此，i + 4.6 的结果也会是 double 类型，但 i 却是 int 类型，那么指定运算在编译时就会发生错误。正确的写法应该是：

```
i = (int)(i + 4.6);
```

而这正是复合赋值运算符会帮用户处理的细节，它会将左边操作数的值取出，与右边操作数运算之后，强制将运算结果转回左边操作数的类型，然后再放回左边的操作数中。这样一来，用户就不需要自己编写转换类型的代码了。

除了 += 以外，*=、/=、%=、-=、<<=、>>=、>>>=、&=、^=、|= 也是可用的复合赋值运算符。

扫一扫，看视频

4.8.2 条件运算符 (Conditional Operator)

条件运算符是比较特别的运算符，它需要 3 个操作数，分别用“?”与“:”隔开。第 1 个操作数必须是布尔值，如果这个布尔值为 true，就选取第 2 个操作数进行运算，否则选取第 3 个操作数进行运算，并作为整个表达式的结果，例如：

```
opr1?opr2:opr3
```

程序 Conditional.java 条件运算符的计算

```
01 public class Conditional  {
02   public static void main(String[] args) {
03     boolean lightIsOn = false;         //用 lightIsOn 代表是否有开灯
04     System.out.println(lightIsOn? "灯亮了":"灯熄了");
05
06     lightIsOn = !lightIsOn;            //做逻辑非运算
07     System.out.println(lightIsOn? "灯亮了":"灯熄了");
08   }
09 }
```

执行结果

```
灯熄了
灯亮了
```

本例将 4.4.1 小节的范例 Complement.java 略做修改，将输出的部分改用条件运算符“lightIsOn?" 灯亮了 ":" 灯熄了 "”。当 lightIsOn 为 true 会返回“灯亮了”；若 lightIsOn 为 false 则返回“灯熄了”。由执行结果即可验证。

1. 条件运算符的短路效应

要特别注意的是，如果第 2 个或第 3 个操作数为一个表达式而且并不是被选取的操作数时，该操作数并不会进行运算，例如：

程序 ConditionalExpression.java 条件运算符的短路效应

```
01 public class ConditionalExpression  {
02   public static void main(String[] args) {
03     int i,j = 17;
04     i = (j % 2 == 1) ? 2 : j++;
05     System.out.println("变量 i 现在的内容: " + i);
06     System.out.println("变量 j 现在的内容: " + j);
07   }
08 }
```

执行结果

```
变量i现在的内容: 2
变量j现在的内容: 17
```

其中第 4 行执行时，由于第 3 个操作数 j++ 并非被选取的操作数，所以 j++ 并不会执行，因此变量 j 的内容还是 17。

2. 条件运算符运算结果的类型

使用条件运算符时，有一个陷阱很容易被忽略，那就是条件运算符运算结果类型的判定。条件运算符依据的规则如下。

◎ 如果后两个操作数的类型相同，那么运算结果的类型也相同。

◎ 如果有一个操作数是 byte 类型，而另一个操作数是 short 类型，运算结果就是 short 类型。

◎ 如果有一个操作数是 byte、short、char 类型，而另一个操作数是个由字面常量构成的表达式，并且运算结果为 int，而且落在前一个操作数类型的数值范围内，那么条件运算符的运算结果就和前一个操作数的类型相同。

◎ 如果以上条件均不符合，那么运算结果类型的划分就依据二元运算符的操作数自动提升规则。

程序 ConditionPromotion.java 条件运算时的转型

```
01 public class ConditionPromotion  {
02   public static void main(String[] args) {
03     byte b = 1;
04     int i = 2;
05     b = (i == 2) ? b : i;
06     System.out.println("变量 i 现在的内容：" + i);
07     System.out.println("变量 b 现在的内容：" + b);
08   }
09 }
```

其中第 5 行看起来并没有什么不对，但是实际上连编译都无法通过。这是因为依据上述规则，这一行中的条件运算符会因为第 3 个操作数 i 是 int 类型，使得运算结果变成 int 类型，当然就无法放入 byte 类型的 b 中了。此时，只要把 i 强制转换为 byte 类型，程序就可以正常执行了。

4.9 获取输入

认识各种运算符后，可试着让程序在执行时才获取要处理的数据（数值），而不像之前的范例程序，都是在程序中已设置好要计算的变量值。

在输出结果时，用的是 System.out 对象，而要获取输入，则要改用 System.in 对象。不过因为输入的处理比较复杂，所以要用另外一个对象来帮助我们，减少处理的工作，用法如下。

程序 ModInput.java 获取用户输入

```
01 import java.util.*;
02
03 public class ModInput {
04   public static void main(String[] args) {
05     int apple, people=7, q, r;
06
07     System.out.print(people+"人分苹果，要分几个苹果？");
08     Scanner sc = new Scanner(System.in);      //由 System.in 获取输入
09     apple = sc.nextInt();                     //由输入端获取一个整数,并指定给 apple
10
11     q = apple / people;                       //取商数
12     r = apple % people;                       //取余数
13
14     System.out.println(people + "人分" + apple + "个苹果,");
15     System.out.println("每人分" + q + "个，还剩" + r + "个");
16   }
17 }
```

执行结果

```
7人分苹果，要分几个苹果？90  ←— 用键盘输入 "90" 再按 Enter 键
7人分90个苹果,
每人分12个，还剩6个  ←— 程序会用 90 来做计算
```

◎ 这个程序修改自 4.3.1 小节的 Mod.java 程序，新加入的程序为第 1、7 ~ 9 这 4 行代码。第 1 行的 import 语句会在第 13 章中说明，目前只要先记得要使用一些 Java 语言内置的类时，通常都会加上 import 语句。

◎ 第 7 行用来显示提示信息，让用户知道现在要输入数据。此处用了不同于 println() 的 print() 方法，两者都可用来输出文字信息，差别是 println() 会在输出信息后换行；而 print() 输出后不会换行。

◎ 第 8、9 行就是获取输入的代码。第 8 行声明了一个名为 sc 的 Scanner 对象，由 System.in 获取输入。此行语句的语法待我们学过第 8 章面向对象语法后就能了解。

◎ 第 9 行的 sc.nextInt() 就是获取用户输入的整数值并返回，程序执行到此会暂停，要等用户输入数据并按 Enter 键才会继续。

虽然有一些语法和原理这里不说明，但需要记住：利用上述的程序片段就能由键盘获取输入。若想获取其他类型的数据，可改用下列方法。

```
next();          /* 取字符串 */        nextBoolean();    /* 取布尔值 */
nextByte();      /* 取 byte 值 */      nextDouble();     /* 取 double 值 */
```

```
nextLong();      /* 取 long  值 */    nextFloat();         /* 取 float 值 */
nextShort();     /* 取 short 值 */
```

如果用户未依指示输入非法数据，则程序会发生异常（Exception）而中止执行。例如在执行 ModInput.java 时输入如下的文字。

```
7人分苹果，要分几个苹果？十          ←— 输入文字 "十"
Exception in thread "main" java.util.InputMismatchException
        at java.util.Scanner.throwFor(Unknown Source)       ↑
        at java.util.Scanner.next(Unknown Source)           输入的数据
        at java.util.Scanner.nextInt(Unknown Source)        类型与预期
        at java.util.Scanner.nextInt(Unknown Source)        的int不符
        at ModInput.main(ModInput.java:9)
```

课 后 练 习

※ 选择题可能单选或多选

1.（　　）以下哪项叙述是错误的？

（a）表达式是由运算符与操作数组成的

（b）赋值运算符没有运算结果

（c）操作数可以是一个表达式

（d）只需要一个操作数的运算符称为一元运算符

2.（　　）以下程序执行后，i 与 j 的值各为多少？

```
int i,j;
i = (j = 3) >> 1;
```

（a）i 为 3，j 为 3　　（b）i 为 1，j 为 1

（c）i 为 1，j 为 3　　（d）此程序无法执行

3.（　　）以下程序执行后，i 与 j 的值各为多少？

```
int i = 3,j = 5;
i += j-= 2 - 2;
```

（a）i 为 1，j 为 3　　（b）i 为 8，j 为 5

（c）i 为 3，j 为 2　　（d）此程序无法执行

4.（　　）-5%2 的运算结果是多少？

（a）-1　　（b）-2　　（c）1　　（d）2

5.（　　）以下程序执行后，i 与 j 的值各为多少？

```
int i = 3,j = 3;
i = --i+i+j--+j;
```

（a）i 为 9，j 为 2　　（b）i 为 8，j 为 5

（c）i 为 3，j 为 2　　（d）以上都不对

6.（　　）以下程序执行后，变量 i 的值为多少？

```
int i = 23 ^ 33;
```

（a）54　　（b）55

（c）1　　（d）64

7.（　　）以下程序执行后，变量 i 的值为多少？

```
int i = 3;
i = (i == 3 | (++i == 4)) ? i * 2 : 0;
```

（a）0　　（b）6

（c）8　　（d）此程序语法错误

8.（　　）-7 >> 2 的值为多少？

（a）-1　　（b）-3　　（c）2　　（d）-2

9.（　　）20 >> 1 + 1 << 1*3 的运算结果为多少？

（a）40　　（b）60　　（c）30　　（d）18

10.（　　）以下程序执行后，变量 i 的内容为多少？

```
int i = 10;
i + = 1.34;
```

（a）1.34　　（b）11

（c）11.34　　（d）此程序语法错误

程序练习

1. 请编写程序，声明一个变量 i，如果 i 的值小于 31，就显示 2^i 的值。
2. 假设火车站的自动售票机只能接收 10 元、5 元、1 元的纸币，请编写一个程序，计算购买票价为 137 元的车票时所需投入各种币值纸币最少的数量。
3. 请编写程序，计算 277 除以 13 的商数和余数。
4. 请编写程序，计算出变量 i 与变量 j 和的平方。
5. 假设小明步行的速度为每秒 1 米，而他朋友小华步行的速度则为每秒 0.76 米，如果两人在距离 200 米的操场面对面步行，请编写程序计算二人多久后会相遇？
6. 请编写程序，计算 1 + 2 + 3 + 4 +…+ 97 + 98 + 100 的结果。
7. 假设某个笼子里有鸡、兔若干只，共有 26 只脚、8 个头，请编写程序分别算出鸡与兔各有多少只？（鸡兔同笼）
8. 假设某个停车场的收费标准是停车 2 小时以内，每半小时 30 元；超过 2 小时，但未满 4 小时，每半小时 40 元；超过 4 小时，每半小时 60 元，未满半小时的部分不计费。如果小明从早上 10 点 23 分停到下午 3 点 20 分，请编写程序计算他共需交的停车费用。
9. 请编写程序，让用户输入任意整数，程序则判断其为奇数还是偶数，并显示判断结果。
10. 请编写程序，让用户输入代表摄氏温度的值，程序则换算成华氏温度并显示结果（提示：摄氏温度等于华氏温度减 32° 再乘上 5/9）。

5

CHAPTER

第 5 章

流程控制（一）：条件语句

学习目标

- 以条件判断执行不同的流程
- 将语言描述转译成条件表达式
- 熟悉 if...else 与 switch 语句

经过第 3 章变量声明及第 4 章表达式的学习后，相信读者对 Java 程序已经有了一定的了解。但是在现实生活中，并非每件事都只要一个动作就能解决，而 Java 程序也是如此。因此，本章将重点放在如何控制各个步骤的执行顺序，也就是“流程控制”。

5.1 流程控制

所谓“流程”，以一天的生活为例，“早上起床后，会先刷牙洗脸，接着吃完早餐出门上课，上完上午的课，在餐厅吃午餐，午休后继续上下午的课，下课后跟同学吃晚餐，再回宿舍读书，最后上床睡觉”，结束一天的流程。程序的执行也是相同的，如同第 2 章讲过的，程序在执行时是以语句为单位，由上往下顺序进行，如图 5.1 所示。

由图 5.1 不难发现，程序的执行就如同平常的生活一样，是有顺序性地在执行，整个执行的顺序与过程就是流程。

但是流程并非仅仅按顺序进行，它可能会因为一些情况而变化。以一天的生活为例，如果下午老师请假没来上课，下午的课就会取消，因而更改流程，变成“……上完了上午的课，由于下午老师请假，因此决定去学校外面吃午餐，并在市区逛街……”。程序的流程也是一样，可能会因为情况不同，而执行不同的语句，如图 5.2 所示。

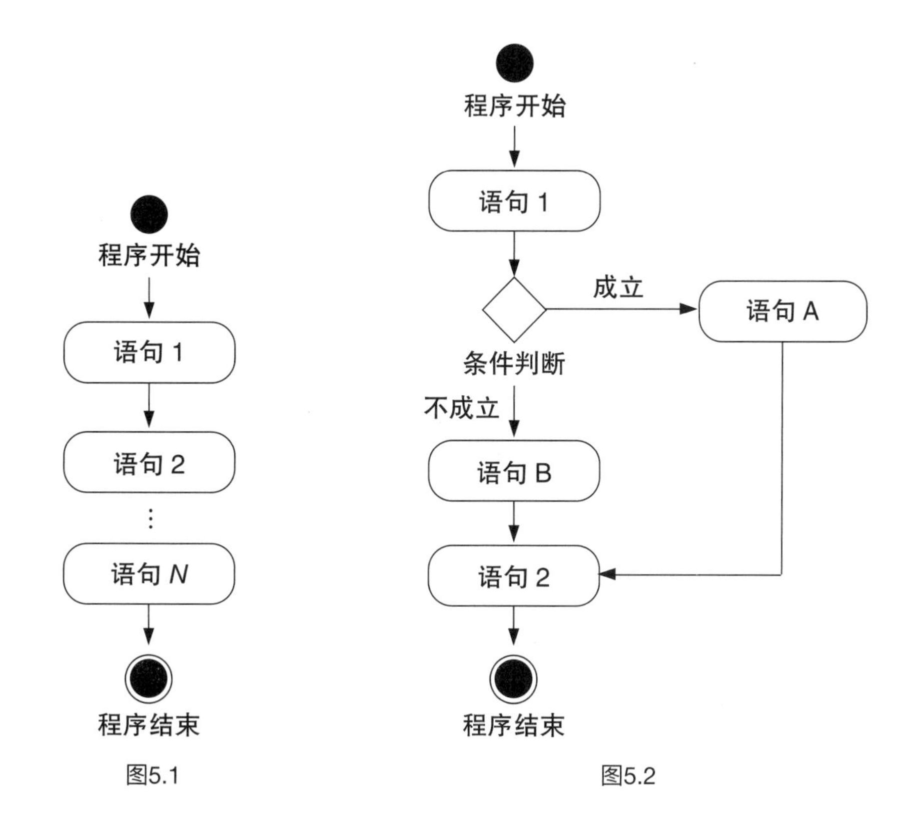

图5.1　　图5.2

因不同情况而选取不同的流程，即为流程控制。在 Java 中，流程控制的语句可以分为两大类，一类为条件判断语句（或称为选择语句、分支语句），包含 if 和 switch 两种，会在本章详细说明；另一类为循环语句（或称重复语句），将在下一章中介绍。

5.2 if 条件语句

在条件判断语句中，最常用到的就是 if 语句了，它就等同于日常生活中的“如果……就……”。比如说下述的情况。

如果中了大乐透 ⟶ 就带家人去环游世界

以流程图来表示，如图 5.3 所示。

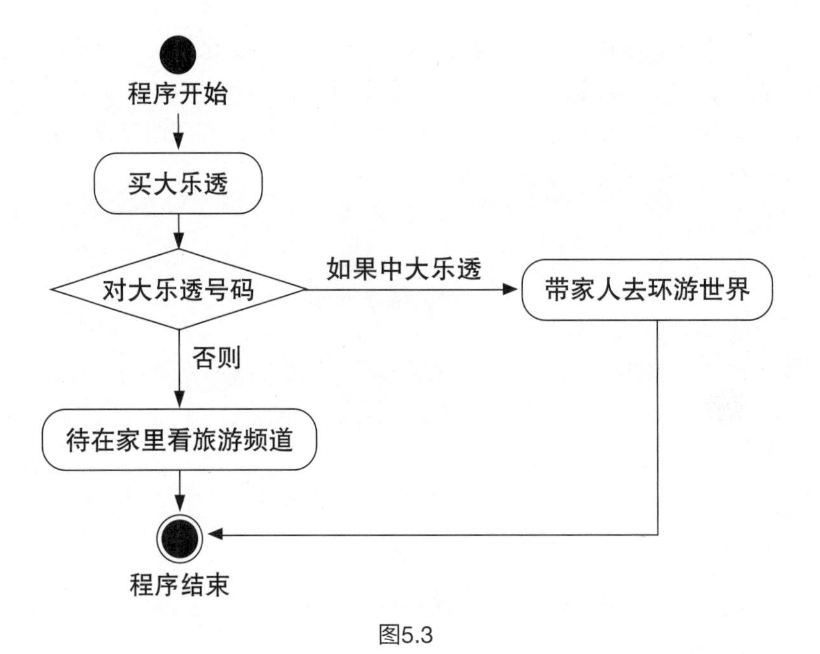

图5.3

在 Java 程序中对情况判断就是用 if 语句，其语法如下。

```
if(条件表达式){
    语句块
    …
}
```

◎ if：“如果”的意思。会根据条件表达式的结果来判断是否执行语句块中的程序。如果条件表达式的结果为 true，则执行语句块内的语句；如果结果为 false，则跳过语句块。

◎ 条件表达式：运算结果为布尔类型的表达式，通常由比较运算或逻辑运算表达式所组成。

◎ 语句块：条件表达式结果为 true 时所要执行的动作（一条或多条语句）。如果只有单一语句，则可以省略大括号。

下述程序使用 if 条件语句来判断汽车是否该加油了。

程序 CheckOil.java 检查油量的程序

```
01 import java.util.*;                            //为了输入数据而加上的程序
02
03 public class CheckOil {
04
05   public static void main(String[] args) {
06
07     System.out.print("请输入目前所剩油量 (单位：公升)：");
08
09     Scanner sc = new Scanner(System.in);      //为了输入数据而加上的程序
10     int liter = sc.nextInt();                 //输入整数数据
11
12     if (liter < 2)                            //当 liter 小于 2，条件成立
13       System.out.println("油量已经不足，该加油了！");
14
15     System.out.println("祝您出行愉快。");
16   }
17 }
```

执行结果 1

```
请输入目前所剩油量 (单位：公升)：2
祝您出行愉快。
```

执行结果 2

```
请输入目前所剩油量 (单位：公升)：1
油量已经不足，该加油了！
祝您出行愉快。
```

◎ 第 1、9、10 行是为了让用户可以输入油量数值而加上的语句。

◎ 第 10 行用 nextInt() 获取输入的整数值，并赋值给 liter 变量。

◎ 第 12 行就是 if 语句，它会判断 liter 变量是否小于 2，以决定是否执行第 13 行语句。

在“执行结果 1”中，输入的剩余汽油量为 2，条件表达式“（liter < 2）”的运算结果为 false，因此 Java 会跳过第 13 行语句，直接执行之后的程序。

在“执行结果 2”中，输入的剩余汽油量小于 2 公升，此时条件表达式结果为 true，将会执行第 13 行的语句。

程序流程图如图 5.4 所示。

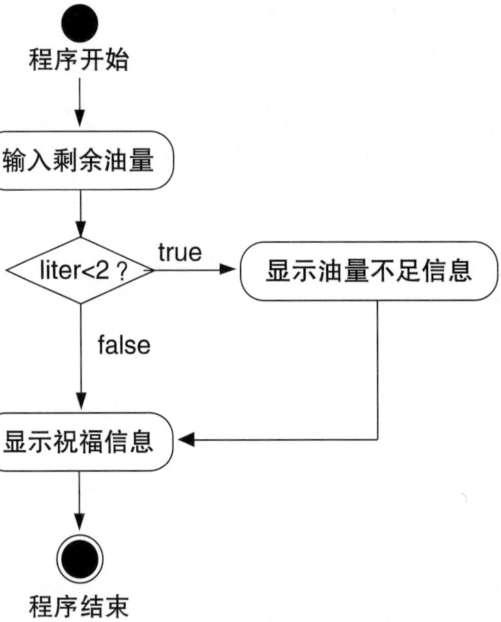

程序开始
输入剩余油量
liter<2 ?
true
显示油量不足信息
false
显示祝福信息
程序结束

图5.4

TIP 请切记 if 条件表达式的运算结果一定是布尔类型。

如果符合条件时所要执行的语句不止一条，就必须使用一对大括号将这些语句括起来成为一个语句块，例如：

程序 CheckOilTwo.java 符合条件时执行多条语句

```
 :
12      if (liter < 2)  {   //加大括号
13        System.out.println("油量已经不足");
14        System.out.println("该加油啦!");
15      }                   //结尾的大括号
16
17      System.out.println("祝您出行愉快。");
18    }
19  }
```

执行结果

```
请输入目前所剩油量(单位：公升)：1
油量已经不足
该加油啦!
祝您出行愉快。
```

如果忘记加上大括号，而将 if 语句写成这样。

程序 CheckOilWrong.java 未加上大括号会影响执行结果

```
12      if(liter < 2)
13        System.out.println("油量已经不足");
14        System.out.println("该加油啦!");
```

那么不管输入什么数据，都会执行第 14 行。

执行结果

```
请输入目前所剩油量（单位：公升）：4
该加油啦！
祝您出行愉快。
```

因为对应于 if 条件语句的只有第 13 行，因此第 14 行并不受 if 条件的影响，一定都会执行。

TIP 对于初学者来说，建议不论 if 语句块中有几条语句，都一律加上大括号，不但可以避免后续修改程序添加语句时而忘记添加加大括号，也可以使 if 语句的结构更清晰。

5.2.1 多条件表达式与嵌套 if

扫一扫，看视频

我们也可以用多个比较运算符或逻辑运算符来组成条件表达式，例如将前面的程序修改如下。

扫一扫，看视频

程序 CheckOilThree.java 利用两个条件判断来检查油量

```
⋮
12      if ((liter >= 2) & (liter < 5)) {
13        System.out.println("油量尚足，提醒您注意油表。");
14      }
15
16      System.out.println("祝您出行愉快。");
17    }
18  }
```

执行结果

```
请输入目前所剩油量（单位：公升）：2
油量尚足，提醒您注意油表。
祝您出行愉快。
```

其中第 12 行的“if((liter >= 2) & (liter < 5))”就是使用逻辑运算符（&）将两个条件表达式结合，只有在 liter 的值大于等于 2 而且小于 5 时结果才是 true。

TIP 程序中的 & 也可改用 &&，执行结果相同。& 与 && 的差别在于 && 会以短路模式执行，只要左边的表达式就可以决定运算结果，就不再去执行右边的表达式，请参考第 4.4.3 小节。

同样的程序也可以改写成如下。

程序 CheckOilNestedIf.java 嵌套 if

```
 :
12      if (liter >= 2) {   //第 1 层 if 语句
13        if (liter < 5) { //第 2 层 if 语句
14          System.out.println("油量尚足，提醒您注意油表。");
15        }
16      }
17
18      System.out.println("祝您出行愉快。");
19    }
20  }
 :
```

执行结果

```
请输入目前所剩油量(单位：公升)：2
油量尚足,提醒您注意油表。
祝您出行愉快。
```

在上述的代码中，执行的结果虽与 CheckOilThree.java 相同，不过却是利用了 if 嵌套语句。剩余油量必须先在第 12 行第 1 个 if 的条件表达式（liter >= 2）成立时，才会继续执行第 13 行的 if 语句，并在满足其条件（liter < 5）时，才会执行第 14 行语句。

由图 5.5 和图 5.6 所示的流程图就可以看出其差异性。

CheckOilThree.java 的流程图

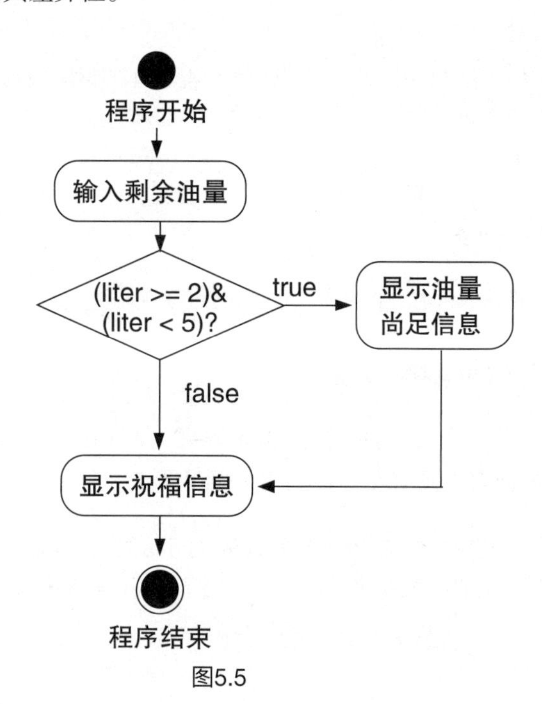

图5.5

CheckOilNestedIf.java 的流程图

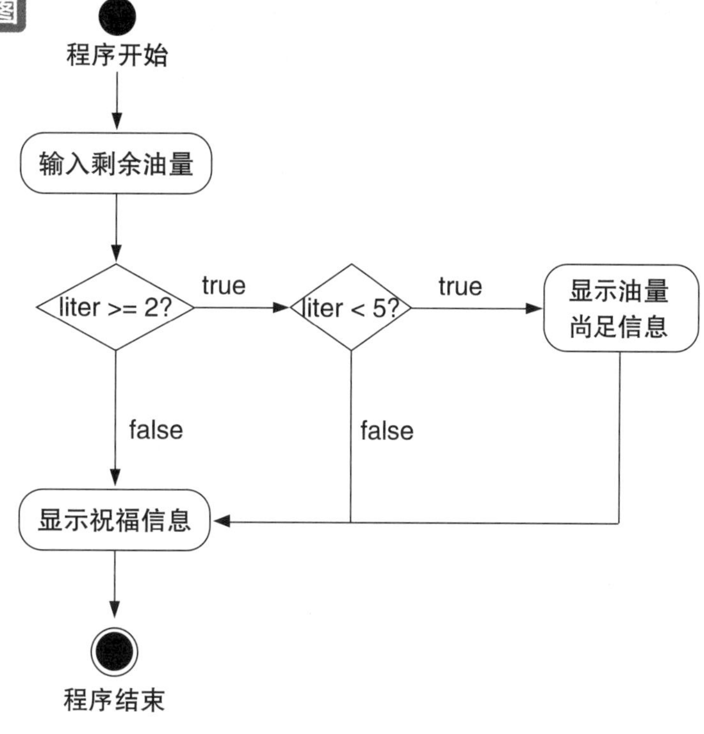

图5.6

5.2.2 加上 else if 的多条件语句

除了嵌套 if 外，还可以加上多个 else if 来判断多种情况。语法如右。

当条件表达式 1 为 true 时，就执行 if 语句块内的语句；否则就检查条件表达式 2，如果是 true，就执行第 2 个 if 语句块；以此类推。如果前面 if 的条件表达式结果都是 false，就检查条件表达式 n，如果是 true，就执行第 n 个 if 语句块。同样地，个别 if 语句块中如果仅有单一语句，就可以省略成对的大括号。

```
if(条件表达式1){
    ...语句块
}
else if(条件表达式2) {
    ...语句块
}
else if(条件表达式n) {
    ...语句块
}
```

以前面检查油量的程序为例，可以新增更多的条件来控制流程，例如：

程序 CheckOilElseIf.java if多条件分支

```
⋮  //前段代码与前面范例相同，此处省略
12     if (liter < 2) {            //条件 1
13       //语句 1
14       System.out.println("油量已经不足，该去加油了！");
15     }
16     else if (liter < 10) {      //条件 2
17       //语句 2
18       System.out.println("油量尚足，提醒您注意油表。");
19     }
20     else if (liter >= 10) {     //条件 3
21       //语句 3
22       System.out.println("油量充足，请安心驾驶。");
23     }
⋮
```

执行结果1

```
请输入目前所剩油量（单位：公升）：1
油量已经不足，该去加油了！
祝您出行愉快。
```

执行结果2

```
请输入目前所剩油量(单位：公升)：4
油量尚足,提醒您注意油表。
祝您出行愉快。
```

执行结果3

```
请输入目前所剩油量(单位：公升)：10
油量充足,请安心驾驶。
祝您出行愉快。
```

这里每一个else if都有自己的条件，程序执行时，会从if及后续的else if的条件中由上往下找出第一个条件表达式结果为true的语句来执行，用语言来描述就是：

> 如果**条件1**成立，就
> 　　执行**语句1**
> 否则如果**条件2**成立，就
> 　　执行**语句2**
> 否则如果**条件3**成立，就
> 　　执行**语句3**

用流程图表示如图5.7所示。

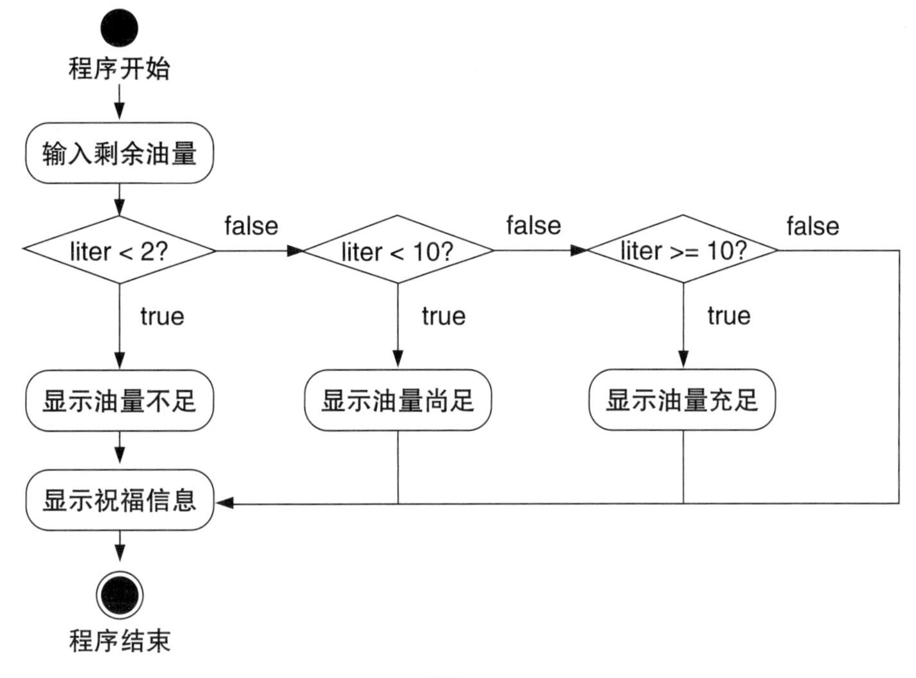

图5.7

因此，当输入 1 时，第 1 个符合的就是条件 1；输入 4 时第 1 个符合的就是条件 2；输入 10 时第 1 个符合的就是条件 3，即如果满足某个条件，就执行该条件对应的语句。

注意条件的顺序

在使用多条件 if 语句时，需要特别注意各个条件的顺序。举例来说，如果将 CheckOilElself.java 中的条件顺序颠倒，变成以下这样。

程序 BadElseif.java 条件顺序会影响逻辑的正确性

```
12      if (liter >= 10) {          //条件 1
13        //语句 1
14        System.out.println("油量充足, 请安心驾驶");
15      }
16      else if (liter < 10) {      //条件 2
17        //语句 2
18        System.out.println("油量尚足, 提醒您注意油表。");
19      }
20      else if (liter < 2) {       //条件 3
21        //语句 3
22        System.out.println("油量已经不足, 该去加油了！");
23      }
```

当输入 1 时，执行结果就不符合我们的要求。

执行结果

```
请输入目前所剩油量 (单位：公升)：1
油量尚足，提醒您注意油表。
祝您出行愉快。
```

这是因为输入 1 时，第 16 行的条件就成立了，根本不会检查到第 20 行的条件，所以就会显示错误的结果。请记得在使用多条件 if 语句时，要先列最严苛的条件，条件越宽松的越往后移。

5.2.3 捕捉其余状况的 else 语句

在使用 if 语句时，还可以加上 else 语句块，在所有条件都不成立的情况下，执行指定的动作。语法如右。

```
if(条件表达式1){
    ...语句块
}
else if(条件表达式2){
    ...语句块
}
...
else if(条件表达式n){
    ...语句块
}
else{
    ...语句块
}
```

当 else 之前的所有 if 条件表达式结果都是 false 时，就会执行最后的 else 语句块。如果 else 语句块内仅有单一语句，也同样可以省略成对的大括号。需要注意每一个 if 语句的后面最多只能有一个 else 语句（或没有），而 else if 其实就是 else 加 if 的组合，因此以下两个程序具有相同的意思。

```
if(a) {
  ...
}
else if(b) {  ← else 后面省略 { }
  ...
}
else {
  ...
}
```

⇔

```
if(a) {
  ...
}
else {  ← else 后面有加 { }
  if(b) {
    ...
  }
  else {
    ...
  }
}
```

再以前面的 CheckOilElseIf.java 为例，就可以改写成以下这样。

程序　CheckOilElse.java 利用 else 捕捉其余状况

```
 ⋮  //前段程序与前面范例相同，此处省略
12      if (liter < 2) {              //条件 1
13        //语句 1
14        System.out.println("油量已经不足，该去加油了！");
15      }
16      else if (liter < 10) {        //条件 2
17        //语句 2
18        System.out.println("油量尚足，提醒您注意油表。");
19      }
20      else {                        //前面所有条件都不成立时
21        //语句 3
22        System.out.println("油量充足，请安心驾驶。");
23      }
 ⋮
```

第 20 行的 else 会在前面所有的 if 条件表达式结果都为 false 时成立，并执行其对应的语句块。因此，程序的执行结果会和原来的 CheckOilElseIf.java 相同，因为前两个条件都不成立，就表示 liter 一定会大于等于 10。但请注意，用 else 会比用 else if（liter >= 10）要好，因为用 else 用户比较容易看出其意思，而且也不用担心会写错条件表达式（如 liter >= 10）的比较范围。

5.3　switch 多分支语句

除了使用 if 加上多个 else if 语句来针对不同的条件控制流程外，Java 还提供了另一种多条件分支语句——switch 语句。

switch 是一种多选一的语句。举个例子来说，在本年度初，我们为自己制定了几个目标，如果年度成绩拿到优，就出国去玩；如果拿到甲，就买部新手机犒赏自己；拿到乙，就去逛个街放松一下；如果拿到丙，就要准备上求职网站找工作了。

如果年度成绩为
- 优 ──► 出国去玩
- 甲 ──► 买手机犒赏自己
- 乙 ──► 去逛街放松心情
- 丙 ──► 准备上求职网站找工作

switch 多条件分支语句的用法与上述的情况十分类似，它是用一个表达式的值来决定应执行的对应语句，语法如下。

◎ switch："选择……"的意思，表示要根据表达式的结果，选择接下来要执行哪一个 case 内的动作。表达式的运算结果必须是 char、byte、short、int 类型的数值或是字符串，否则编译时会出现错误。

◎ case：列出值，值必须是常量或是由常量所构成的表达式，且不同 case 语句的值不能相同。switch 会根据表达式的运算结果，由上往下依次与每个 case 语句的值匹配，如果匹配成功，则执行对应的语句。

◎ break：结束完相应的 case 分支语句后跳出 switch 语句块。

```
switch (表达式) {
   case 值 1：
      语句 1
      其他语句 ...
      break;
   case 值 2：
      语句 2
      其他语句 ...
      break;
   ...
   case 值 n：
      语句 n
      其他语句 ...
      break;
}
```

虽然 switch 语句表面上看起来与 if 语句完全不同，但是 switch 私底下仍是用"switch 表达式与 case 值的比较"来作为其控制流程的机制，即多条件判断，如图 5.8 所示。

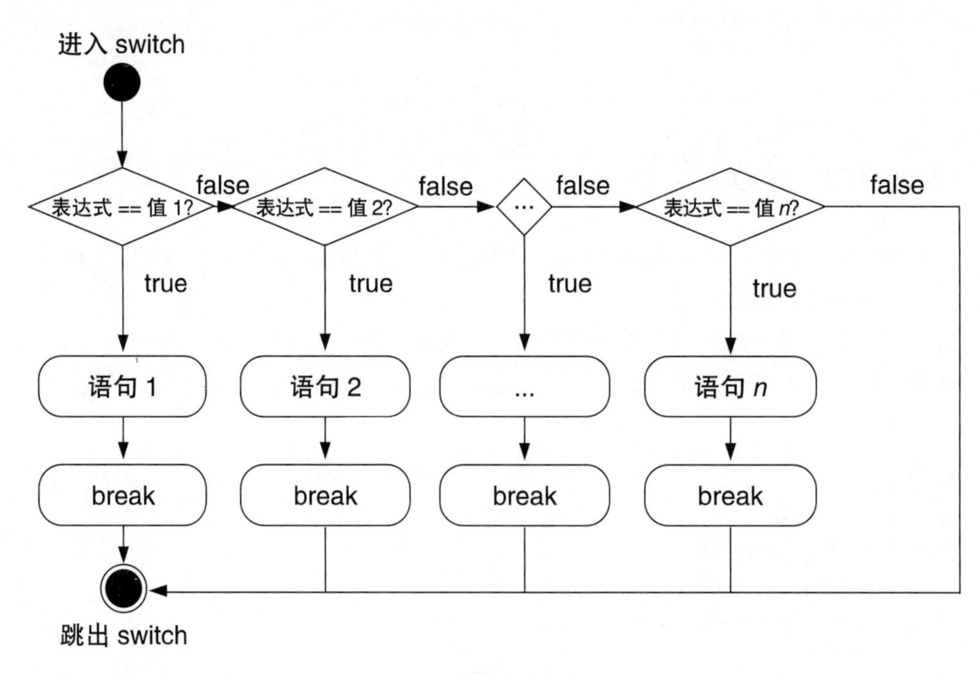

图5.8

下面的程序是用 switch 语法来编写年度成绩的示例。

程序 Evaluate.java 依成绩决定动作

```
01 import java.util.*;                              //为输入数据导入的类
02
03 public class Evaluate {
04
05   public static void main(String[] args) {
06
07     System.out.print("请输入年度成绩 (优、甲、乙、丙)：");
08
09     Scanner sc = new Scanner(System.in);       //为输入数据加上的语句
10     String grade = sc.next();                  //获取字符串
11
12     switch (grade) {
13          case "优":              //当年度成绩为优
14         System.out.println("出国去玩");
15         break;                  //结束此 case
16          case "甲":              //当年度成绩为甲
17         System.out.println("买部手机犒赏自己");
18         break;                  //结束此 case
19          case "乙":              //当年度成绩为乙
20         System.out.println("去逛街放松心情");
21         break;                  //结束此 case
22          case "丙":              //当年度成绩为丙
23         System.out.println("准备上求职网站找工作");
24         break;                  //结束此 case
25     }
26   }
27 }
```

执行结果 1

```
请输入年度成绩 (优、甲、乙、丙)：甲
买部手机犒赏自己
```

执行结果 2

```
请输入年度成绩 (优、甲、乙、丙)：优
出国去玩
```

执行结果 3

```
请输入年度成绩 (优、甲、乙、丙)：甲上
```

← 输入两个字符，没有符合的条件

程序一开始先显示请用户输入成绩信息，因为要输入的是字符串，所以第 10 行改用 next() 获取用户输入的字符串，并存储到变量 grade 中。最后使用 switch 语句判断 grade 的值，并显示对应的信息。

另外在“执行结果 3”中可以看到，若输入多个字符的字符串，因为程序的 case 分支中没有对应的值，所以不会有任何输出。

TIP 每一个 case 分支也可以包含多个语句，最后再接 break；而且不必像前面介绍的 if...else 要用大括号来包含多个语句。

5.3.1 break 语句的重要性

扫一扫，看视频

前面介绍过 break 是用来结束单一 case 语句，如果不加上 break，程序也能运行，但是会发生程序继续往下一个 case 语句执行的情况，直到遇到 break 结束。例如：

程序 SeasonWear.java 遗漏 break 会影响执行结果

```
01 import java.util.*;
02
03 public class SeasonWear {
04
05   public static void main(String[] args) {
06
07     System.out.print("请输入季节 (1.春 2.夏 3.秋 4.冬): ");
08
09     Scanner sc = new Scanner(System.in);     //为输入数据加上的语句
10     int season = sc.nextInt();               //获取整数
11
12     switch (season) {
13       case 1:                     //当 season 的数值为 1
14         System.out.println("请穿着长袖出门");
15                                   //少了 break
16       case 2:                     //当 season 的数值为 2
17         System.out.println("请穿着短袖出门");
18         break;                    //结束此 case
19       case 3:                     //当 season 的数值为 3
20         System.out.println("请加件长袖轻薄外套出门");
21         break;                    //结束此 case
22       case 4:                     //当 season 的数值为 4
23         System.out.println("请穿着毛衣或大衣出门");
24         break;                    //结束此 case
25     }
26   }
27 }
```

执行结果

```
请选择季节：1.春 2.夏 3.秋 4.冬：1
请穿着长袖出门
请穿着短袖出门
```

由于 case 1 分支语句中没有 break，因此，程序就会继续执行第 17 行的程序，直到第 18 行的 break 才中断。

虽然遗漏 break 可能会让程序执行的结果错误，但有些情况下不使用 break 却可以避免编写重复的代码，请看以下这个范例。

程序 Food2Money.java 移除 break 缩短程序长度

```
01 import java.util.*;
02
03 public class Food2Money {
04
05   public static void main(String[] args) {
06
07     System.out.print(
08       "点几号餐 (1.炸鸡餐 2.汉堡餐 3.起司堡餐 4.儿童餐)? ");
09
10     Scanner sc = new Scanner(System.in);
11     int food = sc.nextInt();
12
13     switch(food){
14       case 1:     //炸鸡餐价钱 109 元
15         System.out.println("您点的餐点价钱为 109 元");
16         break;
17       case 2:     //汉堡餐和起司堡餐
18       case 3:     //都是 99 元
19         System.out.println("您点的餐点价钱为 99 元");
20         break;
21           case 4:        //儿童餐价钱为 69 元
22                 System.out.println("您点的餐点价钱为 69 元");
23                 break;
24     }
25   }
26 }
```

执行结果 1

```
点几号餐 (1.炸鸡餐 2.汉堡餐 3.起司堡餐 4.薯条餐)? 2
您点的餐点价钱为 99 元
```

执行结果 2

```
点几号餐 (1.炸鸡餐 2.汉堡餐 3.起司堡餐 4.薯条餐)? 3
您点的餐点价钱为 99 元
```

由于汉堡餐及起司堡餐的价钱一样，因此故意省略掉 case 2 的语句以及 break，当用户输入 2 号餐时，switch 便会选择第 17 行的 case 2 来执行，由于 case 2 并无 break，故程序继续往下执行第 19 行的代码，直到第 20 行的 break 才中断。如果不这样写，就得在第 17 行之后重复一段和第 19、20 行相同的代码。

5.3.2 捕捉其余状况的 default 语句

扫一扫，看视频

在 switch 语句内还可以加上一个 default 语句，用来捕捉与所有 case 值都不相符的状况，就像是用 else 来捕捉所有的 if 条件都不成立的情况一样。语法如下：

```
switch (条件表达式){
  case 条件值 1:
    ...
    break;
  case 条件值 2:
    ...
    break;
  ...
  default:
    ... //处理其他情况的语句
}
```

例如可以用 default 语句来处理用户输入不正确的情况。

程序 BuyTicket.java 用 default 处理非预期的选项

```
01 import java.util.*;
02
03 public class BuyTicket {
04
05   public static void main(String[] args) {
06
07     System.out.print("要买什么票 (1.全票 2.优惠票 3.夜场票)? ");
08
09     Scanner sc = new Scanner(System.in);
10     int choice = sc.nextInt();
11
```

```
12     switch(choice) {
13       case 1:  //全票
14         System.out.println("全票 399 元");
15         break;
16       case 2:  //优惠票
17         System.out.println("优惠票 199 元");
18         break;
19       case 3:  //夜场票
20         System.out.println("夜场票 249 元");
21         break;
22       default: //其他情况
23         System.out.println("输入错误");
24     }
25   }
26 }
```

执行结果

```
要买什么票 (1.全票 2.优惠票 3.夜场票)? 4 ◄── 输入非 case 包含的值
输入错误
```

如上所示，当用户输入的数值不符合所有 case 的值时，就会执行 default 语句。

TIP 通常我们会把 default 写在 switch 的最后面，但 default 也可以写在任意 case 的前面，效果都一样。此时需记住在 default 语句的最后加上 break 以终止 default。

5.4 综合演练

if、switch 语句的功能很多，在编写程序时经常都会使用到。在这一节中，就来看几个应用范例。

5.4.1 判断是否可为三角形的三边长

扫一扫，看视频

在学数学课程时曾学过，三角形的两边之和一定大于第三边，我们可以应用这个定理写一个测试三角形三边长的程序，具体如下。

程序 Deltaic.java 判断是否可为三角形的三边长

```
01 import java.io.*;
02 
03 public class Deltaic {
04 
```

```
05  public static void main(String[] args)
06    throws IOException {
07
08    BufferedReader br = new
09      BufferedReader(new InputStreamReader(System.in));
10
11    int i,j,k;
12
13    //输入第 1 边边长
14    System.out.println("请输入三角形的三边长：");
15    System.out.print("边长 1 →");
16    String str = br.readLine();
17    i = Integer.parseInt(str);
18
19    //输入第 2 边边长
20    System.out.print("边长 2 →");
21    str = br.readLine();
22    j = Integer.parseInt(str);
23
24    //输入第 3 边边长
25    System.out.print("边长 3 →");
26    str = br.readLine();
27    k = Integer.parseInt(str);
28
29    if ((i+j) > k)              //判断第 1、2 边的和是否大于第 3 边
30      if ((i+k) > j)            //判断第 1、3 边的和是否大于第 2 边
31        if ((j+k) > i)          //判断第 2、3 边的和是否大于第 1 边
32          System.out.println("可以为三角形的三边长。");
33        else
34          System.out.println("第 2、3边的和应大于第 1 边");
35      else
36        System.out.println("第 1、3边的和应大于第 2 边");
37    else
38      System.out.println("第 1、2边的和应大于第 3 边");
39  }
40 }
```

执行结果 1

```
请输入三角形的三边长：
边长 1→3
边长 2→4
边长 3→5
可以为三角形的三边长。
```

执行结果 2

```
请输入三角形的三边长：
边长 1→3
边长 2→2
边长 3→1
第2、3边的和应大于第 1 边
```

本例也介绍了另一种获取输入的方法。

◎ 第 1、6、8、9、16、17 行是为了获取用户输入而加上的语句，这些语句会在第 16 章中详细说明。

◎ 第 16、21、26 行的 br.readLine() 方法就是在读取用户输入执行到这一行时，会等待用户输入数据并按下 Enter 键后才会继续执行，并且将输入的数据放入 str 字符串变量中。

◎ 第 17、22、27 行的 Integer.parseInt(str) 方法则是将 str 字符串所表示的数字转换成 int 类型的数值，然后放入 i、j、k 变量中。

◎ 第 29 ~ 38 行利用了三层嵌套的 if 语句判断任意两边之和是否都大于第三边，并且显示对应的信息。

第 4 章所学习的 Scanner 算是包装过的工具类，利用它虽然可较方便地获取输入，但在第 16 章还是会回归到基础，介绍 Java 输入、输出的原理。为让读者能逐步熟悉 Java 输入、输出类的应用，在此介绍另一种获取输入的方法。在之后章节的范例中，会穿插使用这两种不同方法来获取用户输入。

5.4.2 电影票票价的计算

扫一扫，看视频

电影院的售票通常会分为全票、早场票或优惠票等，我们试着来开发一个自动售票机使用的售票程序，让顾客在买票时可以挑选票种与数量，并计算总金额。

程序 MoviePrice.java 电影票票价计算

```
01 import java.io.*;
02
03 public class MoviePrice {
04   public static void main(String[] args) throws IOException {
05
06     BufferedReader br = new
07       BufferedReader(new InputStreamReader(System.in));
08
09     System.out.println("请输入欲选购的电影票种类");
10     System.out.print(
11       "1.全票(300) 2.优惠票(270) 3.早场票(240): ");
12     String str = br.readLine();             //输入票种
13     int option = Integer.parseInt(str);     //票种
14
15     System.out.print("请输入欲购张数: ");
16     str = br.readLine();                    //输入张数
17     int num = Integer.parseInt(str);        //张数
18
19     int price;                              //电影票单价
```

```
20    switch(option){              //依据票种取得单价
21      default:
22      case 1:                    //全票(300)
23        price = 300;
24        break;
25      case 2:                    //优惠票(270)
26        price = 270;
27        break;
28      case 3:                    //早场票(240)
29        price = 240;
30        break;
31    }
32
33    System.out.println("总价：" + (price * num));
34  }
35 }
```

执行结果

```
请输入欲选购的电影票种类
1.全票(300) 2.优惠票(270) 3.早场票(240)：2
请输入欲购张数：5
总价：1350
```

程序一开始让用户输入电影票种类，然后利用一个 switch 语句找出该票种对应的单价，再让用户输入购买电影票张数，最后在第 33 行计算出购买票数乘上票种类对应的单价的乘积，即总价，并显示在屏幕上。请注意，程序故意在第 21 行加入 default：语句，表示若在输入票种时输入 1~3 以外的数字，就会被当成是全票。

5.4.3 利用手机序号判断制造年份

扫一扫，看视频

随着科技的进步，我们更换智能手机的频率越来越高，有没有人好奇，手机是在什么地方、什么时候制造的。iPhone 手机的序号第四码为制造时间，如表 5.1 所示。（序号第四码是以 26 个英文字母去掉 A、B、E、I、O、U 后的字母来依次编号，表 5.1 只列出部分序号第四码与对应年份，读者可自行往前或往后扩充年份。）

单击 iPhone 手机中的“设置 / 一般 / 关于本机”，就可以看到 iPhone 手机序号为一串大写的英文字母与数字的组合，如序号为 FYQVJ2MCHFYD，第四码为 V，可得知该手机是 2017 年出厂。本小节我们就利用 iPhone 在产品序号上的规则，通过第四码判断手机制造的年份。

表5.1

序号第四码	对应年份	序号第四码	对应年份
M	2014 年上半年	N	2014 年下半年
P	2015 年上半年	Q	2015 年下半年
R	2016 年上半年	S	2016 年下半年
T	2017 年上半年	V	2017 年下半年
W	2018 年上半年	X	2018 年下半年
Y	2019 年上半年	Z	2019 年下半年
C	2020 年上半年	D	2020 年下半年
F	2021 年上半年	G	2021 年下半年

程序 iphoneInfo.java 从 iPhone 序号第四码判断其制造年份

```
01 import java.io.*;
02 import java.util.Scanner;
03
04 public class iphoneInfo {
05   public static void main(String[] args) throws IOException {
06
07     System.out.print("请输入序号中的第四码 ->");
08     Scanner sc = new Scanner(System.in);
09     String year = sc.next();
10     year = year.toUpperCase();          //先将字符串转为大写
11
12     System.out.print("您的 iPhone 制造年份是 ");
13
14     if (year.equals("M") || year.equals("N"))
15       System.out.println("2014 年");
16     else if (year.equals("P") || year.equals("Q"))
17       System.out.println("2015 年");
18     else if (year.equals("R") || year.equals("S"))
19       System.out.println("2016 年");
20     else if (year.equals("T") || year.equals("V"))
21       System.out.println("2017 年");
22     else if (year.equals("W") || year.equals("X"))
23       System.out.println("2018 年");
24     else if (year.equals("Y") || year.equals("Z"))
25       System.out.println("2019 年");
26     else if (year.equals("C") || year.equals("D"))
27       System.out.println("2020 年");
```

```
28      else if (year.equals("F") || year.equals("G"))
29        System.out.println("2021 年");
30      else
31        System.out.println("您输入的序号有误");
32    }
33  }
```

执行结果

```
请输入序号中的第四码 ->v
您的 iPhone 制造年份是 2017 年
```

程序一开始先让用户输入手机序号的第四码，因为英文字母有大小写之分，所以在第 10 行先用字符串的 toUpperCase() 方法将字符串转为大写，然后在 if 语句中利用 .equals() 进行字符串内容的判断，当符合对应的条件时则输出对应的信息。

TIP 程序中的 .equals() 方法可比较字符串内容是否相等，第 10.1.1 小节有更详细的介绍。

同样的条件判断也可以用 switch 语句改写。

程序 iphoneInfoSwitch.java 以 switch 改写

```
⋮
14      switch (year){
15        case "M": case "N":
16          System.out.println("2014 年"); break;
17        case "P": case "Q":
18          System.out.println("2015 年"); break;
19        case "R": case "S":
20          System.out.println("2016 年"); break;
21        case "T": case "V":
22          System.out.println("2017 年"); break;
23        case "W": case "X":
24          System.out.println("2018 年"); break;
25        case "Y": case "Z":
26          System.out.println("2019 年"); break;
27        case "C": case "D":
28          System.out.println("2020 年"); break;
29        case "F": case "G":
30          System.out.println("2021 年"); break;
31        default:
32          System.out.println("您输入的序号有误");
33      }
34    }
35  }
```

上述程序利用 switch 语句不加上 break 时会连带执行下一个 case 分支的特性，将同年份的两个 case 分支集中，执行同一条语句显示对应的制造年份。

课后练习

※ 选择题可能单选或多选

1. (　　)根据以下程序片段,下列哪项可以作为 if 语句中的条件表达式?

```
int x = 4, y = 10;
boolean z = true;
```

　(a) (x+y)　　(b) (z)　　(c) ('x')　　(d) 以上都是

2. (　　)下列叙述哪项是错误的?

　(a) if 后面一定要有 else　　(b) if 后面只能有一个 else

　(c) else 前面一定要有 if　　(d) if 跟 else 是互补的关系

3. (　　)下列哪项叙述正确?

　(a) switch 内不可以出现 if 语句

　(b) case 一定要使用 break 作为结束

　(c) case'A': 可以接受 'a' 和 'A' 的条件值

　(d) default 是可有可无的

4. 请将下面的程序完成。

```
01 import java.io.*;
02 
03 public class Ex_05_04 {
04 
05   public static void main(String[] args)
06     throws IOException {
07     System.out.println("请输入任意整数：");
08     System.out.print("→");
09 
10     BufferedReader br = new
11       BufferedReader(new InputStreamReader(System.in));
12 
13     String str = br.readLine();
14     int num1 = Integer.parseInt(str);
15 
16     int num2 = 1000;
17     if (____________)
18       System.out.println("输入的数值大于1000");
19     _________
20       System.out.println("输入的数值小于或等于1000");
21   }
22 }
```

5. 请用 Java 程序语言将以下的文字叙述,写成完整的 if 条件语句。

　(a) 如果 a 大于 b，就将 a 设置为 b 的值，否则就将 b 设置为 a 的值。

（b）如果a大于b且小于c，就将a设置为b加上c的值，否则就将c设置为a减去b的值。

6. 判断下列程序是否正确，若有错误该如何改正？

```
01 public class Ex_05_06 {
02   public static void main(String[] args) {
03     String str = "100";
04 
05     switch(str) {
06       case 100:
07         System.out.println("终于考到 100 分了");
08         break;
09       default:
10         System.out.println("可惜没考到 100 分。");
11     }
12   }
13 }
```

7. 请修改以下程序的错误。

```
01 public class Ex_05_07 {
02   public static void main(String[] args) {
03     char grade = 'B';
04     switch(grade) {
05       case A:
06         System.out.println("等级A");
07         break;
08       case B
09         System.out.println("等级B");
10         break;
11       case C:
12         System.out.println("等级C");
13       default:
14         System.out.println("等级D");
15     }
16   }
17 }
```

8.（　　）下面的程序会输出哪个结果？

```
01 public class Ex_05_08 {
02 
03   public static void main(String[] args) {
04 
05     int num = 22;
06 
07     if ((num > 10) || (num < 20))
```

```
08        System.out.print("数字介于 10 与 20 之间");
09      if (num > 20)
10        System.out.print("数字大于 20");
11      else
12        System.out.print("数字小于 20");
13    }
14  }
```

（a）数字介于 10 与 20 之间　　（b）数字大于 20

（c）数字小于 20　　（d）数字介于 10 与 20 之间，数字大于 20

9.（　　）下面的程序，会输出哪个结果？

```
01 public class Ex_05_09 {
02
03   public static void main(String[] args) {
04
05     int num = 4;
06
07     switch(num){
08     default:
09       System.out.print("?");
10     case 1:
11       System.out.print("1");
12       break;
13     case 2:
14       System.out.print("2");
15     case 3:
16       System.out.print("3");
17       break;
18     }
19   }
20 }
```

（a）?　　（b）?1　　（c）?123　　（d）1

10.（　　）请选出以下语法正确的项，并更正语法不正确的项。

（a）

```
01 public class Ex_05_10a {
02   public static void main(String[] args) {
03     int a = 5,b = 10;
04     if (a = b)
05       System.out.println("A 数值等于 B");
06     else
07       System.out.println("A 数值不等于 B");
```

```
08    }
09 }
```

（b）

```
01 public class Ex_05_10b {
02   public static void main(String[] args) {
03     int level = 5;
04     switch(level) {
05       default:
06         System.out.println("您非法升级，是不是用了外挂啊？");
07       case 1:
08         System.out.println("恭喜您升 1 级了");
09         break;
10       case 2:
11         System.out.println("恭喜您升 2 级了");
12         break;
13     }
14   }
15 }
```

（c）

```
01 public class Ex_05_10c {
02   public static void main(String[] args) {
03    int money = 52000;
04    if (money > 50000) {
05       switch (money) {
06         case 51000:
07           System.out.println("本月取得基本工资 51000 元");
08           break;
09         case 52000:
10           System.out.println("本月工时过多，辛苦了。");
11           break;
12           default:
13         System.out.println("多休息，小心过劳。");
14       }
15     else
16     }System.out.println("您请假过多，以致薪资过少。");
17   }
18 }
```

程 序 练 习

1. 试写一个程序，使用 if 语句判断用户输入的数值为奇数还是偶数。
2. 试写一个程序，输入学生的成绩，成绩在 90 ~ 100 分之间为 A；成绩在 80 ~ 89 分之间为 B；成绩在 70 ~ 79 分之间为 C；成绩在 60 ~ 69 分之间为 D；未满 60 分为 E（使用 if 语句）。
3. 改用 switch 语句重新编写程序实现上一题对学生成绩分类。
4. 试写一个程序，比较用户输入的两个数字的大小，并依照用户选择的四则运算计算其结果。
5. 试写一个程序，用来计算三角形面积、矩形面积、梯形面积。选择三角形时，会要求输入底与高；选择矩形时，会要求输入长与宽；选择梯形时，则要求输入上底、下底、高。
6. 试写一个程序，让用户可以输入密码，当输入密码错误时，系统会输出错误信息，当输入密码正确时，输出正确信息。密码为数字所组成，介于 1000 ~ 9999 之间，由程序设计者自行选择。
7. 有一家电信公司的计费方式：每个月打电话时长在 800 分钟以下，每分钟 0.9 元；拨打时长大于 800 分钟小于 1500 分钟时，所有电话费以 9 折计算；若是打电话时长在 1500 分钟以上，则通话费将以 7.9 折计算。试写一个程序，依用户输入的打电话时长计算通话费。
8. 已知男生标准体重 =（身高 −80）× 0.7；女生标准体重 =（身高 −70）× 0.6，试写一个程序可以根据用户输入计算其标准体重（提示：先选择性别，再决定应套用哪一个公式）。
9. 试写一个程序，让用户可以输入篮球队员的平均得分、助攻、篮板、抄截、失误等数值，并依（平均得分 ×1 + 助攻 ×2 + 篮板 ×2 + 抄截 ×2）−（失误 ×2）的公式计算此篮球员 MVP 数值。45 分以上为 A 级球员，35 ~ 44 分为 B 级球员，25 ~ 34 分为“板凳级”球员，25 分以下为“万年板凳级”球员。
10. 试写一个程序，让用户可输入整月的工时数及每月的固定时薪，并将其所应获取的工资显示在屏幕上。工资计算方法如下。

    （1）60 小时 (含) 以下的薪水部分：以固定时薪计算。

    （2）61 ~ 120 小时之间的薪水部分：以固定时薪的 1.33 倍计算。

    （3）121 小时（含）以上的薪水部分：以固定时薪的 1.66 倍计算。

6

CHAPTER

第 6 章 流程控制（二）：循环语句

学习目标

- 学习使程序能够重复执行的方法
- 学习控制程序执行次数的方法
- 了解什么是循环并掌握各种循环语句的语法
- 学习跳出循环的方法

在第 5 章已学习了如何使用条件语句来控制流程，本章主要介绍流程控制的另一把利器——循环语句（loop）。

循环是重复性地工作（重复地执行某一动作）。在日常生活中，我们往往都会做一些重复性的工作，例如，办公人员每天重复地收发表格，操作员重复地把原料放到机器上等。这种重复性的工作即使在写程序时也很容易发生。

比如说我们要计算 1 ~ 10 的平方和，并将每次累加的结果都输出到屏幕上，如果不使用循环，程序可能会写成下面的样子。

程序 SquareSum.java 累加 1~10 的平方和

```
01 public class SquareSum {
02   public static void main(String args[]) {
03
04     int sum = 0; //存储 1~10 的平方和累计值
05
06     sum  = 1*1;
07     System.out.println("1~1 的平方和为: "+ sum);
08     sum += 2*2;
09     System.out.println("1~2 的平方和为: "+ sum);
10     sum += 3*3;
11     System.out.println("1~3 的平方和为: "+ sum);
.        .
.        .
.        .
24     sum += 10*10;
25     System.out.println("1~10 的平方和为: "+ sum);
26   }
27 }
```

上述程序中，我们不断在编写重复的代码。如果要计算更大的范围，或是想让用户自定义计算的范围，都将造成程序编写上的困难。为了改进重复性代码的编写和提高执行效率与弹性，Java 提供了多种循环控制语句，让我们可以大幅地简化重复性代码的编写。

循环语句主要是利用条件表达式返回的布尔值（true/false）来判断是否要重复执行循环体语句。当条件表达式为 true，程序就会执行循环体语句；当条件表达式为 false 时，就会结束循环（跳出循环），然后继续往下执行，如图 6.1 所示。

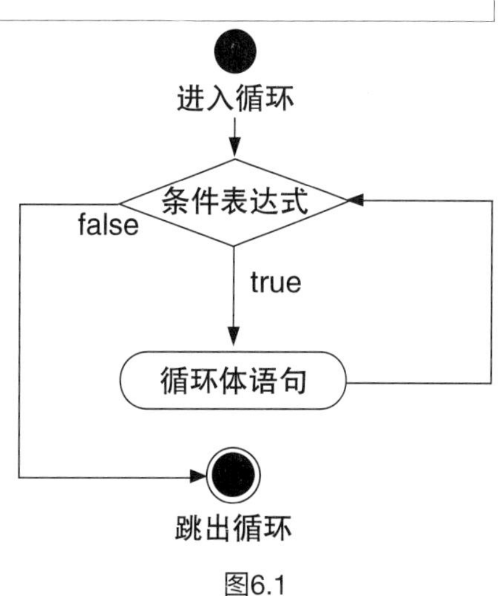

图6.1

因此使用循环语句来解决上述计算平方和的问题，程序便会精简许多。

程序 SquareSumLoop.java 使用循环语句累加 1~10 的平方和

```
01 public class SquareSumLoop {
02   public static void main(String args[]) {
03
04     int sum = 0;                  //存储 1~10 平方和累计值
05
06     for (int i=1;i<=10;i++) {   //会重复执行语句块的内容 10 次
07           sum  += i*i;
08           System.out.println("1~" + i +" 的平方和为: "+ sum);
09     }
10   }
11 }
```

代码从 27 行减为 11 行，是不是精简很多了呢？那是因为重复的代码被我们用循环语句取代了，只需写一次即可，不必重复写很多次；而且只要再略加修改一下程序，就能让程序变成自定义计算不同范围的平方和，这就是循环语句的妙用。其中 for 循环的用法将在 6.1 节中详细说明。

执行结果

```
11 的平方和为: 1
12 的平方和为: 5
…
110 的平方和为: 385
```

在 Java 语言中，共有 for、while、do...while 三种循环语句，接下来将分别介绍并实际演练。

6.1 for 循环

for 循环语句适用在需要精确控制循环次数的场合，如上述计算 1 ~ 10 平方和的例子，就是控制循环算到 10 就不要再执行了，此时程序便跳出循环。

6.1.1 语法

扫一扫，看视频

for 循环语句的语法如下。

```
for(初始表达式;条件表达式;控制表达式){
  循环体语句;
}
```

◎ 初始表达式：在第一次进入循环时，会先执行此处的表达式。我们通常是在此设置循环变量（例如条件表达式中会用到的变量）的初始值。

◎ 条件表达式：用来判断是否要执行循环体中的语句，返回值应为布尔值。此条件表达式会在每次循环开始时执行，以重新检查条件是否仍成立。如条件表达式为 i < 10，那么只有在 i 小于 10 的情形下，才会执行循环体中的语句；一旦 i 大于或等于 10，循环便结束。

◎ 控制表达式：每次执行完 for 循环体语句后，就会执行此表达式。此表达式通常都是用于调整条件表达式中会用到的变量值。以上例来说，条件表达式为 i < 10，要想让循环执行 10 次，就可在“初始表达式”中设置 i=0，再利用控制表达式来改变 i 值，例如每次加 1(i++)，等 i 加到 10 的时候，条件表达式 i < 10 即为 false，此时循环结束，也就完成我们想要循环执行 10 次的目标。

◎ 循环体语句：利用循环语句重复执行的语句放在此处，如果要执行的语句只有一条，也可省略前后的大括号“{}”。

整个 for 循环语句的执行流程图如图 6.2 所示。

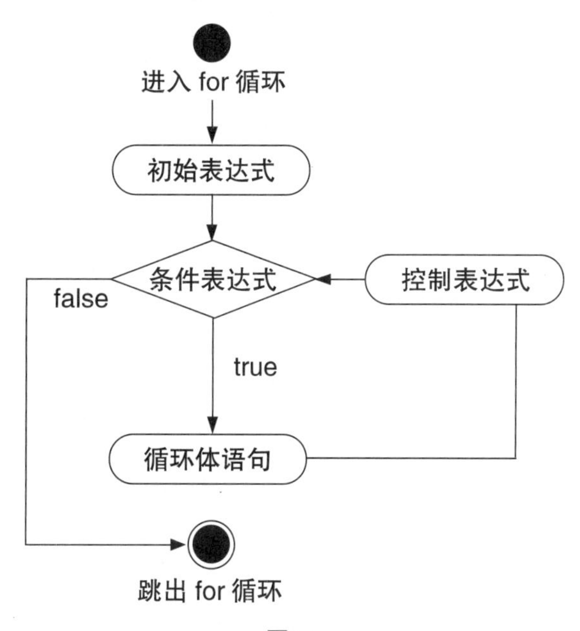

图6.2

了解完 for 循环语句的语法后，下面进一步来看 for 循环语句是怎么执行的。

6.1.2 执行流程

for 循环语句一般都是用变量来决定执行的次数，以 for（i=0;i<3;i++）为例，for 循环语句的执行步骤为：

```
第 1 次：i 值为 0 → i<3 成立 → 执行循环体语句 → i++（i 变成 1）
```

```
              (i = 0)

第 2 次: i 值为 1 → i<3 成立  → 执行循环体语句 → i++ (i 变成 2)

第 3 次: i 值为 2 → i<3 成立  → 执行循环体语句 → i++ (i 变成 3)

第 4 次: i 值为 3 → i<3 不成立 → 跳出循环
```

由上述例子可知，只要善用循环的条件表达式和控制表达式，就可以控制循环的执行次数。由此也可得知，如果我们需要控制程序执行的次数，for 循环将是最好的选择。

例如，逐步计算某个范围内（例如 1 ~ 1000）所有奇数的总和，此时使用 for 循环来处理是最恰当的，代码如下。

程序 CountOdd.java 计算在某范围内的所有奇数和

```
01 import java.util.*;
02
03 public class CountOdd {
04
05   public static void main(String args[]) {
06
07     //声明累加值 sum 和计算范围 range
08     int sum = 0, range, i;
09
10     System.out.print("请输入想要计算的奇数和范围 (结尾数值): ");
11     Scanner sc = new Scanner(System.in);
12     range = sc.nextInt();
13
14     //由 1 开始，每次加 2， 直到 i 大于 range 的 for 循环
15     for (i=1; i<=range; i+=2) {          //每跑一次循环就将 i 值加 2
16       sum += i;
17     }
18     System.out.println("1 到 "+range+" 的所有奇数和为 "+sum);
19   }
20 }
```

执行结果 1

```
请输入想要计算的奇数和范围(结尾数值): 15
1 到 15 的所有奇数和为 64
```

执行结果 2

```
请输入想要计算的奇数和范围(结尾数值)：1000
1 到 1000 的所有奇数和为 250000
```

本例要重复执行的语句只有第 16 行，不过仍用大括号将其括起来。此外，若想让程序能计算较大的范围，可将变量 sum 声明为 long 或 double 类型。也因为起始是由 1 开始，并且每次都递增 2，若是用户输入偶数值，也是以奇数和进行计算到输入的范围内。

6.1.3　for 循环语句的进阶用法

在 for 循环语句的初始表达式中，也可以直接声明新的变量来使用，例如前面程序中用来控制循环次数的变量 i，由于在循环之外并不会用到，因此可将变量直接声明在 for 的初始表达式中，例如：

扫一扫，看视频

```
int sum = 0, range;                      //不用声明循环的变量
...
for (int i=1; i<=range; i+=2) {          //声明及初始化循环变量 i
```

请注意，此种做法创建的变量 i 只能在 for 循环中访问；若想在循环外访问变量 i，就必须在循环外预先声明变量。例如下面程序会在跳出循环之后发生错误。

```
for(int i=1; i<5; i++) {
  System.out.println(i);                 //正确, i 在循环中可以访问
}
System.out.println(i);                   //错误, 跳出循环后 i 就消失了, 因此不可访问!
```

另外，在初始表达式及控制表达式中也可以包含多个以逗号分隔的表达式，例如以下两种写法都是被允许的。

```
  在初始表达式中声明 i 和 j 并指定初值

for(int i=1, j=2; i<5 && j>0; i++, j--)
  ...

int i, j, k;
for(i=1, j=2; i<5 && j>0; i++, j--, k=i+j)
  ...
```

不过，在条件表达式中只能有一个表达式，而且运算结果必须为 true 或 false 才行。因此，我们不可将“i<5&&j>0”写成“i<5，j>0”，当然也不可写出如“i=5”这类运算结果不是布尔值的式子（若要比较 i 是否等于 5，应该用 == 而非 =）。

最后，for 循环的初始、控制、条件表达式都不是必要的，若不需要可以省略（虽然并不建议这样做）。例如下面 3 个 for 语句都是合法的。

```
for(int i; i>1;)                    //省略控制表达式
  ...

for(;x<10;)                         //只剩条件表达式
  ...

for(; ;)                            //全部省略，但因没有要检查的条件，会变成无穷循环，
  ...                               //必须用其他方式中断循环 (中断方式参见 6.5 节)
```

6.1.4 for...each 循环

扫一扫，看视频

for 另外还有一种用法，称为 for...each 循环，就是针对数组（详见第 7 章）或集合（详见第 17 章）中的每一个元素，每次取出一个来进行处理。例如：（此程序只需大概了解即可，后面章节会再说明）

```
int a[] = {1,2,3,4,5};              //声明内含 5 个元素的 a 数组

for (int e: a)                      //每次从 a 中取出一个元素存入 e中, 然后执行循环
    System.out.print(e);
```

执行结果

```
12345  ← 每次循环输出一个元素, 共输了 5 次
```

此节我们只是简单介绍 for...each 语句的用法，在第 7 章和第 17 章将还会有更详细的说明。

6.2 while 循环

6.2.1 语法

while 循环语句有别于 for 循环语句，它不需要初始表达式及控制表达式，只要条件表达式即可。语法如下。

扫一扫，看视频

```
while(条件表达式){
    循环体语句
}
```

◎ while：“当……” 的意思。表示会根据条件表达式的真假来决定是否执行循环体语句，即

“当条件为真” 就执行循环体语句；若为假，则不执行 (跳出循环)。

◎ 条件表达式：可以是结果为布尔值的任何表达式或布尔变量。

while 循环每次在执行完大括号中的语句后，会跳回条件表达式再次检查，如此反复执行，直到条件表达式的返回值为 false 时才跳出循环。

6.2.2 执行流程

观察图 6.3 所示的流程图，应该不难发现，其实 while 循环与 for 循环十分类似。下面就将上述计算奇数和的例子用 while 循环来改写，并将奇数和改为偶数和。

扫一扫，看视频

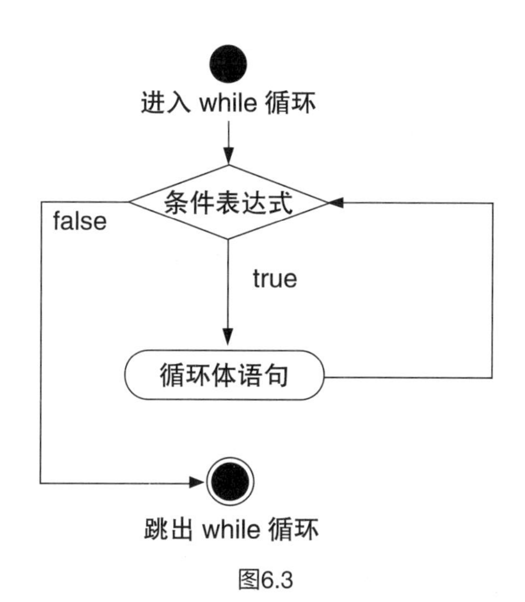

图6.3

程序 CountEven.java 利用 while 循环计算某范围内的偶数和

```
01 import java.io.*;
02
03 public class CountEven {
04
05   public static void main(String args[]) throws IOException {
06
07     //声明累加值 sum 及计算范围 range
08     int sum = 0, range;
09
10     System.out.print("请输入想要计算的偶数和范围(结尾数值)：");
11
12     BufferedReader br =
```

```
13         new BufferedReader(new InputStreamReader(System.in));
14       String str = br.readLine();
15       range = Integer.parseInt(str);
16 
17       int i=0;               //声明循环变量 i
18       while (i<=range) {     //当 i 值大于 range 即停止执行 while 循环
19         sum += i;            //每次进入循环时, 将 sum 的值加上 i
20         i+=2;                //每次都将 i 值加 2
21       }
22       System.out.println("1 到 "+range+" 的所有偶数和为 "+sum);
23     }
24 }
```

执行结果

```
请输入想要计算的偶数和范围(结尾数值): 2020
1 到 2020 的所有偶数和为 1021110
```

其中，第 20 行的 i+=2；有点类似 for 循环的控制表达式，会让 while 循环的条件表达式有可能产生 false 的结果。如果把这行语句去掉，while 循环内的循环变量 i 将不会发生改变（循环条件永远是 true），此时就会一直重复执行循环，而不会停下来，这种情况就称为无穷循环（也称死循环）。

TIP 若编写的程序不慎出现无穷循环，使程序在命令提示字符窗口中持续执行而不结束，此时可按 Alt+F4 组合键终止程序执行。

6.3 do...while 循环

do...while 循环是 while 的一种变形，前面介绍的 while 循环通常被称为“预先条件表达式”循环，也就是在执行循环之前，会预先检查条件是否为真。而 do...while 循环则相反，它是先执行完循环体语句后，再检查条件是否成立，所以 do...while 循环的特点就是：不论条件是什么，循环至少都会执行一次。

6.3.1 语法

扫一扫，看视频

do...while 循环的结构如倒过来的 while 循环，也就是把“while（条件表达式）”这一段内容移到循环的最后面。

```
do {
  循环体语句
} while (条件表达式);       // 结尾要加分号
```

6.3.2 执行流程

do...while 会先执行循环体语句，再进行条件判断。其执行流程如图 6.4 所示。

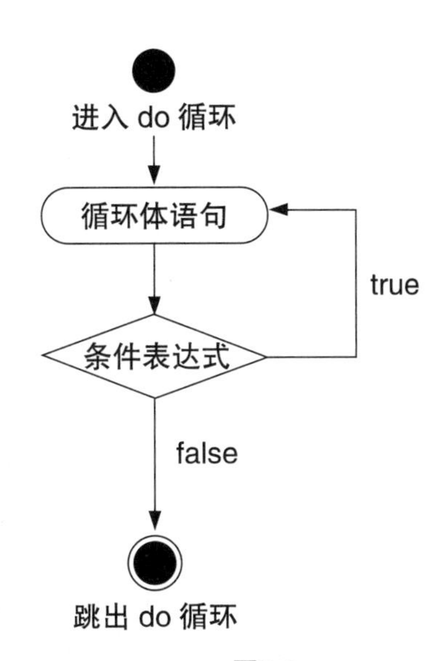

图6.4

我们以一个实际的例子来示范 while 和 do...while 循环的差别，可以用 while 循环来设计。

程序 CountWhile.java 用 while 测试循环执行的次数

```
01 public class CountWhile {
02
03   public static void main(String args[]) {
04
05     int i=0;            //声明用来记录循环执行次数的变量 i
06     while (i++<3)
07       System.out.println("这是第" + i + "次执行循环");
08   }
09 }
```

执行结果

```
这是第1次执行循环
这是第2次执行循环
这是第3次执行循环
```

此范例程序的 while 循环会在每次做完条件检查时，将 i 的值加 1，结果就是循环会执行

3 次。接着用 do...while 来改写同一个程序，如下所示。

程序 CountDowhile.java 用 do…while 测试循环执行的次数

```
01 public class CountDowhile {
02
03   public static void main(String args[]) {
04
05     int i=0;          //声明用来记录循环执行次数的变量 i
06     do {
07       System.out.println("这是第" + i + "次执行循环");
08     } while (i++<3); //在while()的结尾要记得加分号!
09   }
10 }
```

执行结果

```
这是第0次执行循环
这是第1次执行循环
这是第2次执行循环
这是第3次执行循环
```

由于 i 是从 0 开始，且 do...while 会先执行完一次循环后才进行检查，使得循环比前一个范例多执行 1 次。读者在设计程序时，可依需要选用适当的循环语句。

6.4 嵌套循环

前面介绍的循环范例中，都是处理一维的问题，比如从 1 加到 100 之类的用一个累加变量就能解决的问题。但是如果想要解决像九九乘法表这种二维的问题（x，y 两个累加变量相乘的情况）就必须将循环进行一些改变，也就是使用嵌套循环（nested loops）。

简单地说，嵌套循环就是循环的大括号之中还有其他循环，如 for 循环中还有 for 循环或 while 循环。以下就用范例来说明嵌套循环的应用。

程序 Count9x9.java 利用嵌套循环输出九九乘法表

```
01 public class Count9×9 {
02
03   public static void main(String args[]) {
04
05     for (int x=1; x<=9; x++) {        //外层循环从 x=1 开始
06       for (int y=1; y<=9; y++) {      //内层循环从 y=1 开始
07         System.out.print(x + "*" + y + "=" + x*y + "\t");
08       }
09       System.out.println();           //换行
10     }
11   }
12 }
```

执行结果

```
1*1=1	1*2=2	1*3=3	1*4=4	1*5=5	1*6=6	1*7=7	1*8=8	1*9=9
2*1=2	2*2=4	2*3=6	2*4=8	2*5=10	2*6=12	2*7=14	2*8=16	2*9=18
3*1=3	3*2=6	3*3=9	3*4=12	3*5=15	3*6=18	3*7=21	3*8=24	3*9=27
4*1=4	4*2=8	4*3=12	4*4=16	4*5=20	4*6=24	4*7=28	4*8=32	4*9=36
5*1=5	5*2=10	5*3=15	5*4=20	5*5=25	5*6=30	5*7=35	5*8=40	5*9=45
6*1=6	6*2=12	6*3=18	6*4=24	6*5=30	6*6=36	6*7=42	6*8=48	6*9=54
7*1=7	7*2=14	7*3=21	7*4=28	7*5=35	7*6=42	7*7=49	7*8=56	7*9=63
8*1=8	8*2=16	8*3=24	8*4=32	8*5=40	8*6=48	8*7=56	8*8=64	8*9=72
9*1=9	9*2=18	9*3=27	9*4=36	9*5=45	9*6=54	9*7=63	9*8=72	9*9=81
```

TIP 使用 \t(即 Tab 按键) 可以让输出文字对齐到下一个定位点，如上述程序，看起来更整齐、更好阅读。

在上述的例子中，利用两个循环分别来处理九九乘法表的（x，y）变量的累加相乘动作。当 x 等于 1 时，必须分别乘以 1 到 9 的 y；当 x 等于 2 时，又是分别乘上 1 到 9 的 y，以此类推，也就是在外部循环每执行一轮时，内部循环就会执行 9 次。其执行流程如图 6.5 所示。

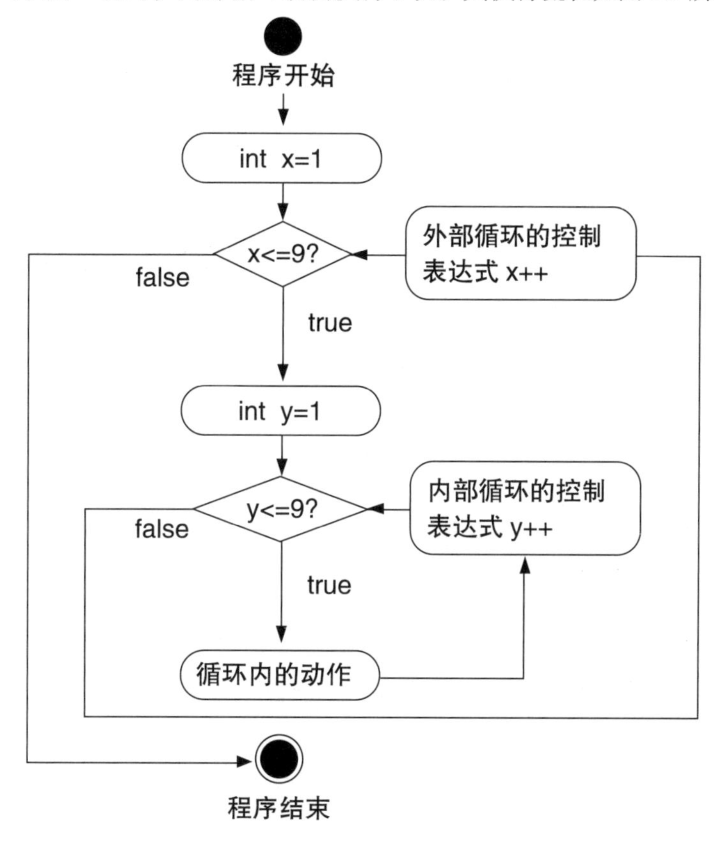

图6.5

内循环控制横向的数字增加 →

外循环控制纵向的数字增加 ↓

1*1=1	1*2=2	1*3=3	1*4=4	1*5=5	1*6=6	1*7=7	1*8=8	1*9=9
2*1=2	2*2=4	2*3=6	2*4=8	2*5=10	2*6=12	2*7=14	2*8=16	2*9=18
3*1=3	3*2=6	3*3=9	3*4=12	3*5=15	3*6=18	3*7=21	3*8=24	3*9=27
4*1=4	4*2=8	4*3=12	4*4=16	4*5=20	4*6=24	4*7=28	4*8=32	4*9=36
5*1=5	5*2=10	5*3=15	5*4=20	5*5=25	5*6=30	5*7=35	5*8=40	5*9=45
6*1=6	6*2=12	6*3=18	6*4=24	6*5=30	6*6=36	6*7=42	6*8=48	6*9=54
7*1=7	7*2=14	7*3=21	7*4=28	7*5=35	7*6=42	7*7=49	7*8=56	7*9=63
8*1=8	8*2=16	8*3=24	8*4=32	8*5=40	8*6=48	8*7=56	8*8=64	8*9=72
9*1=9	9*2=18	9*3=27	9*4=36	9*5=45	9*6=54	9*7=63	9*8=72	9*9=81

6.5 变更循环流程的 break 与 continue

有两个语句:break 语句和 continue 语句都可以改变循环的执行流程，而跳出执行循环或跳到下一轮循环中。

6.5.1 跳出循环的 break 语句

扫一扫，看视频

switch 语句中可以利用 break 语句来结束 case 跳出 switch 结构，同样可以用 break 语句来跳出当前循环。

当程序中遇到某种状况而不需要循环继续执行时，即可用 break 语句来跳出循环，例如:

程序 UseBreak.java 使用 break 语句跳出无穷循环

```
01 public class UseBreak {
02
03   public static void main(String args[]) {
04
05     int i=1;
06
07     while (i>0) { //死循环
08       System.out.println("死循环执行中...");
09       if (i == 5) //当 i 为 5 时, 条件表达式成立
10         break;     //跳出循环
11       i++;
12     }
13     System.out.println("成功地跳出循环了！！");
14   }
15 }
```

执行结果

```
死循环执行中...
```

```
死循环执行中...
死循环执行中...
死循环执行中...
死循环执行中...         ← 这行信息仅出现 5 次，表示循环只执行了 5 次
成功地跳出循环了！！
```

由于第 7 行的条件表达式“i > 0” 永远为真，所以会变成死循环。不过由于程序在执行时 i 变量会持续累加，等累加到 i 等于 5 时，第 9 行的 if 条件表达式其值为真，所以会执行 break 语句来跳出此层循环。

TIP 如果有多层的嵌套循环，则 break 语句只会跳出其所在的那一层循环。

6.5.2 跳到下一轮循环的 continue 语句

扫一扫，看视频

除了 break 语句外，控制循环的跳转还有一个 continue 语句，其功能与 break 语句类似，不同之处在于 break 语句会跳出“整个” 循环，而 continue 语句仅跳出“这一轮” 循环，然后继续下一轮循环。例如前面计算奇数和的例子，可改用 continue 语句设计。

程序 UseContinue.java 使用 continue 语句来跳到下一轮循环

```
13      //由 1 开始，每次加 1
14      for (i=1; i<=range; i++)   {
15        if(i%2==0) continue;     //若是偶数就跳到下一轮循环
16        sum += i;                //奇数才会被累加
17      }
```

执行结果

```
请输入想要计算的奇数和范围 (结尾数值)：199
1 到 199 的所有奇数和为 10000
```

这次我们将 for 循环的控制表达式由 i=i+2 改成 i++，但在循环内第 15 行加上检查 i 是否为偶数的 if 语句，若为偶数，就会执行 continue 语句跳到下一轮循环，所以偶数就不会累加到 sum 中。

6.5.3 标签与 break/continue 语句

扫一扫，看视频

如果程序中有嵌套循环，但在某种情况下，需要由内层循环直接跳出或跳到下一轮的外层循环中，这时用单纯的 break/continue 语句就显得不方便了，因为必须在每一层的循环中都要加上 break/continue 才行。为了解决这个问题，Java 提供了另一种 break/continue 的写法，就是在 break/continue 之后加上标签（Label）。

首先要在循环语句之前加上“标签” 来识别循环，其格式如下。

```
runloop:while(...)
```
要加上冒号

标签名称（可取一个有意义的名称）

为循环加上标签后，在其内层的任何循环中都可用 break/continue 加上该标签名称，表示要中断的是指定标签的循环，例如：

```
runloop: while (...) {      ← 中断最外层的循环
  for (...) {
    do (...) {
      ...
      break runloop;
      ...
```

此时 break 语句不只会跳出最内层的 do 循环，也会跳出外层的 for、while 循环。

我们沿用前面的九九乘法表的程序来说明，假设要让乘法表只列出乘积小于等于 25 的项目，则可在内层中检查乘积大于 25 时，就跳到下一轮的外层继续执行，因此将程序改成如下所示。

程序　PartOf9x9.java 只输出部分九九乘法表内容

```
01 public class PartOf9×9 {
02
03   public static void main(String args[]) {
04
05     outloop: for (int x=1; x<=9; x++) {        //加上标签名称
06       for (int y=1; y<=9; y++) {
07         if (x*y > 25) {                        //若乘积大于25
08           System.out.println();                //换行
09           continue outloop;                    //跳到下一轮的outloop循环
10         }
11         System.out.print( x + "*" + y + "=" + x*y + "\t");
12       }
13       System.out.println();
14     }
15   }
16 }
```

执行结果

```
1*1=1   1*2=2   1*3=3   1*4=4   1*5=5    1*6=6    1*7=7   1*8=8   1*9=9
2*1=2   2*2=4   2*3=6   2*4=8   2*5=10   2*6=12   2*7=14  2*8=16  2*9=18
3*1=3   3*2=6   3*3=9   3*4=12  3*5=15   3*6=18   3*7=21  3*8=24
4*1=4   4*2=8   4*3=12  4*4=16  4*5=20   4*6=24
```

```
5*1=5   5*2=10 5*3=15 5*4=20 5*5=25
6*1=6   6*2=12 6*3=18 6*4=24
7*1=7   7*2=14 7*3=21
8*1=8   8*2=16 8*3=24
9*1=9   9*2=18
```

第 7 行的 if 语句判断乘积是否大于 25，是就输出换行字符，并于第 9 行用 continue outloop；语句跳转到下一轮的 outloop 循环中（第 5 行）。所以最后输出的乘法表中，没有乘积超过 25 的项目。

6.6 综合演练

6.6.1 循环与 if 条件表达式的混合应用：判断质数

扫一扫，看视频

质数就是除了 1 及其本身之外，无法被其他整数整除的数，所以，如果用手算，数字越大往往就越难判断。但是现在我们可以利用嵌套循环来解决这类的问题。原理很简单，将数字除以每一个比其二分之一小的整数（从 2 开始）：只要能被整除，它就不是质数；反之，则为质数。

假设 num 是大于等于 2 的正整数，则可用如图 6.6 所示的流程图来判断 num 是不是质数。

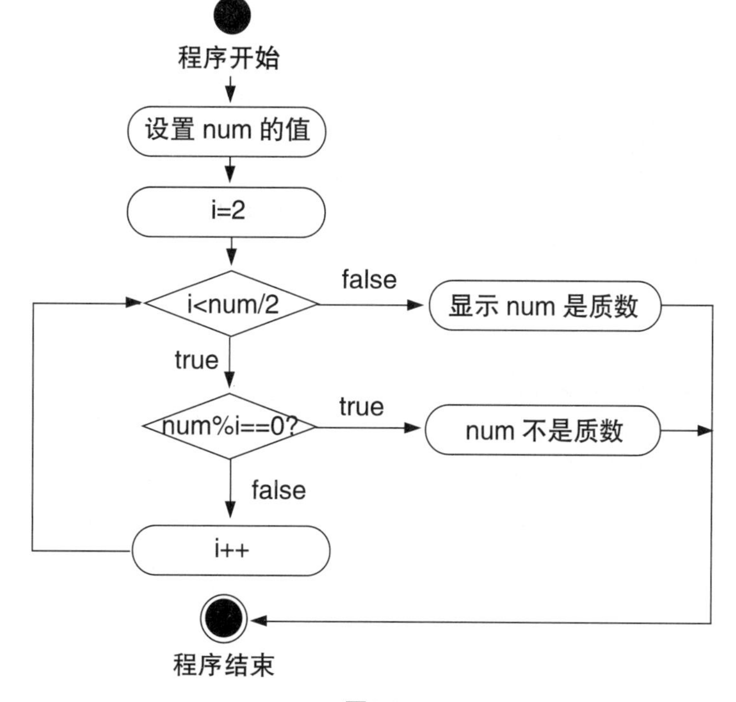

图6.6

以上述的流程图为基础，设计一个可判断指定数值是否为质数的程序如下。

程序 IsPrime.java 判断某数是否为质数

```
01 import java.io.*;
02
03 public class IsPrime {
04   public static void main(String args[]) throws IOException {
05
06     BufferedReader br =
07      new BufferedReader(new InputStreamReader(System.in));
08
09     while(true){                         //让用户可反复输入新数值的循环
10       System.out.print("请输入要检查的数(输入0结束): ");
11
12       String str = br.readLine();
13       int num = Integer.parseInt(str);
14       if(num == 0) break;                //若输入0即跳出循环,结束程序
15
16       boolean isPrime = true;            //表示数值是否为质数的布尔值
17       double range = num/2.0;            //限定除数的范围
18
19       for (int i=2; i<=range; i++) {    //做除法运算的循环
20         if ((num%i) == 0) {              //余数为0表示可以整除
21           if (isPrime == true) {
22             isPrime = false;             //非质数,并输出目前的除数
23             System.out.print(num +" 不是质数,可被"+i);
24           }
25           else {                         //输出目前的除数
26             System.out.print(" "+i);
27           }
28         }
29       }
30       //检查完毕，依检查的结果输出不同的信息
31       if (isPrime) {                     //若是质数，即输出该数值
32         System.out.println(num +" 是质数");
33       }
34       else {
35         System.out.println("整除");
36       }
37     }
38   }
39 }
```

执行结果

```
请输入要检查的数 (输入 0 结束): 399          ←— 输入非质数
399 不是质数, 可被 3 7 19 21 57 133 整除
请输入要检查的数 (输入 0 结束): 199          ←— 输入质数
199 是质数
请输入要检查的数 (输入 0 结束): 0            ←— 输入 0 可结束程序
```

◎ 第 9 ~ 37 行的 while 循环是让程序可重复进行"接受输入→判断→输出结果"的动作。在第 14 行则检查输入的数值是否为 0,是就用 break 跳出循环,结束程序。

◎ 第 16、17 行定义两个在判断过程中要用到的变量。布尔类型变量 isPrime 存储的数值是否为质数;range 则是做除法运算的除数范围,即前面提过的某数除以比其二分之一小的数。

◎ 第 19 ~ 29 行就是一一进行除法(求余数)运算的循环。

◎ 第 20 行为求余数运算,若没有余数(可整除),表示非质数。在第 21 ~ 27 行会输出可整除的被除数(因数)。

◎ 第 31 ~ 35 行根据循环检查结果(isPrime 是否为 true)来决定输出的信息。

6.6.2 Scanner 类的输入检查

第 4 章介绍 Scanner 类时提到,若用户输入非预期的数据,程序会发生异常(Exception)并中止执行。例如程序用 nextInt() 要读取整数,结果用户输入中文的"十",就会让程序发生异常。

扫一扫,看视频

若想防止此种情况发生,可利用 Scanner 类提供的 hasNextXxx() 方法先检查数据是否为指定的数据类型,若方法返回 true,才继续读取;返回 false 则取消读取。

```
hasNextByte();              hasNextInt();
hasNextBoolean();           hasNextLong();
hasNextDouble();            hasNextShort();
hasNextFloat();             hasNext();          //判断是否有字符串
```

例如将 6.1.2 小节的 CountOdd.java 程序略做修改,即用 while 循环和 hasNextInt() 方法检查输入是否为整数。

程序 HasNext.java 检查输入的内容

```
01 import java.util.*;
02
03 public class HasNext {
04   public static void main(String args[]) {
05     //声明累加值 sum, 计算范围 range, 循环变量 i
06     int sum = 0, range, i;
07     Scanner sc = new Scanner(System.in);
```

```
08      System.out.print("请输入想要计算的奇数和范围 （结尾数值）：");
09
10      while(!sc.hasNextInt()) {           //输入非整数，就进入循环
11          System.out.print("请输入整数：");
12          sc.next();                      //清除刚刚输入的内容
13      }
14
15      range = sc.nextInt();               //读取整数值
16
17      //由 1 开始，每次加 2 直到 i 值大于 range 的 for 循环
18      for (i=1; i<=range; i+=2) {         //每跑一次循环就将 i 值加 2
19          sum += i;
20      }
21
22      System.out.println("1 到 "+range+" 的所有奇数和为 "+sum);
23    }
24 }
```

执行结果

```
请输入想要计算的奇数和范围 （结尾数值）：十      输入非整数时，
请输入整数：ten                                  程序都会要求
请输入整数：10.0                                 再次输入
请输入整数：10
1 到 10 的所有奇数和为 25
```

第 10 行 hasNextInt() 检查输入的是否为整数，若用户输入字符串、浮点数等，方法会返回 false，但因为我们加上了“!”运算符，所以条件表达式的结果会变成 true，使得 while() 循环被执行。

接着在循环内会显示信息并调用 Scanner 的 next() 方法清除用户刚才输入的内容，由于 hasNextInt() 只会检查输入的内容，不会将其清除，所以一定要用 next()（读字符串的方法）读入这次“不正确的”输入；否则下一轮循环仍会读到该数据，造成无穷循环的情况。

6.6.3 各种循环的综合应用：计算阶乘

扫一扫，看视频

接着我们要设计一个可以计算阶乘的程序，让用户输入任意整数，程序会计算该数字的阶乘并询问是否要继续输入数字进行计算。阶乘的算法就是将数字从 1 开始依次相乘。

```
n! = 1*2*3*...*(n-2)*(n-1)*n
```

换言之，只要用循环语句持续将 1 到 n 的数字相乘，或反过来从 n 乘到 1。以从 n 乘到 1 为

例，流程如图 6.7 所示。

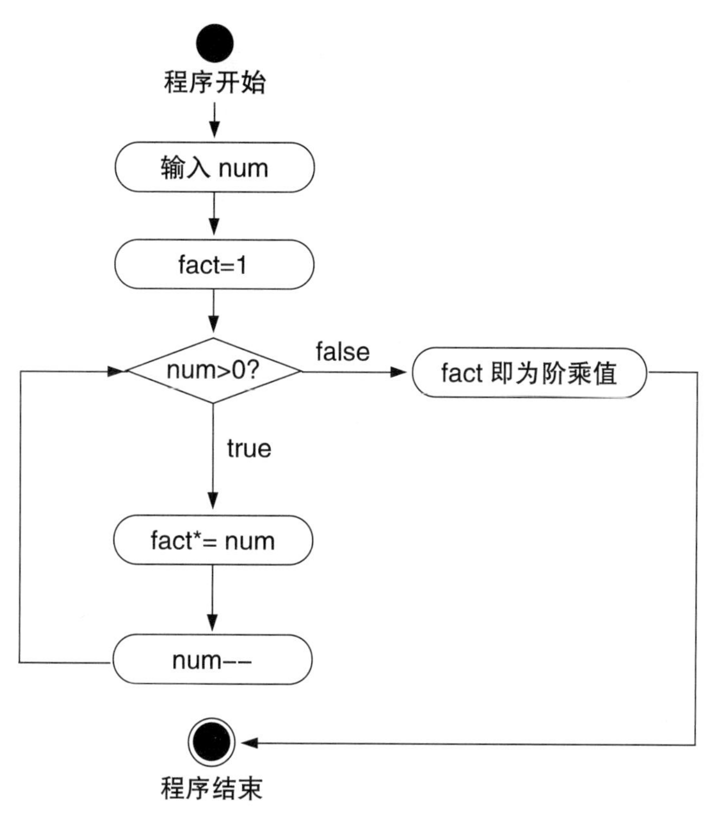

图6.7

依上述流程图设计的程序如下。

程序 Factorial.java 计算用户输入数字的阶乘值

```
01 import java.io.*;
02
03 public class Factorial {
04   public static void main(String args[]) throws IOException {
05
06     BufferedReader br =
07       new BufferedReader(new InputStreamReader(System.in));
08
09     while(true) {
10       System.out.println("请输入 1~170 间的整数来计算阶乘");
11       System.out.print("(输入 0 即结束程序): ");
12       String str = br.readLine();
13       int num = Integer.parseInt(str);
```

```
14        if (num == 0)
15          break;                  //若用户输入0,就跳出循环
16        else if (num>170)
17          continue;               //若输入大于170的数,则重新输入
18
19        System.out.print(num + "!等于");
20
21        double fact;              //用来存储、计算阶乘值的变量
22        for(fact=1;num>0;num--)   //计算阶乘的循环
23          fact *= num;            //每轮循环都将fact乘上目前的num
24
25        System.out.print(fact + "\n\n");       //输出计算所得的阶乘值
26      }
27    }
28  }
```

执行结果

```
请输入 1~170 间的整数来计算阶乘
(输入 0 即结束程序): 199      ← 输入的数字大于 170 时会要求重新输入
请输入 1~170 间的整数来计算阶乘
(输入 0 即结束程序): 99
99! 等于 9.332621544394415E155

请输入 1~170 间的整数来计算阶乘
(输入 0 即结束程序): 0
```

◎ 第 9 ~ 26 行用 while 语句循环包含整个计算阶乘的程序，使程序可重复请用户输入新的值来计算的动作。

◎ 第 14 行用 if 语句判断用户是否输入 0，若是跳出循环，结束程序。

◎ 第 21 行特别用 double 类型来声明存放阶乘值的 fact 变量，以便程序能计算较大数值的阶乘。但即使使用了 double 类型，本程序也只能计算到 170 的阶乘。

◎ 第 22、23 行是计算阶乘值的内循环，计算方式如前面的流程图所示。

课 后 练 习

※ 选择题可能单选或多选

1. (　　)需精确地控制循环执行的次数,用下列哪一种循环最合适?
   (a) for　　(b) while　　(c) do...while　　(d) break
2. (　　)需先执行再做判断,用下列哪一种循环比较合适?
   (a) for　　(b) while　　(c) do...while　　(d) continue
3. (　　)需先判断再决定是否执行,用下列哪一种循环比较合适?

（a）for （b）while （c）do...while （d）continue

4.（　　）下列哪项是正确的？

（a）不同类型的循环可以互相混用　　（b）while 循环不用条件表达式

（c）while 循环要用控制表达式　　（d）continue 可用来跳出一层循环

5.（　　）下列各程序片段是否有语法或逻辑错误？若有错，请写出错在哪里，没有错误的请打钩。

（a）while(a>0)do{...} ________

（b）for(x<10){...} ________

（c）while(a>0 || a<5){...} ________

（d）for(;;){...} ________

（e）do{...}while(1>0) ________

6. 已知 sum 的初始值为 0，试写出经过下列循环运算后，sum 最后的结果为：

（a）
```
for (sum=0;sum<10;sum++)
    sum = sum + 1;
```

（b）
```
for (i=0;i<10;i++)
    sum = sum + i;
    break;
```

（c）
```
for (sum=0;sum<10;sum++) {
   sum= sum + 1;
 break;
 }
```

（d）
```
for (i=0;i<10;i++) {
    continue;
    sum = sum + i;
    }
```

（a）sum=______________　　（b）sum=______________

（c）sum=______________　　（d）sum=______________

7.（　　）已知 X = 10、Y = 20，以下哪段代码会造成死循环？

（a）
```
while (X < Y) {
   X = X - Y;
   Y = Y - X;
}
```

（b）
```
for (X=0;X<Y;X+=2)
   Y++;
```

（c）
```
do {
     Y = Y - X;
} while (X == Y)
```

8.（　　）以下的程序执行后输出结果是哪一项？

```
public class Ex8 {
  public static void main(String args[]) {
    int i, sum=0;
    for (i=2;i<9;i++) {
      if ((i%2) == 0) {
        sum = sum + i;
        System.out.print(sum);
      }
      else continue;
```

```
      }
    }
  }
```

（a）2468　　（b）468　　（c）2345678　　（d）以上都不对

9.（　　）以下的程序会输出几个 * 号？

```
public class Ex9 {
  public static void main(String args[]) {
    int i=0;
    do {
      i++;
      System.out.println("*");
    } while (i < 10);
  }
}
```

（a）0 个　　（b）10 个　　（c）9 个　　（d）以上都不对

10.（　　）以下的程序会输出几个 * 号？

```
public class Ex10 {
  public static void main(String args[]) {
    int i=0;
    do {
       for (i=0;i<10;i++)
         while (i < 4)
           System.out.println("*");
    } while (i < 10);
  }
}
```

（a）10 个　　（b）6 个　　（c）无限个　　（d）以上都不对

程序练习

1. 试写一程序，可计算出 1 到 100 之间所有 3 的倍数的数的总和。
2. 试写一程序，可让用户输入任意正整数 N，并利用 for 循环在屏幕上输出 1*1、2*2、…、N*N 的结果。
3. 试写一程序，可让用户输入两个整数，并计算两个整数之间所有整数的和。
4. 接着上一题，请将程序加上“是否继续运算”的选项（如只要输入 '0' 即结束），并将总和不断累加。
5. 试写一程序，可输出 1 到 100 之间是 5 或 7 的倍数的数值。
6. 试写一程序，可让用户输入矩形的长宽，并在屏幕上输出星号（*）所组成的矩形，如输入 5 和 3 时会输出题 6 图的图形。
7. 试写一程序，可以绘制出题 7 图所示的菱形。

```
*****

*****
*****
```

题 6 图

```
   *
  ***
 *****
*******
 *****
  ***
   *
```

题 7 图

8. 试写一程序，可让用户输入两次密码（四位整数），并验证用户两次输入的密码是否相同，三次输入不正确即显示错误的信息。
9. 试写一程序，可让用户输入 6 个整数（介于 1 到 49 之间），并依次检查这 6 个整数是否符合我们在程序中设置的 6 个号码，正确则显示中奖的信息。
10. 试写一程序，可让用户计算如下的数学算式，其中 x 及 n 的值皆由用户自行输入：

$$\frac{x+1}{n}+\frac{x+2}{n-1}+\cdots+\frac{x+n}{1}$$

7

CHAPTER

第 7 章 数 组

学习目标

- 认识数组
- 学习数组的声明与配置
- 了解多维数组的结构与使用方法
- 了解引用类型的特性
- 活用数组

假设要编写一个程序，计算 5 个学生的语文成绩平均值，那么这个程序可以写成下面这样。

程序 Average.java 计算平均值

```
01 public class Average {
02   public static void main(String[] args) {
03     //学生成绩
04     double student1 = 70,student2 = 65,student3 = 90,
05        student4 = 85, student5 = 95;
06
07     //计算总分
08     double sum = student1 + student2 + student3 +
09                  student4 + student5;
10
11     //计算平均分
12     double average =  sum/5;
13
14     System.out.println("平均成绩：" + average);
15   }
16 }
```

执行结果

```
平均成绩：81.0
```

程序虽然很简单，但存在以下问题。

◎ 因为有 5 个学生，所以在第 4、5 行声明了 5 个变量来存储每个学生的成绩，但如果学生人数改变，变量的数量也要跟着变动，比如说 100 个学生，那么就得声明 100 个变量。不但程序写起来很长，光是要写上 100 个变量的名称，就很容易写错。

◎ 同样的问题也会出现在第 8、9 行计算学生成绩总和的代码上。

◎ 最后，在第 12 行计算平均成绩的时候，也会因为学生人数的变动，而必须手动修改除数。

以上这些问题都会影响编写程序的效率，也可能因为疏忽，还会造成执行结果的错误。举例来说，很可能在 4、5 行的代码中声明了正确的变量数目与名称，但是在第 8、9 行求和时遗漏了某个变量；或者是在第 12 行计算平均成绩时弄错了人数。

如果有一种比较好的数据保存与处理方式能够帮助解决上述问题，就可以避免许多不必要的错误发生。在本章中，将要介绍可以解决上述问题的数据类型——数组。

7.1 什么是数组

要了解什么是数组，可以先看看前文介绍的保管箱的应用。在之前的章节中，变量的使用都是只索取单一保管箱来存放一项数据，而这也正是前面提到的计算平均成绩时导致各种问题的根本原因。我们所需要的是一种可以存储多项数据的变量，并且可以随时知道所存储数据的数量，同时还能依据数量一一取出各项数据进行处理。

数组（Array）就是上述问题的解决方案，它就好像是一个由多个保管箱所组成的组合柜一样。实际使用时，可以将组合柜中单个保管箱当成独立的变量，我们称单个保管箱为该数组的一个元素（Element），如图 7.1 所示。

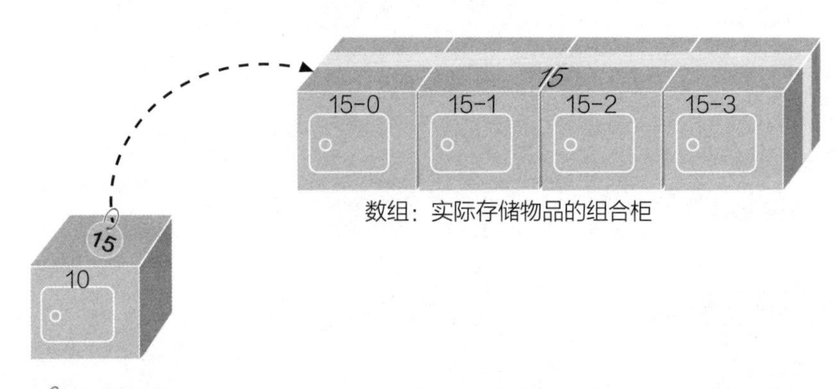

图7.1

更棒的是，我们可以随时知道这个组合柜中包含有几个保管箱，而且每个独立的保管箱都会依照顺序编上序号，只要出示某个保管箱序号的号码牌，就可以单独使用指定的保管箱，这个序号称为该保管箱的索引号（Index Number）。有了这样的组合柜之后，原来计算平均成绩的程序就可以用以下的算法来编写。

程序　使用组合柜计算平均成绩的算法

```
01 依据学生人数,配置一个组合柜
02 将学生分数依序填入组合柜中的每个保管箱中
03 sum = 0;
04 从组合柜中一一取出各个保管箱的值 {
05    sum += 保管箱的值        //计算总和
06 }
07 average = sum/组合柜中保管箱的数目
08 显示平均成绩
```

接着就来实际编写使用数组的程序。

7.1.1　数组的声明与配置

扫一扫，看视频

要使用数组必须分成两个步骤，第一步是声明数组变量，第二步是配置数组。声明数组变量的目的就是索取一个保管箱，用来存放指向组合柜的号码牌，而配置数组的作用则是实际索取组合柜，并且把组合柜的号码牌放入数组变量中，范例如下。

程序 ArrayAverage.java 使用数组计算平均值

```
01 public class ArrayAverage {
02   public static void main(String[] args) {
03     double[] students;         //声明数组
04     students = new double[5];  //配置数组
05
06     students[0] = 70;          //指定第1个保管箱的内容
07     students[1] = 65;          //指定第2个保管箱的内容
08     students[2] = 90;          //指定第3个保管箱的内容
09     students[3] = 85;          //指定第4个保管箱的内容
10     students[4] = 95;          //指定第5个保管箱的内容
11
12     double sum = 0;
13     for(int i = 0;i < students.length;i++) {
14       sum += students[i];      //计算总和
15     }
16
17     double average =  sum / students.length; //计算平均成绩
18
19     System.out.println("平均成绩：" + average);
20   }
21 }
```

执行结果

```
平均成绩：81.0
```

1. 数组变量的声明

在 ArrayAverage.java 程序中，第 3 行就声明了一个数组变量。

```
double[] students; //声明数组
```

只要在类型名称的后面加上一对中括号 []，就表示要声明一个指向可以放置该类型数据的数组的变量，也就是说，students 这个变量会指到一个存储 double 数据类型的数组。到这里为止，只声明了数组变量本身，并没有实际配置存储数据的空间，也没有说明元素的个数。以保管箱来作比方，等于只索取了用来放置组合柜号码牌的保管箱，还没有获取组合柜。因此，也还不能放入数据，如图 7.2 所示。

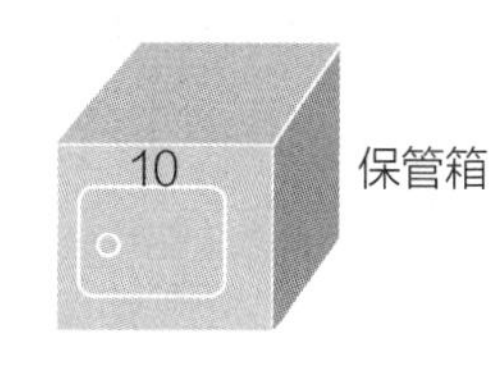

图7.2

另外，从数组的声明方式中也可以看出来，已经指定了数据类型 double，所以，接下来索取到的组合柜中包含的都是一样大小的保管箱，只能放置相同类型的数据。也就是说，不能在同一个组合柜的某个保管箱中放 int 类型的数据，而在另一个保管箱中放 double 类型的数据。

另一种数组变量的声明方式

声明数组时也可以将放在类型后面的那对中括号放在变量的后面，变成这样：

```
double students[]; / 声明数组
```

不过并不建议这样写，因为写成 double[] 时，可以直接读成 **double 数组**，清楚明白地表示出该变量会指向一个 double 类型的数组，同时也可以将 **double[]** 当成是一种**数据类型**。在本书的程序中，都会使用此种方式声明数组。

2. 数组的配置

声明了数组变量之后，接下来就可以配置数组了。在 ArrayAverage.java 程序的第 4 行中，就是配置数组的动作。

```
students = new double[5]; //配置数组
```

要配置数组必须使用 new 运算符。new 运算符的操作数就表示了所需要的空间大小。以本例来说，中括号里的数字 5 就表示需要 5 个保管箱，而中括号前面的 double 就表示了这 5 个保管箱都要用来放置 double 类型的数据。也就是说，执行完这一行代码后，就会配置一个组合柜给 students，其拥有 5 个可以放置 double 类型数据的保管箱，如图 7.3 所示。

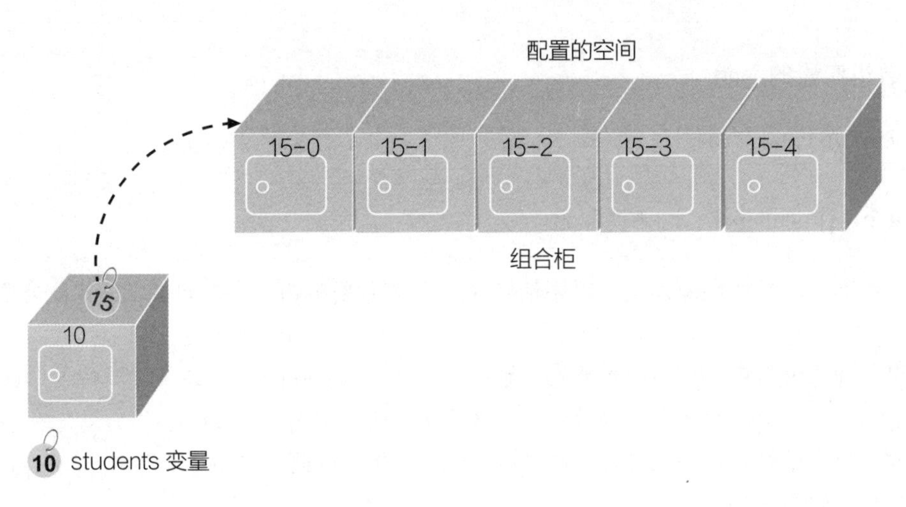

图7.3

配置空间时并不一定要使用字面常量来指定数组的元素数量，如果在编写程序时还无法确定数组的大小，那么也可以用变量或表达式来指定要配置的元素个数。

3. 使用数组元素

配置好空间之后，ArrayAverage.java 程序第 6 ~ 10 行就将各个学生的成绩放入每个元素中。指派的方式是在数组变量的后面加上一对中括号，并且在中括号内以数字来标识索引号，指定要放入哪一个元素中。要特别注意的是，第 1 个保管箱的索引号是 0、第 2 个保管箱的索引号是 1、…、第 5 个保管箱的索引号是 4。

```
06      students[0] = 70; //指定第1个保管箱的内容
07      students[1] = 65; //指定第2个保管箱的内容
08      students[2] = 90; //指定第3个保管箱的内容
09      students[3] = 85; //指定第4个保管箱的内容
10      students[4] = 95; //指定第5个保管箱的内容
```

这样一来，就记录好各个学生的成绩了，如图 7.4 所示。

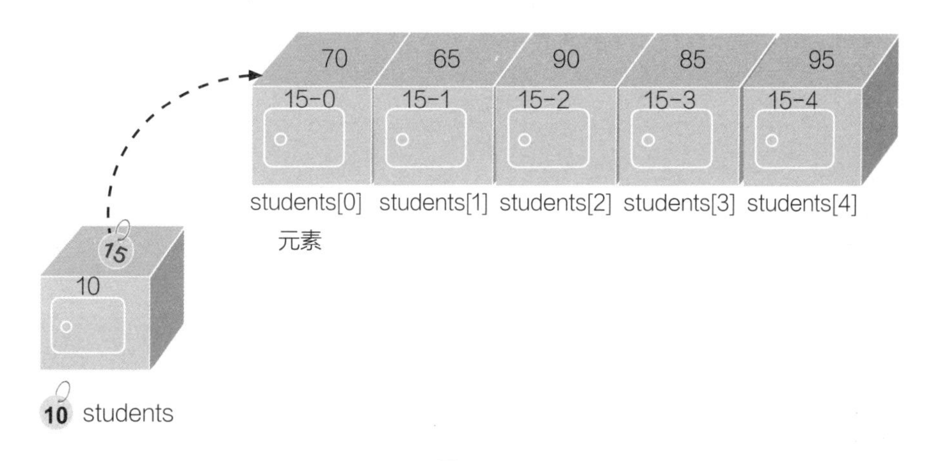

图7.4

有了上面的内容之后，就可以用非常简单的方式来计算学生成绩总和。数组本身除了可以放置数据外，还提供许多关于该数组的信息，称为属性（Attributes）。其中有一项 length 属性，该属性可以获取数组中元素的数量。要获取这个属性的内容，只要在数组变量的名称之后加上 .length 即可。有了这项信息，再搭配循环语句，就可以依次取出数组中的数据，进行求和了。这也就是第 12 ~ 15 行代码所执行的操作。

```
12      double sum = 0;
13      for(int i = 0;i < students.length;i++) {
14        sum += students[i]; //求和
15      }
```

其中，第 13 行的 students.length 就是获取 students 所指数组的元素个数。在第 14 行中，就将每次循环所取出的元素加入 sum 变量中，以累加求和。

最后，再将数组的 length 属性值作为除数，以算出平均成绩，如第 17 行代码。

```
double average = sum/students.length; //计算平均成绩
```

如此，就完成用数组计算平均成绩的程序。

超过数组个数的访问

在使用数组时，必须小心，不要使用超过数组最后一个元素的索引号，举例来说，以下这个程序就会发生错误。

程序 OutOfBound.java 索引号大过数组的边界

```
01 public class OutOfBound {
02   public static void main(String[] args) {
03     int[] a;              //声明数组变量
04     a = new int[4];       //配置数组
05
06     a[1] = 10;            //放入内容
07     a[2] = 10;
08     a[3] = 10;
09     a[4] = 10;
10
11     //取出内容并显示
12     for(int i = 1;i <= a.length;i++) {
13       System.out.println("a[" + i + "]: " + a[i]);
14     }
15   }
16 }
```

由于数组中的元素索引号是从 0 开始，所以 int[4] 最后一个元素的索引号为 3，因此在第 9 行想要设置 a[4] 的内容时就会出错；同理，在第 12 行中，循环结束的条件是 i <= a.length，所以当 i 为 4 时循环仍然会执行，引发访问 a[4] 的异常。

```
Exception in thread "main" java.lang.ArrayIndexOutOfBoundsException: 4
at OutOfBound.main(OutOfBound.java:9)
```

对于还没有习惯数组的第 1 个元素索引号为 0 的读者来说，很容易出错，需要特别留意。

7.1.2 使用数组的好处

扫一扫，看视频

了解数组的使用方法后，就可以回过头来比较 ArrayAverage.java 与 Average.java 这两个程序，从中发现 ArrayAverage.java 因为使用数组而具有以下优势。

◎ 只需声明一个数组变量，而不需要声明和学生人数相同数量的变量。当然，在配置数组空间的时候，还是得依据学生人数指定数组大小，但至少程序的行数仍然维持不变。更重要的是，如果学生的成绩是从文件中读取，学生人数在读取数据后才能确定，不使用数组根本就无法处理，因为不知道该声明多少个变量，而且也无法通过索引号的方式使用这些变量。

◎ 指定数组元素的内容时虽然看起来和使用变量时一样麻烦，不过如果数据是从文件中顺序读入，就可以使用循环依次放入数组的元素中。若是使用多个变量的方式，就没有办法做到。

◎ 可以使用索引号访问数组元素，这使得在通过循环语句在对数组元素进行求和或求平均值时非常方便。

从上述的说明应该可以了解，使用数组已不单单是好坏的问题了，有些情况下，不使用数组也就等于无法完成任务，数组反而是不可或缺的要素。

7.2 数组的配置与初值设置

在对数组的使用方法与优点有了基本的认识后，本节主要详细介绍如何声明、配置数组以及设置数组元素的内容时各种可能的做法。

7.2.1 声明同时配置

虽然在实际运作时会分为声明变量以及配置数组两段工作，不过在编写程序时却可以简化，将声明及配置的动作合在同一个指定的表达式中。如刚刚的 ArrayAverage.java 程序就可以改写成这样。

扫一扫，看视频

程序 DeclareAndNew.java 声明并同时配置数组空间

```
01 public class DeclareAndNew {
02   public static void main(String[] args) {
03     double[] students = new double[5];      //声明并配置数组
04
05     students[0] = 70;                       //指派第1个保管箱的内容
06     students[1] = 65;                       //指派第2个保管箱的内容
       ...
```

程序的执行结果完全和之前的程序一样。

TIP 若未指定数组元素的初值（方法详见下一小节），则数值类型数组的元素默认值为 0，boolean 类型数组的元素默认值为 false。

前面曾经提过，配置数组时，并不是只能用字面常量来指定元素的个数，也可以使用变量或表达式，例如：

程序 ArrayWithExpr.java 使用变量与表达式配置数组空间

```
01 public class ArrayWithExpr {
02   public static void main(String[] args) {
03     int i = 4, j = 8;
04     int[] a = new int[i];       //使用变量
05     int[] b = new int[j - i];  //使用表达式
06   }
07 }
```

由于元素个数必须为整数，因此只有运算结果为整数值的表达式时才能用来指定数组的元素个数。

7.2.2 设置数组的初值

扫一扫，看视频

如果在编写程序的当时就已经知道数组元素的初值，那么在声明数组时就可直接列出元素的初值，替代配置元素以及设置元素的动作。例如：

程序 DeclareAndInit.java 声明、配置并设置数组初值

```
01 public class DeclareAndInit {
02   public static void main(String[] args) {
03     //声明并指定数组内容
04     double[] students = {70, 65, 90, 85, 95};
05     double sum = 0;
06 
07     for(int i = 0;i < students.length;i++) {
08       sum += students[i]; //求和
09     }
10 
11     double average =  sum/students.length; //计算平均值
12 
13     System.out.println("平均成绩：" + average);
14   }
15 }
```

◎ 要直接设置数组的初值，必须使用一对大括号，列出数组中每一个元素的初值。

◎ 记得要在右大括号的后面加上分号“;”，表示整个声明语句的结束。

实际上这段程序在执行的时候和前面的程序是一模一样，只是在编写程序时比较便利而已。由于这样的特性，因此在声明并直接设置数组内容时，也可以使用表达式，而不单单仅能使用字面常量，例如：

程序 ArrayInitWithExpr.java 使用表达式设置数组初值

```
01 public class ArrayInitWithExpr {
02   public static void main(String[] args) {
03     int i = 4,j = 8;
04     int[] a = {4, i, i + j};   //使用表达式
05
06     for(int k = 0;k < a.length;k++) {
07       System.out.println("a[" + k + "] : " + a[k]);
08     }
09   }
10 }
```

执行结果

```
a[0]:4
a[1]:4
a[2]:12
```


7.2.3 使用 for...each 循环遍历数组

从本章一开始的范例到目前为止，经常使用循环语句来依次处理数组中的元素，Java 还提供了 for...each 循环，方便遍历数组中的所有元素，例如：

程序 ArrayLoop.java 使用 for_each 循环遍历数组

```
01 public class ArrayLoop {
02   public static void main(String[] args) {
03     double[] students = {70, 65, 90, 85, 95};
04     double sum = 0;
05
06     for(double score : students) {          //使用for...each循环
07       sum += score;                         //求和
08     }
09
10     double average = sum/students.length;   //计算平均值
11     System.out.println("平均成绩: " + average);
12   }
13 }
```

◎ for(:) 的作用就是循环进行时，每一轮都从“:”后面所列的数组中取出下一个元素放到冒号前面所指定的变量中，然后执行循环体语句。

◎ “:”前面的变量类型必须和数组的类型一致，否则编译时就会发生错误。

如果拆解开来，上述程序的第 5 ~ 7 行就相当于：

程序　ArrayLoop2.java 将 for(:) 拆解开来

```
06      for(int i = 0;i < students.length;i++){
07        double score = students[i];
08        sum += score;//累加求和
09}
```

for(:) 循环就称为 for...each 循环，利用它可以帮助我们编写出简洁的循环语句，在第 17 章介绍集合对象的时候还会详细介绍它的功能。

7.3　多维数组（Multi-Dimensional Array）

由于数组的每一个元素都可以看作是单独的变量，如果每一个元素自己本身也指向一个数组，就会形成一个指向数组的数组。这种数组称为二维数组（2-Dimensional Array），而前面所介绍的存储一般数据的数组就称为一维数组（1-Dimensional Array）。以此类推，也可以创建一个指向二维数组的数组，其中每一个元素都指向一个二维数组，这时就称这个数组为三维数组。相同的道理，还可以创建四维数组、五维数组等。这些大于一维的数组统称为多维数组，每多一层数组，称呼就多一个维度（Dimension）。

7.3.1　多维数组的声明

扫一扫，看视频

声明多维数组其实和声明一维数组没有太大的差别，只要将一维数组的观念延伸即可。举例来说，要声明一个单个元素都是指向 int 数组的数组时，由于数组中每一个元素都指向一个 int 数组，因此可以这样声明：

```
int[][] a; //声明二维数组
```

如果依照前面对于一维数组声明时的介绍，可以把 int[] 当成是一种新的数据类型，表示一个用来存储 int 类型数据的数组。这样一来，上述的声明就可以解读为：

```
(int[])[] a;
```

表示 a 是一个数组，它的每一个元素都指向一个存储 int 类型数据的数组。相同的道理，如果要声明一个三维数组，可以这样声明：

```
int[][][] b;
```

我们可以解读成 b 是一个数组，它的每一个元素都指向 int[][] 类型的数据，也就是一个二维的 int 数组。如果套用组合柜的概念，这等于是一个立方体的组合柜了。

以此类推，可以衍生出声明四维数组、五维数组的方式，不过在实际使用中很少会使用到这么多维的数组。

7.3.2 多维数组的配置

多维数组的配置和一维数组的配置相似，只要使用 new 运算符，再指定各层的元素数量即可。例如：

扫一扫，看视频

程序 TwoDimArray.java 二维数组的使用

```
01 public class TwoDimArray {
02   public static void main(String[] args) {
03     int[][] a= new int[3][4]; //声明二维数组并配置空间
04 
05     System.out.println("a共有" + a.length + "个元素。");
06 
07     for(int i = 0;i< a.length;i++) {
08       System.out.println("a[" + i + "] 共有 " +
09         a[i].length + "个元素。");
10     }
11   }
12 }
```

执行结果

```
a共有3个元素。
a[0]共有4个元素。
a[1]共有4个元素。
a[2]共有4个元素。
```

◎ 第 3 行声明并配置二维数组的空间，这就等于是先配置一个拥有 3 个元素的数组，其中每一个元素各指向一个拥有 4 个 int 类型数据的数组。

◎ 由于 a 是指向一个拥有 3 个元素的数组，所以 a.length 的值是 3；而元素 a[0]、a[1] 与 a[2] 也各自是指向一个拥有 4 个元素的数组，因此 a[0].length、a[1].length 以及 a[2].length 的值都是 4，如图 7.5 所示。

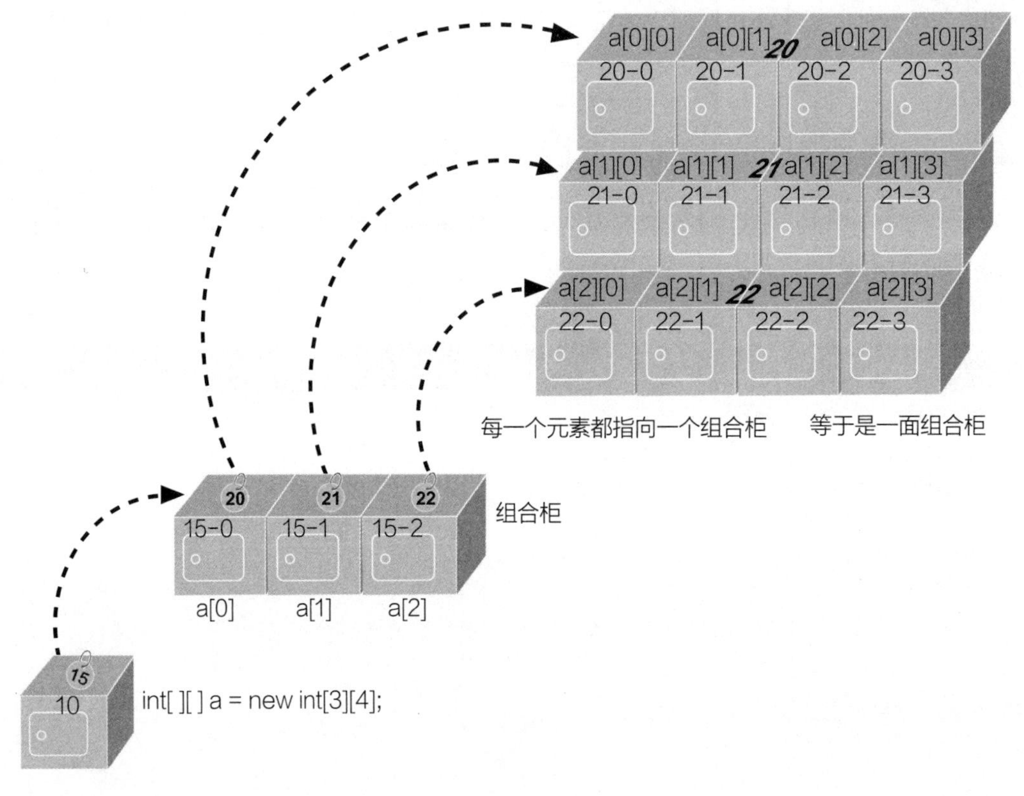

图7.5

1. 分层配置

由于 a 是指向一个有 3 个元素的数组，而每个元素又各自指向一个数组，因此上述的程序也可以改写成如下。

程序 TwoDimArrayAlloc.java 个别配置第二维的数组

```
01 public class TwoDimArrayAlloc {
02   public static void main(String[] args) {
03     int[][] a = new int[3][];
04 
05     for(int i = 0;i < a.length;i++)
06       a[i] = new int[4]; //每个元素配置第二维的数组
07 
08     System.out.println("a共有 " + a.length + "个元素。");
09 
10     for(int i = 0;i< a.length;i++) {
11       System.out.println("a[" + i + "] 共有 " +
```

```
12          a[i].length + "个元素。");
13      }
14    }
15 }
```

◎ 第 3 行的意思就是先配置一个有 3 个元素的数组，其中每一个元素都是指向一个可以存放 int 类型数据的数组，这时尚未配置第二维的数组。

◎ 第 5、6 行就通过循环语句给刚刚配置的数组中的每一个元素配置 int 类型数据的数组。事实上，Java 在配置多维数组时就是采用这样的方式。

如果使用这种配置方式，请特别注意只有右边维度的元素数目可以留空，最左边的维度一定要指明。也就是说，程序不能编写成以下这样。

程序 错误的多维数组配置方式

```
01 public class TwoDimArrayAllocErr {
02   public static void main(String[] args) {
03     int[][]a;
04     int[][][]b;
05     a = new int[][4];
06     b = new int[][3][];
07   }
08 }
```

但程序写成以下这样是可以的。

程序 高维度的元素个数可以先空着

```
03     int[][]a;
04     int[][][]b;
05     a = new int[3][];
06     b = new int[4][][];
```

2. 非矩形的多维数组

还可以使用上述创建多维数组的方式创建一个不规则的多维数组。

程序 NonRectangular.java 非矩形的多维数组

```
01 public class NonRectangular {
02   public static void main(String[] args) {
03     int[][] a = new int[3][];
04
05     a[0] = new int[2]; //有2个元素
06     a[1] = new int[4]; //有4个元素
07     a[2] = new int[3]; //有3个元素
```

```
08
09     System.out.println("a共有" + a.length + "个元素。");
10
11     for(int i = 0;i< a.length;i++) {
12       System.out.println("a[" + i + "] 共有 " +
13         a[i].length + "个元素。");
14     }
15   }
16 }
```

执行结果

```
a共有3个元素。
a[0]共有2个元素。
a[1]共有4个元素。
a[2]共有3个元素。
```

◎ 第 3 行声明 a 指向一个拥有 3 个元素的数组，每个元素都指向一个可以放置 int 类型数据的数组。

◎ 第 5 ~ 7 行，分别为 a[0]、a[1]、a[2] 配置了不同大小的数组。

Java 允许创建这样的多维数组。如果以组合柜的方式来描绘这种数组，就会发现这样组合起来的组合柜并不是矩形，因此将其称为非矩形数组（Non-Rectangular Array），如图 7.6 所示。

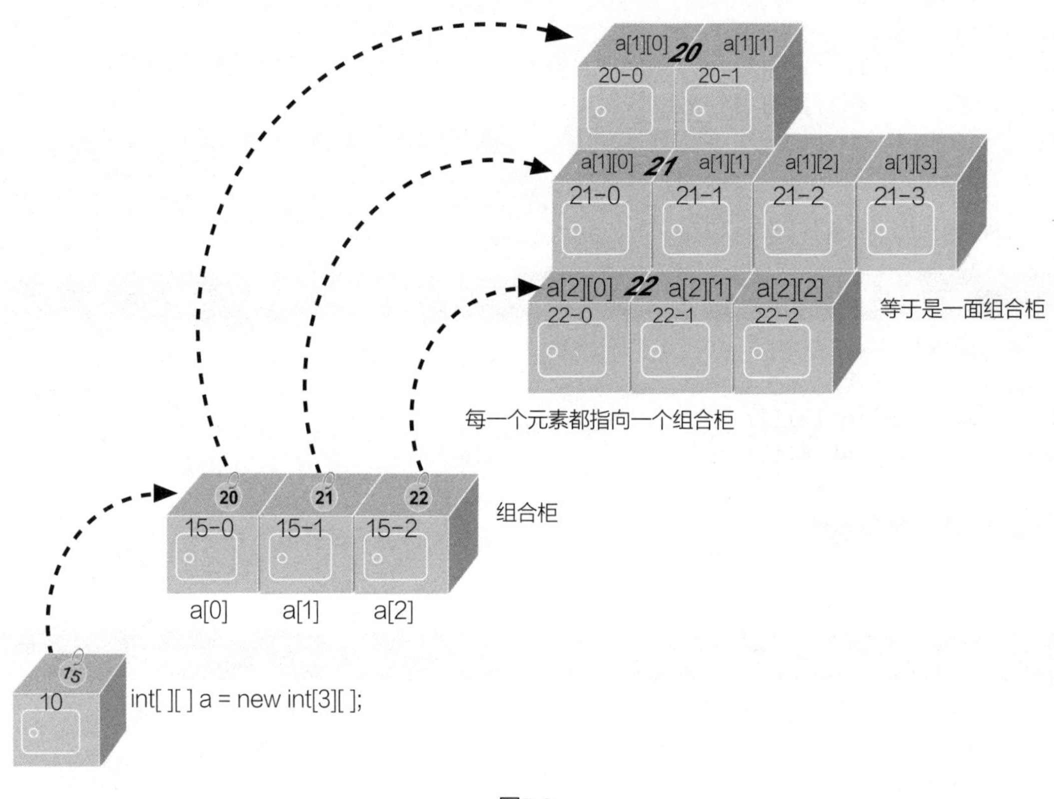

图7.6

3. 直接配置与设置多维数组

多维数组也和一维数组一样，可以同时配置并且设置单个元素的内容。只要使用多层的大括号，就可以对应到多维数组的各个维度，直接指定要配置的元素个数与元素内容。例如：

程序 MultiArrayInit.java 声明并设置多维数组的内容

```
01 public class MultiArrayInit {
02   public static void main(String[] args) {
03     //直接配置与设置元素值
04     int[][] a = {{1,2,3,4},     //可排列成 2×4
05                  {5,6,7,8}};    //的形式以方便阅读
06
07     System.out.println("a共有 " + a.length + "个元素。");
08
09     for(int i = 0;i< a.length;i++) {
10       System.out.println("a[" + i + "] 共有 " +
11               a[i].length + "个元素。");
12
13       for(int j = 0;j < a[i].length;j++)
14         System.out.println(
15                 "a[" + i + "][" + j +  "] : " + a[i][j]);
16     }
17   }
18 }
```

执行结果

```
a共有2个元素。
a[0]共有4个元素。
a[0][0] : 1
a[0][1] : 2
a[0][2] : 3
a[0][3] : 4
a[1]共有4个元素。
a[1][0] : 5
a[1][1] : 6
a[1][2] : 7
a[1][3] : 8
```

在第 4、5 行中，声明了数组变量 a，指向一个二维数组，其中每个元素都指向一个拥有 4 个整数的数组，同时还设置了每个元素的内容。

访问多维数组元素的方式也和一维数组一样，只要在各个维度上指定索引号，就可以获取指定的元素。举例来说，a[1][2] 就是将多维数组中第 1 排的组合柜中的第 2 个保管箱的内容取出来。

另外，多维数组也可以和 for...each 循环搭配使用，例如：

程序 MultiArrayForeach.java 在多维数组上使用 for...each 循环

```
01 public class MultiArrayForeach {
02   public static void main(String[] args) {
03     int[][] a = {{1,2,3,4},{5,6,7,8}};
04
05     for(int[] i : a) { //使用for...each循环
06       for(int j : i) { //使用for...each循环
07         System.out.print(j + "\t");
08       }
09        System.out.println("");
10     }
11   }
12 }
```

执行结果

```
1	2	3	4
5	6	7	8
```

◎ 第 5 行，由于 a 指向一个二维数组，因此这个 for...each 循环取出的元素是 int[] 类型。

◎ 第 6 行，第 2 层的 for...each 循环取出来的才是真正的数据。

7.4 引用数据类型（Reference Data Type）

在第 3 章曾经介绍过，数组是属于引用类型的数据，不过在当时因为还没有实际介绍引用数据类型，因此对于引用数据类型并没有着墨太多。在本节中，就要详细探讨引用类型的特点，并介绍其相关的注意事项。

7.4.1 引用类型的特点

扫一扫，看视频

我们以下面这个数组为例来说明引用类型的特性（其示意图如图 7.7 所示）。

```
int[] a = {20,30,40};
```

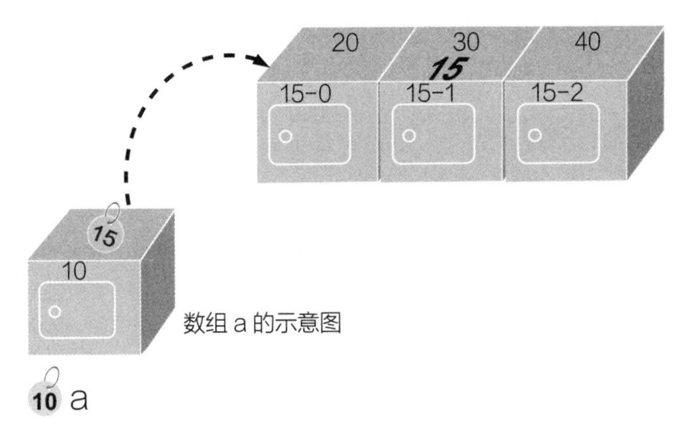

图7.7

1. 间接访问数据

引用类型的第一个特性是间接访问数据，而不是直接使用变量的内容。举例来说，当执行以下程序时：

```
a[2] = 50;
```

实际程序代码的动作如下。

（1）把变量 a 的内容取出来，得到号码牌 15。

（2）到编号 15 的组合柜中依据索引号 2 打开组合柜中第 3 个保管箱，也就是号码牌为 15-2 的保管箱。

（3）指定运算，将 50 这个整数数据放入保管箱中。示意图如图 7.8 所示。

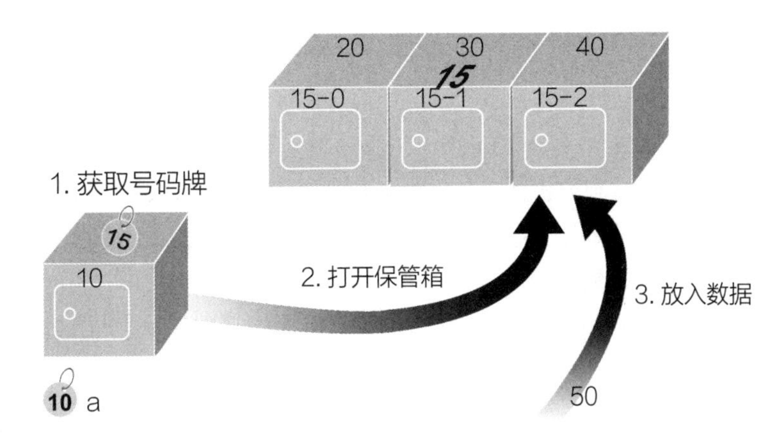

图7.8

因为在访问数据时，实际上是引用变量所记录的地址（号码牌）去访问真正的数据，因此才称之为是引用数据类型。

2. 赋值运算不会复制数据

先来看看以下这个程序。

程序 ArrayAssignment.java 测试数组变量的赋值运算

```
01 public class ArrayAssignment  {
02   public static void main(String[] args) {
03     int[] a = {20,30,40};
04     int[] b = a;          //将a的内容放到b中
05
06     b[2] = 100;           //更改数组b的内容
07
08     System.out.print("数组a的元素：");
09     for(int i : a)        //显示数组a的所有元素
10           System.out.print("\t" + i);
11
12     System.out.print("\n数组b的元素：");
13     for(int i : b)        //显示数组b的所有元素
14           System.out.print("\t" + i);
15   }
16 }
```

执行结果

```
数组a的元素：   20   30   100
数组b的元素：   20   30   100
```

如果按照之前对基本类型数据的理解，对此执行的结果可能就会觉得奇怪。数组 a 不应该是 20、30、40，而数组 b 应该是 20、30、100 吗？怎么变成一样的内容了呢？

其实这正是引用类型最特别但也最需要注意的地方。由于引用类型的变量所存储的是存放真正数据的组合柜的号码牌，因此在第 4 行的赋值运算中等于是把变量 a 所存储的号码牌复制一个放到变量 b 中，而不是把整个数组的元素复制一份给变量 b。这也就是说，现在 b 和 a 都拥有同样号码的号码牌，也就等于是 b 和 a 都指向同一个组合柜（示意图如图 7.9 所示）。

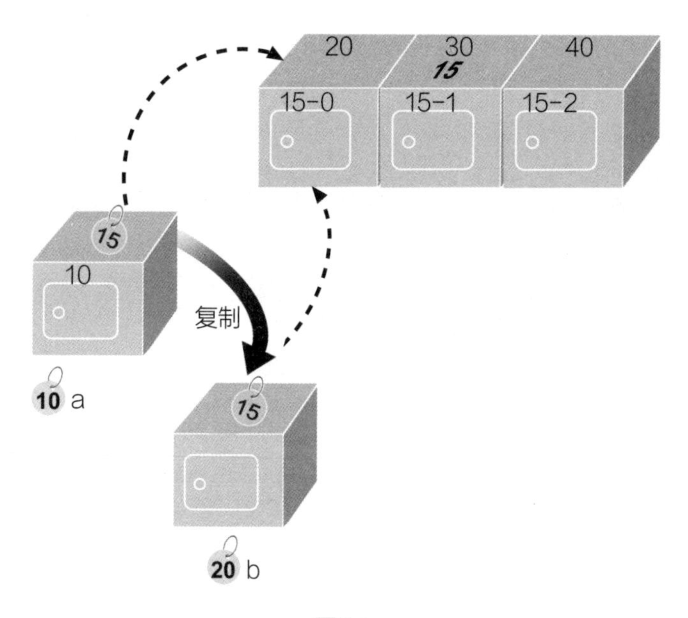

图7.9

因此，接下来通过 b 对数组的操作，就等于是操作 a 所指的数组，而现在 a 和 b 本质上是指向同一个数组，所以更改的是同一个数组。

事实上，对于数组变量来说，我们可以随时变换它所指的数组，例如：

程序 NewArray.java 重新配置数组

```
01 public class NewArray  {
02   public static void main(String[] args) {
03     int[] a = {20,30,40};        //原本是 3 个元素的数组
04 
05     System.out.print("数组a: ");
06     for(int i : a)               //显示数组a的所有元素
07       System.out.print("\t" + i);
08 
09     a = new int[5];              //重新配置数组
10     a[0] = 100;
11     a[1] = 200;
12 
13     System.out.print("\n重新配置数组a: ");
14     for(int i : a)               //显示数组a的所有元素
15       System.out.print("\t" + i);
16   }
17 }
```

执行结果

```
数组a:  20        30        40
重新配置数组a:  100       200       0         0         0
```

其中第9行就重新为 a 配置数组，新的数组大小也和一开始所配置的数组不同，也就是舍弃了原本的数组，再配置一个新的数组给 a。

重新配置数组的注意事项

在重新配置数组时要注意：不能直接用 {} 来设置元素的值，因为这种方式只能用在声明数组变量或搭配 new 关键字使用，因此若将前面程序第 9 ~ 11 行改成：

```
a = {100,200,0,0,0};  ← 错误！不能直接以{}指定元素值
a = new int[]{100,200,0,0,0};  ← 正确！new可搭配{}使用，
                                   此时[]内必须留白
```

7.4.2 资源回收系统（Garbage Collection System）

扫一扫，看视频

了解了上述的引用类型之后，你可能已经想到了一个问题，如果不断重新配置数组，也就是不断地索取组合柜，会不会发生组合柜全部被用光了的情况呢？为了避免这样的现象发生，Java 设计了一个特别的机制，可以将不再需要使用的组合柜回收，以供后续需要时使用，这个机制被称为资源回收系统。

1. 引用计数（Reference Count）

针对上述情况，Java 的做法很简单，它会监控对应于每一个组合柜的号码牌个数，以先前的 ArrayAssignment.java 程序为例。

程序 ArrayAssignment.java

```
01 public class ArrayAssignment  {
02   public static void main(String[] args) {
03     int[] a = {20,30,40};
04     int[] b;
05     b = a;  //将a的内容放到b中
       ...
```

当程序执行完第5行后，变量 a 和 b 都拥有对应同一个数组的号码牌，也就是该数组目前已经发出了两个号码牌，这个数目称为引用计数（Reference Count），因为它记录了目前有多少变量握有同一个组合柜的号码牌，也就是还有多少变量会用到这个组合柜。

有了引用计数后，资源回收系统就可以在组合柜的引用计数变为0时，认定不再需要使用

该组合柜，进而回收该组合柜。那么引用计数在什么情况下才会减少呢？这可以分成以下 3 种情况。

◎ 引用类型的变量自行归还号码牌：只要将引用类型的变量指定为字面常量 null，即：

```
int[] a = {10,20,30};
...
a = null;          //表示a不再需要使用{10,20,30}这个数组
```

就等于是告诉资源回收系统该变量不再需要使用其所握有的号码牌对应的组合柜 ，这时该组合柜的引用计数就会减 1。

◎ 给予引用类型变量其他组合柜的号码牌：引用类型变量只能有一个号码牌，如果指派给它另一个组合柜的号码牌，如重新配置数组，它就必须归还原本的号码牌，因此对应组合柜的引用计数也会减 1。例如：

```
int[] a = {10,20,30};
int[] b = {100,200};
...
a = b;             //获取新的号码牌，必须归还原来的号码牌
...
```

当执行了 a = b 之后 ,{10,20,30} 这个数组的引用计数就减 1 了。

◎ 引用类型的变量超出有效范围，自动失效。有关这一点，会在下一章说明。

有了这样的规则，资源回收系统就可以知道某些组合柜还可能会再用到，而某一些组合柜就不会再用了。

2. 回收的时机

一旦发现有闲置的组合柜之后，资源回收系统并不会立即进行回收的操作。这是因为回收组合柜的工作并不仅仅只是将其收回，可能还必须将组合柜拆开，或是与其他的组合柜集中放置等操作，这些操作都会耗费时间。

因此，资源回收系统会先将要回收的组合柜记录下来，等到发现程序似乎没有在执行繁重的工作时，如正在等待网络连接对方的响应时，才进行回收的工作，因此不会影响程序的执行效率。

有关引用类型，在第 8 章介绍对象时还会介绍，这一节主要针对引用类型一般的特性以及与数组相关的部分进行初步的讲解。

7.5 命令行参数：args 数组

虽然到了本章才介绍数组，但是事实上之前所展示过的每一个程序都已使用数组。如果细心的读者，一定会注意到每个程序 main() 方法的小括号中都有 String[]args 字样。

```
public static void main(String[] args) {
```

args 无疑是指向数组的变量，而且其元素是用来存储 String 类型的数据，也就是字符串。本节重点是详细说明 args 的作用。

7.5.1 args 与 main() 方法

扫一扫，看视频

在第 2 章曾经介绍过 main() 方法是 Java 程序的起点，当我们在命令提示符号下输入指令要求执行 Java 程序时，例如：

```
java ShowArgs
```

Java 虚拟机就会载入 ShowArgs 程序，并且从这个程序的 main() 方法开始执行。假设程序是用来显示某个文字文件的内容，那么可能就要将所要显示文件的文件名载入，此时可以在命令提示符号下输入的指令后面加上额外的信息，例如：

```
java ShowArgs test.html readme.txt
```

这样，Java 虚拟机就会配置一个字符串数组，然后将程序名称（以此例来说就是 ShowArgs）之后的字符串以空格符分隔切开成多个单词（以此例有两个单词，一个是 test.html，另一个是 readme.txt），再依次放入数组中。然后，将这个数组传递给 main() 方法，而 args 就会指向这个数组。因此，在程序中就可以通过 args 取出用户执行程序时附加在程序名称之后的信息，例如：

程序 ShowArgs.java 显示命令行传入的参数

```
01 public class ShowArgs {
02   public static void main(String[] args) {
03     for(int i = 0;i < args.length;i++) {
04       System.out.println("第 " + i +" 个参数: " + args[i]);
05     }
06   }
07 }
```

其中第 3、4 行就使用了一个 for 循环将 args 所指向的字符串数组的元素依次显示出来。如果使用以下指令执行这个程序。

```
java ShowArgs test.html readme.txt
```

执行结果

```
第 0 个参数：test.html
第 1 个参数：readme.txt
```

如果要传递的信息本身包含有空格，可以使用一对双引号（"）将整个字符串括起来，例如：

（1）没有使用双引号的指令

```
java ShowArgs this is a text 测试文件名
```

其中的 this is a text 会被拆解为 4 个单词。

执行结果

```
第 0 个参数：this
第 1 个参数：is
第 2 个参数：a
第 3 个参数：text
第 4 个参数：测试文件名
```

（2）使用双引号的指令，即对于整体的信息，就得使用一对双引号括起来，如 "this is a text"。

```
java ShowArgs "this is a text" 测试文件名
```

执行结果

```
第 0 个参数：this is a text
第 1 个参数：测试文件名
```

其中 "this is a text" 就被当作是一个整体的信息，而不会被拆成 this、is、a、text 独立的 4 项信息了。

7.5.2 args 数组内容的处理

由于 args 指向的是字符串数组，因此不论在指令行中输入什么信息，实际上在 args 中都只是一串字符。如果想传递数值数据，那么就必须自行将由数字构成的字符串转换成数值，这可以通过第 5 章介绍过的 Integer.parseInt() 来完成。举例来说，如果要编写一个程序，将用户传递给 main() 方法的整数数值算出阶乘值后显示出来，如下所示。

扫一扫，看视频

```
java Factory 5
```

要得到 5! 的值，就必须将传入的字符串“5”转换成整数，即：

程序 Factory.java 计算阶乘值

```
01 public class Factory {
02   public static void main(String[] args) {
03     double fact = 1;
04     int i = 5;                           //设置默认值 5
05     if(args.length > 0)                  //如果有设置命令行参数
06       i = Integer.parseInt(args[0]);     //将参数转换为 int
07
08     System.out.print(i + "!=");          //输出信息开头
09     for(;i > 0;i--)                      //计算 i!
10       fact *= i;
11     System.out.println(fact);            //输出计算结果
12   }
13 }
```

执行结果 1

```
...>java Factory   ← 未加参数
5!=120.0
```

执行结果 2

```
...>java Factory 55
55!=1.2696403353658264E73
```

程序第 5 行检查 args 数组长度是否大于 0，若大于 0（表示有命令行参数）才读取该参数字符串并将其转换成整数再赋值给 i。第 9、10 行就是用 i 来计算阶乘值。

若要将命令行参数字符串转换成浮点数，则可改用：

```
double d = Double.parseDouble(args[0]);
```

TIP 有关将字符串转换成各种基本数据类型的方法，详见第 17 章。

7.6 综合演练

在本节中，会把数组应用在实际的范例中，让读者可以更好地了解数组的应用。

7.6.1 将数组应用在查找表上

扫一扫，看视频

数组最常应用的场合就是在查找表（Table Lookup）上，可以避免在程序中编写复杂的条件判断语句，并且在条件数量有所变动时，只需修改数组的内容，而无须修改程序的结构。举例来说，假如某个停车场的收费是采用计时制，而且停得越久，随着时段的增加停车费率就越高，若停车费率如表 7.1 所示。

表7.1

停车时长	费率（元 / 小时）
超过 6 小时	100
4~6（含）小时	80
2~4（含）小时	50
2（含）小时以下	30

那么如果停车 5 小时，停车费就是：

```
(5 - 4) * 80 + (4 - 2) * 50 + 2 * 30 = 240
```

如果要编写程序来计算，可以采用两种方法，一种是使用多重条件语句；另一种则是使用数组。以下分别说明，并比较二者的优劣。

1. 使用多重条件语句

可以使用多重 if 语句或 switch 语句来编写这个程序，以下是使用 if 语句编写的程序版本（停车的小时数是通过命令行传入）。

程序 ParkFeeIf.java 用多重 if 语句编写停车费程序

```
01 public class ParkFeeIf {
02   public static void main(String[] args) {
03     int hours = 0;
04     int fee = 0;
05
06     //转换为 int
07     hours = Integer.parseInt(args[0]);
08
09     if(hours > 6) { //先计算超过6小时的部分
10       fee += (hours - 6) * 100;
11       hours = 6;
12     }
13
14     if(hours > 4) { //计算4~6小时的时段
15       fee += (hours - 4) * 80;
16       hours = 4;
17     }
18
19     if(hours > 2) { //计算2~4小时的时段
```

```
20        fee += (hours - 2) * 50;
21        hours = 2;
22      }
23
24      if(hours > 0) { //计算2小时内的时段
25        fee += (hours - 0) * 30;
26        hours = 0;
27      }
28
29      System.out.println("停车时长：" + args[0] + "小时");
30      System.out.println("应缴费用：" + fee + "元整");
31    }
32  }
```

执行结果 1

```
> java ParkFeeIf 5
停车时长：5小时
应缴费用：240元整
```

执行结果 2

```
> java ParkFeeIf 4
停车时长：4小时
应缴费用：160元整
```

◎ 第 7 行先将传入的字符串转为整数，代表停车的时长。

◎ 第 9 ~ 27 行用了 4 个 if 语句分别对应停车费率的 4 个时段，依次累加停车费用。

这个程序完全正确，但如果要改停车费率，比如改成如表 7.2 所示。

表7.2

停车时长	费率（元 / 小时）
超过 7 小时	100
3 ~ 7(含) 小时	60
3(含) 小时以下	30

那就得更改程序，甚至需要移除或是新增 if 语句，有可能会增加写错程序的机会。如果使用数组就可以避免这个缺点。

2. 使用数组

接着就示范如何使用数组计算停车费用。

程序 ParkFeeArray.java 使用数组编写多条件的程序

```
01 public class ParkFeeArray {
02   public static void main(String[] args) {
```

```
03      int[] hourTable = {0,2,4,6};                    //时段
04      int[] feeTable = {30,50,80,100};                //时段费率
05      int hours = Integer.parseInt(args[0]);          //停车时长
06      int fee = 0;                                    //停车费用
07
08      int i = hourTable.length - 1;
09      while(i > 0) {                                  //先找出最高费率的时段
10        if(hourTable[i] < hours)
11          break;
12        i--;
13      }
14
15      while(i >= 0) {                                 //由最高费率时段往下累加
16        fee += (hours - hourTable[i]) * feeTable[i];
17        hours = hourTable[i];
18        i--;
19      }
20
21      System.out.println("停车时长：" + args[0] + "小时");
22      System.out.println("应缴费用：" + fee + "元整");
23    }
24  }
```

◎ 第 3、4 行为存储停车费率的数组。其中，hourTable 记录了各个时段的分隔点，而 feeTable 则记录了各个时段的收费标准。

◎ 第 8～13 行就依据停车时长在 hourTable 数组中先找出最高费率时段。

◎ 第 15～19 行就是从找到的最高费率时段开始，往下依次累加停车费用。

虽然这个程序看起来似乎没有使用 if 语句的版本简单，可是因为采用了查找表的方式，即便停车费率的时段变化或是价格变动，只需修改数组中的数据即可，程序的逻辑部分完全不需要更改。例如，如果将费率更改为如表 7.2 所示，那么只要将第 3、4 两行的数组初始数据改成如下就可以计算新的停车费率了。

```
03      int[] hourTable = {0,3,7};                      //时段
04      int[] feeTable = {30,60,100};                   //时段费率
```

7.6.2 查找最大值与最小值

扫一扫，看视频

数组经常用来存放大量供程序处理的数据，所以常见的操作就是查找与排序。查找就是在数组中找出符合特定条件的数据；排序则是将数组元素按照由大到小或由小到大的顺序重新排列。

例如前面计算停车费率的例子，就要在时长数组中查找到符合停车时长的时段。另一种常见

的查找应用则是找出最大值与最小值。例如，气象局在各地都配备设备来收集气象数据，如获取气温、湿度等数据的仪器，这些设备会每隔一段时间自动记录数值。如果要从这些温度数据中找出最高与最低的数值，就必须一一检查每个元素的内容。

程序 FindMinMax.java 找出最低与最高温度

```
01 public class FindMinMax {
02
03   public static void main(String[] args) {
04     int[] temp = {21,18,21,23,25,25,24,22,22,16};  //温度
05     int min = temp[0];                              //先将最低温度设为任一个元素
06     int max = temp[0];                              //先将最高温度设为任一个元素
07
08     for(int i : temp) {                             //一一比较每个元素值
09       if(i < min){
10         min = i;                                    //更新最低温度
11       }
12       if(i > max) {
13         max = i;                                    //更新最高温度
14       }
15     }
16
17     System.out.println("目前最低的温度是: " + min + "度");
18     System.out.println("目前最高的温度是: " + max + "度");
19   }
20 }
```

执行结果

```
目前最低的温度是: 16度
目前最高的温度是: 25度
```

◎ 第 5、6 行先将记录最小值与最大值的变量设为数组元素 0 的值，之后就可以一一比对数组中的元素值，进而找出最小值与最大值。

◎ 第 8 ~ 15 行利用 for...each 循环一一比对数组中的各个元素。

7.6.3 搜索二维数组

扫一扫，看视频

如果数据是存成像二维数组的表格格式，这时候也常会进行“纵向” 的搜索。例如用数组存放不同地区的每月平均降雨量，如果要比较同时间段内不同地点的降雨量，此时就要调整搜索循环的操作方式。

程序 RainArray.java 在二维数组中搜索

```
01 public class RainArray {
02   public static void main(String[] args) {
03     String[] city= {"台北", "基隆", "宜兰"};
04     double[][] rain= //月平均雨量
05             //1月     2月      3月       4月       5月       6月
06             {{83.2 , 170.3, 180.4, 177.8, 234.5, 325.9},  //台北
07              {331.6, 397.0, 321.0, 242.0, 285.1, 301.6},  //基隆
08              {147.0, 182.3, 127.5, 138.4, 211.7, 214.2}}; //宜兰
09      int indexMin=0, indexMax=0;  //将最低、最高的城市索引先设为 0
10
11      //查找各月雨量最低、最高者
12      for(int month=0; month<6; month++){
13        for(int i=0; i<rain.length; i++) { //查找最低、最高平均雨量
14          if(rain[i][month] < rain[indexMin][month])
15            indexMin = i; //更新平均雨量最低的城市索引
16
17          if(rain[i][month] > rain[indexMax][month])
18            indexMax = i; //更新平均雨量最高的城市索引
19        }
20
21        System.out.println((month+1)+"月平均雨量最低: "
22                  + city[indexMin] + "\t最高: " + city[indexMax]);
23      }
24    }
25 }
```

◎ 第 4 ~ 8 行就是将台北、基隆、宜兰 3 个城市的 1—6 月平均雨量存成二维数组。

◎ 第 12 ~ 23 行就是搜索各月平均雨量最低及最高城市的循环语句，此部分的处理方式和前一个范例相似。只不过这次是对 3 个一维数组同一索引元素来比较大小。

执行结果

```
1月平均雨量最低: 台北    最高: 基隆
2月平均雨量最低: 台北    最高: 基隆
3月平均雨量最低: 宜兰    最高: 基隆
4月平均雨量最低: 宜兰    最高: 基隆
5月平均雨量最低: 宜兰    最高: 基隆
6月平均雨量最低: 宜兰    最高: 台北
```

此外程序中记录的不是平均雨量最低、最高的值，而是最低、最高值所在数组的索引，也就是城市名称的索引，所以在第 21、22 行就能用此索引找出城市对应的名称字符串。

7.6.4 排序（Sorting）

扫一扫，看视频

排序也是比较常见的数据处理。在本小节中，我们要介绍一种最简单的排序方法，称为冒泡排序（Bubble Sort）。假设数组中有 n 个元素，冒泡排序就是根据以下步骤进行排序的。

（1）第 1 轮先从索引号为 0 的元素开始，然后相邻元素两两相比，如果前面的元素比后面的元素大，就把两个元素对调。这样数值较大的元素会渐渐往后移，一直比对到数组最后，索引号为 $n-1$ 的这个元素（也就是数组的最后一个元素）必定是最大值的元素。

（2）重复上述的步骤，依次将第 2 大、第 3 大、……、第 i 大的元素移到正确的位置上。第 i 轮仅需比对到第 $n-i$ 个元素即可，因为后面的元素已经依次排好了。

以下面的数据为例。

```
23 33  5  7 46 54 35 99
```

排序的过程如下。

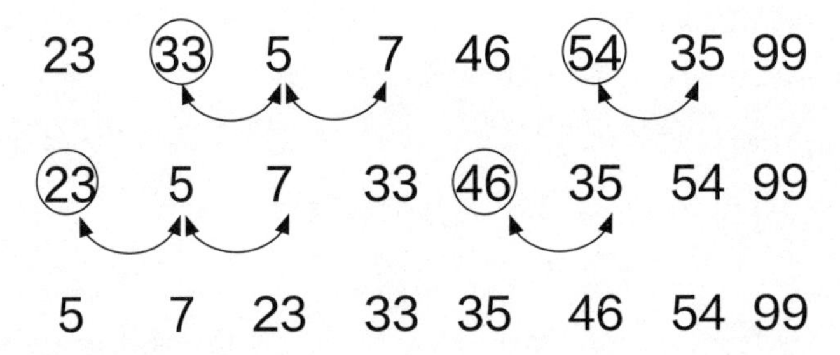

可以从上述排序的过程中看到，数值大的元素会渐渐地往右移动，就好像气泡不断地往上浮一样，这也正是冒泡排序名称的由来。

以程序来表达，如下所示。

程序 BubbleSort.java 冒泡排序法

```
01 public class BubbleSort {
02 
03   public static void main(String[] args) {
04     int[] data = {23,54,33,5,7,46,99,35}; //未排序的数据
05     int temp; //用来交换元素的临时变量
06 
07     for(int i = 0;i < data.length - 1;i++) {
08     //共需进行（元素个数-1）轮
09       for(int j = 0;j < data.length - 1 - i;j++) {
10         //第i轮比对到倒数第i+1个元素
11         if(data[j] > data[j + 1]) {
```

```
12              temp = data[j];
13              data[j] = data[j + 1];
14              data[j + 1] = temp;
15            }
16          }
17
18          for(int k:data) {
19            System.out.print(" " + k);
20          }
21          System.out.println("");
22        }
23      }
24  }
```

执行结果

```
23 33 5 7 46 54 35 99
23 5 7 33 46 35 54 99
5 7 23 33 35 46 54 99
5 7 23 33 35 46 54 99
5 7 23 33 35 46 54 99
5 7 23 33 35 46 54 99
5 7 23 33 35 46 54 99
```

◎ 第7行的第1层循环控制进行第几轮，而第9行的第2层循环进行相邻元素两两比对的操作。

◎ 第12～14行进行元素交换的操作。

从执行结果也可以看到，后面几轮的循环其实并不需要进行，因为数据已经完全排好顺序。由于冒泡排序法只是一种简单的方法，就效率来看，还有其他更好的方法，有兴趣的读者可以参考其他相关书籍。

7.6.5 利用数组存储计算结果

数组也常用于存储程序的计算结果，以供后续进一步使用，或进行数据统计分析等。例如我们想知道掷多颗骰子时，各种点数的出现概率就可利用数组来计算。以两颗骰子为例，共有 $6\times6=36$（种）点数组合，并将各种点数（可能是2～12点）的出现次数存到数组中。

扫一扫，看视频

程序 PlayDice.java 统计掷骰子的点数出现概率

```
01 public class PlayDice {
02   public static void main(String[] args) {
03     int[] data = new int[13]; //存储掷骰点数出现次数
04     int base=0;
05     for(int i=1;i<=6;i++){      //两个循环分别代表两颗骰子
06       for(int j=1;j<=6;j++) {  //i+j就是掷出的点数
07         data[i+j]++;           //将代表次数的元素加1
08         base++;                //对掷骰子组合次数求和
09       }
10
11     for(int point=0;point<data.length;point++){
12       if(data[point]>0)
13         System.out.println("掷出"+ point + "点的概率为" +
```

```
14      base+ "分之" + data[point]);
15      }
16    }
17 }
```

◎ 第 3 行的 data 数组是用来存储掷骰子各种点数和出现次数，虽然两颗骰子只可能出现 2 ~ 12 点，但此处特意声明大小为 13 的数组。让 2 ~ 12 的点数可直接用来当元素的索引值，如此可简化程序的处理工作。

◎ 第 5 ~ 9 行用嵌套循环计算所有骰子点数的出现次数，第 7 行算出的 i+j 就是点数和，所以直接用它当索引，将 data[i+j] 的值加 1（初始值 0）表示 i+j 点数的出现次数加 1。

◎ 第 11 ~ 14 行用循环输出所有点数的出现概率。由于第 3 行声明较大的数组，其中索引 0、1 的元素（代表 0 点、1 点）根本没用到，所以第 12 行用 if 语句判断元素值大于 0 的才会被输出。

执行结果

```
掷出2点的概率为36分之1
掷出3点的概率为36分之2
掷出4点的概率为36分之3
掷出5点的概率为36分之4
掷出6点的概率为36分之5
掷出7点的概率为36分之6
掷出8点的概率为36分之5
掷出9点的概率为36分之4
掷出10点的概率为36分之3
掷出11点的概率为36分之2
掷出12点的概率为36分之1
```

课后练习

※ 选择题可能单选或多选

1.（　　）有关数组的描述，下列哪个是错误的？
（a）数组是引用类型
（b）数组必须使用 new 操作符配置空间
（c）数组中的元素可以存放不同类型的数据
（d）数组的 length 属性可以获取元素的个数

2.（　　）以下哪句代码是错误的？
（a）int[]i;　　（b）int i[];
（c）int[]i ={10，20，30}　　（d）int[]i;

3.（　　）以下哪句代码是错误的？·
（a）int[]a={1，2，3，4};　　（b）int[3]a ={1，2，3};
（c）int[]a = new int[];　　（d）int[][]a ={{1，2}，{3，4}};

4.（　　）以下代码哪个是正确的？
（a）int[]a = New int[2];　　（b）int[][]a = new int[][2];
（c）int[]a ={2.0，3};　　（d）int[][][]a = new[2][][];

5.（　　）请问以下程序输出的结果是什么？

```
01 public class Ex07_05 {
02   public static void main(String[] args) {
```

```
03      int[] a = {5,6,7,8};
04      int[] b = {1,2,3,4};
05
06      System.out.println(b[(a=b)[2]]);
07    }
08  }
```

（a）3　（b）4　（c）8　（d）6

6. 请指出以下程序中错误之处并修改。

```
01  public class Ex07_06 {
02    public static main(String[] args) {
03      int[] a = {5,6,7,8};
04
05      for(int i : a)
06        System.out.println(i);
07
08      a = {1,2,3,4};
09
10      for(int i : a)
11        System.out.println(i);
12    }
13  }
```

7.（　　）关于以下程序的解释，哪项是错误的？

```
int[][] a = new int[3][2];
```

（a）a 指向一个二维数组　（b）a 指向一个拥有 3 个元素的数组
（c）a[1] 指向一个数组　（d）a[3] 所指的数组拥有两个元素

8.（　　）以下程序执行后，输出的结果中哪个是错误的？

```
01 public class Ex07_08 {
02   public static void main(String[] args) {
03     int[] a = {5,6,7,8};
04     int[] b = {1,2,3,4};
05     int[] c;
06
07     c = a;
08     a = b;
09     b = c;
10   }
11 }
```

（a）a[3] 为 8　（b）a[3] 为 4
（c）c[3] 为 8　（d）c[3] 为 4

9. 请修改以下程序。

```
01 public class Ex07_09 {
02   public static void main(String[] args) {
03     int[] a = {5,6,7,8};
04
05     int i;
06     for(i : a) {
07       System.out.println(a[i]);
08     }
09   }
10 }
```

10. (　　)以下哪项是正确的?

(a) Java 利用引用计数来计算数组的元素个数

(b) Java 会在程序不再需要使用数组时立即回收数组

(c) 数组之间不能使用赋值运算

(d) 以上都不对

程 序 练 习

1. 请根据表 7.2 所示的停车费率，修改 ParkFeeIf.java 和 ParkFeeArray.java 程序，计算费率修改后的停车费。
2. 修改本章 7.6.5 小节范例中的 PlayDice.java 程序，将程序改成计算掷 3 颗骰子时，各种点数出现的概率。
3. 请尝试修改 BubbleSort.java 程序，将数组内的数据按由大到小的顺序排列。
4. 请编写程序，将数组的内容逆序排列，举例来说，如果数组的内容如下。

```
30,20,10,5,34
```

修改后的程序必须将数组内容改为：

```
34,5,10,20,30
```

5. 请编写一个程序，声明一个一维的整数数组，并计算元素中所有元素的立方和。
6. 请编写一个程序，声明两个数组变量 a 与 b，分别指向拥有同样个数元素的数组，并且将 a 中的元素依据 b 中对应位置的元素值来调换位置。举例来说，如果 a 与 b 的内容如下。

```
数组 a:  20,30,40,50
数组 b:  1,3,0,2 ←— 就是要将 a 改成: a[1]=20, a[3]=30, a[0]=40, a[2]=50
```

修改后的程序必须将数组 a 的内容更改为：

```
40,20,50,30
```

7. 请编写程序，利用筛选法找出 1 ~ 100 之间的质数。如果要找出 1 ~ n 之间的质数，操作步骤如下。
   （1）声明一个有 $n+1$ 个元素的 Boolean 数组。
   （2）将每个元素的值都设为 true。
   （3）以 2 的倍数为索引号，将索引号所指的元素设为 false；再以 3 的倍数为索引号，重复同样的动作，以此类推，一直到 n 为止。
   （4）数组中元素值为 true 的索引号就是质数。
8. 请编写一个程序，通过命令行参数传入任意个数的数值，并将这些数值排序后显示出来。
9. 请修改 ParkFeeArray.java 程序，改用一个二维数组来计算停车费。
10. 请编写一个程序，找出数组中是否有某个元素的索引号与元素值相等。

8

CHAPTER

第 8 章 面向对象程序设计

学习目标

- 了解什么是对象
- 学习用面向对象的方式思考问题
- 定义类
- 创建对象
- 利用对象交互来构造程序

前面章节中的所有的范例都很简单，大部分的程序都是利用 main() 方法中循序语句完成所需的工作。但在比较复杂或中型、大型的程序中，这样的写法就很难完成相应的需求了，其实 Java 提供有一种比较好的程序设计模式，即面向对象程序设计。面向对象是 Java 的核心理念。

在本章中，首先针对面向对象的基本概念进行一个入门级别的介绍，然后在后续各章中再针对进阶的主题深入探讨。

8.1 认识类与对象

可以将 Java 程序比作为一出舞台剧，来说明面向对象程序设计的概念。要上演一出舞台剧，首先必须将自己想要表达的理念构思；然后将剧里所需要的角色、道具描绘出来，并且将这些元素搭配剧情编写出剧本；最后再安排演员、道具和舞台等，并依照剧本进行演出。下面就分别说明 Java 程序中相对于一出舞台剧的各个元素。

8.1.1 类与对象——Java 舞台剧的角色与演员

一出舞台剧有了基本的构思之后，接下来就要想象应该用哪些角色来展现这出剧，每一种角色都会有它的特性以及要做的动作。

扫一扫，看视频

例如，如果演出“西游记”，不可缺少的当然是美猴王这位主角，它有多种表情，还能够 72 变。除了美猴王以外，当猴子猴孙的小猴子们也少不了，这些小猴子可能有 3 种表情，而且可以东奔西跑等，如图 8.1 所示。

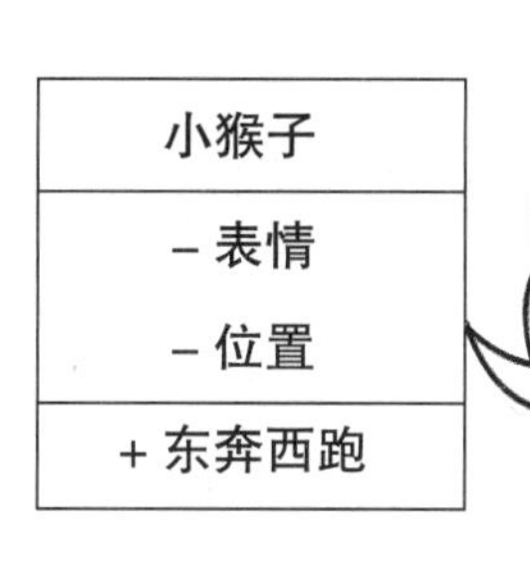
美猴王
– 表情
– 位置
+72 变
小猴子
– 表情
– 位置
+ 东奔西跑
这种图形称为 UML 类图，方框中的三层由上而下分别是类的名称、属性、方法，关于 UML 请参见附录 D（电子版）。

图8.1

舞台上除了演员外，可能还需要一些布景或道具，例如美猴王腾云驾雾，舞台上可少不了云。云可能有不同颜色，也可以飘来飘去，而且同一时间舞台上可能还需要很多朵云，用方框表示为如图 8.2 所示。

云
– 颜色 – 位置
+ 飘动

图8.2

不论是要演员演的，还是由道具来表现的，以下我们统称为角色。在剧本中来描述这些角色的特性与行为，以及全剧的发展，然后再找演员或是制作道具来实际演出。有些角色，如小猴子，可能就需要好几个，就得找多个演员来演出同一个角色，只是每一个猴子站的位置、表情都不一样，如图 8.3 所示。

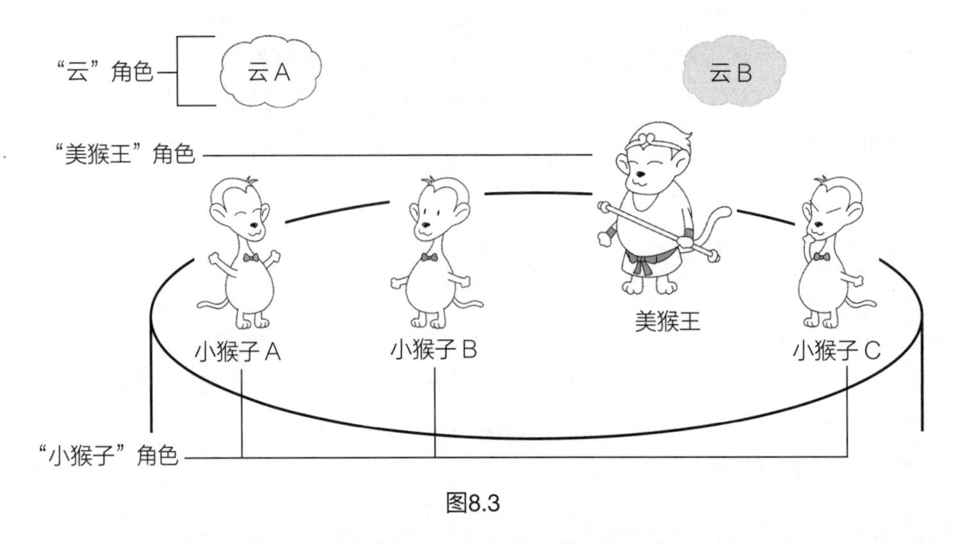

图8.3

在 Java 中，每一种角色就称为一种类（Class）。类可以用来描述某种角色的属性与行为；实际在程序执行时出演这种角色的演员或道具就称为此类的对象（Object），对象就继承类所赋予的属性与行为，再按照程序流程所描绘的剧本演出。以图 8.3 为例，“小猴子”角色就是一种类，而“小猴子 A、小猴子 B、小猴子 C”则分别是由不同演员扮演，表情、位置各有不同，就是小猴子对象，如图 8.4 所示。

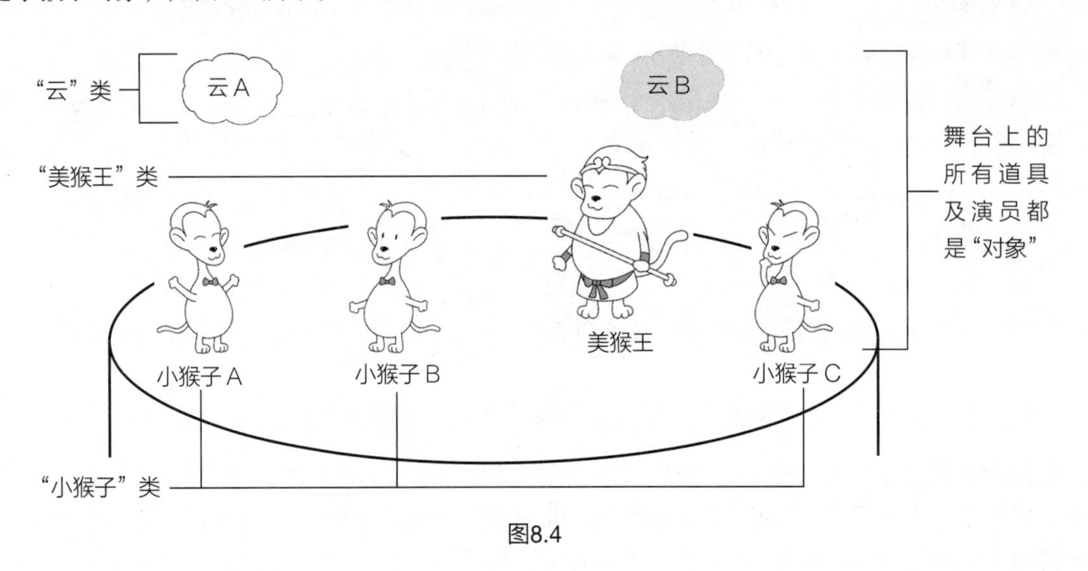

图8.4

第8章　面向对象程序设计

8.1.2　程序流程——Java舞台剧的剧本

扫一扫，看视频

构思好了各个角色后，接着就是剧本的编排了。哪个演员应该在什么时候上场、做什么动作、站在哪个位置、讲什么话，这些都是剧本应该描述清楚的内容。其实剧本也就是整个舞台剧的流程，它描绘了每个演员的上场顺序、对话内容的先后、位置的移动等。

对于 Java 程序也是一样，第 5、6 章所讨论的流程控制正是用来安排与调度程序执行时的顺序，也就是程序的剧本。哪个对象应该在什么时候登场、哪个对象在什么时候应该做什么动作，这些都是流程控制所要掌控的事情。有了流程控制，所有的对象就可以照着剧本演出（执行）程序了。

8.1.3　main() 方法——Java舞台剧的舞台

扫一扫，看视频

舞台剧，顾名思义，当然要有舞台，才能让各个演员能够在上面演出。对 Java 而言，它的主要舞台就是 main() 方法。每个 Java 程序都必须要有一个 main() 方法，它也是 Java 程序执行的起点。因此 main() 方法里面所编写的语句就相当于 Java 程序的剧本，而实际执行时，main() 方法就像是 Java 程序的舞台，让所有的对象依据流程一一登场。

8.2　定义类与创建对象

使用面向对象的方式设计 Java 程序时，最重要的一件事就是拟定程序中需要哪些角色，通过这些角色来执行所要达成的工作。以 Java 的角度来说，也就是规划出程序中要有哪些类，并且实际描述这些类的属性与行为。

8.2.1　定义类

扫一扫，看视频

在 Java 中，要定义类需使用 class 语句，其语法如右：

```
class类名称{
语句1
...
语句n
}
```

class 关键字后面就是所要定义的类名称，接着是一个语句块，称为类体（Class Body），其内容就是描述此类的属性与行为。举例来说，我们要设计一个代表 IC 卡（例如公交卡）的类，基本结构如下。

```
class IcCard {   //代表 IC 卡的类
  //卡片的属性
  //卡片的行为
}
```

声明类之后，就可以用它来创建对象。回顾第 2 章用基本类型创建变量时，我们会先声明变量名称，再设置一个初始值给它。而使用类创建对象，就好比是用一个新的数据类型（类）来创建一个类变量（对象），比较特别的是，必须用 new 操作符来创建对象。

程序 Card1.java 使用 new 操作符创建对象

```
01 class IcCard {   //代表 IC 卡的类
02   //卡片的属性
03   //卡片的行为
04 }
05
06 public class Card1 {
07   public static void main(String[] args) {
08     IcCard myCard, hisCard;          //声明对象变量
09
10     myCard = new IcCard();           //创建对象
11     hisCard = new IcCard();          //创建对象
12   }
13 }IcCard myCard, hisCard;             //声明对象
```

第 6 行 Card1 类中包含了 main() 方法，也就是要让 IC 卡角色登场的舞台。程序中第 8 行先声明了两个 IcCard 对象变量，此部分和用基本类型声明变量没什么不同。不过当程序声明基本类型的变量时 Java 就会配置变量的存储空间；但是声明对象变量时 Java 仅是创建了指向（引用）对象的变量（程序中第 8 行的 myCard、hisCard），并不会实际配置对象的存储空间，必须再如第 10、11 行使用 new 操作符才会创建实际的对象，如图 8.5 所示。

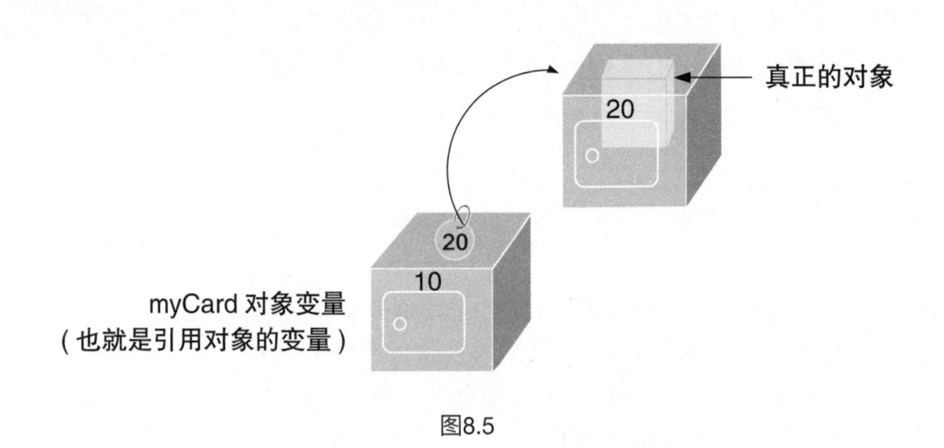

图8.5

在 new 操作符后面调用了与类同名的方法，此方法称为构造方法（Constructor），在此先不探究其内容，留待下一章再介绍。我们目前只要知道调用构造方法时，Java 即会配置对象的存储空间，并返回该配置空间的地址。我们也可以将声明变量和创建对象的语句放在一起。

```
IcCard myCard = new IcCard();
```

现在的 IcCard 类还只是声明了类的名称，在类中并未定义任何内容。从下一小节开始，我们就要一步步地勾勒出类的轮廓。

8.2.2 成员变量——类的属性

扫一扫，看视频

在类中，需要使用成员变量（Member Variable）来描述类的属性，在 Java 中又称其为类的字段（Field）。成员变量的声明方式和前几章所用的一般变量差不多，例如卡片类要记录卡号和卡片余额，可设计成：

```
class IcCard {  //代表 IC 卡的类
  long id;      //卡号
  int money;    //卡片余额
}
```

有了成员变量后，即可在程序中访问对象的成员变量，访问成员变量的语法如下：

对象.成员变量

小数点符号（.）就是用来获取对象成员变量的操作符，通过这个方式，就能像访问一般变量一样，使用对象中的成员变量。

程序 Card2.java 类属性：成员变量

```
01 class IcCard {                         //代表 IC 卡的类
02   long id;                             //卡号
03   int money;                           //卡片余额
04 }
05
06 public class Card2 {
07   public static void main(String[] args) {
08     IcCard myCard = new IcCard();      //创建对象
09
10     myCard.id = 0x336789AB;            //设置成员变量值
11     myCard.money = 300;
12
13     System.out.print("卡片卡号 "+ myCard.id);
14     System.out.println(", 余额 " + myCard.money + " 元 ");
15   }
16 }
```

执行结果

```
卡片卡号 862423467, 余额 300 元
```

第 8 行创建对象后，在第 10、11 行通过“.”操作符将数值指定给该对象的成员变量。举例来说，第 11 行的 myCard.money 就是获取 myCard 对象的成员变量 money，可以将 myCard.money 读作“对象 myCard 的成员变量 money”。在第 13、14 行则以相同的方式取出数值并输出。

TIP 在定义成员变量时也可以直接指定初始值，例如上例第 3 行可改为“int money = 100;”来指定变量初始值为 100。若未指定初始值，则数值类型（如 int、long）的变量默认值为 0，boolean 类型的变量默认为 false，而引用类型（如 String）的变量则默认为 null。

8.2.3 方法 (Method)——类的行为

扫一扫，看视频

要想登台演出，仅为各个角色描绘特性还不够，因为还没有为这些角色设计动作，就算登上舞台也只是不会动的木偶，无法演出。要让对象可以做动作，就必须在类中用方法（Method）来描述对象的行为，定义方法的语法如下。

```
返回值类型  方法名称(参数类型  参数名称...){
  语句1
  ...
  语句n
}
```

方法名称就代表类可进行的动作，而小括号的部分称为参数列表，列出此方法所需的参数。参数的用途可将必要的信息传入到方法中，若不需传入任何信息，小括号（()）内可留空。大括号（{}）的部分即为方法体，就是用语句组合成所要执行的动作，当然也可以再调用其他的方法。

TIP 由于方法代表类的动作，因此一般建议用英文动词当成方法名称的首字。例如：getData()、setData()。

方法和表达式类似，可以有一个运算结果，这个运算结果称为方法的返回值（Return Value）。在方法名称前面的返回值类型（Return Type）就表示了运算结果的类型，例如 int 表示方法会返回一个整数类型的结果，此时就必须在方法体中用 return 语句将整数数据返回。

```
int getSomething() {
  ...
  return X;                    //假设 X 为某个整数
}
```

如果方法不会返回任何结果，可将方法的类型设为 void，方法中也不必有 return 语句。但如果方法中有使用 return，则 return 之后必须保持空白（即 return;），而不可加上任何数据。

要在 main() 中调用类的方法，与访问成员变量一样，都是用小数点，如“对象 . 方法名称 ()”。调用方法时，程序执行流程会跳到此方法体中的第一条语句开始执行，一直到整个方法体结束或是遇到 return 语句为止，然后跳回原处继续执行。

以卡片类为例，示范如何为类设计方法，以及如何使用方法。

程序 Card3.java 定义及调用类的方法

```
01 class IcCard {                              //代表 IC 卡的类
02   long id;                                  //卡号
03   int money;                                //卡片余额
04
05   void showInfo() {                         //显示卡片信息的方法
06     System.out.print("卡片卡号 "+ id);
07     System.out.println(", 余额 " + money + " 元 ");
08   }
09 }
10
11 public class Card3 {
12   public static void main(String[] args) {
13     IcCard myCard = new IcCard();           //创建对象
14
15     myCard.id = 0x336789AB;                 //设置成员变量值
16     myCard.money = 300;
17
18     myCard.showInfo();                      //调用方法
19   }
20 }
```

这个程序的执行结果和前一个范例 Card2.java 相同，但我们将输出卡片信息的相关语句重新设计成类方法 showInfo()。

执行结果

```
卡片卡号 862423467, 余额 300 元
```

◎ 第 5 ~ 8 行就是显示对象信息的 showInfo() 方法，其返回值类型为 void，表示这个方法不会返回运算结果。另外，方法名称后面的小括号是空的，也表示使用这个方法时并不需要传入任何参数。

◎ 第 6、7 行访问类的成员变量时并未加上对象名称，这是因为调用对象方法时（第 18 行）方法中访问的就是该对象的成员，所以直接指定成员变量的名称即可。

◎ 第 18 行即以“对象 . 方法名称 ()”的语句调用方法，由于方法会获取目前调用对象（此处为 myCard）的属性，所以 showInfo() 方法所输出的就是在第 15、16 行所设置的值。

8.2.4 使用对象

扫一扫，看视频

1. 各自独立的对象

前面说过类就好像角色，可以找多位演员来演出，但他们彼此都是独立的，拥有各自的属性。前面的范例都只创建一个对象，所以体会不出类与对象的差异，如果我们创建多个对象，并分别设置不同的属性，就能看出对象是独立的，且每个对象都会有各自的属性（成员变量），互不相干。

程序 Card4.java 创建两个同类型的对象

```
01 class IcCard {                              //代表 IC 卡的类
02   long id;                                  //卡号
03   int money;                                //卡片余额
04
05   void showInfo() {                         //显示卡片信息的方法
06     System.out.print("卡片卡号 " + id);
07     System.out.println(", 余额 " + money + " 元 ");
08   }
09 }
10
11 public class Card4 {
12   public static void main(String[] args) {
13     IcCard myCard = new IcCard();           //创建对象
14     myCard.id = 0x336789AB;                 //设置成员变量值
15     myCard.money = 300;
16
17     IcCard hisCard = new IcCard();          //创建另一个对象
18     hisCard.id = 0x3389ABCD;                //设置成员变量值
19     hisCard.money = 999;
20
21     myCard.showInfo();                      //调用方法
22     System.out.println();
23     hisCard.showInfo();                     //调用方法
24   }
25 }
```

执行结果

```
卡片卡号 862423467, 余额 300 元
卡片卡号 864660429, 余额 999 元
```

在第 13、17 行分别创建了 1 个对象，接着设置其成员变量的值，最后在第 21、23 行调用 showInfo() 方法。由执行结果可看出，两个对象各自拥有一份 id、money 成员变量，互不相干。

2. 对象变量都是引用

由于对象是引用类型，因此也和数组一样，做赋值运算及变更成员变量值时，要特别清楚引用与实际对象的差异。例如：

程序 Unique.java 对象变量存储的是引用

```
01 class Test {                        //测试类
02   int x = 3;                        //设置初始值
03
04   void show() {
05     System.out.println("x = " + x);
06   }
07 }
08
09 public class Unique {
10
11   public static void main(String[] args){
12     Test a,b,c;
13
14     a = new Test();                 //创建两个对象并做比较
15     b = new Test();
16     System.out.println("a == b ? " + (a == b));
17
18     c = b;                          //让 c 和 b 引用同一对象
19     c.x = 10;
20     System.out.println("c == b ? " + (c == b));
21     System.out.print("a.");
22     a.show();
23     System.out.print("b.");
24     b.show();
25     System.out.print("c.");
26     c.show();
27   }
28 }
```

执行结果

```
a == b ? false
c == b ? true
a.x = 3
b.x = 10
c.x = 10
```

范例中的 Test 类是一个很简单的类，其中只有一个变量 x，以及一个显示 x 值的 show() 方法。在 main() 中则声明了 3 个 Test 类的变量，说明如下。

◎ 由于 a 与 b 是分别使用 new 生成的对象，因此 a 与 b 是指到不同的对象；在第 16 行用 “==” 运算符比较 a 与 b 时，比较的是引用值（是否引用到同一个对象），所以结果是 false。

◎ 相同的道理，第 18 行将 b 指定给 c 时，是将 b 的引用值指定给 c，所以变成 c 与 b 的引用都指向同一个对象，因此第 20 行 c == b 的比较结果自然就是 true。

◎ 因为 c 和 b 指向同样的对象，所以第 19 行修改 c.x 值后，再通过 b 访问成员 x 时，访问到的就是同一个对象的成员 x，也就是修改后的值。

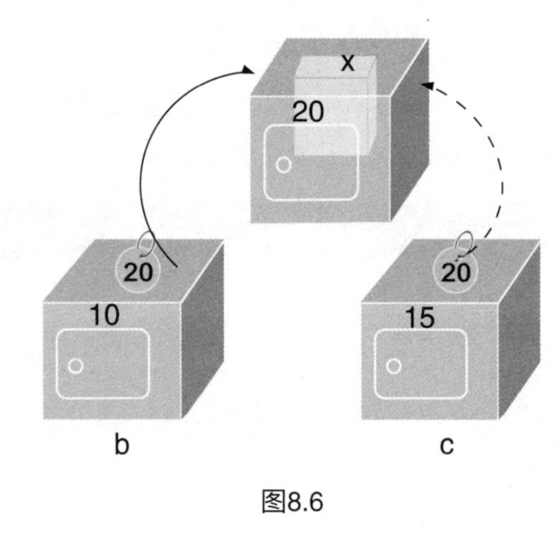

图8.6

TIP 程序第 18 行 c = b，由于类属于引用类型，是属于指向的关系，因此 c、b 会指向同一个对象，如图 8.6 所示。

3. 创建对象数组

创建多个对象时，也可使用数组的方式来创建，每个数组元素就是一个对象，例如：

程序 CardArray.java 创建对象数组

```
   ... //IcCard 类定义与先前范例相同
11 public class CardArray {
12   public static void main(String[] args) {
13     IcCard[] manyCards = new IcCard[3];        //创建对象数组
14 
15     for(int i=0;i<manyCards.length;i++) {
16       manyCards[i] = new IcCard();             //创建对象
17       manyCards[i].id = 0x336789AB + i;
18       manyCards[i].money = 100 + i * 123;
19     }
20 
21     for(IcCard c : manyCards)                  //也可以用 for...each 循环
22       c.showInfo();                            //调用方法
23   }
24 }
```

程序在第 13 行以 IcCard 为数据类型声明了一个数组 manyCards，但这行语句也只是配置数组的空间，并未配置对象空间，也就是未对数组中的 IcCard 对象进行初始化。所以在第 15~19 行的 for 循环中，仍需用 new 关键字依次为数组中每个元素配置对象空间，同时设置其成员变量的值。第 21 行的 for 循环则只是按顺序输出对象的信息。

执行结果

```
卡片卡号 862423467, 余额 100 元
卡片卡号 862423468, 余额 223 元
卡片卡号 862423469, 余额 346 元
```

8.2.5 对象的销毁与回收

扫一扫，看视频

对象也和数组一样，受到 Java 的监控，可以在不再需要时自动回收。这个监控的方式一样是使用引用计数，每个对象都有一个引用计数，只要有任何一个变量存储了指向某对象的引用，这个对象的引用计数就会增加 1。对象的引用计数会在以下 3 种状况下减 1。

◎ 强迫释放引用：就是把引用的变量指定为 null 值时。

◎ 将引用的变量指向别的对象：如果将变量指向别的对象，那么也就表示往后不再引用到原来的对象，因此原本的对象的引用计数也会减 1。

◎ 当引用的变量离开有效范围：这会在下一节详细说明。

一旦对象的引用计数变为 0 时，Java 就会在适当的时机将之回收，避免这种不会再使用到的对象占用内存空间。

8.3 方法的进阶应用

上一节已经介绍了定义类与创建对象的基本技巧，本节则要继续介绍更多的方法设计方式，以及应注意的地方。

8.3.1 方法的参数

扫一扫，看视频

类的方法也可以有参数，例如要为 IC 卡类设计一个代表加法的 add() 方法时，即可用要充值的“金额” 为参数，为对象增加储值的金额。

程序 AddMoney1.java IC 卡充值方法

```
01 class IcCard {                  //代表 IC 卡的类
02   long id;                      //卡号
03   int money;                    //卡片余额
04 
05   void showInfo() {             //显示卡片信息的方法
06     System.out.print("卡片卡号 " + id);
07     System.out.println(", 余额 " + money + " 元 ");
08   }
09 
10   void add(int value) {         //充值方法：参数为要充值的金额
11     money += value;
12     System.out.println("充值成功，本次充值 " + value + " 元 ");
13   }
14 }
```

```
15
16 public class AddMoney {
17   public static void main(String[] args) {
18     IcCard myCard = new IcCard();      //创建对象
19
20     myCard.id = 0x336789AB;            //设置成员变量值
21     myCard.money = 300;
22
23     myCard.add(1000);                  //充值 1000
24     myCard.showInfo();                 //调用方法
25   }
26 }
```

执行结果

```
充值成功，本次充值 1000 元
卡片卡号 862423467，余额 1300 元
```

第 10 行定义的 add() 方法有一个 int 类型的参数 value，在方法中会将原本的卡片余额加上参数金额，完成充值动作，并显示充值成功的信息。在第 23 行即以字面常量 1000 为参数（也可使用任何类型相符的变量或表达式），调用 add() 方法。

TIP 有些人会将定义方法时所声明的参数 (上例中的 value) 称为形式参数 (Formal Parameter) 或形参，而调用方法时所传入的参数称为实际参数 (Actual Parameter) 或实参。不过为方便起见，本书中一律称为参数。

使用方法时要特别注意以下两点。

◎ 调用时的参数类型必须与方法定义中的类型一致。如果调用时的参数类型与定义的类型不符，除非该参数可依第 4 章的描述自动转换为方法定义的类型，否则就必须进行强制转换。

◎ 调用时的参数数量必须和方法定义的参数数量一致。例如刚才示范的 add() 方法定义了一个参数，若调用时未加参数或使用 2 个参数，编译时都会出现错误。

8.3.2 方法的返回值

扫一扫，看视频

除了将数据传入方法外，可以更进一步地使方法返回处理的结果。回顾一下前面介绍过的方法的定义语法，要有返回值时，除需定义方法的类型外，也要在方法体中用 return 语句将处理结果返回。

```
int SampleMethod() {                    //定义会返回 int 的方法
  ...
  return x;                             //x 需为整数类型
}
```

return 语句的返回值可以是任何符合方法类型的变量或表达式，当然在必要时，Java 会自动做类型转换。例如上例中的 int，则返回值需为 int、short、byte 类型，但如果程序中返回的是 long、float、double 类型，编译时会发生错误，必须自行将其强制转换为 int 类型。

以下范例就为前面的 add() 方法加上返回值，让它会返回充值成功或失败的结果。

程序 AddMoney2.java 会返回结果的方法

```
01 class IcCard {                                 //代表 IC 卡的类
   ...
10   Boolean add(int value) {                     //充值方法：参数为要充值的金额
11     if (value>0 && value+money <= 10000) {     //储值上限1万
12       money += value;
13       return true;                             //充值成功
14     }
15     return false;                              //充值失败
16   }
17 }
18
19 public class AddMoney2 {
20   public static void main(String[] args) {
21     IcCard myCard = new IcCard();              //创建对象
22     myCard.id = 0x336789AB;                    //设置成员变量值
23     myCard.money = 300;
24
25     System.out.println("充值 900 元" +
26                 (myCard.add(900) ? "成功":"失败"));
27     myCard.showInfo();                         //调用方法
28
29     System.out.println("充值 9000 元" +
30                 (myCard.add(9000) ? "成功":"失败"));
31     myCard.showInfo();                         //调用方法
32   }
33 }
```

执行结果

```
充值 900 元成功
卡片卡号 862423467, 余额 1200 元
充值 9000 元失败
卡片卡号 862423467, 余额 1200 元
```

第 10 行将 add() 方法声明为会返回 Boolean 类型，方法内容也做了些修改：首先是加上判断充值金额是否大于 0 且充值后不会超过 1 万元，符合条件才会进行充值并返回 true；否则会返回 false。

第 26、30 行分别以不同金额调用 add() 方法，并利用条件运算符（？）控制显示成功或失败的信息。其中第 2 次调用时因为会使卡片的余额超过 1 万元，所以充值失败。

8.3.3 参数的传递方式

1. 参数是按值传递方式 (Call By Value) 传递

扫一扫，看视频

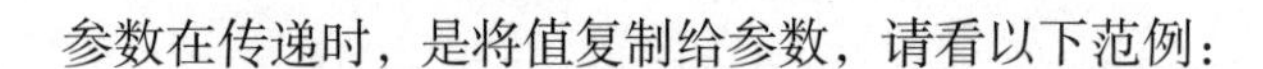
参数在传递时，是将值复制给参数，请看以下范例：

程序 Argument.java 在方法中更改参数值

```
01 public class Argument {
02   public static void main(String[] args){
03     Argument a = new Argument();      //创建测试对象
04     int i = 20;
05
06     System.out.println("调用方法前  i = " + i);
07     a.changePara(i);                  //传入 i
08     System.out.println("调用方法后  i = " + i);
09   }
10
11   void changePara(int x) {            //会修改参数值的方法
12     System.out.println("...方法参数 x = " + x);
13     System.out.println("...修改中");
14     x ++;                             //更改接收到的参数值
15     System.out.println("...现在参数 x = " + x);
16   }
17 }
```

执行结果

```
调用方法前   i = 20
...方法参数 x = 20
...修改中
...现在参数 x = 21
调用方法后   i = 20
```

第 7 行调用 changePara() 方法时以 i 为参数，实际上是将 i 的值 20 指定给 changePara() 中的 x，因此 x 与 main() 中的 i 是两个独立的变量。所以 changePara() 修改 x 的值，对 i 完全没有影响。

2. 传递引用类型的数据 (Call By Reference)

如果传递的是引用类型的数据，虽然传递的规则不变，却会因为引用类型的值为存储器地址，使执行的效果完全不同，请看以下范例。

程序 PassReference.java 传递引用

```
01 class TestA {                         //测试类
02   int x = 3;                          //设置初始值
03
04   void show() {
05     System.out.println("x = " + x);
```

```
06   }
07 }
08
09 class TestB {
10   void changeTestA(TestA t,int newX) {
11     t.x = newX;                     //通过引用修改对象内容
12   }
13 }
14
15 public class PassReference {
16   public static void main(String[] args){
17     TestA a = new TestA();
18     TestB b = new TestB();
19
20     a.show();
21     b.changeTestA(a,20);            //传入对象引用
22     a.show();
23   }
24 }
```

执行结果

```
x = 3
x = 20
```

在第 21 行调用 changeTestA() 方法时所用的参数是对象 a，但我们前面已提过，对象变量都是指向对象的引用，所以传入方法时所"复制"到的值仍是同一对象的引用值。也就是说，第 10 行的参数 t 和 main() 方法中的变量 a 现在都指向同一个对象，所以通过 t 更改对象的内容后，再通过 a 访问时就已经是修改后的内容了。

8.3.4 变量的有效范围（Scope）

读者可能已经注意到，在 Java 程序中，可以在任何需要的地方声明变量。每一个变量在声明之后并非就是永远可用的，Java 有一套规则，规范了变量能够被使用的区间，这个区间称为变量的有效范围。以下将分别说明声明在方法内的变量、方法的参数、声明在类中的成员变量以及循环中所声明的变量的有效范围。

扫一扫，看视频

1. 方法内的局部变量（Local Variables）

在方法内声明的变量称为局部变量。这是因为局部变量只有在流程进入其声明所在的程序语句块后才会存在，并且要指定初始值后才生效可以使用。此后局部变量便依附在包含它的语句块中，一旦流程跳出该语句块，局部变量便失效了。正因为此种变量仅依附于所属语句块的特性，所以称为"局部"变量。

需要注意的是，局部变量生效之后，如果流程进入更内层的语句块中，那么该局部变量仍然有效，也就是在任一语句块中的程序可以使用外层语句块中已经生效的变量。也正因为如此，所以在内层语句块中不能再以外层语句块的变量名称声明变量，例如：

程序 Scope.java 局部变量的有效范围

```
01 public class LocalScope {
02   public static void main(String[] args){
03     int x = 1;
04     {
05       int y = 20;
06       {
07         int z = 300;
08 
09         System.out.print("x = " + x);         //最外层的x
10         System.out.print("\ty = " + y);       //上一层的y
11         System.out.println("\tz = " + z);
12         System.out.println("");
13       }
14       int z = 40;
15 
16       System.out.print("x = " + x);           //最外层的x
17       System.out.print("\ty = " + y);
18       System.out.println("\tz = " + z);
19       System.out.println("");
20     }
21 
22     int y = 2;
23     int z = 3;
24     System.out.print("x = " + x);
25     System.out.print("\ty = " + y);
26     System.out.println("\tz = " + z);
27   }
28 }
```

执行结果

```
x = 1    y = 20    z = 300

x = 1    y = 20    z = 40

x = 1    y = 2     z = 3
```

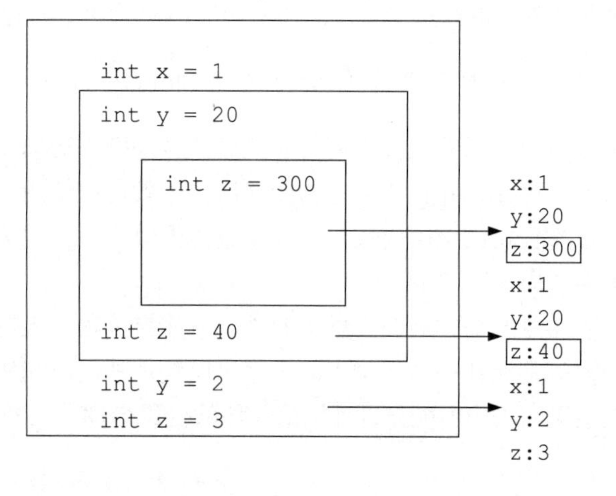

从执行结果可看到，内层的语句块可以使用外层语句块中已经生效的变量。

但要特别注意，虽然外层语句块声明了和内层语句块同名的变量（例如第 7 行和第 14 行的 z），但是在流程执行到第 14 行时，第 7 行的变量 z 所在的语句块已经结束，因此变量 z 已经失效，所以可以在第 14 行使用相同的名称声明变量。

但是，如果把第 14 行移到原本的第 7 行之前，编译时就会发生错误，会提示变量 z 已经定义了，不能重复声明。

程序 ScopeError.java 同名的变量

```
01 public class ScopeError {
02   public static void main(String[] args){
03     int x = 1;
04     {
05       int y = 20; int z = 40;
06       {
07         int z = 300;
08         ...
```

```
ScopeError.java:7: error: variable z is already defined in method main(String[])
        int z = 300;
            ^
1 error
```

2. 声明方法中的参数

在方法体中声明的参数在整个方法体中都有效，因此不能在方法体中声明和参数同名的局部变量。

```
void testMethod(int param) {
  int param;      ←— 错误，不可与方法参数同名
  ...
```

3. 声明在类中的成员变量

类中的成员变量是存在于实体的对象中，一旦依据类生成对象后，这个对象就拥有了成员变量。只要该对象未被销毁，成员变量就依然有效，例如：

程序 Member.java 在方法中访问成员变量

```
01 class Test {
02   int x = 10;
03
04   void show(){
```

```
05      System.out.println("x = " + x);
06      System.out.println("y = " + y);
07    }
08
09    int y = 20;                      //在方法体之后声明的成员变量
10  }
11
12  public class Member {
13    public static void main(String[] args){
14      Test a = new Test();
15      a.show();
16    }
17  }
```

执行结果

```
x = 10
y = 20
```

在第 5、6 行中，show() 方法可以使用到 Test 类的成员变量 x、y，即便 y 是在 show() 方法之后才声明，也一样可以使用。

TIP 成员变量无论是在类的最前面、最后面或其他位置声明，其效果都一样，因为这与执行顺序无关（只有方法中的语句才会与执行顺序有关）。同理，当程序中有多个类时，定义类的顺序也无关紧要，此时应以"可读性"为主要考量。

但要注意，如果在方法中声明了和类成员变量同名的变量或是参数，此时方法中的变量或参数优先于类中的成员，也就是说，使用到的会是方法中的变量或参数，这个效应称为名称遮蔽（Shadowing of Name）。例如：

程序 Shadowing.java 区域变量与参数的遮蔽效果

```
01  class IcCard {                   //代表 IC 卡的类
02    long id;                       //卡号
03    int money;                     //卡片余额
04
05    void showInfo() {              //显示卡片信息的方法
06      System.out.print("卡片卡号" + id);
07      System.out.println(", 余额" + money + "元");
08    }
09
10    void add(int money) {          //参数与成员变量同名
11      money += money;
12      System.out.println("充值成功, 本次充值" + money + "元");
13    }
14  }
15
16  public class Shadowing {
17    public static void main(String[] args) {
```

```
18      IcCard myCard = new IcCard();                  //创建对象
19
20      myCard.id = 0x336789AB;                        //设置成员变量值
21      myCard.money = 300;
22
23      myCard.add(1000);                              //充值 1000
24      myCard.showInfo();                             //调用方法
25    }
26  }
```

执行结果

```
充值成功，本次充值 1000 元
卡片卡号 862423467，余额 300 元
```

这个程序修改之前的 AddMoney1.java 程序中的 add() 方法，第 10 行将参数由 value 改名为 money，结果遮蔽掉成员变量 money。所以第 11、12 行访问到的都是局部变量 money，而非成员变量。所以执行结果显示充值 1000 元，但实际读取卡片余额仍是原来的 300 元。

在这种情况下，如果需要访问成员变量，就必须使用 this 关键字，其语法为"this. 成员变量"。this 代表的是"目前对象"的引用，所以"this. 成员变量"可访问到目前对象的成员变量。

程序 UsingThis.java 通过 this 访问成员变量

```
 ⋮
10    void add(int money) {                  //参数与成员变量同名
11      this.money + = money;                //使用 this.money 表示要访问成员变量 money
12      System.out.println("充值成功，本次充值" + money + "元");
13    }
 ⋮
```

执行结果

```
充值成功，本次充值 1000 元
卡片卡号 862423467，余额 1300 元
```

由于 this 关键字是"目前对象"的引用，所以在第 23 行用对象 myCard 调用 add() 方法，让程序流程进入第 10 行的 add() 方法时，this 就是对象 myCard 的引用，所以执行第 11 行的"this. money+=money"就变成是将成员变量 money 的值再加上局部变量（参数）money 的值，所以充值结果就完全正确。

4. 声明在 for 循环中的变量

在使用 for 循环的时候，通常都是在 for 的初始表达式中声明循环变量，此时这个循环变量就

只在整个 for 语句块中有效，一旦离开 for 循环时，该变量也就无法使用了（相同的规则也适用于 for...each 循环）。如果需要在循环结束后获取循环变量的值，就必须在 for 循环之前先声明变量，例如：

程序 FindFirstMultiple.java 在循环结束后使用循环变量

```
01 public class FindFirstMultiple {
02
03   public static void main(String[] args){
04     int i;                         //循环变量
05     for(i = 417;i % 17 != 0;i++) {
06     }
07     System.out.println("大于417的第一个17的倍数是：" + i);
08   }
09 }
```

执行结果

```
大于417的第一个17的倍数是：425
```

如果在 for 循环中声明，写成这样：

程序 ForError.java 不正确使用循环变量

```
01 public class ForError {
02
03   public static void main(String[] args){
04     for(int i = 417;i % 17 != 0;i++) {
05     }
06     System.out.println("大于417的第一个17的倍数是：" + i);
07   }
08 }
```

编译时就会发生错误：

编译错误

```
ForError.java:6: cannot find symbol
    System.out.println("大于417的第一个17的倍数是：" + i);
                                                      ^
  symbol  : variable i
  location: class ForError
1 error
```

告诉您无法找到变量 i。这是因为在第 6 行时，for 循环语句块已经结束，因此在 for 中声明的变量 i 也已经失效了。

8.3.5 匿名数组 (Anonymous Array)

在调用方法时，如果所需的参数是数组，就必须先声明一个数组变量，然后才能传递给方法。如果在调用方法之后不再需要使用该数组，就表示这个数组除了作为参数传递以外，并没有其他的用途，这时要为数组变量另取个名字就有点多此一举。请看以下的程序。

扫一扫，看视频

程序 ShowMultiStr.java 只用作参数的数组

```
01 class Test {
02   void showMultipleString(String[] strs) {
03     for(String s : strs) {
04       System.out.println(s);
05     }
06   }
07 }
08
09 public class ShowMultiStr {
10
11   public static void main(String[] args){
12     Test a = new Test();
13     String[] strs = { "第一行信息",
14       "第二行信息",
15       "第三行信息"};               //声明数组以便作为参数
16
17     a.showMultipleString(strs);
18   }
19 }
```

在第 13~15 行就是为了要调用 showMultipleString() 方法而特别声明的 strs 数组，这样的做法显然有些多余。此时可以使用匿名数组，以 new 关键字来创建并传递数组。可以将刚刚的程序改写如下：

程序 AnonymousArray.java 使用匿名数组传递参数

```
09 public class AnonymousArray {
10
11   public static void main(String[] args){
12     Test a = new Test();
13
14     a.showMultipleString(new String[] { "第一行信息",
15       "第二行信息",
16       "第三行信息"});
17   }
18 }
```

执行结果

```
第一行信息
第二行信息
第三行信息
```

第 14 行就是创建匿名数组，只要使用 new 关键字加数组元素的类型及一对中括号，再接着指定数组的初值即可，这样就不需要数组变量了。

8.3.6 递归 (Recursive)

在使用方法时，有一种特别的用法称为递归。简单来说，递归的意思就是在方法中调用自己。例如，如果要计算乘方 x^y，可以定义为：

```
如果 y 为 0, x^y 就为 1
否则 x^y 就等于 x * x^(y-1)
```

所以我们可以设计如下的计算乘方的递归方法。

程序 Power.java 用递归计算乘方

```
01 import java.util.*;
02
03 class Recursive {
04   long power(int x,int y) {
05     if(y <= 0)                          //0 次方即返回 1
06       return 1;
07     return x * power(x, y-1);           //调用自己计算 x 的 y-1 次方
08   }
09 }
10
11 public class Power {
12   public static void main(String[] args) {
13     Recursive r = new Recursive();
14
15     Scanner sc = new Scanner(System.in);
16     System.out.print("请输入整数 x y (用空格分隔): ");
17     int x = sc.nextInt();               //可连续读入用空格分隔的数字
18     int y = sc.nextInt();
19
20     System.out.println(r.power(x,y));
21   }
22 }
```

执行结果

```
请输入整数 x y (用空格分隔): 9 19
1350851717672992089
```

Recursive 类提供了 power() 方法计算乘方，其计算方法就是依照前面的定义。

◎ 第 5 行检查 y ≤ 0，如果是，就直接返回 1。检查小于 0 是为了防止用户输入负数。

◎ 当 y > 0 时，就调用自己计算 x 的 y-1 次方，并返回 x*power(x，y-1)。

使用递归最重要的是结束递归的条件，也就是不再调用自己的条件。以 Power.java 程序为例，这个条件就是 y = 0 否？如果是直接返回 1，而不再调用自己。如果缺少了这个条件，程序就会不断地调用自己，无法结束程序。这就像是使用循环时忘了加上结束循环的条件，使得循环没完没了一样。

附带说明，程序在第 17、18 行连续调用 Scanner 的 nextInt() 方法，所以用户必须输入两个数字，程序才会继续执行。程序的提示是请用户“用空格分隔” 两个数字，实际上改为分两次输入（用 Enter 当分隔字符）也可以：

```
请输入整数 x y (用空格分隔): 9 [Enter]      ← 1. 输入第 1 个数字就按 Enter 键
19 [Enter]                                  ← 2. 程序仍在等待输入，必须再输入第 2 个数字
1350851717672992089
```

分治法 (Divide and Conquer)

递归非常适合用来处理可以分解成两个或更多的相同或相似的子问题，直到最后子问题可以直接求解，原问题的解即子问题的解的合并。前例的乘方计算就是把原来的问题每次缩小 1，直到可以直接获取结果之后，再回头一步步计算出整体的结果，这种解决问题的方法称为分治法。

对于前例的乘方计算范例，还有一种思考方式，就是将要计算的次方数“切成两半”，也就是让计算的方式变成：

$$x^{y} = x^{(y/2)} * x^{(y/2)}$$

程序 Power2.java 以每次减半的方式计算乘方

```
03 class Recursive {
04   long power(int x, int y) {
05     if(y <= 0)    return 1;
06     if(y%2==0)   //次方数是偶数
07       return power(x, y/2) * power(x, y/2);         //调用自己
08     //次方数是奇数
09     return x * power(x, y/2) * power(x, y/2);       //调用自己
10   }
11 }
```

由于整数除法会略去小数，因此奇数的 y 除以 2 时，次方数会少 1（例如 5/2+5/2=4），所以第 9 行会在 y 为奇数时，多乘上一次 x 来补足那消失的 1 次方。

这种将计算 / 处理内容减半处理的方式有时可以大幅减少程序计算的复杂度，因此对于需做复杂计算的场合，就可考虑使用类似的技巧来处理。

8.4 方法的重载 (Overloading)

在 8.3.1 小节中曾经提到，调用方法时传入的参数个数与类型必须和方法中的声明一致。可是在前面各章的范例中，不论变量是哪一种类型，都可以传入 System.out.println() 来打印出变量的内容，例如：

程序 MagicPrint.java 万能的 System.out.println()

```
01 public class MagicPrint {
02
03   public static void main(String[] args){
04     int i = 10;
05     double d = 0.334;
06     String s = "字符串";
07     boolean b = true;
08
09     System.out.println(i); //可传入 int
10     System.out.println(d); //可传入 double
11     System.out.println(s); //可传入 String
12     System.out.println(b); //boolean 也可以
13   }
14 }
```

在第 9~12 行中，分别传入 int、double、String、boolean 类型的参数调用 System.out.println()，都可以正常编译。这个方法的参数可以同时支持多种类型，在这一节中就要讨论让 System.out.println() 方法具有此项能力的机制——重载（也称为多重定义）。

8.4.1 定义同名方法

扫一扫，看视频

由于实际在编写程序时常常会遇到具有类似含义的动作，但因为处理对象不同而参数有所差别的情况。因此，Java 允许在同一个类中定义参数个数或是类型不同的同名方法称为重载。

```
method(int x) {...}
method(double x) {...}          //参数类型不同
method(int x, int y) {...}      //参数数量不同
method(int a, int b) {...}      //错误：参数名称不同不算重载
```

其实 Java 并不仅仅是以“名称”来辨识方法，当 Java 编译程序时，也会将参数类型、参数数量等信息都一并加到方法签名（Method Signature）中。当我们调用方法时，Java 就会依据传入参数的类型及数量，再比对方法签名来找出正确的方法。

请看下面这个例子，为了要编写一个计算矩形面积的方法，常常会苦恼是要以长、宽来表示矩形，还是要以左上角及右下角的坐标来表示。若是采用重载的方式，就可分别为不同的矩形表示法编写其适用的程序版本，这样不论是使用长宽还是坐标都可以计算出矩形的面积。

程序 Overloading.java 以多种方式表示矩形

```
01 class Test {
02
03   //1号版本：使用长与宽
04   int rectangleArea(int width,int height) {
05     return width * height;
06   }
07
08   //2号版本：使用坐标
09   int rectangleArea(int bottom,int left,int top,int right) {
10     return (right - left) * (top - bottom);
11   }
12 }
13
14 public class Overloading {
15
16   public static void main(String[] args){
17     Test a = new Test();
18     int area;
19
20     area = a.rectangleArea(10,20);
21     System.out.println("矩形面积：" + area);
22
23     area = a.rectangleArea(5,5,15,25);
24     System.out.println("矩形面积：" + area);
25   }
26 }
```

执行结果

```
矩形面积：200
矩形面积：200
```

这个程序在 Test 类中定义了两个同名的方法，分别使用长、宽以及坐标的方式来描述矩形，而这两个方法都返回计算所得的矩形面积。在 main() 方法中，就利用不同的参数分别调用了这两个版本的同名方法。

8.4.2 重载方法时的注意事项

扫一扫，看视频

在使用重载时，必须要注意以下方面。

（1）要让同名方法有不同的签名，一定要让参数类型或数量有所不同。不管是参数数量不同还是参数数量相同，但至少有一个参数类型不同，这样都可让编译器为方法产生不同的签名。而在调用方法时，Java 也能依签名找出正确的版本。

（2）参数的名称及返回值类型都不会是签名的一部分。所以当类中两个方法的参数类型及数量完全相同时，就算参数名称或返回值类型不同，也会因签名相同而产生编译错误。

（3）在调用方法时，若传入的参数类型找不到符合签名的方法，则会自动按照以下步骤寻找。

① 寻找可往上提升对应的类型，例如 fun(5) 的参数为 int 类型，则会依次寻找 fun(long x)、fun(float x)、fun(double x)，若有符合的，则自动将参数提升为该类型并调用之。

TIP 提升类型的顺序为 byte → char、short → int → long → float → double。要注意 char 和 short 都占两个字节，因此都会优先提升为 int。

② 在步骤①中找不到符合签名的方法时，就将参数转换为对应的包装类（如表 8.1 所示，详细的说明详见第 17.2 节），然后寻找符合签名的方法并调用。但请注意，转为包装类后就不能再提升类型了，例如 fun(5) 可调用 fun(Integer x) 方法，但不会调用 fun(Long x)。

表8.1　基本类型和包装类的转换

基本类型	包装类	基本类型	包装类
boolean	Boolean	int	Integer
byte	Byte	long	Long
char	Char	float	Float
short	Short	double	Double

8.5 综合演练

本章将综合演练的焦点集中在递归算法的应用上，以加强对于方法调用的熟悉与递归算法的理解。

8.5.1 用递归求阶乘

许多数学问题都可以使用递归算法来定义，除了之前已经介绍过的乘方外，求阶乘也一样适用。阶乘（Factorial）的定义如下。

```
x! = x * (x-1) * (x-2) * … * 1
```

换个角度来思考，也可以把阶乘定义如下。

```
如果 x 为 0，则 0! 为 1
否则 x! = x * (x-1)!
```

程序 Factorial.java 计算阶乘

```
01 import java.util.*;
02
03 class Compute {
04   long factorial(int x) {             //以递归算法计算阶乘
05     if(x == 0) return 1;
06
07     //调用自己计算 (x-1)!
08     return x * factorial(x - 1);
09   }
10 }
11
12 public class Factorial {
13
14   public static void main(String[] args)  {
15     Compute c = new Compute();
16
17     System.out.print("计算 x!, 请输入 x->");
18     Scanner sc = new Scanner(System.in);
19     int x = sc.nextInt();
20
21     System.out.println(x + "! = " + c.factorial(x));
22   }
23 }
```

执行结果

```
计算 x!, 请输入 x->5
5! = 120
```

8.5.2 斐波那契数列（Fibonacci）

数学上还有一个有趣的数列，称为 Fibonacci（斐波那契）数列，这个数列的定义是这样的。

> Fibonacci数列$f_1, f_2, f_3, \cdots, f_n$，其中
> $f_1=1$,
> $f_2=1$,
> $n>2$时，$f_n = f_{n-1} + f_{n-2}$

所以 Fibonacci 数列就是 1，1，2，3，5，8，13，21，……

这又是一个递归的定义。根据这样的定义写出程序是很简单的，程序如下。

程序 Fibonacci.java 计算 Fibonacci 数列

```
01 import java.io.*;
02
03 class Mathematics {
04   long fibonacci(int n) {
05     if(n <= 2) {
06       return 1;
07     }
08     return fibonacci(n - 1) + fibonacci(n - 2);
09   }
10 }
11
12 public class Fibonacci {
13
14   public static void main(String[] args) throws IOException{
15     Mathematics m = new Mathematics();
16
17     BufferedReader br =        //BufferedReader 在 5.4.1 小节的范例中
                                  //已经使用过了,更多的说明详见第 16 章
18       new BufferedReader(new InputStreamReader(System.in));
19
20    System.out.print("请输入 n: ");
21    int n = Integer.parseInt(br.readLine());
22
23    System.out.println("Fibonacci 数列第 " + n + "项:" +
24      m.fibonacci(n));
25   }
26 }
```

执行结果

```
请输入 n: 8
Fibonacci 数列第 8 项:21
```

8.5.3　快速排序法 (Quick Sort)

扫一扫，看视频

在第 7 章中曾经介绍过使用冒泡排序法来为数组元素排序，本节主要介绍以递归算法来排序的快速排序法。

快速排序法的思想是如果能够把数组分成两部分，前一部分的元素都比后一部分的元素小，那么接下来就可以把这两部分元素看成是两个单独的数组，只要将前后两部分分别排好序，就等于整个数组排好序了。前后两部分的排序自然可以再递归套用快速排序法，一直分解下去直到每一部分都只有 1 个元素时自然就不需要排序。

现在的问题就在于如何才能把数组分为两部分，而且前一部分的元素会比后一部分的元素都小？这里采用一个很简单的做法。

（1）找出数组中间的元素，记住它的值。

（2）从数组的头部往尾端搜索，当遇到一个比中间元素还大的元素就先停住。

（3）从数组的尾端往头部搜索，当遇到一个比中间元素还小的元素时就先停住。

（4）将第（2）步与第（3）步找到的元素互换。

（5）反复进行（2）~（4）的步骤，一直到两端的搜索相遇为止。这时，相遇的地方就可以将数组切成两部分，前一部分的值都比后一部分的值要小。

程序如下。

程序　QuickSort.java 快速排序法

```
01 class Sorter {
02   int[] data;
03
04   void quickSort(int start,int end) {
05     //如果只有一个元素，直接返回
06     if(start >= end) {
07       return;
08     }
09
10     //获取中间元素的值
11     int mid = data[(start + end)/2];
12
13     int left = start;
14     int right = end;
15     while(left < right) {              //还未相遇
```

```
16        //往尾端搜索
17        while((left < end) && (data[left] < mid)) {
18          left++;
19        }
20
21        //往前端搜索
22        while((right > start) && (data[right] > mid)) {
23          right--;
24        }
25
26        //还未交错
27        if(left <= right) {
28          int temp = data[left];          //交换元素
29          data[left] = data[right];
30          data[right] = temp;
31          left++;                         //往尾端移动
32          right--;                        //往前端移动
33          show();
34        }
35      }
36
37      //递归排序前后两部分
38      quickSort(start,right);
39      quickSort(left,end);
40    }
41
42    void show() {
43      for(int i:data) {
44        System.out.print(i +" ");
45      }
46      System.out.println("");
47    }
48
49    void sort(int[] data) {
50      this.data = data;
51      show();
52      quickSort(0,data.length - 1);     //排序整个数组
53    }
54  }
55
56  public class QuickSort {
57
```

```
58    public static void main(String[] args) {
59
60      //args传入要排序的数据
61      int[] data = new int[args.length];
62
63      //将传入的数据转为整数
64      for(int i = 0;i < data.length;i++) {
65        data[i] = java.lang.Integer.parseInt(args[i]);
66      }
67
68      //排序
69      Sorter s = new Sorter();
70      s.sort(data);
71    }
72  }
```

执行结果

```
>java QuickSort 45 69 33 23 56 43 67
45 69 33 23 56 43 67
23 69 33 45 56 43 67
23 43 33 45 56 69 67
23 43 33 45 56 69 67
23 33 43 45 56 69 67
23 33 43 45 56 67 69
23 33 43 45 56 67 69
```

◎ 第 6～8 行就是递归结束的条件，如果只有一个元素，当然不需要排序，直接返回。

◎ 第 17～19 以及第 21～24 行分别就是快速排序法中的第（2）步骤和第（3）步骤。

◎ 第 27～34 行就是交换元素的步骤。

◎ 第 38、39 行则分别递归调用自己来为前后两部分的元素排序。

8.5.4 汉诺塔游戏 (Hanoi Tower)

汉诺塔游戏是在 1883 年由法国的数学家 Edouard Lucas 教授所提出的。话说在古印度神庙中有 3 根柱子，分别称为 A、B、C，在 A 这根柱子上有 64 片自上而下由小到大叠放的黄金圆盘，如果有人能够遵守较大的圆盘不能放在较小的圆盘上的规定，将这些圆盘借助柱子 B 的帮助，由柱子 A 全部移到柱子 C 的话，世界末日就会降临。

扫一扫，看视频

我们准备编写一个程序来看看如何完成搬运圆盘的工作。要解决这个问题，基本想法是如果能够将最大的圆盘留在 A，而遵守规则将其余的圆盘通过 C 搬到 B，就可以将最大的圆盘搬到 C，接着只要再想办法遵守规则将 B 中的圆盘搬到 C 就完成了圆盘的搬运工作，如图 8.7 所示。

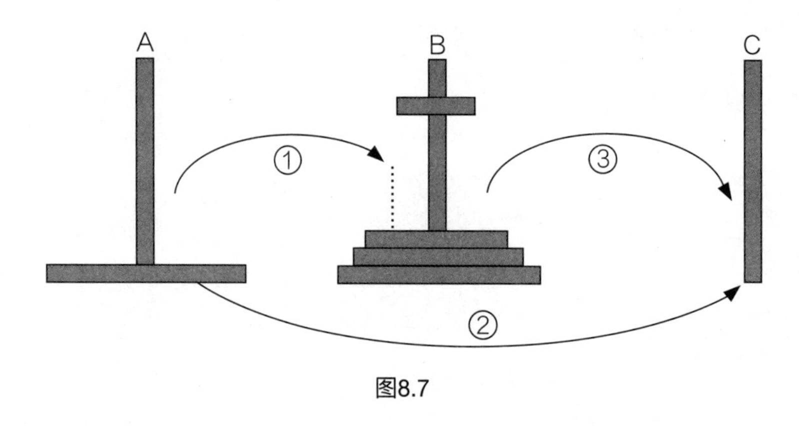

图8.7

这样问题就被分解为：

① 将除了最大的圆盘以外的 63 个圆盘通过 C 搬到 B。

② 将最大的圆盘由 A 搬到 C。

③ B 中的 63 个圆盘通过 A 搬到 C。

有没有看出来这里面的递归理念？第 1 项工作与第 3 项工作其实就是少了一个圆盘的汉诺塔游戏，如果有一个解决汉诺塔的方法，那么第 1 项工作和第 3 项工作就是递归调用同一个方法即可，只是圆盘少一个而已。

接下来的关键就在于这个递归方法的结束条件。很简单，如果只有 1 个圆盘，那么就直接将圆盘搬到目的地的柱子上去，而不需要递归调用方法。经过上述分析，就可以写出描述搬移圆盘的程序了。

程序 HanoiTower.java 以递归算法解决汉诺塔问题

```
01 import java.io.*;
02 
03 class HanoiTowerGame {
04 
05   void go(int discs) {
06     hanoiTower('A','C','B',discs);
07   }
08 
09   //实际搬动圆盘
10   void moveDisc(char source,char target,int disc){
11     System.out.println("将" + disc + "号圆盘从柱子" +
12       source + " 搬到 " + target);
13   }
```

```
14
15   //a: 来源柱子
16   //c: 目的地
17   //b: 空的柱子
18   //discs: 圆盘数量
19   void hanoiTower(char a,char c,char b,int discs) {
20     if(discs == 1) {            //直接搬动，递归结束
21       moveDisc(a,c,discs);
22       return;
23     }
24
25    //先将最大圆盘以外的圆盘搬到B
26    hanoiTower(a,b,c,discs - 1);
27
28    //把最大的圆盘搬到C
29    moveDisc(a,c,discs);
30
31    //把搬到B的圆盘搬到C
32    hanoiTower(b,c,a,discs - 1);
33   }
34 }
35
36 public class HanoiTower {
37
38   public static void main(String[] args) throws IOException{
39     HanoiTowerGame game = new HanoiTowerGame();
40
41     BufferedReader br =
42       new BufferedReader(new InputStreamReader(System.in));
43
44     System.out.print("请输入圆盘数量: ");
45     int discs = java.lang.Integer.parseInt(br.readLine());
46
47     game.go(discs);
48   }
49 }
```

执行结果

```
请输入圆盘数量: 3
将1号圆盘从柱子 A 搬到 C
将2号圆盘从柱子 A 搬到 B
将1号圆盘从柱子 C 搬到 B
```

```
将3号圆盘从柱子 A 搬到 C
将1号圆盘从柱子 B 搬到 A
将2号圆盘从柱子 B 搬到 C
将1号圆盘从柱子 A 搬到 C
```

◎ 第 5~7 行 HanoiTowerGame 类的 go() 方法会调用 hanoiTower() 方法来解决汉诺塔问题，为了简化说明，这里显示的是仅有 3 个圆盘的执行结果。

◎ 第 19 行开始 hanoiTower() 方法就依照了之前所提出的解题思路，先看看是否仅有一个圆盘，如果是就直接搬动；否则，就递归先将最大的圆盘之上的圆盘都先搬走，再将最大的圆盘搬到目的地，然后将先前搬走的圆盘搬到目的地。

◎ 其中 moveDisc() 方法就是实际搬圆盘的动作，此范例是以显示信息来表示。

通过递归算法写程序不但简单，而且也和我们解题思路一致，迅速地解决了问题。

课 后 练 习

※ 选择题可能单选或多选

1.（　　）以下哪项是正确的？

（a）类是对象的蓝图　　（b）对象是基本类型

（c）数组中不能存放对象　　（d）定义类后，必须使用 new 关键字生成对象

2.（　　）重载方法必须符合以下哪一个条件？

（a）不同版本的方法之间返回值必须不同

（b）不同版本的方法之间参数个数必须相同

（c）不同版本的方法之间返回值必须相同

（d）不同版本的方法之间必须至少有一个参数不同

3.（　　）有关局部变量，以下描述哪个是错误的？

（a）内层语句块可以使用外层语句块的局部变量

（b）内层语句块可以声明和外层语句块同名的变量

（c）局部变量不能和类的成员变量同名

（d）局部变量不能和参数同名

4.（　　）有关递归算法的描述，以下哪个是正确的？

（a）递归算法是使用循环解决问题

（b）递归的算法一定要有结束条件

（c）递归的算法不能使用成员变量

（d）递归的算法不能调用类中的其他方法

5. 类的特性是由________描述，而类的行为是由________描述。

6.（　　）请问以下程序的执行结果是哪一项？

```
01 class Test {
02   double callme(double d) {
```

```
03      return d * d * d;
04    }
05    int callme(int i) {
06      return i * i;
07    }
08 }
09
10 public class Ex8_06 {
11   public static void main(String[] args) {
12     Test t = new Test();
13     System.out.println(t.callme(10));
14   }
15 }
```

（a）1000　　（b）100　　（c）1000.0　　（d）无法编译

7.（　　）以下哪个说法是错误的?

（a）调用方法时，传入的参数个数必须和声明时一致

（b）调用方法时，传入的参数名称要和声明时一致

（c）调用方法时，可以使用字面常量当作参数

（d）调用方法时，参数是以按值传递的方式传入

8.（　　）对于两个同样类型的引用变量 b 与 c,以下哪个是正确的?

（a）如果执行 b = c，那么 b == c 的运算结果为 true

（b）b 与 c 不能进行比较运算

（c）如果执行 b = c，会将 c 所指的对象复制一份给 b

（d）如果执行 b = c，再使用 c 修改所指对象的内容时不会影响 b 所指的对象

9. 在方法中执行 ________ 语句可以直接返回调用处。

10.（　　）请问以下程序的显示结果是哪一项?

```
01 public class Ex8_10 {
02
03   public static void main(String[] args) {
04     for(int i = 999;i < 1999;i++) {
05       if(i % 39 == 0) {
06         break;
07       }
08     }
09     System.out.println("大于999的39的倍数是: " + i);
10   }
11 }
```

（a）1999　　（b）1014

（c）1989　　（d）此程序无法编译

程序练习

1. 请为 8.3.2 小节 AddMoney2.java 范例中的 IcCard 类设计一个扣款方法，方法会在卡片余额足够时扣款，并返回 true；余额不足时停止扣款，并返回 false。
2. 本章介绍的一些使用递归算法的范例，虽然写法很简洁，但执行效率未必良好。例如 8.5.2 小节求 Fibonacci 数列的例子，递归算法会重复计算许多已算过的项目。使修改程序，使程序会记住已算过的项目（例如使用数组存储），重复计算时，会直接返回之前已算过的值，减少重复调用方法，以提升程序的执行效率。
3. 请修改汉诺塔问题的程序，让程序可以显示一共搬动圆盘的次数。
4. 请编写一个方法，可以传入一个整数数组，并将数组内各元素的总和返回。
5. 请使用重载定义的技巧编写不论是传入整数数组或是浮点数数组，都可以返回数组内所有元素的平均值的方法。
6. 请编写一个程序，通过键盘输入一个数值 n，然后计算 $1 + 1/2 + 1/3 +\cdots+ 1/n$ 的值。
7. 请编写一个类，提供 sum(int n) 方法，此方法会计算并返回 $1 + 2 + 3 +\cdots+ n$ 的值。
8. 请编写一个程序，通过键盘输入一个数值 n，传入一个方法，并由该方法显示出 1 ～ n 中可以被 13 整除的数值。
9. 请修改本章的 8.5.3 小节中的 QuickSort.java 程序，将数组元素由大到小排序。
10. 请使用递归算法编写一个可以将数组元素顺序完全颠倒的程序。例如数组原本为 10，20，30，40，那么执行后显示 40，30，20，10。

9

CHAPTER

第 9 章 对象的构造

学习目标

- 编写构造对象的方法
- 成员变量的访问控制
- 在相同类的不同对象间共享数据

第 8 章介绍了定义类别，以及使用对象的基本方式，但在其范例中所用的 IC 卡类，每次创建对象后都还要另外设置对象的成员变量。

```
class IcCard {                              //代表 IC 卡的类
  long id;                                  //卡号
  int money;                                //卡片余额
}

public class Card2 {
  public static void main(String[] args) {
    IcCard myCard = new IcCard();    //创建对象

    myCard.id = 0x336789AB;                 //设置 myCard 对象 id 成员变量值
    myCard.money = 300;                     //设置 myCard 对象 money 成员变量值
...
```

如果可以将创建对象与设置初始状态的动作结合在一起，会有以下优点。

◎ 避免忘记设置对象初始状态。

◎ 更接近自然界的对象。举例来说，婴儿必定在出生前肤色与发色就已经确定了，而不会是婴儿先出生，然后才显现肤色或是发色；相同的道理，程序中的各个对象也应该是在创建的同时，就设置好初始状态，然后即可直接参与程序的执行。

9.1 构造方法 (Constructor)

构造方法就是面向对象程序语言对对象初始化的解决方案，它也是一个方法（method），但比较特别的是：它是在创建对象时由系统自动调用以完成对象初始化，因此称之为构造方法。也因此在使用 new 运算符时，才必须在类的名称之后加上一对小括号，这对小括号的意义就是调用构造方法。

9.1.1 默认的构造方法 (Default Constructor)

扫一扫，看视频

构造方法的名称必须与类名称相同，如果类并未定义任何构造方法，则 Java 编译器会自动帮类定义一个默认构造方法，例如：

程序 NoConstructor.java 未定义构造方法

```
01 class Test {
02   int x,y;
03 }
04
```

```
05 public class NoConstructor {
06
07   public static void main(String[] args){
08     Test a = new Test();
09   }
10 }
```

在上面的这个例子中，Test 类就没有定义任何的构造方法，因此 Java 编译器便会自动定义一个默认的构造方法，此时就如同以下的程序。

程序 DefaultConstructor.java 没有内容的构造方法

```
01 class Test {
02   int x,y;
03
04   //默认的构造方法
05   Test() {
06   }
07 }
08
09 public class DefaultConstructor {
10
11   public static void main(String[] args){
12     Test a = new Test();
13   }
14 }
```

第 5、6 行就是一个什么事都没做的构造方法。如果在创建对象的时候并不需要进行初始化，就可以省略定义构造方法，让 Java 编译器自动替我们生成。

9.1.2 自定义构造方法

如果需要对新创建的对象进行初始化设置，那么就可以自定义构造方法。定义构造方法时有以下两点需要注意。

扫一扫，看视频

◎ 构造方法不能返回任何值，因此不需要也不能注明返回值类型，连 void 也不可以加上，否则会造成编译错误。

◎ 构造方法一定要和本类同名，不能使用其他名称来命名。

1. 无参数的构造方法

最简单的构造方法就是直接在方法中进行初始化设置，例如：

程序 NoArgument.java 定义无参数的构造方法

```
01 class Test {
02   int x,y;
03
04   //无参数的构造方法
05   Test() {
06     x = 10;
07     y = 20;
08   }
09 }
10
11 public class NoArgument {
12
13   public static void main(String[] args){
14     Test a = new Test();
15     System.out.println("成员变量x: " + a.x);
16     System.out.println("成员变量y: " + a.y);
17   }
18 }
```

执行结果

```
成员变量x: 10
成员变量y: 20
```

在程序第 14 行一样是用 new 运算符创建对象，由于 Java 会自动调用第 5 ～ 8 行的构造方法，所以成员变量 x 与 y 都被设为指定的值，并不需要在生成对象之后另外指定。

2. 具有参数的构造方法

构造方法也可以接收参数，那么在创建对象时，就可以通过跟随在 new 关键字符及类名称之后的小括号传入参数，例如：

程序 WithArgument.java 编写具有参数的构造方法

```
01 class Test {
02   int x,y;
03
04   //具有参数的构造方法
05   Test(int initX,int initY) {
06     x = initX;
07     y = initY;
08   }
09 }
10
11 public class WithArgument {
12
13   public static void main(String[] args){
```

```
14      Test a = new Test(30,40);
15      System.out.println("成员变量x: " + a.x);
16      System.out.println("成员变量y: " + a.y);
17    }
18  }
```

执行结果

```
成员变量x: 30
成员变量y: 40
```

请注意，一旦定义了构造方法之后，使用 new 关键字创建对象时就必须依据构造方法的定义传入相同数量以及类型的参数，就像是调用一般的方法一样，否则编译时就会产生错误，例如：

程序 WrongArgument.java 调用构造方法时传递错误的参数

```
01 class Test {
02   int x,y;
03
04   //具有参数的构造方法
05   Test(int initX,int initY) {                    //需要两个参数
06     x = initX;
07     y = initY;
08   }
09 }
10
11 public class WrongArgument {
12
13   public static void main(String[] args){
14     Test a = new Test(30);                       //少一个参数
15     System.out.println("成员变量x: " + a.x);
16     System.out.println("成员变量y: " + a.y);
17   }
18 }
```

执行结果

```
WrongArgument.java:14: error: constructor Test in class Test cannot be
applied to given types;
                Test a = new Test(30);        //少一个参数
                         ^
  required: int,int
  found: int
  reason: actual and formal argument lists differ in length
1 error
```

编译的错误信息提示：编译器找不到仅需要一个整数的构造方法。

9.1.3 构造方法的重载 (Overloading)

扫一扫，看视频

构造方法也可以使用重载的方式，来定义多种版本的构造方法，以便能够依据不同的场合进行最适当的初始化。编译器会依据所传入参数的个数以及数据类型选择合适的构造方法，就像是编译器选择重载的一般方法时一样。

例如，下面的类就同时定义了多个构造方法。

程序 Overloading.java 使用重载的构造方法

```
01 class Test {
02   int x = 10, y = 20;            //声明成员变量时直接指定初值
03
04   //两个参数的构造方法
05   Test(int initX,int initY) {
06     x = initX;
07     y = initY;
08   }
09
10   //一个参数的构造方法
11   Test(int initX) {
12     x = initX;
13   }
14
15   //无参数的构造方法
16   Test() {
17   }
18
19   void show() {                  //显示成员变量的方法
20     System.out.println("成员变量x: " + x);
21     System.out.println("成员变量y: " + y);
22   }
23 }
24
25 public class Overloading {
26
27   public static void main(String[] args){
28     Test a = new Test(30,50);
29     Test b = new Test(60);
30     Test c = new Test();
31
32     a.show();
```

执行结果

```
成员变量x: 30
成员变量y: 50
成员变量x: 60
成员变量y: 20
成员变量x: 10
成员变量y: 20
```

```
33     b.show();
34     c.show();
35   }
36 }
```

在此范例中，Test 类拥有 3 个构造方法，如此就可以依据需要使用适当的构造方法。

有一点要特别注意：当为类定义构造方法时，Java 编译器就不会自动创建无参数的默认构造方法，因此若有需要，必须自行为类加上一个无参数的构造方法。

9.1.4 this 关键字

由于构造方法主要是用来设置对象的初始状态，传入的参数大多与类的成员变量相关，因此参数名称有时会和成员变量相同，这时就和一般的方法一样，参数的名称会遮蔽掉（Shadowing）成员变量。此时就可以使用第 8 章介绍过的 this 关键字以表示目前执行此方法的对象，例如：

程序 Shadowing.java 使用 this 访问成员变量

```
01 class Test {
02   int x = 10,y = 20;
03
04   //构造方法参数与成员变量同名
05   Test(int x,int y) {
06     this.x = x;
07     this.y = y;
08   }
09 }
10
11 public class Shadowing {
12
13   public static void main(String[] args){
14     Test a = new Test(30,50);
15     System.out.println("成员变量x: " + a.x);
16     System.out.println("成员变量y: " + a.y);
17   }
18 }
```

执行结果

```
成员变量x: 30
成员变量y: 50
```

除了在参数名称与成员名称相同的情况派上用场外，this 关键字还有一个很大的用途。如果在构造方法中所需要进行的设置有一部分与另外一个版本的构造方法完全重复，而想要在直接调用该版本的构造方法时，并不能直接使用类名称调用该构造方法。

程序 CallConstructor.java 不正确地调用构造方法

```
01 class Test {
02   int x = 10,y = 20;
03
04   //在构造方法中调用另一个构造方法
05   Test(int x,int y) {
06     Test(x); //错误!
07     this.y = y;
08   }
09
10   Test(int x) {
11     this.x = x;
12   }
13 }
14
15 public class CallConstructor {
16
17   public static void main(String[] args){
18     Test a = new Test(30,50);
19     System.out.println("成员变量x: " + a.x);
20     System.out.println("成员变量y: " + a.y);
21   }
22 }
```

执行结果

```
CallConstructor.java:6: cannot find symbol
                Test(x); //错误!
                ^
 symbol   : method Test(int)
 location: class Test
1 error
```

在第 6 行中，本来想要利用另一个只需单一参数的构造方法设置成员变量 x 的值，但是从编译后的错误信息说明编译器找不到一个叫 Test() 的方法。这是因为在类中，不能以类名称来调用构造方法。而必须使用 this 关键字，例如：

程序 CallByThis.java 通过 this 关键字调用构造方法

```
01 class Test {
02   int x = 10,y = 20;
03
04   //在构造方法中调用另一个构造方法
```

```
05    Test(int x,int y) {
06      this(x);                          //调用另一个构造方法
07      this.y = y;
08    }
09
10    Test(int x) {
11      this.x = x;
12    }
13 }
14
15 public class CallByThis {
16
17    public static void main(String[] args){
18      Test a = new Test(30,50);
19      System.out.println("成员变量x: " + a.x);
20      System.out.println("成员变量y: " + a.y);
21    }
22 }
```

第 6 行的语句就是使用 this 关键字调用其他版本的构造方法。在 this 关键字之后的小括号中可以放入要传递给其他版本构造方法的参数，编译器就是通过这里的参数个数与类型来找寻适当的其他版本。但请注意，在构造方法中，只能在第一条语句中使用 this 关键字调用其他版本的构造方法，若不在第一条语句，则会产生错误。

为了类特性的一致性，建议可以多利用 this 关键字，将重复的设置动作集中在适当的构造方法中，并且在其他需要同样功能的构造方法中调用该构造方法，避免因为在不同构造方法中的疏忽，而使得生成的对象行为或是特性不一致。

9.2 封装与信息隐藏

学会构造方法的用法后，即可在创建对象时一并完成对象的初始化，不必再直接修改对象的成员变量。但我们现在只是“不必”直接访问成员变量，对面向对象程序设计方法，则经常会要求“不能”直接修改对象的成员变量，也就是信息隐藏（Information Hiding），是指类外部（如 main() 方法）不能看到、接触到对象内部不想公开的信息（属性）。

那外部要如何得知或改变对象不公开的属性呢？那就必须通过类公开给外部的方法，对应到生活中实际的对象也是如此，例如要让汽车前进，必须通过油门；要转弯需使用方向盘；而要让行进中的车子停止，则要使用制动（刹车）。油门、方向盘、制动（刹车）就是汽车提供给我们的操作方法，使用这些方法就会改变汽车的状态与属性（速度、方向、位置、油量等）。

通过这种程序设计方式，只要类有公开能操作对象的方法，就算完全不知道类内部是如何设计、运作，也可以使用设计好的类达到代码重复使用、提高软件开发效率的目的。

就好比大部分的司机不用了解汽车内部的设计与结构，只要会使用“公开”的油门、方向盘、制动（刹车）等部件，就能开车。而将类的属性、操作属性的方法包装在一起，只对外公开必要的界面，称为封装（Encapsulation）。

9.2.1 类成员的访问控制

扫一扫，看视频

为了让外部不能任意访问封装在类内的属性或方法，必须在类之中使用访问控制修饰符（Access Modifier）来限制外部对类成员变量或方法的访问。表 9.1 所示为可以使用的访问控制修饰符。

表9.1 访问控制修饰符

修饰符	说 明
private	只有在成员所属的类中才能访问此成员
protected	除了类本身，在子类（Subclass，参见第 11 章）或同一包（Package，参见第 13 章）中的类也能访问此成员
public	任何类都可以访问此成员
无	只有类本身及同一包（参见第 13 章）中的类才能访问此成员

其中 protected 修饰符会在第 11、13 章做进一步的说明，本章先说明其他 3 种。private 修饰符就如其英文字面的含义一样，是指该成员变量（或方法）是类所私有，仅能在其类中的方法中被访问，对于其他的类来说，无法访问。例如：

程序 PrivateMember.java 私有成员变量

```
01 class Test {
02   private int i = 1;              //私有成员变量
03
04   void modifyMember(int i) {
05     this.i = i;                   //类中可以访问 i
06   }
07
08   void show() {                   //类中可以访问 i
09     System.out.println("成员变量i: " + i);
10   }
11 }
12
13 public class PrivateMember {
14
15   public static void main(String args[]) {
16     Test a = new Test();
```

```
17
18      a.show();
19      a.modifyMember(20);
20      a.show();
21      a.i = 40;                    //i 是私有成员变量
22    }
23 }
```

执行结果

```
PrivateMember.java:21: i has private access in Test
                a.i = 40;      //i 是私有成员变量

1 error
```

编译时就会有错误信息，表示 i 是 Test 类中的 private 成员，所以不能在 Test 类以外的地方访问。也就是说，凡是被标识为 private 的成员变量，除非是通过其类所定义的方法访问，否则就无法访问该成员，这正是这一小节一开始所提到的信息隐藏特性。在上述的例子中，main() 方法不能直接访问对象的成员变量值，只能通过类所提供的 show()、modifyMember() 方法来显示或修改成员变量，至于在方法内是怎么显示或修改，不需去了解。

如果没有特别标识访问控制修饰符，Java 就会采用默认的访问（Default Access），也就是不加任何访问修饰符，只有同一个包（Package）的类可以访问此成员变量。我们会在第 13 章正式介绍包，目前只需先记得，如果编译好的 .class 文件都位于同一个文件夹中，那么这些类就会被视为是在同一个包中。这也正是为什么先前的范例程序全都没有标识访问控制字符，但在 main() 方法中可任意访问成员变量的原因，因为同一个文件中的类在编译后都会在同一个文件夹下。

另外，访问控制修饰符也可以应用在方法上，用来限制哪些方法可以被外界调用，而哪些方法只是提供给类中的其他方法调用。在第 11 章还会针对访问控制修饰符做进一步的讨论。

9.2.2 为成员变量编写访问方法

为了实现信息隐藏这个面向对象程序设计的基本观念，在设计类时，就要注意应尽量避免暴露类内部的实现细节，让类的用户不用知道内部实现细节也可编写程序。这样的好处之一就是如果类需变更内部的实现方式，只要它仍提供相同的操作方法，则所有使用到该类的程序都不必修改。

扫一扫，看视频

因此为了隐藏成员变量，我们就需要适时地为成员变量加上访问限制。一般可使用下列原则。

◎ 除非有公开的必要，否则最好为所有成员变量都加上 private。

◎ 如果使用此类的程序需要通过成员变量来完成某件事，就由类提供的方法来完成。

◎ 如果需要修改或是获取成员变量的值，就需要提供专门访问成员变量的方法。通常用来获取成员变量值的方法会命名为 getXxx，其中 Xxx 就是成员变量的名称，例如 getSize()；相对的，用来设置成员变量值的方法就命名为 setXxx，例如 setSize()。这样一来，可以将更改成员变量的动作局限在此方法中，对于调试或是要更改对成员变量的处理方式时就会比较方便。

相同的道理，对于类中所定义的方法，加上访问限制的原则如下。

◎ 如果是要提供给外界调用的方法，需明确地标识为 public，如刚刚所提到的 getXxx、setXxx 方法。

◎ 如果只是供类中其他的方法调用，需明确地标识为 private，以避免被类外部的程序调用。

◎ 对于构造方法，除非有特别的用途，否则应该都标识为 public，因为若是标识为 private，则 new 运算符就无法调用构造方法，也就不能设置对象的初始状态。

以下面的程序为例。

程序 AccessMethod.java 访问控制修饰符的使用

```
01 class Test {
02   private int x,y;              //成员变量都是private变量
03
04   public Test(int x,int y) {
05     this.x = x;
06     this.y = y;
07   }
08
09   //成员变量x与y的访问方法
10   public int getX() {return x;}
11   public void setX(int x) {this.x = x;}
12   public int getY() {return y;}
13   public void setY(int y) {this.y = y;}
14 }
15
16 public class AccessMethod {
17
18   public static void main(String[] args){
19     Test a = new Test(30,40);
20
21     //通过方法更改成员变量值
22     a.setX(80);
23     a.setY(80);
24
25     //通过方法获取成员变量值
```

```
26     System.out.println("成员变量x: " + a.getX());
27     System.out.println("成员变量y: " + a.getX());
28   }
29 }
```

程序中第 10～13 行为 Test 类的 private 成员变量 x、y 提供了一组访问方法，并分别命名为 getX、setX 与 getY、setY，同时也特别将这两组访问方法都标识为 public 访问限制。

再用第 8 章 IC 卡类范例，只要加上合适的构造方法，并将成员变量设为 private，就可将信息隐藏起来，只能通过它所公开的方法来控制对象。

程序 TestCard.java 符合信息隐藏的 IC 卡类

```
01 class IcCard {                          //代表 IC 卡的类
02   private long id;                      //卡号
03   private int money;                    //卡片余额
04 
05   public void showInfo() {              //显示卡片信息的方法
06     System.out.print("卡片卡号 " + id);
07     System.out.println(", 余额 " + money + " 元 ");
08   }
09 
10   public Boolean add(int value) {       //充值方法：参数为要充值的金额
11     if (value>0 && value+money <= 10000) {  //充值上限为1万元
12       money += value;
13       return true;                      //充值成功
14     }
15     return false;                       //充值失败
16   }
17 
18   public IcCard(long id, int money) {
19     this.id = id;
20     this.money =money;
21   }
22 
23   public IcCard(long id) {
24     this(id, 0);                        //调用两个参数的版本
25   }
26 }
27 
28 
29 public class TestCard {
30   public static void main(String[] args) {
31     IcCard myCard = new IcCard(0x336789AB, 500);   //创建对象
```

```
32      IcCard hisCard = new IcCard(0x13572468);        //创建对象
33
34      System.out.println("我的卡充值 500 元" +
35                  (myCard.add(500) ? "成功":"失败"));
36      myCard.showInfo();                              //调用方法
37
38      System.out.println("他的卡充值 9000 元" +
39                  (hisCard.add(9000) ? "成功":"失败"));
40      hisCard.showInfo();                             //调用方法
41    }
42  }
```

执行结果

```
我的卡充值 500 元成功
卡片卡号 862423467, 余额 1000 元
他的卡充值 9000 元成功
卡片卡号 324478056, 余额 9000 元
```

用这种方式编写程序时，使用 main() 方法看起来会比较简洁，因为其中大多数是直接调用类所提供的方法，我们也比较能看出 main() 方法是在做什么。

9.2.3 返回成员对象的信息

扫一扫，看视频

通过前面几个例子，相信大家都已对信息隐藏有了初步的认识，其原则就是将成员变量设为 private，并提供必要的公有方法。但如果类的成员变量是另一个类的对象，则在设计与此成员对象相关的公有方法时，要注意是否要将这个私有成员对象也公开到外部。

例如，在平面几何中，一个圆可以用一个圆心坐标和半径来定义。因此，我们可以先设计一个代表坐标点的类 Point，然后在圆的类中用 Point 的对象代表圆心坐标，例如：

```
class Point {             //点
  private double x,y;
  public void setX(double x) {
    this.x = x;
  }
  public void setY(double y) {
    this.y = y;
  }
  ...                     //构造方法、其他方法
}
```

```
class Circle {                    //圆
  private Point p;                //圆心
  private double r;               //半径
  public Point getP() {
    ...
  }
  ...                             //构造方法、其他方法
}
```

Circle 类中的 getP() 方法用途是让外界获取圆心坐标，但如果直接返回私有成员变量 p 的引用，那么外界就可获取此对象的引用，并通过此引用调用 Point 类的 setX()、setY() 方法，如此一来就变成外界可直接修改私有成员对象了，范例如下。

程序 SettingPrivateMember.java 修改私有成员对象

```
01 class Point {    //点
02   private double x,y;
03
04   public void setX(double x) {this.x = x;}
05   public void setY(double y) {this.y = y;}
06
07   public String toString() {          //将对象信息转成字符串的方法
08     return "(" + x + "," + y + ")";
09   }
10
11   public Point(double x, double y) { //构造方法
12     this.x = x; this.y = y;
13   }
14 }
15
16 class Circle {                        //圆
17   private Point p;                    //圆心
18   private double r;                   //半径
19
20   public Point getP() {return p;}     //直接返回成员对象
21
22   public String toString() {          //将对象信息转成字符串的方法
23     return "圆心：" + p.toString() + " 半径：" + r;
24   }
25
26   Circle(double x,double y,double r) {       //构造方法
27     p = new Point(x,y);
28     this.r = r;
29   }
```

```
30 }
31
32 public class SettingPrivateMember {
33   public static void main(String[] args) {
34     Circle c = new Circle(3,4,5); //圆心 (3,4), 半径 5
35
36     Point p = c.getP();         //获取圆心
37     p.setX(6);                  //变更圆心坐标
38     System.out.println(c.toString());
39   }
40 }
```

执行结果

```
圆心：(6.0,4.0) 半径：5.0
```

在第 20 行为 Circle 类定义了一个获取圆心坐标的 getP() 方法，此方法直接将成员变量 p 返回，也就是返回圆心对象的引用。因此当 main() 方法在第 36 行用 getP() 方法获取圆心坐标后，可在第 37 行用它调用 Point 类的 setX() 方法来变更圆心的 X 坐标。由执行结果也可看到圆心的 X 坐标的确被更改了。

虽然这样改变圆心坐标的方式看似合理，但对 Circle 类而言，却失去“信息隐藏”的特性，因为外界不需通过它即可任意变更其圆心坐标。虽然成员变量 p 确实是 private，但因为 getP() 方法是将其引用返回，所以外界即可通过此引用直接访问到私有的对象。

如果要保护 Circle 类的内容，则可修改 getP() 方法，让它变成返回另一个坐标值相同的 Point 对象，而非返回私有的 Point 对象引用，如此一来，外界仍能获取一个代表圆心坐标的 Point 对象，但该对象并非 Circle 类的成员，因而可达到“信息隐藏”的目的。修改后的程序如下。

程序 HidePrivateMember.java 隐藏私有的成员变量

```
01 class Point {    //点
 ⋮   //同前一程序
15   public Point(Point p) {  //新增一个构造方法
16     x = p.x;               //以另一对象作为初值
17     y = p.y;
18   }
19 }
20
21 class Circle {             //圆
22   private Point p;         //圆心
23   private double r;        //半径
24
25   public Point getP() {    //修改 getP() 方法
26     return new Point(p);   //创建一个新的 Point 对象返回
27   }
 ⋮   //同前一程序
```

执行结果

```
圆心：(3.0,4.0) 半径：5.0
```

这个范例与前一个范例有两个不同之处。

◎ 第 15 ~ 18 行为 Point 类定义了另一个构造方法，此构造方法是用现有的点对象为参数，并复制参数对象的坐标值给新对象。

◎ 第 25 ~ 27 行将 getP() 方法改成返回一个新创建的 Point 对象，而不是返回非私有的成员变量 p，但创建新对象时则是以 p 为参数，所以返回的对象坐标会与圆心相同。

经过上述的修改后，在 main() 方法中获取并修改圆心的坐标时，不会更改 Circle 对象实际的圆心。由执行结果可发现，程序最后显示圆的信息时，其圆心坐标并未被修改。

这两个范例程序中，都为类定义了一个 toString() 方法，这个方法会将对象的信息以字符串的形式返回，这种设计方式在需要输出对象信息时，可以有比较弹性的用法，因为我们可利用 "+" 运算符将多个字符串组合在一起。

TIP 在下一章将会进一步介绍 String 类的用法。

9.3 static 共享成员变量

前面范例所创建的对象都能拥有各自的成员变量，以表现对象属性间的差异。但在某些情况下，可能会想让所有对象共享同一个属性，此时就可使用 static 共享成员变量来表现这个对象的共用属性。

以示范过的 IC 卡类为例，如果希望它包含储值金额上限的信息，显然它不太适合用一般成员变量存放，因为同类型的卡片储值上限是固定的，不应该发生不同卡片有不同上限的情况。若只是在构造对象时将储值上限设为相同的数值并不方便，而且重复存储相同的值也会浪费空间。因此，Java 就提供 static 的成员变量来解决此问题。

9.3.1 static 访问控制

扫一扫，看视频

当将类的成员变量加上 static（静态）访问控制修饰符，就表示所有属于此类的对象都会共享这个成员，而非每一个对象各自拥有自己的一份成员变量。例如：

程序 StaticMember.java 共享成员

```
01 class Test {
02   public int x;                //整个类中每个对象拥有一份
03   public static int y;         //所有此类对象共享
04
05   public Test(int x,int y) {   //具有参数的构造方法
06     this.x = x;
07     this.y = y;
08   }
```

```
09
10   public String toString() {   //转成字符串
11     return "(x,y):(" + x + "," + y + ")";
12   }
13 }
14
15 public class StaticMember {
16
17   public static void main(String[] args){
18     Test a = new Test(100,40);
19     Test b = new Test(200,50);
20     Test c = new Test(300,60);
21     System.out.println("对象a" + a);
22     System.out.println("对象b" + b);
23     System.out.println("对象c" + c);
24   }
25 }
```

执行结果

```
对象a(x,y):(100,60)
对象b(x,y):(200,60)
对象c(x,y):(300,60)
```

在程序的第 18 ~ 20 行虽然分别为对象的成员变量 y 设置不同的值，但由于该成员变量为 static，所以其实这 3 个对象的成员变量 y 是同一份，每次设置变量值时，都是设置同一个 y，因此最后一次调用构造方法时将其设为 60 之后，通过 a、b、c 对象来获取成员变量 y 的值，都是 60 了。反之，成员变量 x 则因为不是 static，所以每个对象都拥有自己的一份变量 x。

9.3.2 使用类名称访问 static 成员变量

扫一扫，看视频

static 成员变量（静态成员变量）除了可用访问一般成员变量的方式访问外，也可以通过类名称访问。例如上一小节的 Test 类，我们可以用类名称来访问成员变量 y，见下例。

程序 AccessByClass.java 通过类名称访问 static 成员变量

```
15 public class AccessByClass {
16
17   public static void main(String[] args){
18     Test a = new Test(100,40);
19     Test b = new Test(200,50);
20     Test c = new Test(300,60);
21     Test.y = 100;        //通过类名称访问 static 成员变量
22     System.out.println("对象a" + a);
23     System.out.println("对象b" + b);
24     System.out.println("对象c" + c);
25   }
26 }
```

执行结果

```
对象a(x,y):(100,100)
对象b(x,y):(200,100)
对象c(x,y):(300,100)
```

在第 21 行以“类名称．成员变量名称”的方式访问 y，并将其值设为 100，所以之后显示对象的内容时，y 值都是 100。

此外，我们甚至可在未创建对象的情况下使用 static 成员变量。

程序 ClassVar.java 未创建对象也可使用 static 成员变量

```
01 class Test {
02   public int x;          //每个对象都拥有一份
03   public static int y;   //所有此类对象共享
04
05   public Test(int x) {   //构造方法只设置 x 的值
06     this.x = x;
07   }
08
09   public String toString() {           //转成字符串
10     return "(x,y):(" + x + "," + y + ")";
11   }
12 }
13
14 public class ClassVar {
15
16   public static void main(String[] args){
17     Test.y = 100;        //尚未创建对象时即可访问 static 成员变量
18     Test a = new Test(100);
19     Test b = new Test(200);
20     Test c = new Test(300);
21     System.out.println("对象a" + a);
22     System.out.println("对象b" + b);
23     System.out.println("对象c" + c);
24   }
25 }
```

执行结果

```
对象a(x,y):(100,100)
对象b(x,y):(200,100)
对象c(x,y):(300,100)
```

在这个范例中，Test 类的构造方法只会设置成员变量 x 的值，而第 17 行则在未创建任何对象之前访问 static 成员变量 y，并设置其值，所以之后的构造方法虽未设置 y 的值，但由执行结果可看到各对象的 y 值都是 100。

9.3.3 static 初始语句块

扫一扫，看视频

由于 static 成员变量的共享特性，通常不会在构造方法中设置其初值，因此 static 成员变量要不就是在声明此变量时直接设置初值，要不就是另外单独设置。此外，Java 还提供了 static 初始语句块（Static Initializer），可以在创建对象之前，用程序来设置 static 成员。其用法就是在类的定义中，加入一个以 static 关键字为首的大括号语句块，并在此语句块中加入初始化 static 成员变量相关的语句，由 static 修饰的区域也称静态语句块。例如：

程序 StaticInit.java 在静态语句块中设置初值

```
01 class Test {
02   public int x;                    //每个对象拥有一份
03   public static int y;             //所有此类对象共享
04
05   static {                         //static初始语句块
06     y = 100;
07   }
08
09   //具有参数的构造方法
10   public Test(int x) {
11     this.x = x;
12   }
13
14   //转成字符串
15   public String toString() {
16     return "(x,y):(" + x + "," + y + ")";
17   }
18 }
19
20 public class StaticInit {
21
22   public static void main(String[] args){
23     System.out.println(Test.y);
24     Test a = new Test(100);
25     Test b = new Test(200);
26     Test c = new Test(300);
27     System.out.println("对象a" + a);
28     System.out.println("对象b" + b);
29     System.out.println("对象c" + c);
30   }
31 }
```

执行结果

```
100
对象a(x,y):(100,100)
对象b(x,y):(200,100)
对象c(x,y):(300,100)
```

类中的 static 语句块会在程序使用到该类之前就执行。以上述程序为例，第 5 ~ 7 行就是 static 初始语句块，它会在程序中第一次使用到 Test 类（第 23 行）之前执行，因此第 23 行显示的结果就是执行过 static 初始语句块后的成员 y 的值 100。

由于 static 成员变量是由同一类的所有对象所共享，且不需先创建对象，即可以通过类名称访问，因此又称为类变量（Class Variable）；相对的，非 static 的成员变量因为是每个对象各自拥有一份，需创建对象后才能使用，因此称为实例变量（Instance Variable）。

TIP 创建对象又可称为创建一个实例 (Instance)。

9.3.4 static 方法 (静态方法)

static 除了可以应用在成员变量以外，也可以应用在方法上。一个标识有 static 访问控制的方法除了可以通过所属类的对象调用以外，也和 static 成员变量一样，可以在没有创建任何对象的情况下通过类名称调用。例如：

程序 StaticMethod.java 调用 static 方法

```
01 class Test {
02   public static void print() { //static 方法
03     System.out.println("调用static方法");
04   }
05 }
06
07 public class StaticMethod {
08
09   public static void main(String[] args){
10     Test.print();         //通过类名称调用 static 方法
11     Test a = new Test();
12     a.print();            //通过对象调用 static 方法
13   }
14 }
```

执行结果

```
调用static方法
调用static方法
```

由于 static 成员变量及方法不需创建对象即可使用，因此可以用来提供一组特定功能的方法或是常量值，如 Java 类库中的 Math 类就提供许多与数学相关的 static 运算方法（如指数函数、取随机数、三角函数等）以及常量值（如圆周率等）。

要特别注意的是，在 static 语句块或方法中不能用到任何非 static 的成员变量及方法，也不能使用 this 关键字。这其实很容易理解，因为非 static 成员变量和方法是跟随对象而生，而 static 语句块或是方法可以在没有创建任何对象之前使用，此时因为没有创建对象，自然就不会配置有非 static 的成员变量，而 this 也没有对象可指。

解开 main() 方法之谜

从这里就可以将 main() 方法的神秘面纱揭开了，原来 main() 方法只是一个 public static 方法，而且不会返回任何值。

9.3.5 final 访问控制

扫一扫，看视频

static 成员变量常常用来提供一份固定的数据，供该类所有的对象共享。为达成此目的，还需要有一种方法，可以在设置好 static 成员变量的初值后就不能更改，以确保是一份固定的数据。

为达到此目的，可以搭配第 3 章介绍过的 final 修饰符，限制特定的 static 成员变量在设置过初值之后就不允许更改，例如：

程序 StaticFinal.java 不可更改的共享常量

```
01 class Test {
02   static final int x = 10;
03 }
04
05 public class StaticFinal {
06
07   public static void main(String[] args){
08     Test a = new Test();
09     a.x = 20;            //x 是final类型，不能更改
10   }
11 }
```

执行结果

```
StaticFinal.java:9: cannot assign a value to final variable x
    a.x = 20;            //x是final类型，不能更改
     ^
1 error
```

第 2 行中声明了 x 是 final 类型，所以第 9 行的设置在编译时就会被视为错误。

要特别注意的是，一旦声明成员变量为 final 类型后，如果是 static 成员变量，那么就必须要在声明的同时或是在 static 语句块中设置初值；如果是非 static 成员变量，则必须在声明的同时或是在构造方法中设置初值，否则都会被视为是错误。

TIP 如果是在方法内声明 final 的局部变量，则可在声明时就设置初值，或者在声明后另外设置初值，不过一旦设置初值后，就不能再更改了。相关范例可参见 3.6.2 小节。

TIP 另外要注意的是，如果 final 变量是引用类型，那么在设置初值（引用到某对象）后就不能再改为引用其他对象了，而实际被引用的对象则不会受到 final 的影响。例如 final 的 p 变量引用到 a 对象，则 p 就不能再改为引用其他对象了，但仍可通过 p 去更改 a 对象的内容。

9.3.6 成员变量的默认值

凡是声明在方法之外的成员变量（包括 static 成员变量），除非声明为 final 变量（例如前一个范例必须设置初值），否则都会有默认值，见表 9.2。

表9.2 成员变量的默认值

类 型	默认值
数值类	0
char	'\u0000'
boolean	false
对象引用类型（类）	null

其中，要特别注意对象引用类型（类）的默认值为 null，例如：

```
public class Test {
  static String z;                              //String 为对象类
  public static void main(String[] args){
    System.out.print(Test.z);                   //正确：输出 null
    System.out.print(Test.z.length());          //Runtime 错误：
  }                         ↑
}                           └── null 引用(z)不可使用.来访问成员
```

以上程序的最后一行就是因为 Test.z 的值为 null，因此后面不可再加“句点”来访问其内的成员了。此时也可加一个 if 判断语句来避免此问题。

```
if (Test.z != null)                             //不是 null 才读取长度
  System.out.print(Test.z.length());
```

从另一方面来看，凡是在方法之内声明的变量（称为局部变量），则不会有默认值，必须先设置好变量的值，然后才能读取其内容，否则编译器会视为错误。例如：

```
public class Test {
  public static void main(String[] args){
    int i;
    System.out.print(i);                        //编译错误：i 未初始化

    int[] a, b = new int[2];
    System.out.print(a[0]);                     //编译错误：a 未初始化
    System.out.print(b[0]);                     //正确：输出 0
  }
}
```

在以上程序中，请注意数组变量 b 在用 new 关键字初始化（配置实例元素）之后，其内的元素也会自动指定为初值，这在第 7 章中已介绍过了。

TIP 凡是以 new 运算符配置记忆空间的对象或数组，其内的成员变量或数组元素都会有默认值。

9.4 综合演练

9.4.1 提供辅助工具的类

在 Java 中，通常会使用 static 方法提供辅助工具给其他类使用。例如，可以定义一个负责找出最大值与最小值的类，以方便所有需要在数组中寻找极值的场合。

程序 MinMax.java 提供找极值功能的类

```
01 class Utility {
02   public static int min(int[] data) {
03     int min = data[0];
04
05     //逐一比较数组元素，找出最小值
06     for(int i = 1;i < data.length;i++) {
07       min = (min <= data[i]) ? min : data[i];
08     }
09     return min;
10   }
11
12   public static int max(int[] data) {
13     int max = data[0];
14
15     //逐一比较数组元素，找出最大值
16     for(int i = 1;i < data.length;i++) {
17                   max = (max >= data[i]) ? max : data[i];
18     }
19     return max;
20   }
21
22 }
23
24 public class MinMax {
25
```

```
26    public static void main(String[] args){
27      int[] data = {9,10,37,3,29,44,9};
28
29      System.out.println("最小值: " + Utility.min(data));
30      System.out.println("最大值: " + Utility.max(data));
31    }
32  }
```

执行结果

```
最小值: 3
最大值: 44
```

在这个程序中，Utility 类的功能就是提供了两个方法，可以分别在数组中找出最小值及最大值。只要遇到需要寻找极值的情况，都可以直接使用这两个方法，完全不需要创建对象。这其实也是 Java 提供许多公用程序的做法，具体会在第 17 章的 Java 标准类库中详细介绍。

9.4.2 构造方法的重载技巧

在定义类时，建议先为类提供一个最完整的构造方法，可以完全设置各个成员变量的值，然后连同不需参数的构造方法在内都可以调用此构造方法来进行设置工作。例如，如果要编写一个代表矩形的类，就可以这样做。

程序 OverloadConstructor.java 创建重载的构造方法

```
01  class Point {
02    public int x,y;
03    public Point(int x,int y) {
04      this.x = x;
05      this.y = y;
06    }
07  }
08
09  class Rectangle {
10    Point upperleft;
11    Point lowerright;
12
13    //完整版构造方法
14    public Rectangle(Point upperleft,Point lowerright) {
15      this.upperleft = upperleft;
16      this.lowerright = lowerright;
17    }
18
19    //不需要参数的构造方法
20    public Rectangle() {
21      this(new Point(0,0),new Point(5,-5));
22    }
```

```
23
24   //直接指定坐标
25   public Rectangle(int x1,int y1,int x2,int y2) {
26     this(new Point(x1,y1),new Point(x2,y2));
27   }
28
29   //正方形
30   public Rectangle(Point upperleft,int length) {
31     this(upperleft,new Point(upperleft.x + length,
32       upperleft.y - length));
33   }
34
35   //计算面积
36   public int area() {
37     return (lowerright.x - upperleft.x) *
38       (upperleft.y - lowerright.y);
39   }
40 }
41
42 public class OverloadConstructor {
43
44   public static void main(String[] args){
45     Rectangle a = new Rectangle(0,0,5,-5);
46     Rectangle b = new Rectangle(new Point(3,3),4);
47
48     System.out.println("a的面积: " + a.area());
49     System.out.println("b的面积: " + b.area());
50   }
51 }
```

执行结果

```
a的面积：25
b的面积：16
```

第 14 ~ 17 行就是最完整的构造方法，其他构造方法都是调用它来完成构造的操作。通过这样的设计方式，在新增构造方法时，就可以很方便地完成工作，而不需要自行处理个别成员变量的设置操作。

课 后 练 习

※ 选择题可能单选或多选

1. (　　)以下哪个叙述是正确的?
   (a) 定义类时一定要定义构造方法，否则无法创建对象
   (b) 构造方法一定要传入参数
   (c) 同一类中可以拥有多个构造方法
   (d) 以上都正确
2. (　　)有关构造方法的叙述,以下哪个是正确的?
   (a) 构造方法必须和类同名
   (b) 使用 new 关键字创建对象时只会调用不需要参数的构造方法
   (c) 构造方法可以返回对象本身
   (d) 以上都正确
3. 请找出以下程序的错误，并改正。

```
01 class Test {
02   int x,y;
03
04   //默认的构造方法
05   Test(int x,int y) {
06     this.x = x;
07     this.y = y;
08   }
09 }
10
11 public class Ex_09_03 {
12
13   public static void main(String[] args){
14     Test a = new Test();
15     a.Test(3,4);
16   }
17 }
```

4.请找出以下程序的错误，并改正。

```
01 class Test {
02   int x,y;
03
04   //默认的构造方法
05   private Test(int x,int y) {
06     this.x = x;
07     this.y = y;
08   }
```

```
09 }
10
11 public class Ex_09_04 {
12
13   public static void main(String[] args){
14     Test a = new Test(3,4);
15   }
16 }
```

5. 请找出以下程序的错误，并改正。

```
01 class Test {
02   int x,y;
03
04   public Test(int x,int y) {
05     this.x = x;
06     this.y = y;
07   }
08
09   public Test() {
10     Test(3,4);
11   }
12 }
13
14 public class Ex_09_05 {
15
16   public static void main(String[] args){
17     Test a = new Test();
18   }
19 }
```

6. (　　)以下哪个叙述是正确的？

（a）private、public 这些访问控制修饰符只能使用在成员变量上

（b）private 访问控制修饰符会让成员变量只能在所属类中使用

（c）加上 public 访问控制修饰符就跟完全不加访问控制修饰符时具有一样的功能

（d）以上都正确

7. (　　)以下哪个叙述是正确的？

（a）static 成员变量必须在声明的同时设置初值

（b）static 成员变量必须在 static 初始语句块中设置初值

（c）static 成员变量不能加上 public 访问控制修饰符

（d）以上都错误

8. (　　)以下哪个叙述是正确的？

(a) static 方法中不能使用 final 成员
(b) static 方法中可以调用非 static 方法
(c) static 方法中只能使用 static 成员
(d) 以上都正确

9. (   ) 以下哪个叙述是正确的?

(a) 有 static 成员变量的类一定要有 static 语句块
(b) final 成员变量可以在任意地方设置初值
(c) private 成员变量可以由同一个文件中的类所使用
(d) public 不能和 final 同时存在

10. 请找出以下程序的错误，并改正。

```
01 class Test {
02   public int x,y;
03   public static final int w;
04 
05   public Test(int x,int y) {
06     this.x = x;
07     this.y = y;
08   }
09 
10 }
11 
12 public class Ex_09_10 {
13 
14   public static void main(String[] args){
15     Test.w = 10;
16     Test a = new Test(3,4);
17   }
18 }
```

程序练习

1. 请编写一个程序，其中包含一个类 Dates，并在构造方法中初始化一个包含有 7 个元素的字符串数组，每个数组元素对应星期一到星期天的英文缩写，并提供一个方法 askDate()，传入 1 ~ 7 的数字，返回对应的英文缩写。
2. 请编写一个类 Searcher，其中包含有一个 static 方法 binarySearch()，传入一个整数及一个整数数组，并使用二分查找法在第 2 个参数的数组中找出第 1 个参数，返回索引。
3. 请编写一个程序，可以让两个用户玩井字游戏（或称为 OX 棋）。
4. 请编写一个类 Complex，代表复数，并为其定义复数加减运算的方法。
5. 请编写一个类 Circle，代表一个圆，并提供多种构造方法可以通过指定圆心坐标及半径或是一个包含此圆的最小正方形来创建 Circle 对象，同时定义方法可以计算圆周及圆面积。
6. 请修改 9.4.2 小节的程序，新增 1 个方法 overlap()，传入一个 Rectangle 对象，并返回一个 Rectangle 对象，代表两个矩形重叠的区域。
7. 继续上一题，再新增 1 个方法 isSquare()，返回 boolean 值，表示该矩形是否为正方形。
8. 请编写一个类 Calculator，利用 static 方法提供计算次方、阶乘等方法。
9. 请延伸第 1 题的程序，再加入一个方法 toChinese()，可以传入英文缩写，返回对应的中文星期名称。
10. 请编写一个类 Time，可以记录时、分、秒，并提供方法 seconds()，传入另一个 Time 对象，返回两个时间相隔的秒数。

10 CHAPTER

第 10 章 字符串

学习目标

- 了解 String 类
- 掌握 String 类所提供的方法
- 认识 StringBuffer 与 StringBuilder 类
- 了解正则表达式 (Regular Expression)

在第 3 章中曾经简短地介绍过字符串类型，而且在后续的范例中也经常用到字符串，大家应该对字符串都不陌生。本章就来详细介绍字符串（String）、String 类用来处理字符串的方法、比较字符串的正则表达式（Regular Expression）等，让大家可以熟练使用字符串。

在学会各种 String 类的应用后，读者会发现，不需了解 String 类内部是如何设计、运作的，也能很好地利用它，相信此时读者也更能体会信息隐藏的妙用。

10.1 字符串的创建

字符串其实就是 String 对象，所以声明一个字符串变量，就等于是声明一个指向 String 对象的引用，然后生成 String 对象。为了能正确地创建对象，需要了解 String 类常用的构造方法（见表 10.1）。

表10.1 String类常用的构造方法

构造方法	说 明
String()	创建一个空白字符串
String(char[]value)	由 value 所指的字符数组创建字符串
String(char[]value,int offset,int count)	由 value 所指的字符数组中第 offset 个元素开始，取出 count 个字符来创建字符串
String(String original)	创建 original 所指 String 对象的副本
String(StringBuffer buffer)	由 StringBuffer 对象创建字符串
String(StringBuilder builder)	由 StringBuilder 对象创建字符串

其中，StringBuffer 与 StringBuilder 类会在 10.3 节中介绍。下面就来看看如何通过前 4 个构造方法创建字符串。

程序 ConstructString.java 利用创建方法创建字符串

```
01 public class ConstructString {
02
03   public static void main(String[] args) {
04
05     char[] test = {'这','是','个','测','试','字','符','串'};
06     String a = new String();          //""
07     String b = new String(test);      //"这是个测试字符串"
08     String c = new String(test,3,5);  //"测试字符串"
09     String d = new String(b);         //"这是个测试字符串"
10
11     System.out.println("a: " + a);
12     System.out.println("b: " + b);
```

执行结果

```
a:
b: 这是个测试字符串
c: 测试字符串
d: 这是个测试字符串
b == d?false
```

```
13      System.out.println("c: " + c);
14      System.out.println("d: " + d);
15
16      //d 是 b 的副本
17      System.out.println("b == d?" + (b == d));
18    }
19 }
```

◎ 第 6 行使用不需参数的构造方法，创建出来的就是空字符串，也就是一个内容为 0 个字符的字符串。

◎ 第 7 行由 test 所指的字符数组来创建字符串，因此创建出的字符串内容为“这是个测试字符串”。

◎ 第 8 行在 test 所指的字符数组中，由索引码为 3 的元素开始，取出 5 个元素来创建字符串。由于数组元素索引码是从 0 开始，所以创建的字符串为“测试字符串”。

◎ 第 9 行由刚刚创建的字符串 b 生成副本，因此内容和 b 一样。

◎ 第 17 行是特别提示，让大家了解虽然字符串 d 和字符串 b 的内容一样，但却是不同的对象个体，所以用“==”比较引用值的结果并不相等。如果要比较字符串内容，必须使用稍后介绍的 equals() 方法。

10.1.1 Java 对于 String 类的特别支持

从刚刚的描述可以得知，对于像字符串这样常用的数据类型，如果要一一使用构造方法来创建对象其实并不方便，因此，Java 语言对于 String 类提供了几个特别的支持。

扫一扫，看视频

1. 使用字面常量创建 String 对象

Java 对于 String 类最重要的支持是除了可以用“+”号来连接字符串外，还可以像数组一样，使用字面常量来创建 String 对象，例如：

程序 StringConstant.java 使用字面常量创建字符串

```
01 public class StringConstant {
02
03   public static void main(String[] args) {
04     String a = "这是一个测试字符串";
05     String b = "这是一个测试字符串";
06     String c = new String("这是一个测试字符串");
07
08     System.out.println("a == b?" + (a == b));
09     System.out.println("b == c?" + (b == c));
10     System.out.println("a == c?" + (a == c));
```

```
11    }
12 }
```

其中，第 4 行就是直接使用字面常量创建对象。当程序中有字面常量时，Java 编译器其实会创建一个 String 对象来代替所有相同内容的字面常量字符串，也就是说，第 5 行设置给 b 的引用值其实和给 a 的是一样的，都指向同一个 String 对象；而第 6 行传给 String 类构造方法的也是同一个对象。可以把这 3 行看成是这样。

```
String constant1 = "这是一个测试字符串";
String a = constant1;
String b = constant1;
String c = new String(constant1);
```

因此，第 8 行的 a == b，结果就会是 true，因为 a 和 b 指向同一个对象，引用值相等。但是 c 则是创建的副本，指向另一个对象，所以不论 a == c 或 b == c，结果都是 false。

如果要比较字符串的内容，就必须使用 String 类的 equals() 方法。

程序 Equals.java 使用 equals 方法比较字符串内容

```
01 public class Equals {
02
03   public static void main(String[] args) {
04     String a = "这是一个测试字符串";
05     String b = "这是一个测试字符串";
06     String c = new String("这是一个测试字符串");
07
08     System.out.println(a.equals(b));
09     System.out.println(b.equals(c));
10     System.out.println(a.equals(c));
11   }
12 }
```

执行结果

```
a 与 b 相同? true
b 与 c 相同? true
a 与 c 相同? true
```

对于英文字符串，则有另一个 equalsIgnoreCase() 方法，可在不区分大小写的情况下，进行字符串比较。也就是说用 equals() 方法比较时，"ABC" 和 "abc" 会被视为不同；但用 equalsIgnoreCase() 方法，则会将 "ABC" 和 "abc" 视为相同，例如执行“"ABC".equalsIgnoreCase（"Abc"）”会返回 true。

2. 连接运算

当操作数中有字符串数据时，“+” 运算符就会进行连接字符串的操作，这在前几章的范例中已经使用过许多次，相信大家都非常熟悉，此处就不再举例了。

10.1.2 String 对象的特性

String 类还有几个特性，仅仅从表面上是无法发掘的，了解这些特性对于正确使用字符串会有很大的帮助。

扫一扫，看视频

1. 自动转型 (Implicit Conversion)

搭配连接运算符使用时，如果连接的操作数中有非 String 对象，Java 会尝试将该操作数转换为 String 对象，转换的方式就是调用该操作数的 toString() 方法。例如：

程序 Conversion.java Java 将对象自动转换为 String

```
01 class Student {
02   String name;
03   public Student(String s) {name = s;}
04   public String toString() {return name;}
05 }
06
07 public class Conversion {
08   public static void main(String[] args) {
09     Student a = new Student("Joy");
10     System.out.println("I am " + a); //将会调用 a.toString()
11   }
12 }
```

执行结果

```
I am Joy
```

需要注意的是，toString() 方法必须返回 String 对象，而且必须加上 public 访问控制修饰符。

TIP 若是字符串与基本数据类型的变量进行连接运算，则该变量会被包装成对应类的对象，再调用该类的 toString() 方法，详见第 11.4.2 小节。

2. String 对象的内容无法更改

String 对象一旦生成后，其内容就无法更改，即便是连接运算，都是生成新的 String 对象作为运算结果。除此之外，String 类的各个方法也都是返回一个新的字符串，而不是直接更改字符串的内容。

如果需要能够创建可以更改字符串内容的对象，必须使用 10.3 节中介绍的 StringBuffer 或 StringBuilder 类。

10.2 String 类的方法

String 类提供许多处理字符串的方法，可以帮助你有效地使用字符串，本节将介绍一些重要的方法，更多的信息可以参考 JDK 的说明文件。

要特别再次提醒读者，以下返回值类型为 String 的方法都是“返回新字符串”，而不会修改原本的字符串内容。

1. char charAt(int index)

返回 index 所指定索引码的字符，字符串和数组一样，索引码也是从 0 开始，因此字符串中的第 1 个字符的索引码就是 0。

程序 CharAt.java 使用 charAt() 方法

```
01 public class CharAt {
02
03   public static void main(String[] args) {
04     String a = "这是一个测试字符串";
05
06     System.out.println("索引码为 0 的字符：" + a.charAt(0));
07     System.out.println("索引码为 5 的字符：" + a.charAt(5));
08   }
09 }
```

执行结果

```
索引码为0的字符：这
索引码为5的字符：试
```

2. int compareTo(String anotherString)

以逐字符方式（Lexically）与 anotherString 字符串比较，如果 anotherString 比较大，就返回一个负数值；如果字符串内容完全相同，就返回 0；如果 anotherString 比较小，就返回一个正数值。

至于两个字符串 a 与 b 之间的大小，是依照以下的规则来确定。

◎ 由索引码 0 开始，针对 a 与 b 相同索引码的字符逐一比较其标准万国码（Unicode），一旦遇到相同位置但字符不同时，就以此位置的字符决定 a 与 b 的大小。例如，a 为 "abcd"、b 为 "abed"，索引码 0、1 这两个位置的字符皆相同，但索引码 2 位置的字符不同，其中，a 为 'c'、b 为 'e'，所以 b 比 a 大。

◎ 如果 a 与 b 的长度相同，且逐一比较字符后，同位置的字符皆相同，就返回 0。此时，a.equals(b) 或是 b.equals(a) 皆为 true。

◎ 如果 a 与 b 长度不同，且逐一比较字符后，较短的一方完全和较长的一方前面部分相同，那么就以较长的为大。例如，如果 a 为 "abc"、b 为 "abcd"，那么 a 就小于 b。

TIP 在标准万国码中，英文字母的字码顺序和字母的顺序相同。另外，大写字母是排在小写字母前面，所以相同字母时，小写大于大写。

程序 CompareTo.java 使用 compareTo() 方法

```
01 public class CompareTo {
02
03   public static void main(String[] args) {
04     String a = "abcd";
05     System.out.println(a.compareTo("abcb"));
06     System.out.println(a.compareTo("abcd"));
07     System.out.println(a.compareTo("abce"));
08     System.out.println(a.compareTo("abcde"));
09     System.out.println(a.compareTo("Abcd"));
10   }
11 }
```

执行结果

```
2
0
-1
-1
32
```

与 equals() 方法类似，compareTo() 方法也有一个“双胞胎”——compareToIgnoreCase()，其在比较时会将同一字母大小写视为相同。例如：

程序 CompareToIgnoreCase.java 将大小写视为相同

```
01 public class CompareToIgnoreCase {
02
03   public static void main(String[] args) {
04     String a = "abcd";
05     System.out.println(a.compareToIgnoreCase("ABCB"));
06     System.out.println(a.compareToIgnoreCase("ABCD"));
07     System.out.println(a.compareToIgnoreCase("ABCE"));
08   }
09 }
```

执行结果

```
2
0
-1
```

3. boolean contains(CharSequence s)

判断字符串中是否包含 s 所指的字符串内容。

程序　Contains.java 使用 contains() 方法

```
01 public class Contains {
02
03   public static void main(String[] args) {
04     String a = "abcd";
05     System.out.println(a.contains("abcd"));
06     System.out.println(a.contains("abc"));
07     System.out.println(a.contains("abcde"));
08     System.out.println(a.contains("lkk"));
09   }
10 }
```

执行结果

```
true
true
false
false
```

什么是 CharSequence(contains() 方法的参数类型)

CharSequence 其实并不是类，而是一个接口 (Interface)，将在第 12 章中介绍接口，这里只要知道所有出现 CharSequence 类型参数的地方都表示该参数可以是 String 或是 StringBuilder、StringBuffer 类的对象即可。

4. boolean endsWith(String suffix)

该方法用于判断字符串是否以指定的字符串内容结尾。

程序　EndsWith.java 使用 endsWith() 方法

```
01 public class EndsWith {
02
03   public static void main(String[] args) {
04     String a = "abcd";
05     System.out.println(a.endsWith("cd"));
06   }
07 }
```

执行结果

```
true
```

5. void getChars(int srcBegin,int srcEnd,char[]dst,int dstBegin)

将索引码 srcBegin 到 srcEnd-1 的字符复制到 dst 所指字符数组、由索引码 dstBegin 开始的元素中。

程序　GetChars.java 使用 getChars() 方法

```
01 public class GetChars {
02
03   public static void main(String[] args) {
```

```
04        String a = "这是一个测试字符串";
05        char[] chars = new char[4];
06        a.getChars(1,5,chars,0);
07        System.out.println(new String(chars));
08    }
09 }
```

执行结果

```
是一个测
```

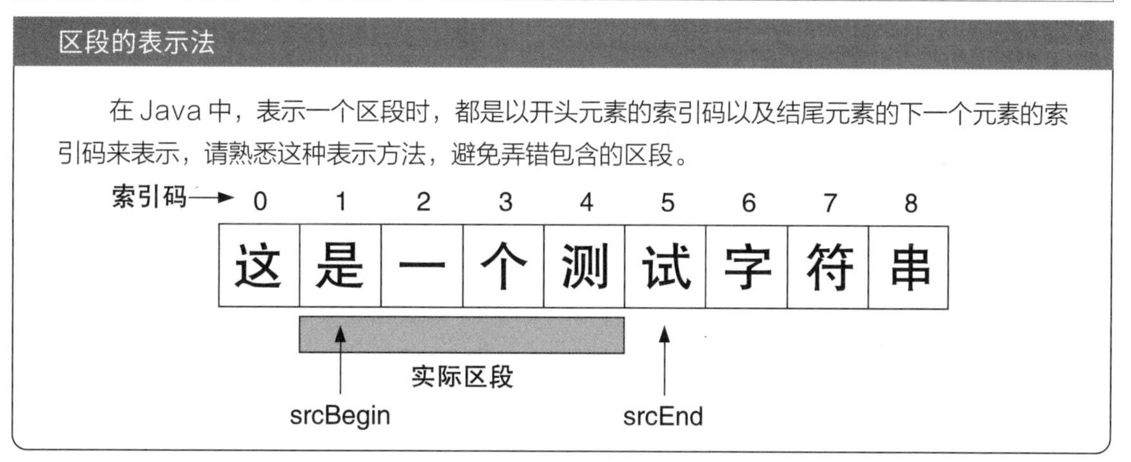

区段的表示法
在 Java 中，表示一个区段时，都是以开头元素的索引码以及结尾元素的下一个元素的索引码来表示，请熟悉这种表示方法，避免弄错包含的区段。
索引码
0
1
2
3
4
5
6
7
8
这
是
一
个
测
试
字
符
串
实际区段
srcBegin
srcEnd

6. int indexOf(int ch)

返回 ch 字符在字符串中第一次出现的索引码，如果字符串中未包含该字符，则返回 –1。

程序 IndexOf.java 使用 indexOf() 方法

```
01 public class IndexOf {
02
03    public static void main(String[] args) {
04        String a = "这是一个测试字符串";
05        System.out.println(a.indexOf('测'));
06        System.out.println(a.indexOf('空'));
07    }
08 }
```

执行结果

```
4
-1
```

这个方法有个对应的 lastIndexOf(int ch) 方法，该方法可以从字符串尾端往前检索。

7. int indexOf(int ch,int fromIndex)

indexOf() 方法的重载方法，可以用 fromIndex 来指定开始检索的位置。只要结合上述两种 indexOf() 方法，就可以逐一检索出所有出现指定字符的位置。

这个方法也有个对应的 lastIndexOf(int ch，int fromIndex) 方法，该方法可以从 fromIndex 位置开始往前检索。

8. int indexOf(String str)

indexOf() 的重载方法，检索指定字符串出现的位置。

程序 IndexOfString.java 使用 indexOf() 方法

```
01 public class IndexOfString {
02
03   public static void main(String[] args) {
04     String a = "这是一个测试字符串";
05     System.out.println(a.indexOf("测试"));
06     System.out.println(a.indexOf("字符"));
07   }
08 }
```

执行结果

```
4
6
```

这个方法也有个对应的 lastIndexOf(String str) 方法，该方法可以从字符串尾端往前检索。

9. int indexOf(String str,int fromIndex)

indexOf() 方法的重载方法，可以用 fromIndex 来指定开始检索的位置。只要结合上述两种 indexOf() 方法，就可以逐一找出所有出现指定字符串的位置。

当然也有个对应的 lastIndexOf(String str，int fromIndex) 方法，可以从 from Index 位置开始往前检索。

10. boolean isEmpty( )

该方法判断字符串是否为空字符串（字符串长度为 0），若是就返回 true，否则返回 false。

11. boolean isBlank( )

这是从 Java 11 开始才有的方法，可判断是否为空字符串或字符串中只包含空白符，若是则返回 true，否则返回 false。这里的空白符是指空格、定位、换行、换页等字符，以及 Unicode 空格符（例如中文的全角空格）等。

12. int length( )

返回字符串的长度。例如 isEmpty( ) 返回 true 时，调用 length( )，就会返回 0。

13. String replace(char oldChar,char newChar)

将字符串中所有 oldChar 字符替换为 newChar 字符。**需要注意的是，这并不会更改原始字符串的内容，而是将替换的结果以新字符串返回。**

程序 Replace.java 使用 replace() 方法

```
01 public class Replace {
02
03   public static void main(String[] args) {
04     String a = "这是一个测试字符串";
05     System.out.println(a.replace('测','考'));
06     System.out.println(a);
07   }
08 }
```

执行结果

```
这是一个考试字符串
这是一个测试字符串
```

14. String replace(CharSequence target,CharSequence replacement)

和上一个方法功能类似，但会将字符串中所有 target 字符串都替换为 replacement 字符串。

程序 ReplaceStr.java 使用 replace() 方法

```
01 public class ReplaceStr {
02
03   public static void main(String[] args) {
04     String a = "这是一个测试字符串";
05     System.out.println(a.replace("测试","正式"));
06     System.out.println(a);
07   }
08 }
```

执行结果

```
这是一个正式字符串
这是一个测试字符串
```

15. boolean startsWith(String prefix) 和 boolean startsWith(String prefix,int toffset)

startsWith( ) 的用法和前文所介绍的 endsWith( ) 方法类似，但功能却相反，startsWith( ) 方法是用来检测当前字符串是否是以指定的字符串 prefix 开始，即以指定字符串作为前缀。但特别的是 startsWith( ) 方法有两个参数的版本，可指定从索引位置 toffset 开始，检测是否以指定字符串 prefix 为开头。

程序 CheckStarts.java 检测字符串开头

```
01 public class CheckStarts {
02
03   public static void main(String[] args) {
04     String a = "abcd";
05     System.out.println(a + " 的开头是 cd: " +
06                        a.startsWith("cd"));
07     System.out.println(a + " 从第 3 个字开始算的开头是 cd: " +
08                        a.startsWith("cd",2));
09   }
10 }
```

执行结果

```
abcd 的开头是 cd: false
abcd 从第 3 个字开始算的开头是 cd: true
```

16. String substring(int beginIndex)

返回由 beginIndex 索引开始到结尾的部分字符串。

17. String substring(int beginIndex,int endIndex)

返回由 beginIndex 到 endIndex-1 索引的部分字符串。

程序 Substring.java 使用 substring() 方法

```
01 public class Substring {
02
03   public static void main(String[] args) {
04     String a = "这是一个测试字符串";
05     System.out.println(a.substring(4));
06     System.out.println(a.substring(4,6));
07   }
08 }
```

执行结果

```
测试字符串
测试
```

18. String toLowerCase( )

返回将字符串中的所有字符转成小写后的副本。

19. String toUpperCase( )

返回将字符串中的所有字符转为大写后的副本。

20. String trim( )

将字符串中首尾处的空白符去除，包含空格、定位、换行、换页等字符。

程序 Trim.java 使用 trim() 方法

```
01 public class Trim {
02
03   public static void main(String[] args) {
04     String a = " 这是一个测试字符串\t";
05     System.out.print(a.trim());
06     System.out.println("...定位字符不见了");
07     System.out.print(a);
08     System.out.println("...定位字符还在");
09   }
10 }
```

执行结果

```
这是一个测试字符串...定位字符不见了
 这是一个测试字符串          ...定位字符还在
```


21. String strip( )、String stripLeading( )、String stripTrailing( )

这是从 Java 11 开始才有的方法，可分别去除字符串中首尾、头部、尾部的空白符。这里的空白符是指空格、定位、换行、换页等字符，以及 Unicode 空格符（例如中文的全角空格）等。**请注意，trim( ) 方法也可去除字符串首尾的空白符，但不包括 Unicode 空格符。**

22. String repeat(int count)

这也是从 Java 11 开始才有的方法，可返回将字符串内容重复 count 次的字符串。例如“"OK".repeat（3）” 可返回 "OKOKOK"。

10.3 StringBuffer 与 StringBuilder 类

前面一直强调 String 对象无法更改其字符串内容，这主要是因为如此一来，String 对象就不需要因为字符串内容变长或是变短时必须进行重新配置存储空间。但如果想使用可以随时更改内容的字符串，那么就必须改用 StringBuffer 或 StringBuilder 类。

10.3.1 StringBuffer 类

基本上，我们可以把 StringBuffer 类看成是“可改变内容的 String 类”。因此 StringBuffer 类提供了各种可改变字符串内容的方法，如可新增内容到字符串中的 append() 及 insert() 方法、可删除字符串内容的 delete() 方法。下面介绍 StringBuffer 类的构造方法（见表 10.2）。

扫一扫，看视频

表10.2　StringBuffer类的构造方法

构造方法	说　明
StringBuffer()	创建一个不含任何字符的字符串
StringBuffer(String str)	依据 str 的内容创建字符串

程序　StrBuf.java 创建 StringBuffer 对象

```
01 public class StrBuf {
02
03   public static void main(String[] args) {
```

```
04      String a = "这是一个测试字符串";
05      StringBuffer b = new StringBuffer(a);
06      System.out.println(b);
07    }
08  }
```

执行结果

```
这是一个测试字符串
```

因为 Java 会生成一个 String 对象来代替程序中的字面常量，所以第 4、5 行也可直接写成：

```
StringBuffer b = new StringBuffer("这是一个测试字符串");
```

下面就来介绍 StringBuffer 类的方法，这些方法不但会直接修改 StringBuffer 对象的内容，也会将修改后的结果返回。

1. append( )

StringBuffer 对象并不能使用“+”运算符来连接字符串，而必须使用 append( ) 或 insert( ) 方法。append( ) 方法会在字符串尾部添加数据，并且拥有多重定义的版本，可以传入基本类型、String 对象以及其他有定义 toString( ) 方法的对象。它会将传入的参数转换成字符串，并添加到当前字符串的尾部，然后返回自己。

程序 Append.java 使用 append() 方法

```
01 public class Append {
02
03   public static void main(String[] args) {
04     String a = "这是一个测试字符串";
05     StringBuffer b = new StringBuffer(a);
06     System.out.println (b.append(20));      //会更改字符串
07     System.out.println (b.append("字符串内容已经变了"));
08     System.out.println (b.append(b));
09   }
10 }
```

执行结果

```
这是一个测试字符串20
这是一个测试字符串20字符串内容已经变了
这是一个测试字符串20字符串内容已经变了这是一个测试字符串20字符串内容已经变了
```

2. insert(int Offset,String str)

insert( ) 方法和 append( ) 方法一样有多种版本，但是它可以通过第 1 个参数 offset 将第 2 个参数插入到字符串中的特定位置。offset 代表的是索引码，insert( ) 方法会把 str 插入到 offset 所指的位置之前。

程序 Insert.java 使用 insert() 方法

```
01 public class Insert {
02
03   public static void main(String[] args) {
04     String a = "这是一个测试字符串";
05     StringBuffer b = new StringBuffer(a);
06
07     System.out.println(b.insert(0,20));  //插入到最开头
08     System.out.println(b.insert(3,"字符串内容已经变了"));
09
10     //插入到尾端，等于append()方法
11     System.out.println(b.insert(b.length(),b));
12   }
13 }
```

执行结果

```
20这是一个测试字符串
20这字符串内容已经变了是一个测试字符串
20这字符串内容已经变了是一个测试字符串20这字符串内容已经变了是一个测试字符串
```

在第 11 行可以看到，如果第 1 个参数传入的是字符串的长度，就如同 append( ) 方法的功能了。

3. StringBuffer delete(int start,int end)

delete( ) 方法可以删除 start 索引码到 end-1 索引码之间的一段字符。

程序 Delete.java 使用 delete() 方法

```
01 public class Delete {
02
03   public static void main(String[] args) {
04     String a = "这是一个测试字符串";
05       StringBuffer b = new StringBuffer(a);
06
07       System.out.println(b.delete(1,2)); //删除1个字符
08       System.out.println(b.delete(0,3)); //删除3个字符
09   }
10 }
```

执行结果

```
这一个测试字符串
测试字符串
```

在 10.3.1 小节中有提到，StringBuffer 与 StringBuilder 在使用时会改变内容，因此此处返回的最终结果为删除前 4 个字符，需要多注意！

4. StringBuffer deleteCharAt(int index)

删除由 index 所指定的索引码的字符。

5. StringBuffer replace(int start,int end,String str)

将 start 索引码到 end–1 索引码之间的一段字符替换为 str 字符串。

程序 ReplaceSubstring.java 使用 replace() 方法

```
01 public class ReplaceSubstring {
02
03   public static void main(String[] args) {
04     String a = "这是一个测试字符串";
05     StringBuffer b = new StringBuffer(a);
06
07     //删除1个字符
08     System.out.println(b.deleteCharAt(2));
09     //替换2个字符
10     System.out.println(b.replace(1,3,"好像不是"));
11   }
12 }
```

执行结果

```
这是个测试字符串
这好像不是测试字符串
```

6. StringBuffer reverse( )

将整个字符串的内容首尾反转。

程序 Reverse.java 使用 reverse() 方法

```
01 public class Reverse {
02
03   public static void main(String[] args) {
04     String a = "这是一个测试字符串";
05     StringBuffer b = new StringBuffer(a);
06
07     System.out.println(b.reverse());
08     System.out.println(b.reverse());
09   }
10 }
```

执行结果

```
串符字试测个一是这
这是一个测试字符串 ← 转两次就恢复原状
```

7. void setCharAt(int index,char ch)

将 index 索引码的字符替换成 ch 字符。需要特别注意，这是唯一一个更改字符串内容但却没有返回自己的方法，在使用时要注意。

程序 SetCharAt.java 使用 setCharAt() 方法

```
01 public class SetCharAt {
02
03   public static void main(String[] args) {
04     String a = "这是一个测试字符串";
05     StringBuffer b = new StringBuffer(a);
06
07     b.setCharAt(2,'两');
08     System.out.println(b); //字符串内容已经变了
09   }
10 }
```

执行结果

```
这是两个测试字符串
```

8. 其他方法

StringBuffer 也提供 charAt( )、indexOf( )、substring( ) 等和 String 类相同的方法，而且这些方法都不会更改对象本身的内容，也不会返回 StringBuffer 对象。完整介绍请参见 Java 在线说明（查阅方式可参考 17.1 节）。

10.3.2 StringBuilder 类

StringBuilder 类和 StringBuffer 类的用途相同，且提供的方法也是一模一样，唯一的差别就是此类并不保证在多线程的环境下可以正常运行，有关多线程请参考第 15 章。如果使用字符串的场合不会有多个线程共同访问同一字符串的内容，建议可以改用 StringBuilder 类，以得到较高的效率。如果会有多个线程共同访问同一字符串的内容，就必须改用 StringBuffer 类。

扫一扫，看视频

10.4 正则表达式 (Regular Expression)

在字符串的使用上，有一种用途是接收用户输入的数据，比如说身份证号码、电话号码、电子邮件账号等。这些数据通常都有特定的格式，因此程序一旦获取用户输入的数据，第一件事就是要检查其是否符合规定的格式，然后才进行后续的处理。

在 String 类中，虽然已有多个方法可以比较字符串的内容，可是要检查字符串是否符合特定的格式，例如 010-62800175 这种电话号码、john@163.com 这样的电子邮件信箱等，使用起来并不方便，因此需要一种可以描述字符串内容规则的方式，然后依据此规则来验证字符串的内容是否相符。

String 类的 matches() 方法就可以搭配正则表达式来解决这样的问题。

10.4.1 什么是正则表达式

扫一扫，看视频

我们先以简单的范例来说明正则表达式。假设程序需要用户输入一个整数，那么当获取输入的数据后，就必须检查其是否为整数。要完成这件事，最简单、最直接的方法就是使用一个循环结构，一一取出字符串中的各个字符来检查这个字符是否为数字。

程序 CheckInteger.java 检查输入的数据是否为整数

```
01 import java.io.*;
02
03 public class CheckInteger {
04
05   public static void main(String[] args) throws IOException {
06     BufferedReader br =
07       new BufferedReader(new InputStreamReader(System.in));
08
09     String str;                   //记录用户输入数据
10     boolean isInteger;            //判断用户输入是否为整数
11     do {
12       isInteger = true;
13       System.out.print("请输入整数：");
14       str = br.readLine();        //读取用户输入的数据
15
16       for(int i = 0;i < str.length();i++) {
17         char ch = str.charAt(i);       //取出每个字符
18         if(ch < '0' || ch >'9') {      //不是数字
19           System.out.println("您输入的不是整数！");
20           isInteger = false;
21           break;                  //已检查出非数字，不需继续
22         }
23       }
24     } while (!isInteger);
25   }
26 }
```

执行结果

```
请输入整数：123D
您输入的不是整数！
请输入整数：A12
您输入的不是整数！
请输入整数：1234
```

第 16 行的 for 循环就是从 str 所指字符串中一一取出每个字符，并比较是否为数字，若有非数字时就显示错误信息。

比较数字

由于在标准万国码中，数字 0、1、2、…、9 的字码是连续的，因此只要比较字符是否位于 0 到 9 之间，即可确认该字符是否为数字。

如果把第 16 行的循环用简单的一句话来说，就是要检查用户所输入的数据是否都是数字。如果改用 String 类的 matches() 方法搭配正则表达式，就可以更清楚地表达出比较的规则，下面就来修改前面的程序，这里使用 do...while 循环。

程序 CheckIntegerByRegEx.java

```
11    do {
12      isInteger = true;
13      System.out.print("请输入整数: ");
14      str = br.readLine();              //读取用户输入的数据
15
16      if(!str.matches("[0-9]+")) {      //如果不是整数
17        System.out.println("您输入的不是整数!");
18        isInteger = false;
19      }
20    } while (!isInteger);
```

第 16 行使用 String 类的 matches() 方法来检查字符串是否符合某种样式，而“[0-9]+” 就是用来描述字符串样式的规则。其中的“[0–9]” 是指包含数字 0 ~ 9 之间的任意一个字符，而后面的“+” 则是指前面规则所描述的样式（此例就是 [0–9]）要出现一次以上，所以整个规则所描述的就是“由一个或多个数字所构成的字符串”。

当字符串本身符合所描述的样式时，matches() 方法就会返回 true，否则就返回 false。因此，这个程序就和刚刚使用 for 循环检查的程序功能一样。

使用 matches() 方法的好处是可以专注于要比较的样式，至于如何比较，就交给 matches() 方法，而不需要自己编写程序。因此，如果需要比较的是这类可以规则化的样式，建议多多利用 matches() 方法。

10.4.2 正则表达式入门

为了方便读者练习，先编写一个“正则表达式” 测试程序，可以直接输入样式以及要比较的字符串，并显示出比较的结果。

扫一扫，看视频

程序 RegExTest.java 正则表达式的练习程序

```
01 import java.util.*;
02
03 public class RegExTest {
04
05   public static void main(String[] args)  {
06     Scanner sc = new Scanner(System.in);
07
08     String pat;                  //记录用户输入的样式
09     String str;                  //记录用户输入的测试字符串
10
11     System.out.print("请输入样式：");
12     pat = sc.next();             //读取样式
13
14     System.out.print("请输入字符串：");
15     str = sc.next();             //读取字符串
16
17     if(str.matches(pat))         //进行比较
18       System.out.println("相符");
19     else
20       System.out.println("不相符");
21   }
22 }
```

这个程序会要求用户输入比较的样式以及字符串，并显示比较结果。后续的说明都会使用此程序进行测试，并显示执行结果。

1. 直接比较字符串内容

最简单的正则表达式就是直接表示出字符串的明确内容，比如说要比较字符串的内容是否为“print”，那么就可以使用“print” 作为比较的样式。

执行结果

```
请输入样式：print
请输入字符串：print
相符

请输入样式：print
请输入字符串：Print
不相符
```

2. 限制出现次数

除了刚刚使用过的“+”以外，正则表达式中还可以使用如表 10.3 所示的次数限制规则。

表10.3　规则表示法的次数限制规则

限制规则	说明
?	0 或 1 次
*	0 次以上（任意次数）
+	1 次以上
{n}	刚好 n 次
{n,}	n 次以上
{n,m}	n 到 m 次

由于样式是“ab?a”，也就是先出现一个“a”，再出现 0 或 1 个“b”，再接着一个“a”，所以“aa”或是“aba”都相符，但是“abba”中间出现了 2 个“b”，所以不相符。

执行结果

```
请输入样式：ab?a
请输入字符串：aa
相符

请输入样式：ab?a
请输入字符串：aba
相符

请输入样式：ab?a
请输入字符串：abba
不相符
```

3. 字符种类 (Character Classes)

也可以用中括号来表示一个字符，比如说样式为“a[bjl]a”，当输入字符串为“aba”，执行结果为“相符”；当输入“aka”，执行结果为“不相符”。

其中，样式 [bjl] 表示此位置可以出现“b”或“j”或“l”，因此“a[bjl]a”这个样式的意思就是先出现一个“a”，再出现一个“b”或“j”或“l”，再接着出现一个“a”。在第 2 个执行结果中，因为输入的第 2 个字符并非“b”或“j”或“l”，所以不相符。

执行结果

```
请输入样式：a[bjl]a
请输入字符串：aba
相符

请输入样式：a[bjl]a
请输入字符串：aka
不相符
```

也可以在中括号中使用“-”表示一段连续的字码区间，比如说上一小节使用过的 [0-9] 就包含了数字，而 [a-z] 则包含了小写的英文字母，[A-Z] 则包含了大写的英文字母，[a-zA-Z] 就是包含所有的英文字母了。

执行结果

```
请输入样式：a[0-9a-zA-Z]a
请输入字符串：a1a
相符

请输入样式：a[0-9a-zA-Z]a
请输入字符串：a#a
不相符
```

这个范例的样式先出现一个“a”，接着是数字或是英文字母，再接着是一个“a”，所以第 2 个执行结果因为有“#”而不相符。

另外，若在左中括号后面跟着一个“^”，表示要排除中括号中的字符，例如：

执行结果

```
请输入样式：a[^a-z]a
请输入字符串：ada
不相符

请输入样式：a[^a-z]a
请输入字符串：a2a
相符
```

这个样式表示第 2 个字符不能是小写英文字母，所以第 1 个执行结果因为第 2 个字符是“d”而不相符。

4. 预先定义的字符种类 (Character Class)

正则表达式中预先定义了一些字符种类，见表 10.4。

执行结果

```
请输入样式：a\da
请输入字符串：a3a
相符

请输入样式：a\da
请输入字符串：aba
不相符
```

表10.4　规则表示法中预先定义的字符种类

字符种类	说　明
	任意字符
\d	数字
\D	非数字
\s	空白字符
\S	非空白字符
\w	英文字母或数字
\W	非英文字母也非数字

第 2 个执行结果因为第 2 个字符“b”不是数字而不相符。

TIP 由于句号代表任意字符，原来的句号需以“\.”表示。

5. 群组 (Grouping)

也可以使用小括号将一段规则组合起来，搭配限制次数使用，例如：

执行结果

```
请输入样式：a(c\dc){2}a
请输入字符串：ac1cc2ca
相符

请输入样式：a(c\dc){2}a
请输入字符串：ac1ca
不相符
```

其中用小括号将“c\dc” 组成群组，因此规则就是先出现一个“a”，再出现 2 次“c\dc”，再出现一“a”。第 1 个执行结果中的“c1c” 及“c2c” 都符合“c\dc” 样式，而第 2 个执行结果只有“c1c” 符合“c\dc” 样式，等于“c\dc” 仅出现 1 次，所以匹配结果不相符。

以字面常量指定样式

如果要在程序中以字面常量指定样式，由于 Java 的编译器会将 '\' 视为转义序列的起始字符 (例如 \t 表定位字符、\n 表换行字符、\\ 表 \ 字符)，因此要使用预先定义的字符种类时，就必须使用转义字符，即在前面多加一个 '\'，以便让 Java 编译器将其视为一般的字符，例如：

```
str.matches("\\d+");
```

如果写成这样：

```
str.matches("\d+");
```

编译时就会认为 '\d' 是一个不合法的转义序列。

10.4.3 replaceAll( ) 方法

正则表达式除了可以用来比较字符串以外，也可以用来将字符串中符合指定样式的一段文字替换成另外一段文字，让您以极富弹性的方式进行字符串的替换，而不是仅能使用 replace( ) 方法。

扫一扫，看视频

为了方便测试，将刚刚的 RegExTest.java 程序修改为 replaceAll( ) 的版本。

程序 ReplaceAll.java 测试 replaceAll() 方法

```
01 import java.io.*;
02
03 public class ReplaceAll {
04
05   public static void main(String[] args) throws IOException {
```

```
06     BufferedReader br =
07       new BufferedReader(new InputStreamReader(System.in));
08
09     String src;                  //记录用户输入的数据
10     String pat;                  //记录样式
11     String rep;                  //记录要替换的结果
12
13     System.out.print("请输入字符串：");
14     src = br.readLine();         //读取用户输入的字符串
15
16     System.out.print("请输入样式：");
17     pat = br.readLine();         //读取用户输入的样式
18
19     System.out.print("请输入要替换成：");
20     rep = br.readLine();         //读取用户输入的字符串
21
22     System.out.println(src.replaceAll(pat,rep));
23   }
24 }
```

这个程序会要求用户输入原始的字符串、要检索的样式以及要替换成什么内容，最后显示替换后的结果。接下来的说明都会以这个程序来测试。

1. 简单替换

replaceAll() 最简单的用法就是将其当成 replace() 方法使用，以明确的字符串内容当成样式，并进行替换。

因为搜寻的样式是“111”，所以替换的结果就是将字符串中的“111” 替换掉。

执行结果

```
请输入字符串：a111bc34d
请输入样式：111
请输入要替换成：三个一
a三个一bc34d
```

2. 使用样式进行替换

replaceAll( ) 最大的用处是可以使用正则表达式，例如：

这里检索的样式是“\d+”，所以字符串中的“111” 以及“34” 都符合这个样式，都会被替换为“数字”。

执行结果

```
请输入字符串：a111bc34d
请输入样式：\d+
请输入要替换成：数字
a数字bc数字d
```

3. 使用群组

有时候会希望替换的结果要包含原来被替换的那段文字，这时就可以使用群组的功能。

其中要替换成“数字 $1” 中的“$1” 是指比较相符的那段文字中，与样式中第 1 个群组相符的部分。以本例来

执行结果

```
请输入字符串：a111bc34d
请输入样式：(\d+)
请输入要替换成：数字$1
a数字111bc数字34d
```

说，当“111”与“(\d+)”比较相符时，第 1 个群组就是“(\d+)”，与这个群组相符的就是“111”，所以替换后的结果变成“数字 111”；同理，后面比较出“34”时，就替换为“数字 34”了。

以此类推，$2、$3 等自然是指第 2、3、……个群组了，至于 $0 则是指比较出的整段文字，例如：

执行结果

```
请输入字符串: a111bc34d
请输入样式: ([a-z])(\d+)([a-z]+)(\d+)([a-z])
请输入要替换成: 1:$1,2:$2,3:$3,4:$4,0:$0
1:a,2:111,3:bc,4:34,0:a111bc34d
```

正则表达式的功能非常强大，详细的说明可以参考 JDK 的说明文件。

10.5 综合演练

在编写程序时，几乎都会用到字符串，如许多要求用户输入数据的程序中，所输入的数据也都是字符串，因此熟练掌握字符串的用法非常重要。

10.5.1 检查身份证号码的格式

扫一扫，看视频

许多要求用户认证的程序都会需要用户输入身份证号码，对于这类程序，第一步就是确认用户所输入的身份证格式没有错误，然后才去验证该身份证号码是否合法。在本节中，就要实际检查身份证号码的格式。

下面以我国台湾地区居民的身份证号码分析为例进行介绍（以中国大陆居民身份证号码分析的程序请参考下载的配套资源中的相关文件）。台湾地区居民的正确身份证号码是由一个英文字母以及 9 个数字组成，因此检查的程序可以这样写。

程序 CheckIDFormat.java 检查我国台湾地区居民身份证号码的格式

```
01 import java.io.*;
02
03 public class CheckIDFormat {
04
05   public static void main(String[] args) throws IOException {
06     BufferedReader br =
07       new BufferedReader(new InputStreamReader(System.in));
08
09     String str;                                    //记录用户输入的数据
10     boolean isID;                                  //用户输入的格式是否正确
11     do {
```

```
12        isID = true;
13        System.out.print("请输入台湾地区居民身份证号码：");
14        str = br.readLine();                        //读取用户输入的数据
15
16        if(!str.matches("[a-zA-Z]\\d{9}")) {    //如果不正确
17          System.out.println(
18            "台湾地区居民身份证号码应该是1个英文字母和9个数字组成！");
19          isID = false;
20        }
21      } while (!isID);
22    }
23  }
```

执行结果

```
请输入台湾地区居民身份证号码：aa45366
台湾地区居民身份证号码应该是1个英文字母和9个数字组成！
请输入台湾地区居民身份证号码：a1234567890
台湾地区居民身份证号码应该是1个英文字母和9个数字组成！
请输入台湾地区居民身份证号码：a123456789
```

这个程序的关键就在于指定正确的样式，第 16 行中的样式就描述了先出现一个英文字母，然后是 9 个数字。

10.5.2 检验身份证号码

扫一扫，看视频

确认输入的身份证号码符合格式之后，接着就是要检验输入的身份证号码是否合法。下面仍以我国台湾地区居民身份证号码为例，其检验的规则如下。

（1）将第一个字母依据表 10.5 所示替换成两个数字。

表10.5

A	10	B	11	C	12	D	13	E	14
F	15	G	16	H	17	I	34	J	18
K	19	L	20	M	21	N	22	O	35
P	23	Q	24	R	25	S	26	T	27
U	28	V	29	W	32	X	30	Y	31
Z	33								

这样身份证号码就成为一个内含 11 位数字的字符串。

（2）将第 1 个数字乘以 1，再从第 2 个数字开始，第 2 个数字乘以 9、第 3 个数字乘以 8、……、第 9 个数字乘以 2、第 10 个数字乘以 1，将这些乘法的结果相加。

（3）以 10 减去上一步所得和的个位数。

（4）如果上述减法的结果个位数和第 11 个数字相同，此身份证号码即为合法，否则即为不合法的身份证号码。

将上述规则转换成的程序如下。

程序 CheckID.java 检查身份证号码的合法性

```
01 import java.io.*;
02
03 public class CheckID {
04
05   public static void main(String[] args) throws IOException {
06     BufferedReader br =
07       new BufferedReader(new InputStreamReader(System.in));
08
09     String str;                          //记录用户输入的数据
10     boolean isID;                        //用户输入的格式是否正确
11     do {
12        isID = true;
13        System.out.print("请输入台湾地区居民身份证号码：");
14        str = br.readLine();              //读取用户输入的数据
15
16       if(!str.matches("[a-zA-Z]\\d{9}")) { //不正确
17         System.out.println(
18           "台湾地区居民身份证号码应该是1个英文字母和9个数字组成！");
19         isID = false;
20       }
21     } while (!isID);
22
23     int[] letterNums = {10,11,12,13,14,15,16,
24       17,34,18,19,20,21,22,
25       35,23,24,25,26,27,28,
26       29,32,30,31,33};
27
28     str = str.toUpperCase();             //将第一个英文字母转为大写
29     char letter = str.charAt(0);         //取出第一个字母
30     //将第一个字母按表10.5所示替换成对应的数字
31     str = letterNums[letter - 'A'] + str.substring(1);
32
33     int total = str.charAt(0) - '0'; //开始求和
```

```
34      for(int i = 1;i < 10;i++) {
35        total += (str.charAt(i) - '0') * (10 - i);   //依序相加
36      }
37
38      //以10减去和的个位数后取其个位数
39      int checkNum = (10 - total % 10) % 10;
40
41      //计算结果和最后一位数比较
42      if(checkNum == (str.charAt(10) - '0')) {
43        System.out.println("核验通过");
44      } else {
45        System.out.println("核验错误，请如实填写");
46      }
47    }
48  }
```

执行结果

```
请输入台湾地区居民身份证号码：Z123456780
核验通过

请输入台湾地区居民身份证号码：k223405678
核验错误，请如实填写
```

◎ 第 23 行声明了一个对应于表 10.5 的数组，以便可以利用查表的方式找出字母对应的数值。

◎ 第 28 行先将输入的数据转为大写，这样就不需要去处理第一个字母大小写的问题。

◎ 第 29 行取出第一个字母，第 31 行将第一个字母减去 "A" 后，就可以得到第一个字母在 26 个字母中的顺序（从 0 开始），也就是其对应数字在数组中的索引码。同时利用字符串的连接运算把字母转换成数字后再与原输入数据后面的数字相连，即变成一个有 11 个数字的字符串。

◎ 第 33 行先把第一个数字加到 total 变量中，然后在第 34 ~ 36 行中使用 for 循环依次取出 9 个数字进行乘法运算后求和。

◎ 第 39 行即为计算以 10 减去和个位数后再取其个位数的值。

◎ 第 42 行就是比较最后一位数，如果相符，就是合法的身份证号码。

字符也是整数

char 类型的数据其实是以该字符在标准万国码中的字码存储，因此也可以当成数值使用。由于 0~9 的字码是相连续的数值，所以对数字来说，减去字符 0 就是对应的整数值。例如 8 的字码是 56，而 0 的字码是 48，所以 8-0 的结果就是 56-48，也就是 8。

类似的应用方式还包括了小写英文字母减去 a 或是大写英文字母减去 A，就可以得到该字母在 26 个英文字母中的序数（由 0 算起）。这个技巧可以在以数字字符做算数或是利用英文字母到数组中查表时使用。

课 后 练 习

※ 选择题可能单选或多选

1.（　　）请问以下程序的执行结果是什么？

```
public class Ex_10_01 {

  public static void main(String[] args) {
    String a,b;
    a = new String("test");
    b = new String("test");
    System.out.println((a == b));
  }
}
```

（a）true　　（b）false　　（c）无法编译　　（d）执行错误

2.（　　）请问以下程序的执行结果是什么？

```
public class Ex_10_02 {

  public static void main(String[] args) {
    String a = new String();
    System.out.println(a.length());
  }
}
```

（a）null　　（b）0　　（c）1　　（d）执行错误

3.（　　）如果变量 a 现在是指向字符串"这是变量 a 的内容"，请问 a.charAt(4) 会返回哪项内容？

（a）数　　（b）a　　（c）的　　（d）a 的内容

4.（　　）接上题，a.indexOf(' 内 ') 会返回哪项内容？

（a）5　　（b）6　　（c）4　　（d）7

5.（　　）接上题，a.indexOf(" 内 ",8) 会返回哪项内容？

（a）7　　（b）8　　（c）6　　（d）-1

6.（　　）接上题，调用 a.replace(" 变量 "," 常量 ") 后，以下哪项是正确的？

（a）a.length( ) 会返回 7

（b）a 会指向字符串 "这是常量 a 的内容"

（c）a 会指向字符串 "这是变量 a 的内容"

（d）以上都不对

7.（　　）如果变量 a 指向字符串"abbc12a"，请问以下哪项返回 true？

（a）a.matches("\\w*\\d*\\w*");　　（b）a.matches("\\w{4}\\d*\\w?");

（c）a.matches("(\\w*\\d{2，3})\\w*");　　（d）以上都是

8.（　　）接上题，请问 a.replaceAll("(\\w*\\d{2,3})(\\w*)","$2$1") 会返回哪项内容？

(a) abbc12a　　(b) 空字符串

(c) aabbc12　　(d) 12aabbc

9. (　　) 接上题,请问 a.substring(2,3) 会返回哪项内容?

(a) bc1　　(b) bc　　(c) b　　(d) c12

10. 接上题，a.matches("\\w+")会返回________。

程序练习

1. 请改写 10.5.1 小节的 CheckIDFormat.java 程序，不使用正则表达式。
2. 请编写一个程序，不使用正则表达式，要求用户以“(”、区域号码、“)”、“-”、号码的格式输入电话号码，例如北京的电话为 (010) -××××××××。
3. 更改上一题的程序，改成使用正则表达式。
4. 请编写一个程序，不使用正则表达式，要求用户输入正确格式的电子邮件信箱（假设用户名称及网址中都只有小写英文字母）。
5. 更改上一题的程序，改成使用正则表达式来检查。
6. 请编写一个程序，让用户可以以 YYYY/MM/DD 或 MM/DD/YYYY 的格式输入日期，并显示用户所输入的年月日。
7. 请编写一个程序，让用户输入 10 个字符串，并对这 10 个字符串排序。
8. 请编写一个程序，提供一个 static 方法 myReplace( )，模拟 10.2 节中 String 类的 replace( ) 方法。
9. 请编写一个程序，提供一个 static 方法 myCompare( )，模拟 10.2 节中 String 类的 compareTo( ) 方法。
10. 请编写一个程序，让用户输入一个仅包含加减运算的正整数算式，并计算出结果。

11 CHAPTER

第 11 章 继 承

学习目标

- 认识继承关系
- 学习构造类的关系
- 认识多态 (Polymorphism)
- 认识 Object 类与基本数据类型

第 8、9 章介绍了设计类的基本方法，但当要设计功能较复杂的类时，往往会发现每次都要从无到有地设计，是一件很累人的事情。

如果已经有人设计好功能类似的其他类，或者所要设计的多个类中，有一些彼此相同的地方（例如相同的成员变量、构造方法等），此时如果能有一种方法，可以将这些相同的地方加以引用，而不用在各个类中重复定义，那么就可以让各个类只专注于其所特殊的属性，同时也可以缩短程序的开发时间，并让整个程序更加简洁。

本章就是要介绍解决上述问题的一种机制——继承。还记得在第 8 章时我们以舞台剧来比喻 Java 程序，以面向对象的方式设计 Java 程序时，第一件事情就是要分析出程序中所需的各种对象（也就是舞台剧的角色），而本章的内容就是要提供一种技巧，可以以系统化的方式描述相似但不相同的对象。

11.1 什么是继承

简单地说，继承就是让我们可沿用已经设计好的类，替它扩充功能以符合新的需求，定义出一个与旧类相似，但增加新方法与新属性的类。通过这种方式可大幅度提高程序可重复使用的特性，因为采用继承的方式可让既有的类能顺利应用于新开发的程序中。此外采用继承的架构，我们还可将不同的类根据其相似程度整理成一个体系，使整个程序更加模块化。

11.1.1 不同对象的相似性

扫一扫，看视频

举例来说，如果圆形类可以用圆心坐标和半径这两个属性来描述。

程序 Circle 圆形类

```
01 class Circle {                                          //圆
02   private double x,y;                                   //圆心
03   private double r;                                     //半径
04
05   public Circle(double x,double y, double r) {          //构造方法
06     this.x = x;
07     this.y = y;
08     this.r = r;
09   }
10
11   public void setCenter(double x,double y) {            //更改圆心
12     this.x = x;
13     this.y = y;
14   }
15
```

```
16   public void setRadius(double r) {    //更改半径
17     this.r = r;
18   }
19 }
```

假如圆柱体的描述方式是用底部的圆，再加上圆柱的高度来描述，则圆柱体类可定义成如下。

程序 Cylinder 圆柱体类

```
01 class Cylinder {                                          //圆柱体
02   private double x,y;                                     //底部的圆心坐标
03   private double r;                                       //半径
04   private double h;                                       //高度
05                                                           //构造方法
06   public Cylinder(double x, double y, double r, double h)
07     this.x = x;
08     this.y = y;
09     this.r = r;
10     this.h = h;
11   }
12
13   public void setCenter(double x,double y) {              //更改圆心
14     this.x = x;
15     this.y = y;
16   }
17
18  public void setRadius(double r) {                        //更改半径
19     this.r = r;
20   }
21
22   public void setHeight(double h) {                       //更改高度的方法
23     this.h = h;
24   }
25 }
```

可以发现这两个类有很多相似之处，而且 Circle 类所包含的成员在 Cylinder 类中都会出现。如果将两个类分别编写，相同的成员变量以及构造方法必须在这两个类中重复定义，当需要修改时，还必须分别到两个类中修改，不但费事，也可能因为修改的不一致而导致错误。

很显然，Cylinder 类算是 Circle 类的延伸，因此如果 Circle 类都已设计好了，那只要用继承的方式就可以让 Cylinder 类把 Circle 类的内容继承过来，我们仅需定义 Cylinder 类中与 Circle 类不同的部分，而不需重复定义两者相同的属性及方法。

11.1.2 继承的语法

要继承现有的类，需使用 extends 关键字，语法如下。

```
class 类名称 extends 父类名称 {
  // 类的新变量
  // 类的新方法
}
```

例如：

```
class Cylinder extends Circle {
  //Cylinder 的新变量
  //Cylinder 的新方法
}
```

其中 Circle 称为父类（Parent Class 或 Superclass），而 Cylinder 则称为子类（Child Class 或 Subclass）或是派生类（Extended Class），有时也称这个动作为“从 Circle 类派生 Cylinder 类”。

子类将会继承父类的所有成员变量和方法，所以子类的对象可直接使用从父类继承而来的成员变量和方法，下面我们将两个类的内容简化一下，并来看继承的效果。

程序 EmptyCylinder.java 基本的继承语法

```
01 class Circle {                    //圆
02   private double x,y;             //圆心
03   private double r;               //半径
04 
05   public void setCenter(double x,double y) {
06     this.x = x;
07     this.y = y;
08   }
09 
10   public void setRadius(double r) {
11     this.r = r;
12   }
13 
14   public String toString() {
15     return "圆心：(" + x + ", " + y + "), 半径：" + r;
16   }
```

```
17 }
18
19 class Cylinder extends Circle {        //继承 Circle 类
20   //没有自己的成员变量和方法
21 }
22
23 public class EmptyCylinder {
24   public static void main(String[] args) {
25     Cylinder cr = new Cylinder();
26
27     cr.setCenter(3,4);                //调用继承而来的方法
28     cr.setRadius(5);
29     System.out.println(cr.toString());
30   }
31 }
```

执行结果

```
圆心：(3.0, 4.0)，半径：5.0
```

第 19 行定义 Cylinder 继承自 Circle 类，且未定义任何成员变量及方法，但因父类的成员变量和方法都会继承给子类，所以实际上 Cylinder 类也具有成员变量 x、y、r，不过它们在 Circle 中被声明为 private，所以 Cylinder 类不能直接访问。但可调用 public 的 setCenter( )、setRadius( )、toString( ) 等方法，如图 11.1 所示。

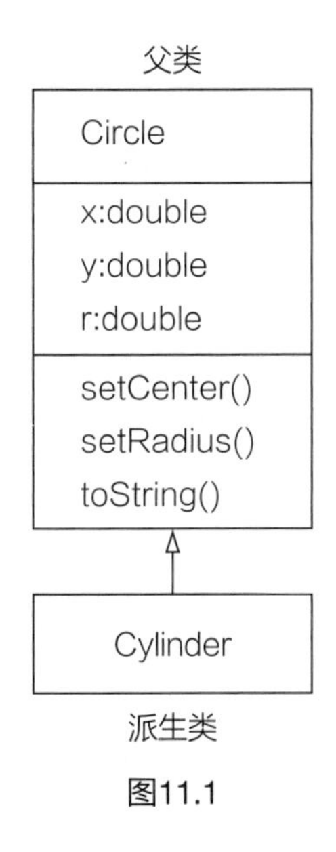

图11.1

所以在第 25 行创建 Cylinder 类的对象 cr 后，即可通过此对象调用上述方法。而执行结果即是用 Circle 类的 toString() 将成员变量转成字符串，因此只输出继承自父类的部分，而没有输出圆柱的高度。

11.1.3 继承关系中的对象构造

扫一扫，看视频

前面在 Circle 派生的 Cylinder 类中，并未定义自己的成员变量与方法，所有内容都是由父类 Circle 继承而来，接下来我们就替它加入属于自己的内容。加入子类的成员变量时，使用构造方法来进行初始化，这时在子类中可以只初始化自己的成员变量，继承来的成员变量则交由父类的构造方法进行初始化，这是因为创建子类对象时，Java 会自动调用父类无参数的构造方法（但也可改为用程序调用，在后文中会介绍）。可由以下的范例观察父类的构造方法是如何被调用的。

程序 AutoCall.java 自动调用父类的构造方法

```
01 class Circle {                             //圆
02   private double x,y;                      //圆心
03   private double r;                        //半径
04 
05   public void setCenter(double x,double y) {
06     this.x = x;
07   }
08 
09   public void setRadius(double r) {
10     this.r = r;
11   }
12 
13   public String toString() {
14     return "圆心：(" + x + ", " + y + ")，半径：" + r;
15   }
16 
17   Circle() {                               //只显示信息的构造方法
18     System.out.println("...正在执行 Circle() 构造方法...");
19   }
20 }
21 
22 class Cylinder extends Circle {            //继承 Circle 类
23   Cylinder() {                             //只显示信息的构造方法
24     System.out.println("...正在执行 Cylinder() 构造方法...");
25   }
26 }
27 
```

```
28 public class AutoCall {
29   public static void main(String[] args) {
30     Cylinder cr = new Cylinder();
31
32     cr.setCenter(3,4);  //调用继承而来的方法
33     cr.setRadius(5);
34     System.out.println(cr.toString());
35   }
36 }
```

执行结果

```
...正在执行 Circle() 构造方法...
...正在执行 Cylinder() 构造方法...
圆心：(3.0, 4.0), 半径：5.0
```

由执行结果可以发现，当程序创建 Cylinder 对象 cr，在调用 Cylinder() 构造方法时，会先自动调用 Circle() 构造方法，也就是 Java 在构造子对象时会先初始化继承而来的部分，所以会先调用父类的构造方法。

当然，也可以在子类的构造方法中初始化继承而来的 public、protected 成员变量。例如，若上一个范例中 Circle 类的成员变量未声明成 private，则 Cylinder 类就可以有如下的构造方法。

```
public Cylinder(double x, double y, double r, double h) {
  this.x = x;  ┐
  this.y = y;  ├── 初始化父类的成员
  this.r = r;  ┘
  this.h = h;
}
```

调用父类的构造方法

但如果 Circle 类已有构造方法可进行各成员变量的初始化，那么在子类构造方法中又重新构造一次，不是又出现代码重复的情况吗？

要避免此情况，当然就是将继承来的成员变量都交给父类处理，子类只需初始化自己的成员变量即可。然而当构造子类的对象时，new 关键字后面跟的是它自己的构造方法（例如 Cylinder cr = new Cylinder();），换言之，参数只能传给子类的构造方法，因此必须在子类构造方法中再用所接收的参数调用父类的构造方法来初始化继承自父类的成员变量。

要调用父类的构造方法，不能直接用父类的名称来调用，而是必须使用 super 关键字。super 代表的就是父类，当 Java 看到 super 关键字时，即会依所传递的参数类型和数量调用父类中对应的构造方法。因此当我们为前述的 Circle 类加上构造方法后，即可采用以下方法在 Cylinder 类中调用。

程序 UsingSuper.java 使用 super 关键字

```
01 class Circle {                                          //圆
02   private double x,y;                                   //圆心
03   private double r;                                     //半径
04
05   public void setCenter(double x,double y) {
06     this.x = x;
07     this.y = y;
08   }
09
10   public void setRadius(double r) {
11     this.r = r;
12   }
13
14   Circle(double x,double y,double r) {                  //Circle 的构造方法
15     this.x = x;
16     this.y = y;
17     this.r = r;
18   }
19
20   public String toString() {                            //显示信息
21     return "圆心: (" + x + ", " + y + "), 半径: " + r;
22   }
23 }
24
25 class Cylinder extends Circle {
26   private double h;
27
28   Cylinder(double x,double y,double r,double h) {
29     super(x,y,r);                                       //调用父类构造方法
30     this.h = h;
31   }
32 }
33
34 public class UsingSuper {
35   public static void main(String[] args) {
36     Cylinder cr = new Cylinder(1,2,3,4);
37     System.out.println(cr.toString());
38   }
39 }
```

执行结果

```
圆心：(1.0, 2.0), 半径：3.0
```

第 14 行的 Circle( ) 构造方法使用 3 个参数来初始化圆心及半径，在第 28 ~ 31 行的 Cylinder( ) 构造方法则有 4 个参数，并以前 3 个参数在第 29 行用 super( ) 的方式调用父类的构造方法，另一个参数则用于设置高度的初值。由执行结果也可看到圆心及半径确实有成功初始化为指定的值。

通过 super( ) 来调用父类构造方法也有另一个好处：当修改父类时，我们并不需修改子类的程序，充分发挥面向对象程序设计的方便性，如图 11.2 所示。

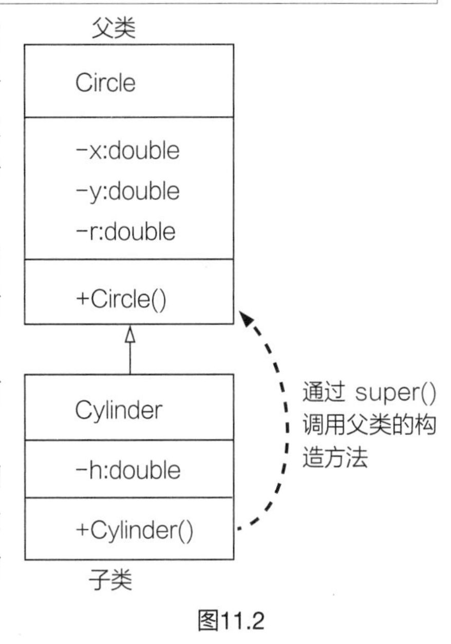

图11.2

请注意，调用 super( ) 的语句必须写在构造方法的最前面，也就是必须先调用 super( )，然后才能执行其他语句。此外，如果构造方法最前面没有 super( )，也没有 this( )（调用目前类的其他构造方法），那么 Java 在编译时会自动加入一个无参数的 super( )，因此会自动调用父类无参数的构造方法。

11.1.4　再论信息的隐藏：使用 protected 的时机

扫一扫，看视频

如果想在子类中访问继承而来的成员，就要注意其父类成员的访问控制设置。在前面的范例中，Circle 的成员变量都声明为 private，因此其子类 Cylinder 根本无法访问它们。然而若将 Circle 的成员变量声明为 public，却又让 Circle 类失去封装与信息隐藏的效果。

在第 9 章讨论信息隐藏时，曾提到成员变量可以加上 public、protected、private 访问控制修饰符，当时所略过的 protected 就可以解决文中的问题，因为它是介于 private 和 public 之间的访问控制，protected 代表的是只有子类或是同一包（Package，详见第 13 章）的类才能访问此成员。另外，如果将这些控制修饰符都省略，那么就只限于同一包中的类才能访问。

以 Circle 类为例，若希望将其成员变量设为子类可访问，即可将它们声明为 protected。下面将前面的程序修改为可在 Cylinder 类中计算圆柱体的体积。

程序　UsingProtected.java 父类使用 Protected 声明成员变量

```
01 class Circle {                    //圆形类
02   private double x,y;
03     protected double r;           //❶使用 protected 声明成员变量（半径）
04
 ⋮  ... 略（同前一个程序）
24
```

```
25 class Cylinder extends Circle {        //圆柱体类
26   private double h;
27
 ⋮ ... 略 (同前一个程序)
32
33   public double volume() {             //❷新增一个计算体积的方法
34     return r * r * 3.14 * h;           //半径平方 × 3.14 × 柱高
35   }
36 }
37
38 public class UsingProtected {
39   public static void main(String[] args) {
40     Cylinder cr = new Cylinder(1,2,3,4);
41     System.out.println("体积为: " + cr.volume());
42   }
43 }
```

执行结果

```
体积为: 113.04
```

以上程序第 3 行将 Circle 类中的成员变量改成 protected 访问控制，然后在 Cylinder 子类中新增一个计算体积的 volume() 方法（第 33~35 行），并在该方法中使用父类的 r 来计算体积。由于父类的成员变量 r 为 protected，所以可在子类中直接访问。

11.1.5 多层继承 (Hierarchical Inheritance)

扫一扫，看视频

子类也可以再当成父类以派生出其他的子类，形成多层的继承关系，此时最下层的子类会继承到所有上层父类的成员变量及方法，这些特性和单层的继承是相同的。

例如，要设计的图形种类很多时，发现很多图形都要记录坐标点。因此为了简化设计，可将 Circle 类的圆心坐标抽取出来，形成另一个新的父类 Shape，然后让 Circle 类及其他图形类共同继承这个新的类，而 Cylinder 类就变成此继承关系中的最下层类，它将继承到 Shape 及 Circle 类的内容，如图 11.3 所示。

通过这样的规划，就能让每个类都只描述该类特有的部分，共同的部分都是由父类继承而来的。以下就是这个三层继承架构的范例，其中 Circle 类的内容较先前的范例略为简化，并可更清楚地示范继承的关系。

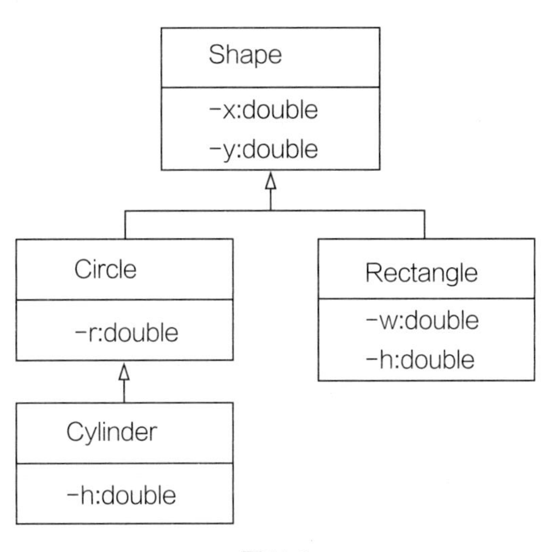

图11.3

程序 HieraInheri.java 多层继承关系

```
01 class Shape {                          //代表图形的类
02   protected double x,y;                //坐标
03
04   public Shape(double x,double y) {
05     this.x = x;
06     this.y = y;
07   }
08
09   public String toString() {
10     return "图形原点: (" + x + ", " + y + ")";
11   }
12 }
13
14 class Rectangle extends Shape {
15   private double w,h;                  //矩形的宽与高
16
17   public Rectangle(double x,double y,double w, double h) {
18     super(x,y);                        //调用父类构造方法
19     this.w = w;
20     this.h = h;
21   }
22 }
23
24 class Circle extends Shape {
25   private double r;                    //圆形半径
```

```
26
27   public Circle(double x,double y,double r) {
28     super(x,y);                 //调用父类构造方法
29     this.r = r;
30   }
31 }
32
33 class Cylinder extends Circle {
34   private double h;             //圆柱高度
35
36   public Cylinder(double x,double y,double r,double h) {
37     super(x,y,r);               //调用父类构造方法
38     this.h = h;
39   }
40 }
41
42 public class HieraInheri {
43   public static void main(String[] args) {
44     Rectangle re = new Rectangle(3,6,7,9);
45     Circle    ci = new Circle(5,8,7);
46     Cylinder  cr = new Cylinder(4,2,6,3);
47
48     System.out.println(re.toString());
49     System.out.println(ci.toString());
50     System.out.println(cr.toString());
51   }
52 }
```

执行结果

```
图形原点：(3.0, 6.0)
图形原点：(5.0, 8.0)
图形原点：(4.0, 2.0)
```

第 14、24 行的 Rectangle、Circle 类定义都使用了 extends 语法继承 Shape 类，而第 33 行的 Cylinder 类则是继承 Circle，所以 Cylinder 除了会有 Circle 的成员变量 r，也会间接继承到 Shape 的成员变量 x、y。在第 18、28、37 行都用 super() 调用父类的构造方法，但要注意前两者是调用到 Shape 类的构造方法，第 37 行则是调用到 Circle 类的构造方法。

11.2 方法的继承、重写与多态

在 11.1 节中，已经简单地介绍了继承的概念，在本节中，要介绍让继承发挥最大效用所必须依赖的机制——方法的继承，以及伴随而来的多态。

11.2.1 方法的继承

扫一扫，看视频

如同父类的变量一样，父类的方法也会由子类所继承，即父类中所定义的方法都会继承给子类，除非在父类中有加上特定的访问控制修饰符，否则在子类中这些方法就像是由子类所定义的一样，例如：

程序 Method.java 方法的继承

```
01 class Parent {                //父类
02   void Show() {
03     System.out.println("我是父类");
04   }
05 }
06
07 class Child extends Parent {   //子类
08 }
09
10 public class Method {
11   public static void main(String[] args) {
12     Child c = new Child();     //产生子类的对象
13     c.Show();                  //调用父类中定义的方法
14   }
15 }
```

执行结果

```
我是父类
```

在第 13 行中就调用了 Show() 方法，可是在 Child 类中并没有定义 Show() 方法，在编译时 Java 编译器会顺着继承的结构往父类寻找 Show() 方法。如果有多层的继承结构，就会一路往上找，直到找到第一个有定义该方法的父类为止。如果父类中都没有定义此方法，就会产生编译错误。

11.2.2 方法的重写 (Overriding)

扫一扫，看视频

如果父类中所定义的方法不适用于子类时，那么也可以在子类中重写该方法。例如：

程序 Overriding.java 重写父类的方法

```
01 class Parent {                //父类
02   void Show() {
03     System.out.println("我是父类");
04   }
05 }
06
```

```
07 class Child extends Parent {   //子类
08   void Show() {                //重新定义
09    System.out.println("我是子类");
10   }
11 }
12
13 public class Overriding {
14   public static void main(String[] args) {
15     Child c = new Child();     //生成子类的对象
16     c.Show();                  //调用子类中定义的方法
17   }
18 }
```

执行结果

```
我是子类
```

由于Child类中重新定义了父类的Show()方法，所以在第16行中调用Show()方法时，执行的就是子类中的Show()方法。这就相当于在Child类中用新定义的Show()方法把父类中定义的同名方法给覆盖了（Overriding），所以对于Child对象来说，只能看到Child类中的Show()方法，因此调用的就是这个方法。

请注意，重新定义父类的方法时，其返回值类型必须和原来的一样才行；但允许有一个例外，就是原返回值类型如果是类的话，则在重新定义时可改成返回其子类，例如父类中有一个 Parent getMe()方法（返回Parent对象），那么在子类中就可重新定义为Child getMe()（返回Child对象）。像这种返回子类的方式就称为Covariant return（子代父还）。

11.2.3 方法的重载 (Overloading)

扫一扫，看视频

方法的重载是指在子类中定义和父类中同名但参数个数或类型不同的方法。

程序 Overloading.java 方法的重载

```
01 class Parent {                 //父类
02   void Show() {
03     System.out.println("我是父类");
04   }
05 }
06
07 class Child extends Parent {   //子类
08   void Show(String str) {      //与父类的Show()参数不同
09     System.out.println(str);
10   }
11 }
12
```

```
13 public class Overloading {
14   public static void main(String[] args) {
15     Child c = new Child(); //生成子类的对象
16     c.Show(); //调用父类中定义的方法
17     c.Show("这是子类");
18   }
19 }
```

执行结果

```
我是父类
这是子类
```


第 16 行调用的 Show() 是没有参数的，但 Child 类的 Show() 是有一个 String 参数，所以二者并不相同，因此 Java 编译器会往父类找，所以调用的就是 Parent 类的 Show()。但是在第 17 行调用的是有传入 String 的 Show() 方法，由于 Child 类本身就定义有相符的方法，所以此时调用的就是 Child 中的 Show()。

当调用方法时，Java 编译器会先在类本身寻找是否有名称、参数个数与类型皆相符的方法。如果有，就采用此方法；如果没有，就依照继承结构，往父类寻找。

TIP 方法重载时，子类方法返回值的类型可任意设置（只要参数的数量或类型和父类的方法不同即可），这点和方法的重写不同。

11.2.4 多态 (Polymorphism)

方法的继承要能真正发挥威力，必须依赖多态。前面曾经提过，子类是父类派生而来，也就是说子类继承了父类所有的内容。因此，以 11.2.2 小节中 Overriding.java 为例，我们可以说 c 所指向的是一个 Child 对象，也可以说 c 所指向的是一个 Parent 对象。这就好像可以说："张三是'人'，但也是'哺乳动物'"。

扫一扫，看视频

1. 多态的含义

由于下层的类一定包含了上层的成员，因此，在 Java 中，可以使用上层类的引用去指向一个下层类的对象，例如：

程序 Polymorphism.java 以引用指向子类的对象

```
01 class Parent {                         //父类
02   void Show() {
03     System.out.println("我是父类");
04   }
05 }
06
07 class Child extends Parent {           //子类
08   void Show() {                        //方法的重写
09     System.out.println("我是子类");
10   }
```

```
11
12   void Show(String str) {        //方法的重载
13     System.out.println(str);
14   }
15 }
16
17 public class Polymorphism {
18   public static void main(String[] args) {
19     Parent p = new Parent();   //生成父类的对象
20     Child c = new Child();     //生成子类的对象
21     p.Show();                  //调用父类定义的方法
22     c.Show();                  //调用子类中定义的方法
23
24     p = c;                     //用父类的引用指向子类的对象
25     p.Show();                  //调用哪一个Show()方法呢?
26   }
27 }
```

执行结果

```
我是父类
我是子类
我是子类
```

在第 24 行中，p 原本是一个指向 Parent 对象的引用，但因为 Child 是 Parent 的子类，而 Child 对象一定也包含了 Parent 对象的所有内容，因此任何需要 Parent 对象的场合都可用 Child 对象来替代。所以在这一行中，就可以将 p 指向一个 Child 对象。

接着，在第 25 行中就调用了 Show()。因为 p 实际指向的是一个 Child 对象，所以调用的是 Child 类中所定义的 Show()，而不是 Parent 类中所定义的 Show()。

这是因为 Java 会依据引用所指对象的类型来决定要调用的方法版本，而不是依引用本身的类型来决定。以刚刚的例子来说，虽然 p 是一个 Parent 类型的引用，但是执行到第 25 行时，p 所指的对象是属于 Child 类，因此真正调用的方法会是 Child 类中所定义的 Show()。如果 Child 类中没有参数数量与类型相符的方法，才会调用从父类继承而来的同名方法，例如：

程序 CallParent.java 调用继承自父类的方法

```
01 class Parent {                    //父类
02   void Show() {
03     System.out.println("我是父类");
04   }
05 }
06
07 class Child extends Parent {     //子类
08   void Show(String str) {        //方法的重载
09     System.out.println(str);
10   }
11 }
12
```

```
13 public class CallParent {
14   public static void main(String[] args) {
15     Parent p = new Parent();   //生成父类的对象
16     Child c = new Child();     //生成子类的对象
17     p.Show();                  //调用父类定义的方法
18     c.Show();                  //调用子类中定义的方法
19
20    p = c;                      //用父类的引用指向子类
21    p.Show();                   //调用哪一个Show()方法呢?
22   }
23 }
```

执行结果

```
我是父类
我是父类
我是父类
```

第 21 行调用 Show() 时，调用的是不需参数的版本，此时虽然 p 是指向 Child 对象，但是因为 Child 类中并没有定义不需参数的版本，所以实际调用的就是继承自 Parent 类的 Show()。

像这样通过父类的引用，依据实际指向对象决定调用方法的机制就称为多态（Polymorphism），表示虽然引用的类型是父类，但实际指向的对象却可能是父对象或是其任何的子对象，因此展现的行为也具有多种形态。

2. 编译时的检查

请注意，在编译时会先依据引用的类型来检查是否可以调用指定的方法，而实际调用的动作则是等到程序执行时才依据引用指向的对象来决定。也就是说，引用的类型决定了可以调用哪些方法，而引用指向的对象决定了要调用哪一个版本的方法。例如将前面程序的第 21 行改为“p.show（"这样可以吗?"）;”，就会发生编译错误。

程序 CallError.java 不能调用引用所属类中没有定义的方法

```
 : ... 略 (同前一程序)
12
13 public class CallError {
14   public static void main(String[] args) {
15     Parent p = new Parent();   //生成父类的对象
16     Child c = new Child();     //生成子类的对象
17     p.Show();                  //调用父类定义的方法
18     c.Show();                  //调用子类中定义的方法
19
20    p = c;                      //用父类的引用指向子类
21    p.Show("这样可以吗? ");      //调用哪一个Show()方法呢?
22   }
23 }
```

执行结果

```
CallError.java:21: error: method Show in class Parent cannot be
applied to given types;
    p.Show("这样可以吗? ");              //调用哪一个Show()方法呢?
     ^
  required: no arguments
  found: String
  reason: actual and formal argument lists differ in length
1 error
```

由于 p 是 Parent 类的引用，而 Parent 类中并没有定义传入一个 String 的 Show()，所以在第 21 行尝试通过 p 调用 Show（"..."）时，Java 编译器就会发现 Parent 类中没有相符的方法而返回错误。

3. 强制转型

如果确信某个父类的引用实际上所指向的是子类的对象，那么也可以通过强制转型的方式将引用值指定给一个子类的引用，例如：

程序 CallChild.java 强制转型成子类的引用

```
 ⋮ ... 略（同前一程序）
12
13 public class CallChild {
14   public static void main(String[] args) {
15     Parent p = new Parent();            //生成父类的对象
16     Child c = new Child();              //生成子类的对象
17     p.Show();                           //调用父类定义的方法
18     c.Show();                           //调用子类中定义的方法
19
20     p = c;                              //用父类的引用指向子类
21     if(p instanceof Child) {            //如果 p 指向的是 Child 对象
22       Child aChild = (Child)p;          //强制转型
23         aChild.Show("这样可以吗? ");
24     }
25   }
26 }
```

执行结果

```
我是父类
我是父类
这样可以吗?
```

◎ 第 21 行中使用了 Java 所提供的 instanceof 运算符，可以帮我们判定左边操作数实际上所指向的对象是否属于右边操作数所表示的类，并返回布尔值的运算结果。

◎ 第 22 行中就在 p 所指的确定是 Child 对象的情况下，使用强制转型的方式把 p 的引用值指定给 Child 类的引用 aChild，并且在第 23 行调用 Child 类的 Show() 方法。

在此特别提醒读者，强制转型是危险的动作，如果引用所指的对象和强制转型的类不符，就会在执行时发生错误。

4. 多态的规则

调用方法时有以下规则。

◎ Java 编译器先找出引用变量所属的类。

◎ 检查引用变量所属类中是否有名称相同并且参数个数与类型皆相同的方法。如果没有，就会发生编译错误。

◎ 执行程序时，Java 虚拟机会依照引用所指向的对象调用该对象的方法。

11.2.5 多态的功能

多态要真正发挥作用，多半是与参数的传递有关。例如，假设要编写一个计算地价的程序，那么可能会使用不同的类来代表各种形状的土地（当然，实际的土地不会这么规则）。

扫一扫，看视频

程序 Lands.java 代表不同形状土地的类

```
01 class Circle {            //圆形的土地
02   int r;                  //半径（单位：米）
03
04   Circle(int r) {         //构造方法
05     this.r = r;
06   }
07
08   double area() {
09     return 3.14 * r * r;
10   }
11 }
12
13 class Square{             //正方形的土地
14   int side;               //边长（单位：米）
15
16   Square(int side) {      //构造方法
17     this.side = side;
18   }
19
20   double area() {
21     return side * side;
22   }
23 }
```

接下来要编写一个 Calculator 类，它拥有一个成员变量 price，记录目前每平方米面积的地价，并且提供一个 calculatePrice() 方法，可以传入代表土地的对象，然后返回该块土地的地价。

1. 使用方法重载处理不同类的对象

由于 Circle 及 Square 是两种不同的对象，因此解决方案之一就是在 Calculator 类中使用方法重载的 calculatePrice() 方法计算不同形状土地的价值。

程序 （续）Lands.java 计算地价的类

```
25 class Calculator {
26   double price;                                 //每平方米的价格（元）
27
28   Calculator(double price) {                    //构造方法
29     this.price = price;
30   }
31
32   double calculatePrice(Circle c) {             //方法的重载
33     return c.area() * price;
34   }
35
36   double calculatePrice(Square s) {             //方法的重载
37     return s.area() * price;
38   }
39 }
```

在这个类中，就提供了两种版本的 calculatePrice() 方法，分别计算圆形以及正方形土地的地价。有了这个类后，就可以实际计算地价了。

程序 （续）Lands.java 计算地价

```
41 public class Lands {
42   public static void main(String[] args) {
43     Circle c = new Circle(5);                   //一块圆形的地
44     Square s = new Square(5);                   //一块正方形的地
45
46     Calculator ca = new Calculator(3000.0); //每平方米3000元
47
48     System.out.println("c 这块地值" + ca.calculatePrice(c));
49     System.out.println("s 这块地值" + ca.calculatePrice(s));
50   }
51 }
```

执行结果

```
c这块地值235500.0
s这块地值75000.0
```

这个程序虽然可以正确执行，但却有一个重大的问题。由于使用了重载方式，代表着如果有另外一种土地形状的新类时，就必须修改 Calculator 类，新增一个对应到新类的 calculatePrice() 方法。往后只要有创建代表土地形状的新类，就得持续不断地修改 Calculator 类。

2. 使用多态让程序具有弹性

要解决这个问题，可以使用多态方式，让代表不同形状的土地类都继承自同一个父类，然后在 calculatePrice() 方法中通过多态的方式调用不同类的 area() 方法。

程序 Lands1.java 使用继承与多态解决不断修改程序的问题

```
01 class Land {                          //代表任何形状土地的父类
02   double area() {                     //计算面积
03     return 0;
04   }
05 }
06
07 class Circle extends Land {           //圆形的土地
08   int r;                              //半径（单位：米）
09
10   Circle(int r) {                     //构造方法
11     this.r = r;
12   }
13
14   double area() {                     //计算面积
15     return 3.14 * r * r;
16   }
17 }
18
19 class Square extends Land {           //正方形的土地
20   int side;                           //边长（单位：米）
21
22   Square(int side) {                  //构造方法
23     this.side = side;
24   }
25
26   double area() {                     //计算面积
27     return side * side;
28   }
29 }
30
31 class Calculator {
32   double price;                       //每平方米的价格（元）
```

```
33
34   Calculator(double price) {           //构造方法
35     this.price = price;
36   }
37
38   double calculatePrice(Land l) {
39     return l.area() * price;           //通过多态调用正确的area()方法
40   }
41 }
42
43 public class Lands1 {
44   public static void main(String[] args) {
45     Circle c = new Circle(5);          //一块圆形的地
46     Square s = new Square(5);          //一块正方形的地
47
48     Calculator ca = new Calculator(3000.0);          //每平方米3000元
49
50     System.out.println("c 这块地值" + ca.calculatePrice(c));
51     System.out.println("s 这块地值" + ca.calculatePrice(s));
52   }
53 }    //执行结果同前一个程序
```

在这个程序中，新增了 Land 类来作为 Circle 以及 Square 类的父类。这样一来，calculatePrice() 就可以改成传入一个 Land 对象，并在执行时依据所指向的对象调用对应的 area() 了。以后即便有新土地形状的类，也不需要修改 Calculator 类。

11.3 继承的注意事项

到目前为止，已经将继承的基础知识介绍完毕，在本节中，要针对其使用的注意事项一一介绍，避免编写出错误的程序。

11.3.1 继承与访问控制

扫一扫，看视频

在 11.1.4 小节中已经介绍过，可以使用访问控制修饰符来限制父类的成员变量或方法是否能够在子类中或是类自身以外的地方使用。对于这样的限制，可以在重新定义方法的同时修改，但是要注意的是子类中只能放松限制，而不能缩小访问权限。例如：

程序 Access.java 修改访问权限

```
01 class Parent {                     //父类
02   public void Show() {             //最宽松，没有限制
03     System.out.println("我是父类");
04   }
05 }
06
07 class Child extends Parent {       //子类
08   private void Show() {            //变严格了!
09     System.out.println("我是子类");
10   }
11 }
12
13 public class Access {
14   public static void main(String[] args) {
15     Child c = new Child();         //生成子类的对象
16     Parent p = c;                  //通过父类的引用指向Child对象
17     p.Show();                      //可以调用吗?
18   }
19 }
```

执行结果

```
Access.java:8: Show() in Child cannot override Show() in Parent;
  private void Show() {     //变严格了!
               ^
  attempting to assign weaker access privileges; was public
1 error
```

当尝试将 Child 类中的 Show() 方法限制为更严格的 private 时，就会发生编译错误。原因很简单，如果将子类中的方法重新定义为更严格（即访问权限变小），那么原本可以经由父类引用来调用此方法的场合就会因为访问权限变小而无法调用，导致本来可以执行的程序发生错误。

例如，上一程序第 17 行的 p 是一个 Parent 类的引用。依据 Parent 的定义，它可以调用 public 访问控制的 Show() 方法，如果允许将 Child 类中的 Show() 方法改成更严格的 private 访问控制，那么就会导致第 17 行不能执行，因为 p 实际所指的是 Child 对象。因此，在重新定义方法时，不允许将访问权限缩小。

表 11.1 为不同的访问控制修饰符的说明，以及严格程度（最下方的 public 是最松的访问控制）。

表11.1

（严格程度：高 → 低）

访问控制修饰符	说 明
private	只有在成员变量所属的类中才能访问此成员
默认控制（不加任何访问控制修饰符）	只有在同一包 (Package) 中的类才能访问此成员，会在下一章说明
protected	只有在子类 (Subclass) 中或是同一包 (Package) 中的类才能访问此成员
public	任何类都可以访问此成员

11.3.2 定义同名的成员变量

扫一扫，看视频

子类中不仅可以重新定义父类的方法，而且还可以重新定义父类的成员变量。例如：

程序 Member.java 重新定义成员变量

```
01 class Parent {                      //父类
02   int i = 10;
03 }
04
05 class Child extends Parent {   //子类
06   int i = 20;
07 }
08
09 public class Member {
10   public static void main(String[] args) {
11     Parent p = new Parent();    //生成父类的对象
12     Child c = new Child();      //生成子类的对象
13     System.out.println("p.i: " + p.i);
14     System.out.println("c.i: " + c.i);
15   }
16 }
```

执行结果

```
p.i: 10
c.i: 20
```

重新定义的成员变量和父类中的同名成员变量是相互独立的，也就是说，在子类中其实是拥有两个同名的成员变量。不过，由于同名所产生的名称遮蔽（Shadowing）效应，当在子类中引用成员变量时，使用到的就是子类中所定义的成员变量，因此第 14 行显示成员变量 i 时，显示的就是 Child 类中的成员变量。

1. 通过 super 关键字使用父类的成员变量

如果需要使用的是父类的成员变量，那么可以在子类中使用 super 关键字，或者是通过父类的引用，例如：

程序 Super.java 使用 super 关键字访问父类的同名成员变量

```
01 class Parent {                            //父类
02   int i = 10;
03 }
04
05 class Child extends Parent {              //子类
06   int i = 20;
07
08   public void Show() {
09     System.out.println("super.i: " + super.i);
10     System.out.println("c.i: " + i);
11   }
12 }
13
14 public class Super {
15   public static void main(String[] args) {
16     Child c = new Child();                //生成子类的对象
17     c.Show();                             //通过 super 关键字访问父类同名成员
18     Parent p = c;
19     System.out.println("p.i: " + p.i);//通过父类的引用访问父类的成员
20   }
21 }
```

执行结果

```
super.i: 10
c.i: 20
p.i: 10
```

第 9 行就是在子类中通过 super 关键字访问父类中的同名成员变量；而第 19 行则是因为 Java 编译器看到 p 是 Parent 类的引用，因此访问的就是 Parent 类中所定义的成员变量。

2. 通过 super 关键字调用父类的方法

super 关键字除了可以用来访问父类中被遮蔽的同名成员变量外，也可以用来调用父类中被子类重新定义或者是重载的同名方法，例如：

程序 CallParentMethod.java 调用父类的同名方法

```
01 class Parent {                            //父类
02   int i = 10;
03
04   void Show() {
```

```
05      System.out.println("i: " + i);
06    }
07 }
08
09 class Child extends Parent {               //子类
10   int i = 20;                              //同名成员
11
12   void Show() {                            //重新定义Show
13     System.out.println("i: " + i);
14     super.Show();                          //调用父类的方法
15   }
16 }
17
18 public class CallParentMethod {
19   public static void main(String[] args) {
20     Child c = new Child();                 //生成子类的对象
21     c.Show();
22   }
23 }
```

执行结果

```
i: 20
i: 10
```

相同的技巧也可以应用在 static 成员变量上，例如：

程序 SuperStatic.java 同名的 static 成员

```
01 class Parent {                             //父类
02   static int i = 10;                       //Parent 及其子类对象共享
03
04   void Show() {
05     System.out.println("i: " + i);
06   }
07 }
08
09 class Child extends Parent {               //子类
10   static int i = 20;                       //Child 及其子类对象共享
11
12   void Show() {
13     System.out.println("i: " + i);
14     System.out.println("super.i: " + super.i);
15   }
16 }
17
18 public class SuperStatic {
19   public static void main(String[] args) {
20     Child c1 = new Child();                //生成子类的对象
```

```
21      Child c2 = new Child();                       //生成子类的对象
22
23     c1.Show();
24     c2.i = 80; //更改的是 Child 类内的 i
25     c1.Show();
26
27     Parent p = c1;
28     System.out.println("p.i: " + p.i);          //获取父类的成员变量i
29   }
30 }
```

执行结果

```
i: 20
super.i: 10
i: 80
super.i: 10
p.i: 10
```

这个结果显示，凡是 Parent 以及其子类的对象都共享了一份 static 的成员变量 i，而凡是 Child 以及其子类的对象都共享了另外一份 static 的成员变量 i，这两个同名的成员变量是完全独立的。因此，第 24 行通过 c2 更改成员变量 i 时，更改的是 Child 对象所共享的 i。当通过 c1 所指对象调用 Show() 时，可以看到 i 的值已经改变了，但是 super.i 获取的是 Parent 对象共享的 i，并没有改变。

总之，访问的成员变量是在编译时依据引用所属的类来确立的，只有方法的调用才是在执行时依据引用所指的实际对象来决定。

TIP 为了避免无谓的错误，并不建议使用与父类同名的成员变量。但是重新定义父类的方法却是很好的用法，因为这可以搭配多态，编写出简洁易懂的程序。

11.3.3 不能被修改的方法——final 访问权限

扫一扫，看视频

有的时候我们会希望某个方法可以让子类使用，但是不能让子类重新定义，这时便可以使用第 3 章介绍过的 final 关键字，将方法设置为不能再更改。例如：

程序 FinalAccess.java 使用 final 禁止子类重新定义方法

```
01 class Parent {                                   //父类
02   static int i = 10;
03
04   final void Show() {
05     System.out.println("i: " + i);
06   }
07 }
08
09 class Child extends Parent {                     //子类
10   static int i = 20;
11
12   void Show() {                                  //不能重新定义
```

```
13      System.out.println("i: " + i);
14    }
15  }
16
17  public class FinalAccess {
18    public static void main(String[] args) {
19      Child c = new Child();           //生成子类的对象
20    }
21  }
```

执行结果

```
FinalAccess.java:12: Show() in Child cannot override Show() in Parent;
  void Show() {                        //不能重新定义
       ^
  overridden method is final
1 error
```

因为 Parent 中已经将 Show() 设置为 final，所以第 12 行无法重新定义，编译时会发生错误。

> **TIP** 前文中已经提过，如果为成员变量加上 final 关键字，则是限制该成员变量的内容无法在设置初值后更改，即为常量，而非限制不能在子类中重新定义。

> **TIP** 类也可以加上 final 表示不允许有子类，父类不能被继承。例如 public final class A{}，则 class B extends A{} 就会发生编译错误。

11.3.4 构造方法不能被继承

扫一扫，看视频

虽然子类可以继承父类的方法，但是却不能继承父类的构造方法，而只能调用父类的构造方法，例如：

程序 NotConstructor.java 父类的构造方法不能被继承

```
01  class Parent {                         //父类
02    int i = 10;
03
04    Parent(int i) {                      //构造方法
05      this.i = i;
06    }
07
08    void Show() {
09      System.out.println("i: " + i);
10    }
```

```
11 }
12
13 class Child extends Parent {              //子类
14   Child() {                               //构造方法
15     super(10);                            //使用super调用父类的构造方法
16   }
17 }
18
19 public class NotConstructor {
20   public static void main(String[] args) {
21     Child c = new Child(10);              //生成子类的对象
22   }
23 }
```

执行结果

```
NotConstructor.java:21: error: constructor Child in class Child
cannot be applied to given types;
    Child c = new Child(10);              //生成子类的对象
              ^
  required: no arguments
  found: int
  reason: actual and formal argument lists differ in length
1 error
```

虽然第 4 行 Parent 类定义了需要一个整数的构造方法，但由于构造方法无法继承，因此第 21 行想要通过传入整数的构造方法创建 Child 对象时，Java 编译器会找不到 Child 类中相符的构造方法。如果想要通过父类的特定构造方法创建对象，必须在子类的构造方法中以 super 明确调用。

程序 CallParentConstructor.java 调用父类的构造方法

```
01 class Parent {                            //父类
02   int i = 10;
03
04   Parent(int i) {                         //构造方法
05     this.i = i;
06   }
07
08   void Show() {
09     System.out.println("i: " + i);
10   }
11 }
12
```

```
13 class Child extends Parent {          //子类
14   Child() {                           //构造方法
15     super(10);                        //使用super调用父类的构造方法
16   }
17 }
18
19 public class CallParentConstructor {
20   public static void main(String[] args) {
21     Child c = new Child();            //生成子类的对象
22   }
23 }
```

第21行调用的是Child中不需参数的构造方法，而在此构造方法中则通过super关键字调用父类的构造方法。**再次提醒读者，使用super调用父类构造方法必须出现在构造方法中的第一条语句中，否则编译会发生错误。**

自动调用父类的构造方法

如果没有明确使用super()调用父类的构造方法，也没有用this()来调用目前类的其他构造方法，那么Java编译器会自动在构造方法的第一条语句之前调用父类不需参数的构造方法。

由于Java默认调用的是不需任何参数的构造方法，因此，除非一定会使用super调用父类的构造方法，或是在父类中没有定义任何构造方法（此时编辑器会自动建一个空的构造方法），否则一定要在父类定义一个不需参数的构造方法，避免自动调用时发生错误。

11.3.5 类间的is-a与has-a关系

扫一扫，看视频

is-a（是一种）就是指类之间的继承关系，例如Circle继承Shape，那么Circle对象就是一种（is-a）Shape。

而has-a（有一种）则是指类间的包含关系，例如可先定义一个Point（点）类，以作为Circle类中的成员变量。

```
class Point {
   double x = 0, y = 0;
   Point(double x, double y) {this.x = x; this.y=y;}
}

class Circle {
   Point p;                    //圆心
   double r;                   //半径
   Circle (double x, double y, double r) {
      p = new Point(x, y);
```

```
        this.r = r;
    }
}
```

由于在 Circle 类中声明了 Point 成员变量，因此在 Circle 对象中有一种（has-a）Point 对象。换句话说，就是在 Circle 中有一个 Point 类的对象引用。

在设计类时，is-a 和 has-a 的关系很容易被混淆，例如本章的开头所设计的“Cylinder extends Circle”范例其实不正确，因为 Cylinder（圆柱体）并不是一种 Circle（圆形），而是包含 Circle。所以应该改为 has-a 的关系会比较好。

```
class Circle { ... }

class Cylinder {
    Circle c;                       //圆形
    double h;                       //高度
    ...
}
```

那么要如何分辨 is-a 与 has-a 的关系呢？其实很简单，只要将它们用口语来表达，就可以很直观地判断出来。例如汽车虽然拥有引擎的所有属性，但我们绝对不会说汽车是一种（is-a）引擎，而应该说汽车有（has-a）引擎。

11.4 Object 类与基本数据类型

在之前的章节中，曾经提过“+”这个运算符会在操作数中有 String 数据时进行字符串连接。但是，如果另外一个操作数并不是 String 对象，就会调用该对象的 toString() 方法，以便获取代表该对象的字符串。这听起来似乎很完美，但是如果该对象没有定义 toString() 方法时会有什么样的结果呢？要了解这一点，请先看看以下的范例。

程序 NoToString.java 调用 toString 方法

```
01 class Child {                      //没有定义toString方法的对象
02 }
03
04 public class NoToString {
05   public static void main(String[] args) {
06     Child c = new Child();         //生成Child对象
07     System.out.println("c.toString: " + c);
08   }
09 }
```

在第 1、2 行的 Child 类并没有定义任何方法，而且也没有继承自任何类，因此便不会有 toString() 方法，那么第 7 行使用“+” 运算符进行字符串连接时，会出错吗？答案是不会，这个程序可以正常编译。

执行结果

```
c.toString: Child@757aef  ←— @之后的文字不一定和此处相同
```

从这个程序可以正常执行，可以知道 Child 类其实是有 toString() 方法的，那么这个 toString() 方法是从何而来呢？

11.4.1 类的始祖——Object 类

扫一扫，看视频

答案很简单，在 Java 中内置有一个 Object 类，这个类是所有类的父类，对于任何一个没有标识父类的类来说，都相当于是继承自 Object，而 Object 类定义有 toString()。所以在刚刚的范例中，字符串连接时执行的就是 Child 继承自 Object 的 toString() 方法。

所以，刚刚范例中的类定义就完全等同于下面的程序。

程序 ExtendsObject.java 继承 Object 类

```
01 class Child extends Object {          //没有定义toString方法的对象
02 }
03
04 public class ExtensObject {
05
06   public static void main(String[] args) {
07    Child c = new Child();             //生成Child对象
08
09    //调用 Object.toString()
10    System.out.println("c.toString: " + c);
11   }
12 }
```

不管有没有明确地标识继承自 Object，所定义的类都会是 Object 的子类。Object 类定义有几个常用的方法，是在自行定义类时有必要依据类本身的特性重新定义的，讨论如下。

1. public String toString( )

在之前的范例中可以看到，Object 类中的 toString() 方法返回的字符串为：

```
Child@757aef
```

其中“Child” 是类的名称（范例中是 Child 类），接着是一个“@”，然后跟着一串奇怪的十六进制数字，这串数字是对象的识别号码，代表了范例中变量 c 所指的对象。在执行期间，每一个对象都对应到一个独一无二的数字，被称为是该对象的哈希码（Hash Code），这个哈希码就像是对象的身份证号码一样，可以用来识别不同的对象。

很显然，这个做法对于多数的对象来说并不适合，因此，建议为自己的类重新定义 toString() 方法，以显示适当的信息。

2. public boolean equals(Object obj)

在之前的章节中已经使用过 equals() 方法，这个方法主要的目的是要和传入的引用所指的对象相比较，看看两个对象是否相等。一般来说，所定义的类必须重新定义这个方法来进行对象内容的比较，并依据比较的结果返回 true 或 false，表示两个对象内容是否相同。

由于 Object 类无法得知子类的定义，因此 Object 类的 equals() 方法只是单纯地比较引用所指的是否为同一个对象（相当于用 == 比较两个对象），而不是比较对象的内容。

在 Java 提供的一些有关对象排序或搜索的类中，都会依靠类的 equals() 方法来检查两个对象是否内容相等，因此为类重新定义 equals() 方法就变得相当重要了。例如本章最前面介绍的 Circle 类，就可以用以下定义的 equals() 方法。

程序 CircleEquals.java 重新定义自定义类的 equals() 方法

```
01 class Circle {
02   private double x,y;                    //圆心
03   private double r;                      //半径
04 
05   public Circle(double x, double y, double r) {
06     this.x = x; this.y = y; this.r = r;
07   }
08 
09   public boolean equals(Object o) {
10     if (o instanceof Circle)
11       return x == ((Circle)o).x && y == ((Circle)o).y
12                                 && r == ((Circle)o).r;
13     else
14       return false;
15   }
16 }
17 
18 public class CircleEquals {
19   public static void main(String[] args) {
20     Circle c1 = new Circle(2,2,5);
21     Circle c2 = new Circle(2,2,5);
22     Circle c3 = new Circle(8,8,5);
```

```
23     System.out.println("c1 == c2     : " + (c1 == c2));
24     System.out.println("c1 equals c2: " + c1.equals(c2));
25     System.out.println("c1 equals c3: " + c1.equals(c3));
26   }
27 }
```

执行结果

```
c1 == c2     : false      ← c1 和 c2 是不同的圆
c1 equals c2: true        ← c1 和 c2 的内容相同
c1 equals c3: false       ← c1 和 c3 的内容不同
```

在重新定义 Object 的 equals() 方法时，必须声明为 public boolean，而且参数必须是 Object 类型而非 Circle 类型，也就是参数要和 Object 中定义的完全相同，否则就变成是多重定义了。

另外，在方法中最好能先用 instanceof 关键字来检查传入的参数是否为 Circle 类（第 10 行），否则执行到第 11 行强制转型（(Circle) o）时可能会发生错误。

11.4.2 代表基本类型的类

扫一扫，看视频

在之前的范例中，即便字符串连接的是基本类型的数据，如 int、byte、double 等，也都可以正确地转成字符串。可是基本类型的数据并不是对象，根本不会有 toString() 方法可以调用，那么转换成字符串的操作究竟是如何做到的呢？

答案其实很简单，在 Java 中，针对每一种基本数据类型都提供有对应的包装类（Primitive wrapper class），见表 11.2。

表11.2 基本数据类型及对应包装类

基本数据类型	包装类
boolean	Boolean
byte	Byte
char	Character
double	Double
float	Float
int	Integer
long	Long
short	Short

当基本类型的数据遇到需要使用对象的场合时，Java 编译器会自动创建对应类的对象来代表该项数据。这个动作称为装箱（Boxing），因为它就像是把一个基本类型数据装到一个对象（箱子）中一样。

因此，当 int 类型的数据遇到字符串的连接运算时，Java 就会先为这个 int 数据创建一个 Integer 类的对象，然后调用这个对象的 toString() 方法将整数值转成字符串。

相同的道理，当 Integer 类的对象遇到需要使用 int 基本数据类型的场合时，Java 编译器会自动从对象中取出数据值，这个过程称为拆箱（Unboxing）。例如：

程序 Boxing.java Java 的自动装箱与拆箱

```
01 class Child extends Object {
02   int addTwoInteger(Integer i1,Integer i2) {         //自动装箱
03     return i1 + i2;                                  //自动拆箱
04   }
05 }
06
07 public class Boxing {
08
09   public static void main(String[] args) {
10     Child c = new Child();                           //生成Child对象
11
12     System.out.println(c.addTwoInteger(10,20));
13     System.out.println(c.addTwoInteger(
14       new Integer(10),new Integer(20)));             //创建两个 Integer 对象
15   }
16 }
```

执行结果

```
30
30
```

在第 12 行中，传入了两个 int 类型的数据给 Child 类的 addTwoInteger() 方法，由于这个方法需要的是两个 Integer 对象，因此 Java 会进行装箱的动作，生成两个 Integer 对象，再传给 addTwoInteger() 方法。事实上，第 12 行就等同于第 13 行，只是 Java 编译器会帮你添上生成对象的操作而已。

在第 13 行中，就是 Integer 对象遇到需要使用 int 基本数据类型的场合，这时 Java 编译器会自动添上调用 Integer 类所定义的方法，以获取对象的整数值，然后才进行计算。关于基本类型的对应包装类，会在第 17 章中进一步介绍。

为什么要有基本数据类型？

从刚刚的说明来看，int 和 Integer 的功能好像重复，只需要保留 Integer 类，让所有的数据都是对象不就好了吗？其实之所以会有基本数据类型，是因为对象的使用比较耗费资源，必须牵涉配置与管理内存。因此，对于数据大小固定且又经常使用到的数据类型，如 int、double、byte 等，就以最简单的基本数据类型来处理，只在必要的时候才生成对应的对象，以提高程序的效率。

11.5 综合演练

应用 Java 的继承机制，程序的编写就可以比较灵活，并且可以使程序写起来更为简洁、易懂。在本节中，将 11.2.5 小节中的 Lands1.java 程序加以改良，所要利用的就是 Java 的继承机制。

11.5.1 传递不定数量参数——使用数组

扫一扫，看视频

在 11.2.5 小节中，编写了一个可以计算地价的程序，其中 Calculator 类的 calculatePrice() 方法可以依据传入的 Land 对象计算其地价。可是如果有多块地想要计算总价，就得一一将对象传入到 calculatePrice() 中，然后将返回值求和。针对这样的问题，其实可以编写一个 calculateAllPrices() 方法，传入一个 Land 对象的数组，然后从数组中一一取出每个 Land 对象，计算地价并求和。程序如下（由于其他类与 Lands1.java 中一样，这里仅列出 Calculator 类及 main() 方法）。

程序 Lands2.java 使用数组传递多个参数

```
 ⋮
31 class Calculator {
32   double price;                          //每平方米的价格（元）
33 
34   Calculator(double price) {             //构造方法
35     this.price = price;
36   }
37 
38   double calculatePrice(Land l) {
39     return l.area() * price;             //通过多态调用正确的 area() 方法
40   }
41 
42   double calculateAllPrices(Land[] Lands) {
43     double total = 0;                    //计算总和
44 
45     for(Land l : Lands) {                //一一取出每个对象
46       total += calculatePrice(l);        //计算并累加
47     }
48 
49     return total;
50   }
51 }
52 
53 public class Lands2 {
```

```
54   public static void main(String[] args) {
55     Circle c = new Circle(5);          //一块圆形的地
56     Square s = new Square(5);          //一块正方形的地
57
58     Calculator ca = new Calculator(3000.0); //每平方米3000元
59
60     System.out.println("总价值：" +     //使用匿名数组
61        ca.calculateAllPrices(new Land[] {c,s}));
62   }
63 }
```

执行结果

```
总价值：310500.0
```

第 42 ~ 50 行就是新增的 calculateAllPrices() 方法，这个方法接收一个 Land 数组，并计算 Land 数组中所有 Land 对象的地价总值。这个技巧可以用来编写需要传入未知个数参数的方法，调用时只要将需要传递的参数都放入数组中即可。如果这些参数的类型不一样，可以采用 Object 作为数组元素的类型，由于所有的类都是 Object 的子类，所以任何对象都可以放入此数组中传递给方法。

接着在第 61 行中使用了前面章节所介绍过的匿名数组将 c 与 s 这两个 Land 对象放入数组中，传递给 calculateAllPrices()。这样一来，不管想要计算的 Land 对象有几个，都可以使用同样的方式调用 calculateAllPrices() 来计算了。

11.5.2 传递不定数量参数——Varargs 机制

由于 11.5.1 小节所使用的传递不定数量参数的技巧在许多场合都可以发挥用处，因此 Java 提供了一种更简便的方式，称为 Varargs（即 Variable Arguments，可变参数），可以将类似的程序简化。范例（同样只显示 Calculator 类及 main() 方法）如下。

扫一扫，看视频

程序 Lands3.java 创建不定参数的方法

```
 :
31 class Calculator {
 :  ... 略 (同前一程序)
41
42   double calculateAllPrices(Land... Lands) {
43     double total = 0;                  //求和变量
44
45     for(Land l : Lands) {              //一一取出每个对象
46       total += calculatePrice(l);      //计算并累加
47     }
48
49     return total;
50   }
```

```
51 }
52
53 public class Lands3 {
54   public static void main(String[] args) {
55     Circle c = new Circle(5);                //一块圆形的地
56     Square s = new Square(5);                //一块正方形的地
57
58     Calculator ca = new Calculator(3000.0); //每平方米3000元
59
60     System.out.println("总价值: " +          //使用匿名数组
61       ca.calculateAllPrices(c,s));
62   }
63 }
```

这个程序和刚刚的范例作用相同，事实上，经过Java编译器编译后，两个程序的内容根本就相同。

在第42行中，calculateAllPrices()方法的参数类型变成“Land...”，类名称后面的“...”就表示这个参数其实是一个数组，其中每个元素都是Land对象。当Java编译器看到“...”后，就会将这个参数的类型自动改成Land[]。同理，当Java编译器看到第61行时，发现调用方法所需的参数是“Land...”，就会自动将后续的所有参数放进一个匿名数组中传递过去。因此，这就和上一小节所编写的程序一模一样了，只是编写起来更简单。

不定参数的“...”语法只能用在方法的最后一个参数中，Java编译器调用时会将对应到此参数及之后的所有参数全部放到一个匿名数组中。举例来说，如果希望在计价时能够直接指定单位价格，就可以写成这样。

程序 Lands4.java 不定个数参数的对应

```
31 class Calculator {
32   static double calPrice(double price, Land... Lands) {
33     double total = 0;                        //变量求和
34
35     for(Land l : Lands) {                    //一一取出每个对象
36       total += l.area() * price;             //计算并累加
37     }
38     return total;
39   }
40 }
41
42 public class Lands4 {
43   public static void main(String[] args) {
```

```
44      Circle c = new Circle(5);                    //一块圆形的地
45      Square s = new Square(5);                    //一块正方形的地
46
47      System.out.println("价值: " + Calculator.calPrice(4000, c));
48      System.out.println("总价值: " + Calculator.calPrice(4000, c, s));
49    }
50  }
```

执行结果

```
价值: 314000.0
总价值: 414000.0
```

◎ 在 Calculator 类中，只定义了一个 calPrice() 方法，可依照传入的单价及任意数目的土地来计算出总价。另外，由于加上了 static，因此可直接用类名称调用，而不必先创建对象。

◎ 在第 48 行的调用动作中，4000 就对应到 price 参数，而 c 与 s 就对应到 “Lands...” 参数，Java 编译器会以匿名数组来传递这两个参数。

如果把第 32 行写成这样（不定参数放前面），那编译时就会发生错误。

```
static double calculateAllPrices(Land... Lands,double price)
```

11.5.3　传递任意类型的参数

由于 Object 类是所有类的父类，因此当方法中的参数是 Object 类型，表示该参数可使用任意类型的对象。例如，如果希望刚刚的 calculatePrice() 方法可以在传入参数时在每个 Land 对象之后选择性地加上一个整数类型参数，表示同样大小的土地数量，比如说，传入。

```
3000, s,2,c
```

上述参数表示在要计算地价的土地中，像 s 这样大小的土地有两块，而 c 这样大小的土地只有一块。那么就可以让这个方法接收任意个数的 Object 对象。

程序 Land5.java 利用 Object 传递任意类型的参数

```
31 class Calculator {
32   static double calPrice(double price, Object... objs) {
33     double total = 0;                          //用来存储总价
34     double tmp = 0;                            //暂存单一的地价
35
36     for(Object o : objs) {                     //一一取出每个对象
37
38       if(o instanceof Land) {                  //如果是土地对象
39           tmp = ((Land)o).area() * price;      //计算地价, 存储于 tmp 中
40         total += tmp;                          //累加起来
41       }
```

```
42
43        else if(o instanceof Integer) {          //否则如果是数值
44            total += tmp * ((Integer)o - 1);  //因之前 tmp 已加过一次,所以减 1
45        }
46      }
47      return total;
48    }
49  }
50
61  public class Lands5 {
62    public static void main(String[] args) {
63      Circle c = new Circle(5);                  //一块圆形的地
64      Square s = new Square(5);                  //一块正方形的地
65
66      System.out.println("价值: " + Calculator.calPrice(4000,c));
67      System.out.println("总价值: " + Calculator.calPrice(4000,c,s));
68      System.out.println("总价值: " + Calculator.calPrice(3000,s,2,c));
69    }
70  }
```

执行结果

```
价值：314000.0
总价值：414000.0
总价值：385500.0
```

1. 检查对象的类别——instanceof 运算符

第 32 行所需的第 2 个参数是一个 Object 数组，而由于 Object 是所有类的父类，所以不管是整数还是 Land 对象，都可以传进来。

从第 36 行开始，就一一查看每个元素。不过如前面所说，Object 类的引用可以指向任何对象，所以，为了防范用户传入错误的对象，必须检查元素的类。这里就使用了 instanceof 运算符检查引用所指的对象类，像第 38 行就检查目前的元素是否为 Land 对象，如果是，才进行地价计算的操作，否则执行第 43 行，再检查是否为 Integer 对象，如果是，则当成前一地价的倍数来计算。

2. 强制转型

第 39 行以强制转型的方式将目前的 Object 元素转型为 Land 对象，然后调用其 area() 方法来计算地价，并暂存于 tmp 中，再累加到 total 中。第 44 行则会将元素强制转型为 Integer，并通过 Java 编译器自动拆箱的功能取出整数值，然后以前一块土地的地价乘以此数值减 1（因为之前已累加过一次），再累加到 total 中。

利用本章介绍的继承机制，程序的编写就更加灵活，只要能够善于利用，就可以体会到继承机制的优点。

课 后 练 习

※ 选择题可能单选或多选

1.（　　）要从既有的类中继承并定义新的类，必须使用以下哪一个关键字？

（a）extend　　（b）inheritance　　（c）extends　　（d）以上都不对

2．请看以下的程序，找出其错误并改正。

```
01 class Parent {                    //父类
02   int i;
03   Parent(int i) {
04     this.i = i;
05   }
06 }
07
08 class Child extends Parent {   //子类
09   Child() {
10   }
11 }
12
13 public class Ex_11_2 {
14   public static void main(String[] args) {
15     Child c = new Child();     //生成子类的对象
16   }
17 }
```

3．请看以下程序，找出其错误并改正。

```
01 class Parent {                    //父类
02   int i;
03   Parent(int i) {
04     this.i = i;
05   }
06 }
07
08 class Child extends Parent {   //子类
09   Child(int i) {
10     super.Parent(i);           //调用父类的构造方法
11   }
12 }
13
```

```
14 public class Ex_11_3 {
15   public static void main(String[] args) {
16     Child c = new Child(20);          //生成子类的对象
17   }
18 }
```

4. 写出以下程序的执行结果。

```
01 class Parent {                         //父类
02   int i;
03   Parent(int i) {
04     this.i = i;
05   }
06 }
07
08 class Child extends Parent {           //子类
09   int i = 10;
10   Child(int i) {
11     super(i + 10);                     //调用父类的构造方法
12   }
13 }
14
15 public class Ex_11_4 {
16   public static void main(String[] args) {
17    Child c = new Child(20);            //生成子类的对象
18    Parent p = c;
19    System.out.println(p.i);
20   }
21 }
```

5. 继续上题，如果第19行改成System.out.println(c.i)，请问执行结果是什么？

6. 写出以下程序的执行结果。

```
01 class Parent {                         //父类
02   int i = 30;
03   int sum(int j) {
04     return i + j;
05   }
06 }
07
08 class Child extends Parent {           //子类
09   int i = 10;
10
11   int sum() {
12     return this.i + super.i;
```

```
13   }
14 }
15
16 public class Ex_11_6 {
17   public static void main(String[] args) {
18     Child c = new Child();            //生成子类的对象
19     test(c);
20   }
21
22   static void test(Parent p) {
23     System.out.println(p.sum());
24   }
25 }
```

7. 继续上题，如果将第23行的p.sum()改成p.sum(20)，请问执行结果是什么？

8. (　　)下列哪一个访问控制修饰符会让成员变量可以被子类访问？

(a) public　　(b) protected

(c) private　　(d) 以上都可以

9. (　　)如果成员变量没有加上访问控制修饰符,那么以下选项哪个是正确的?

(a) 该成员变量就成为 public　　(b) 该成员变量不能被子类访问

(c) 该成员变量就成为 protected　　(d) 该成员变量就成为 private

10. (　　)有关 Object 类的描述,以下哪个是正确的?

(a) 类可以不继承 Object

(b) Object 定义的 toString() 方法会返回空的字符串

(c) Object 类的引用可以指向任何一种对象

(d) 以上都不对

程序练习

1. 请修改 11.5.2 小节的 Lands4.java 程序，新增一个 Rectangle 类，表示矩形的土地，并在 main() 中测试新增的类。
2. 延续上一题，请再加入一个 Triangle 类，表示直角三角形的土地，并测试。
3. 请沿用上一题所编写的程序，另外编写一个 Utility 类，提供一个 max() 方法，可以传入任意个代表土地的对象，并返回其中面积最大的一块土地的面积。
4. 请编写一个类，提供一个方法，可以传入任意个数的整数，并返回这些整数的总和。
5. 请编写一个类，提供一个方法，可以传入任意个数的整数，并返回一个数组，内容为这些整数由小至大排序后的结果。
6. 请编写一个程序，有一个代表学生的类以及一个代表老师的类，其中学生与老师分别要有表 11.3 所示的成员变量。

表11.3　成员变量表

成员变量	学　生	老　师
姓名	√	√
出生年	√	√
学号	√	×
年级	√	×
教授科目（语文、英语或数学）	×	√

   请适当安排类继承的结构，并尝试创建任意个数的学生与老师。
7. 延续上题，请为各类重写 toString() 方法，以便能够利用“System.out.println()”显示学生或老师的个人信息。
8. 延续上题，请编写一个类，提供一个 showInfoByName() 方法，可以传入任意个学生以及老师对象，并依据姓名排序后，显示每一个学生以及老师的信息。
9. 延续上题，新增一个 showInfoByAge() 方法，显示同样的结果，但是按照年龄排序。
10. 延续上题，第8题和第9题中两个方法的程序几乎一样，只是排序时使用的成员变量不同。请想想看有没有方法可以简化？（提示：另外编写一个类 Comparator，提供 compare() 方法进行比较，并由此派生 CompareByName 以及 CompareByAge 两个子类，分别重写 compare() 方法，逐个依据姓名与年龄做比较操作。）

12

CHAPTER

第 12 章 抽象类、接口与内部类

学习目标

- 认识抽象类与抽象方法
- 使用接口
- 接口的继承关系
- 认识内部类、匿名类与 Lambda 表达式在前面的章节中，相信你对面向对象的开发理念已经有了一定的认识，本章将从继承机制这个概念出发，继续探讨两个重要的概念——抽象类与接口。

12.1 抽象类 (Abstract Class)

回顾第 11 章所举的图形类范例，在 Shape、Circle、Cylinder、Rectangle 类中，Shape 其实并未被主程序使用到，而其存在的目的只是让整个继承结构更完善。

实际上 Shape 只是一个抽象的概念，程序中并不会有 Shape 对象，而只会使用它的派生类，如 Circle、Rectangle 等来创建对象。因此，需要一种方法，可以让类的用户知道，Shape 这个类并不能用来生成对象实例。

12.1.1 什么是抽象类

为了解决上述问题，Java 提供抽象类（Abstract Class）的机制，其用途是标注某个类仅是抽象的概念，不应该用以生成对象。只要在类的名称之前加上 abstract 访问控制修饰符，该类就会被定义为抽象类，Java 编译器将会禁止任何生成此对象实例的动作。举例来说，在上述的范例中，Shape 类就可以改成这样：

```
abstract class  Shape {
  protected double x,y;

  public Shape(double x, double y) {
    this.x = x;
    this.y = y;
  }
}
```

抽象类不允许创建对象实例，否则在编译时会出现错误，例如：

程序 Abstract.java 抽象类无法创建对象实例

```
01 abstract class Parent {        //抽象类
02 }
03
04 class Child extends Parent {   //子类
05 }
06
07 public class Abstract {
08   static public void main(String args[]{
09     Parent p = new Parent();          //企图创建抽象类的对象
```

```
10    }
11 }
```

执行结果

```
Abstract.java:9: Parent is abstract; cannot be instantiated
    Parent p = new Parent();          //企图创建抽象类的对象
                 ^
1 error
```

如上所示，一旦在类定义前加上 abstract 关键字将其声明为抽象类后，在程序中要创建该类的对象实例就会被视为错误。

12.1.2 抽象方法 (Abstract Method)

同理，在第 11 章计算地价的程序中，Land 类也可视为是一个抽象的概念，表示某种形状的土地，真正计算地价时，都是使用其子类 Circle、Square 等所创建的对象实例。因此，Land 也是抽象类。

扫一扫，看视频

```
abstract class Land {              //父类
  double area() {                  //计算面积
    return 0;
  }
}
```

不过 Land 这个抽象类和前述图形类 Shape 稍微不同：在 Shape 类中所定义的构造方法是其子类所共同需要的且会调用使用的；可是在 Land 类中定义的 area() 方法，本身并不执行任何动作，它的存在只是为了确保所有 Land 的派生类都会有 area() 方法而已，至于各派生类的 area() 方法要进行什么动作，则是由各派生类自行定义。但是因为 area() 的返回值为 double 类型，所以在 Land 类中 area() 就定义成返回 0。

对于这种性质的方法，也可以将其标注为抽象方法（Abstract Method），如此一来，就只需要定义方法的名称，以及所需要的参数及返回值类型即可，而不需要定义其主体语句块的内容——方法体。标注的方法就和抽象类一样，只要在方法名称之前加上 abstract 关键字即可。以 Land 类为例。

程序 AbstractLand.java 定义抽象类及抽象方法

```
01 abstract class Land {              //父类
02   abstract double area();          //计算面积的抽象方法
03 }
04
```

```
05 class Circle extends Land {      //圆形的土地
06   int r;                         //半径（单位：米）
07
08   Circle(int r) {                //构造方法
09     this.r = r;
10   }
11
12   double area() {                //实现抽象方法 （也就是重新定义父类中的方法）
13     return 2 * 3.14 * r * r;
14   }
15 }
16
17 class Square extends Land {      //正方形的土地
18   int side;                      //边长（单位：米）
19
20     Square(int side) {           //构造方法
21     this.side = side;
22   }
23
24   double area() {                //实现抽象方法 （也就是重新定义父类中的方法）
25     return side * side;
26   }
27 }
```

第 2 行就是加上 abstract 关键字的 area() 方法，由于不需要定义其方法体，所以要记得在右括号后补上一个分号（;），表示这个语句的结束。

请注意，拥有抽象方法的类一定要定义为抽象类。这道理很简单，抽象方法代表的是这个方法要到子类才会真正有效，既然如此，就表示其所属的类并不完整，自然就不应该拿来创建对象使用，所以必须为抽象类。

但是反过来说，一个抽象类却未必要拥有抽象方法，如前面介绍的 Shape 类就未定义抽象方法。

TIP 请注意，final 和 abstract 关键字不可同时使用，因为二者的意义相反 (final 的类不允许被继承，而 final 的方法不允许在子类中被重新定义)。

12.1.3 抽象类、抽象方法与继承关系

扫一扫，看视频

对于一个拥有抽象方法的抽象类来说，如果其子类并没有实现其中的所有抽象方法，那么这个子类也必须定义为抽象类，例如：

程序 WrongAbstractChild.java 自动成为抽象类的子类

```
01 abstract class Parent {                  //抽象类
02   abstract void show();                  //抽象方法
03 }
04
05 class Child extends Parent {             //Parent 的子类
06   //没有实现show，自动成为抽象类
07 }
08
09 class Grandson extends Child {           //Child 的子类
10   void show({                            //实现了抽象方法
11     System.out.println("我实现了抽象方法");
12   }
13 }
14
15 public class WrongAbstractChild {
16   static public void main(String args[]{
17     Parent p = new Child();              //创建抽象类的对象
18   }
19 }
```

执行结果

```
WrongAbstractChild.java:5: Child is not abstract and does not
override abstract method show() in Parent
class Child extends Parent {            //子类
^
1 error
```

由于 Child 并没有实现继承而来的 show() 抽象方法，所以编译的错误信息就是说 Child 也必须是一个抽象类。如果要正确编译这个程序，除了必须为 Child 类加上 abstract 访问控制，同时第 17 行也不能用它创建对象，范例如下。

程序 AbstractChild.java 抽象子类

```
01 abstract class Parent {                  //抽象类
02   abstract void show();                  //抽象方法
03 }
04
05 abstract class Child extends Parent {//Parent 的子类
06   //没有实现show，自动成为抽象类
07 }
```

```
08
09 class Grandson extends Child {          //Child 的子类
10   void show() {                         //实现了抽象方法
11     System.out.println("我实现了抽象方法");
12   }
13 }
14
15 public class AbstractChild {
16   static public void main(String args[]){
17     Parent p = new Grandson();          //创建子类的对象
18     p.show();
19   }
20 }
```

执行结果

```
我实现了抽象方法
```

此范例在第 5 行将 Child 类定义为 abstract（因为它没有实现抽象方法 show()），另外在 main() 方法中，也改用有实现 show() 的 Grandson 类来创建对象，因此可正常编译执行。

TIP 抽象类多用于该类必须派生子类才能创建对象的场合。如果只是要防止创建特定类的对象，应该为类定义一个 private 访问控制且不需参数的构造方法，这在该类仅作为提供 static 方法给其他类使用或需要限制“只能在类本身的方法中创建该类对象”时特别有用。

12.2 接口 (Interface)

前面提过，编写面向对象程序的第一步就是要分析出程序中需要哪些类，以及类之间的继承关系。不过就像现实世界中所看到的，许多“不同类”的事物之间又通常会具有一些相似的行为。举例来说，飞机和小鸟很显然不是相同性质的类，而且它们的飞行方式也不同，但不可否认它们都具有会飞行的行为。

类似这样的情况在设计程序时也会遇到：一些在继承结构中明显不同的类，它们却又具有一些相似的行为（特性），也因此会造成设计类时的困扰，例如为了可以用共同的方法来描述相似的行为（例如会飞），若将明显不同性质的类（例如飞机和鸟）凑在一起放在同一继承结构下，就会使得类的继承关系不合常理。

为了让这样的设计需求也能系统化，不会使不同性质的类在同一继承结构中，并避免在实现它们应有的共同行为时造成困扰，Java 特别提供了接口（Interface）来描述这个共同的行为。

Java 的类不支持多重继承

有些面向对象程序语言会支持多重继承 (Multiple Inheritance)，即让单一类同时继承自多个父类，如此一来便可解决上述不同性质类有共同行为的问题。

不过多重继承也会使语言复杂化，而在第 1 章就提过，“简单”是 Java 语言的主要特色之一，因此当初开发 Java 语言的小组就决定让 Java 语言不支持多重继承，以保持其简单的特色。

虽然如此，Java 的实用性并不因此而减少，需要使用到多重继承的场合几乎也都可通过 Java 的接口功能完成。

12.2.1 定义接口

接口代表的是一群共同的行为，它和类有些相同之处，因此定义接口也和类类似，但开头要改用 interface 关键字来表示。

```
interface 接口名称 {
  //接口中的方法
}
```

由于类是用来描述实际存在的对象，而接口则仅是用以描述某种行为方式（例如“会飞”这件事），所以两者本质上有许多差异，以下是定义接口时要注意的事项。

◎ 在 Interface 之前也可加上 Public、Protected 等访问控制修饰符，其功效和类相同。因此若不加，则接口只能在同一个包中使用。

◎ 接口的命名也和类一样，通常都是首字母大写，使得其在程序中容易被识别。有些人习惯在接口的名称前加上一个大写字母“I”以特别表示这个名称是个接口。

◎ 在接口中只能定义方法的类型（返回值）及参数类型，不可定义方法体（和抽象方法相同），这些方法都会默认为 public abstract，即公开抽象方法，请记得在右括号之后加上分号。

◎ 由于接口通常代表某种属性，因此接口的名称一般都是一个形容词，表示可以“如何做”的意思，例如可用 Flying 表示“会飞”的意思。

例如，第 11 章最后计算地价的范例中，要计算地价时，当然要算出土地的面积，而“计算面积”这件事可能是很多类需要的功能，可以定义一个计算面积的接口。

```
interface Surfacing {
  double area();                    //计算面积的方法
}
```

如前所述，不可定义方法体，因为不同形状，其面积的计算方式也都不同，因此此处 Surfacing 接口只定义了计算面积的方法名称为 area、没有参数且返回值为 double 类型。

如前所述，接口中的方法都默认是公开的抽象方法，所以通常 public、abstract 控制修饰符也都省略不写。

12.2.2 接口的实现

扫一扫，看视频

定义好接口之后，需要使用该接口的类，就可以实现该接口，也就是在类名称之后，使用 implements 关键字，再加上要实现的接口名称。此外，前文中讲过，接口中所定义的方法会自动成为抽象方法，因此实现接口时就必须完全实现接口中的所有方法。

```
interface Surfacing {
  double area();                //计算面积的方法
}

class Circle implements Surfacing {
  ...
  public double area() {
    //计算圆面积并回传
  }
}
```

沿用第 11 章 Shape 类及 Circle 类的继承结构，并让 Circle 实现 Surfacing 接口。

程序 ShapeArea.java 实现 Surfacing 接口

```
01 interface Surfacing {
02   double area();                //计算面积的方法
03 }
04
05 class Shape {                   //代表图形原点的类
06   protected double x,y;         //坐标
07
08   public Shape(double x,double y) {
09     this.x = x;
10     this.y = y;
11   }
12
13   public String toString() {
14     return "图形原点：(" + x + ", " + y + ")";
15   }
16 }
17
18 class Circle extends Shape implements Surfacing {
19   private double r;             //圆形半径
20   final static double PI = 3.14159;    //圆周率常量
```

```
21
22   public Circle(double x,double y,double r) {
23     super(x,y);                          //调用父类构造方法
24     this.r = r;
25   }
26
27   public double area() {               //计算圆面积
28     return PI*r*r;
29   }
30
31   public String toString() {
32     return "圆心：(" + x + ", " + y + ")、半径：" + r +
33            "、面积：" + area();
34   }
35 }
36
37 public class ShapeArea {
38   public static void main(String[] args) {
39     Circle c = new Circle(5,8,7);
40     System.out.println(c.toString());
41   }
42 }
```

执行结果

```
圆心：(5.0, 8.0)、半径：7.0、面积：153.93791
```

第 18 行的 Circle 类定义，先继承了 Shape 类再以 implements 关键字表示要实现 Surfacing 接口。因此 Circle 类必须定义 Surfacing 接口中声明的 area() 方法，所以在第 27 行定义了计算圆面积的 area() 方法。如果声明了要实现某个接口，但类中未定义该接口所声明的方法，编译时将会出现错误。

另外，要记住接口所提供的方法都是 public，因此实现接口时也要将其声明为 public，不可将其设为其他的访问控制，以免造成编译错误。

12.2.3 接口中的成员变量

扫一扫，看视频

接口也可以拥有成员变量，不过在接口中声明的成员变量会自动拥有 public static final 的访问控制，而且必须在声明时即指定初值。换句话说，在接口中仅能定义由所有实现该接口的类所共享的常量。比如，在刚才的例子中，若将圆周率常量定义在接口中，那么所有实现该接口的类就可访问该常量。

程序 InterfaceMember.java 在接口中使用成员变量

```
01 interface Surfacing {
02   double area();                  //计算面积的方法
03   double PI = 3.14159;            //定义常量
04 }
05
06 class Shape {                     //代表图形原点的类
07   protected double x,y;           //坐标
08
09   public Shape(double x,double y) {
10     this.x = x;
11     this.y = y;
12   }
13
14   public String toString() {
15     return "图形原点：(" + x + ", " + y + ")";
16   }
17 }
18
19 class Circle extends Shape implements Surfacing {
20   private double r;               //圆形半径
21
22   public Circle(double x,double y,double r) {
23     super(x,y);                   //调用父类构造方法
24     this.r = r;
25   }
26
27   public double area() {          //计算圆面积
28     return PI*r*r;
29   }
30
31   public String toString() {
32     return "圆心：(" + x + ", " + y + ")、半径：" + r +
33            "、面积：" + area();
34   }
35 }
36
37 public class InterfaceMember {
38   public static void main(String[] args) {
39     Circle c = new Circle(3,6,2);
40     System.out.println(c.toString());
41     System.out.println("圆周率：" + Surfacing.PI);
```

```
42     System.out.println("圆周率: " + c.PI);
43   }
44 }
```

执行结果

```
圆心：(3.0, 6.0)、半径：2.0、面积：12.56636
圆周率：3.14159
圆周率：3.14159
```

第 3 行在接口中定义了成员变量 PI，并在第 28 行 Circle 类的 area() 方法中用以计算圆面积。虽然定义 PI 时未加上任何访问控制修饰符，但如前述，接口中的成员变量会自动成为 public static final，所以在程序第 41 行也能如同访问类 static 成员变量一样，用接口名称访问其值。

12.3 接口的继承

接口之间也可以依据其相关性，以继承的方式来创建多层的架构，与第 11 章中对于类的分类相同。不过接口可以继承多个父接口，而类无法继承多个父类，由于这样的差异，因而派生出几个必须注意的主题。

12.3.1 简单的继承

扫一扫，看视频

接口最简单的继承方式就是使用 extends 关键字从指定的接口派生，例如：

程序 SimpleInheritance.java 简单的接口继承关系

```
01 interface P {                          //父接口
02   int i = 20;
03
04   void show();
05 }
06
07 interface C extends P {                //子接口
08   int getI();
09 }
10
11 public class SimpleInheritance implements C {      //实现接口
12   public void show() {             //实现由C继承自P而来的方法
13     System.out.println("变量 i 的内容：" + i);
14   }
15
```

```
16   public int getI() {           //实现C所定义的方法
17     return i;
18   }
19
20   public static void main(String[] args) {
21     SimpleInheritance s = new SimpleInheritance();
22     s.show();
23   }
24 }
```

执行结果

```
变量 i 的内容：20
```

◎ 第 7 行中就声明了一个继承自接口 P 的接口 C。由于有继承关系，所以接口 C 的内容除了自己所定义的 getI() 方法之外，也继承了由 P 而来的成员变量 i 以及 show() 方法。因此，在第 11 行实现接口 C 时，就必须实现 getI() 以及 show() 方法。

◎ 第 12 行就是实现接口 P 中的 show() 方法。再次提醒：接口中的方法会自动成为 public abstract 访问控制，因此要记得为实现的方法加上 public 的访问控制。在这个方法中，只是简单地把变量 i 显示出来，这里的 i 就是经由接口 C 从接口 P 继承而来的成员变量。

◎ 第 16 行则是实现接口 C 中的 getI() 方法，它会把继承自接口 P 的成员变量 i 返回。

通过这样的继承关系就可以将复杂的接口依据其结构性来设计成多层的接口，以便让每个接口都能够彰显出其自身特性。

12.3.2 接口的多重继承

扫一扫，看视频

接口也可以同时继承多个父接口，将多项属性合并在一起，例如：

程序 MultipleInheritance.java 继承多个接口

```
01 interface P1 {                  //父接口
02   int i = 20;
03
04   void showI();
05 }
06
07 interface P2 {                  //父接口
08   int j = 30;
09
10   void showJ();
11 }
12
13 interface C extends P1,P2 {     //子接口
14   void show();
```

```
15 }
16
17 public class MultipleInheritance implements C {    //实现接口C
18   public void showI() {         //实现由C继承P1而来的方法
19     System.out.println("变量 i 的内容: " + i);
20   }
21
22   public void showJ() {         //实现由C继承P2而来的方法
23     System.out.println("变量 j 的内容: " + j);
24   }
25
26   public void show() {          //实现C所定义的方法
27     showI();
28     showJ();
29   }
30
31   public static void main(String[] args) {
32     MultipleInheritance s = new MultipleInheritance();
33     s.show();
34   }
35 }
```

执行结果

```
变量 i 的内容: 20
变量 j 的内容: 30
```

在第 13 行中就声明了 C 要继承的 P1 和 P2 接口，通过继承的关系，现在接口 C 就等于定义有 showI()、showJ()、show() 三个方法以及 i、j 两个成员变量了。因此在 MultipleInheritance 类中就可以实现所有的方法。

1. 继承多个同名的方法

在同时继承多个接口时，有可能会发生不同的父接口却拥有相同名称的方法，例如：

程序 NameConflict.java 继承多个同名的方法

```
01 interface P1 {                 //父接口
02   int i = 20;
03
04   void show();
05 }
06
07 interface P2 {                 //父接口
08   int j = 30;
09
10   void show();
11 }
12
```

```
13 interface C extends P1,P2 {                    //子接口
14   void show(String s);                          //多重定义的版本
15 }
16
17 public class NameConflict implements C {       //实现接口C
18   public void show() {                          //实现由P1与P2继承来的方法
19     show("");                                   //调用下面的 show(String s) 方法
20   }
21
22   public void show(String s) {                  //实现C中多重定义的方法
23     System.out.println(s + "i: " + i + ",j: " + j);
24   }
25
26   public static void main(String[] args) {
27     NameConflict s = new NameConflict();
28     s.show();
29   }
30 }
```

执行结果

```
i: 20,j: 30
```

在这个程序中，P1 与 P2 接口都定义有同样的 show() 方法，这就代表了只要是要实现 P1 或是 P2 接口的类，都必须实现 show() 方法。因此，当 C 继承 P1 以及 P2 后，也继承了 show() 方法，而对实现 C 的类来说，则只需实现一份 show() 方法就可同时满足实现 P1 与 P2 接口的需求。甚至于在接口 C 中，还可以多重定义（Overloading）同名的方法，而在实现接口 C 时，就必须同时实现出多种版本的同名方法。

2. 继承多个同名的成员变量

如上所述，继承多个同名的方法并不会有问题，但是继承多个同名的成员变量就有点问题了。例如：

程序 WhoseMember.java 继承多个同名的成员变量

```
01 interface P1 {                                  //父接口
02   int i = 20;
03
04   void show();
05 }
06
07 interface P2 {                                  //父接口
08   int i = 30;
09
10   void show();
11 }
```

```
12
13 interface C extends P1,P2 {                          //子接口
14   void show(String s);                                //多重定义的版本
15 }
16
17 public class WhoseMember implements C {               //实现接口
18   public void show() {                                //实现由P1与P2继承来的方法
19     show("");
20   }
21
22   public void show(String s) {                        //实现C中多重定义的方法
23     System.out.println(s + "i: " + i);                //谁的i?
24   }
25
26   public static void main(String[] args) {
27     WhoseMember s = new WhoseMember();
28     s.show();
29   }
30 }
```

由于接口 P1 与接口 P2 都确确实实有一个同名的成员变量 i，所以第 23 行究竟要显示的是接口 P1 还是接口 P2 的 i 呢？答案是无法确定的，因此在编译程序时，会发生如下的错误。

执行结果

```
WhoseMember.java:23: reference to i is ambiguous, both variable i in P1 and
variable i in P2 match
    System.out.println(s + "i: " + i);        //谁的i?
                                   ^
1 error
```

此时必须在程序中明确地冠上接口名称，才能让编译器知道所指的到底是哪一个 i。

程序 SameMemberName.java 明确指定接口

```
22   public void show(String s) {                        //实现C中多重定义的方法
23     System.out.println(s + "P1.i=" + P1.i + ", P2.i=" + P2.i);
24   }
```

执行结果

```
P1.i=20, P2.i=30
```

3. 实现多重接口

单一类也可以同时实现多个接口，这时引发的问题与单一接口继承多个接口时的相同。

接口与抽象类的关系

接口其实就是一种特殊的**抽象类**，因此假设 C 类实现了 I 接口，那么我们也可以将 I 接口当成是 C 的父类来使用，例如：

```
I b = new I(); //错误,接口不能拿来创建对象! (就和抽象类一样)
I c = new C(); //正确, 创建子对象来让父类(接口)的变量引用

C a = new C();
I c = a;         //正确, 将子对象设置给父类(接口)的变量引用

Boolean t = a instanceof I;//true,子对象也算是父类(接口)的一种
```

而这二者的差异则在于接口的设计比抽象类要严格许多。

- 接口的方法均为 public abstract, 因此只能定义没有实现内容的公开抽象方法。
- 接口的变量均为 public static final, 因此只能声明公开常量 , 而且必须在声明时即指定初值。
- 接口只能继承其他接口 , 而不能继承类。

12.4 内部类 (Inner Class)

12.4.1 什么是内部类

扫一扫，看视频

根据 Java 语言规则，“定义在另一个类内部的类”称为嵌套类（Nested Class），其中未被声明为 static 的嵌套类就称为内部类（Inner Class），声明为 static 的则称为静态嵌套类（Static Nested Class，详见 12.4.4 小节）。

相对于内部类而言，包含住它的类则称为外部（Outer）类，或称为外层类。

```
Class A {          ┐
  ...              │
                   │
  Class B {  ┐     ├─ 外部类
    ...      ├─内部类
  }          ┘     │
}                  ┘
```

如果 B 类只需配合 A 类来使用，那么就可以将 B 定义为 A 的内部类。其最大的好处就是内

部类可以直接访问外部类的所有成员，包括 private 成员在内。下面来看范例。

程序 InnerClass.java 示范在内部类中访问外部类的成员变量，以及如何使用内部类

```
01 class Outer {                               //外部类
02   private int i = 1, j = 2;                 //实体变量
03   static int k = 3;                         //静态变量
04
05   class Inner {                             //内部类
06     int j = 4, k = 5;                       //遮盖了外部变量 j、k
07     void print() {
08       System.out.print(i);                  //访问外部变量 i
09       System.out.print(Outer.this.j);       //访问被遮盖的外部实体变量 j
10       System.out.print(Outer.k);            //访问被遮盖的外部静态变量 k
11       System.out.print(j);                  //访问内部变量 j
12     }
13   }
14
15   void callInner() {                        //外部类的方法
16     Inner in = new Inner();                 //在外部类的方法中，必须先创建内部对象
17     in.print();                             //然后才能用它来调用内部类的方法
18   }
19 }
20
21 public class InnerClass {
22   public static void main(String[] args) {
23     Outer or = new Outer();                 //创建外部对象
24     or.callInner();                         //调用外部对象的方法
25     Outer.Inner ir = or.new Inner();        //用外部对象创建内部对象
26     ir.print();
27   }
28 }
```

执行结果

```
1234
1234
```

由于在内部类及外部类都声明了 j、k 变量，因此在内部类中要访问外部的 j、k 变量时，必须加上外部类的名称才行，不过只有静态变量才能直接以类名称（Outer.k）来访问，实体变量则必须以 Outer.this.j 的方式访问（第 9、10 行中的 this 代表 Outer 对象）。

TIP this 是引用到目前对象，所以“外部类名称 .this” 可用来引用到“外部类的目前对象”，也就是目前的外部对象。

请注意，内部类与外部类仍为两个不同的类，因此在外部类的方法中，必须先创建内部对象，然后才能访问内部对象中的变量及方法，例如上述程序中的第 16 行。

然而，若是在其他类的方法中（或在外部类的静态方法中）要使用内部对象，此时由于并不

存在外部对象，因此必须先创建外部对象，然后利用外部对象来创建内部对象才行，例如上述程序的第 23、25 行。如果只想创建内部对象而不需要外部对象，或是只想调用内部对象的方法，那么也可改用以下两种简洁的写法。

```
Outer.Inner ir = new Outer().new Inner();   //直接创建外部及内部对象,且外部对象//
                                            用完即丢
new Outer().new Inner().print();   //直接创建外部对象、内部对象并调用内部方法,且内
                                   //外对象用完即丢
```

这两行代码是先用 new Outer() 创建外部对象，然后串接“.new Inner()” 来创建内部对象；若还要再调用内部对象的方法，则再以“.” 来串接。**值得注意的是，内部类由于在其他类中看不到，因此必须加上外部类的名称来指明，**如 Outer.Inner。

内部类在编译后所产生的 .class 文件

Java 程序在编译之后，每个类都会产生一个与类同名的“.class 文件”。内部类也不异常，但会在文件名前加上外部类的名称以及 $ 符号，例如前面的范例会生成以下 3 个文件。

Outer.class、Outer$Inner.class、InnerClass.class

此外，一个类中可以有多个内部类，而内部类的内部也可以再有内部类，这些类在编译之后，每个类都会生成一个“.class 文件”。如果是多层的内部类，则编译后的文件名就会由外而内一层层以 $ 串接起来，不过一般很少人会写得这么复杂。

内部类为非静态的嵌套类，其特点是可直接访问外部类的私有成员变量，而无任何限制。第 18 章设计 GUI 事件处理时，我们就可以用内部类来设计事件的倾听者，只需将这个内部类声明为实现指定的接口再编写事件处理方法即可。

12.4.2 匿名类（Anonymous Class）

内部类中还有一种特殊的形式，称为匿名类，也就是说它只有类的本体，但没有类的名称。或者我们也可以说匿名类是在使用对象时才同时定义类并产生对象的类。

扫一扫，看视频

```
new 父类或接口名称() {
    // 匿名类的定义内容
}
```

匿名类主要是用来临时定义一个类（或接口）的子类，并用以生成对象；由于该子类用完即丢，所以不需要指定名称。创建匿名类对象的语法如右所示。

以上的语句创建了一个匿名类对象，而且可以马上使用，例如将此对象当成一个调用方法时的参数，或是直接用此对象来调用匿名类本身的方法。简单的范例如下。

程序 AnonyDemo.java

```
01 public class AnonyDemo {
02
03   public static void main(String[] args) {
04     final int a= 10;
05
06     (new Object() {              //匿名类
07       int b =10000;              //匿名类的成员
08       public void show() {       //匿名类的方法
09         System.out.println ("匿名类: ");
10         System.out.println ("this ->b= " +b);
11         System.out.println ("main()->a= " +a);
12       }
13     }).show();                   //生成匿名类对象后
14   }                              //即调用其 show() 方法
15 }
```

执行结果

```
匿名类:
this ->b= 10000
main()->a= 10
```

程序第 6 ~ 13 行（new...}）的程序就是在创建一个匿名类对象时，此匿名类派生自 Object，其中定义了一个整数成员变量 b 及公开的方法 show()，接着在第 13 行就直接以“.show()” 的方式调用此匿名类的 show() 方法，所以程序会输出 show() 方法所显示的信息。

TIP 在编译后匿名类的文件名为“外部类 $ 流水号 .class”，例如在本例中为 AnonyDemo$1.class。

匿名类经常使用在“需要实现某个接口来生成对象” 的场合，例如下面程序以匿名方式实现 Face 接口并生成对象。

程序 AnonyFace.java 用匿名类来实现接口并生成对象

```
01 interface Face {                 //定义 Face 接口
02    void smile();
03 }
04
05 public class AnonyFace {
06   public static void main(String[] args) {
07
08     //实现 Face 接口的匿名类，并创建对象返回给变量 c
09     Face c = new Face() {
10       public void smile() {      //实现接口中的方法
11         System.out.print("^_^");
12       }
13     };
14     c.smile();                   //以 c 对象执行匿名类中实现的
15   }                              //smile()方法
16 }
```

执行结果

```
^_^
```

第 9~13 行的 new Face(){...} 即是在创建匿名类并就地生成对象，然后将此对象指定给变量 c，接着在第 14 行用 c 来执行匿名类中实现的 smile()。**另外请注意，虽然抽象类及接口都不能用来创建对象（例如“new Face();”会编译错误），但却可以用来声明变量以引用其子对象（例如上述程序的第 9 行）。**

上述程序如果只需要执行一次 smile()，那么也可以将变量 c 省略掉，改成直接创建对象并执行其方法。

程序 AnonyFace2.java 用匿名类来实现接口、生成对象并执行其方法

```
⋮  ... 略 （同前一程序）
08
09      new Face() {
10         public void smile()
11           { System.out.print("^_^"); }
12      }.smile();
13    }
14 }
```

上述程序的第 9~12 行就是直接用 new Face(){...} 所生成的对象来执行其 smile()。

使用匿名类的时机通常是在想要临时更改（重新定义）某类或接口的方法并创建新对象，且只要更改一次的情况。以本例来说，就是改变 smile() 所输出的字符串。

12.4.3 Lambda 表达式

扫一扫，看视频

从 Java 8 开始，若是匿名类要实现的方法只有一个，则可改用 Lambda 来简化程序，此时只需编写方法的参数及程序主体即可。Lambda 特别适用在并发处理及事件驱动的程序设计上，以下是 Lambda 表达式的基本语法。

(方法的参数) -> 方法的主体

箭头“->”的前后分别是方法的参数及主体，参数可以没有或多个，若有多个则以逗号分开，若只有一个则可省略小括号。另外，参数也可加上类型，以下是一些参数的范例。

```
()                      //无参数
a                       //1 个参数 （小括号可省略）
(a, b)                  //2 个参数
(int a, int b)          //指定类型的参数
```

主体的部分可以是表达式或程序语句块，如果是表达式（例如 a*b），则表示要将运算的计算结果返回（作为方法的返回值）。如果是程序语句块，则要以 {} 括起来，语句块中也可用 return 来返回一个值。例如：

```
() -> 58                                 //无参数, 返回 58
a -> a * a                               //1 个参数, 返回 a * a 的结果
(a, b) -> { return a * b; }              //2 个参数, 返回 a * b 的结果
```

另外，如果程序语句块中只有一个“调用无返回值的方法”语句，那么也可省略 {}，例如：

```
n -> System.out.println(n);              //println() 无返回值, 因此可省略 { }
```

了解了 Lambda 的语法之后，就将前面 AnonyFace.java 范例中的匿名类改为 Lambda 的写法。

程序 LambdaFace.java 用 Lambda 来实现接口并生成对象

```
01 interface Face {                         //定义 Face 接口
02     void smile();
03 }
04
05 public class LambdaFace {
06   public static void main(String[] args) {
07
08     Face c = () -> System.out.print("^_^"); //用 Lambda 创建匿名类并生成对象
09     c.smile();                           //输出: ^_^
10   }
11 }
```

其中，第 8 行即是 Lambda 的写法，和原程序 new Face(){public void smile(){...}} 的匿名类写法相比，Lambda 更加简单易懂，**但要注意，Lambda 只适合用来实现“只有一个方法的匿名类”，如果有多个方法要实现，那么还是得使用匿名类的写法。**

12.4.4 静态嵌套类（Static Nested Class）

扫一扫，看视频

静态嵌套类就是加上 static 的嵌套类，其特色就和一般的 static 成员一样，可以直接通过“外部类名称 . 内部类名称” 来访问内部类中的静态成员，或是直接创建内部对象，而不用先创建外部对象。例如：

程序 StaticNested.java 静态嵌套类的应用

```
01 class Outer {
02   static class Inner {                         //静态嵌套类
03     int i = 1;
04     static int j = 2;                          //静态变量
05     static void add(int x) {j += x }           //静态方法
06     void print() { System.out.print(i + "," + j); }
07   }
```

```
08 }
09 public class StaticNested {
10   public static void main(String[] args) {
11     Outer.Inner a = new Outer.Inner();       //直接创建内部对象
12     a.i = 3;                       //以内部对象访问该对象中的一般变量
13     Outer.Inner.j = 4;             //以类名称访问静态变量
14     Outer.Inner.add(5); //以类名称调用静态方法
15     a.print();                     //以内部对象执行一般方法，来输出 i,j 的值
16   }
17 }
```

输出结果

```
3,9
```

在以上的静态嵌套类中，分别声明了一般的变量及静态成员变量，然后在 main() 方法中即可利用类名称“Outer.Inner” 来直接创建内部对象，或以此名称来访问内部类的静态成员变量。而这些操作都完全不需要通过外部对象，这就是 static 的特性。

TIP 请注意，只有在静态嵌套类中才能声明静态成员（ 变量或方法 ），在其他非静态的内部类中则不可以声明静态成员变量。

12.5 综合演练

首先，学习通过接口让工具类（例如专门用来排序的类）能通用于多种类的范例；然后，再示范如何将接口当成对象之间沟通的桥梁。

12.5.1 编写通用于多种类的程序

扫一扫，看视频

假设想要编写一个类 Sort，这个类的目的就是提供多种 static 方法以不同的排序方式将传入的数组排序。这样一来，不需要生成 Sort 对象，就可以依据要求调用类中特定版本的 static 方法对数组进行排序。

这个想法听起来不错，可是有个根本的问题——由于无法预知将来要排序的类有哪些，所以根本无法定义排序方法的参数类型，而且也不知道该如何比较数组中的每个元素。

要解决这样的问题，可以将比较大小这件事交给每个类自己去实现，正如前面几章提到，为类定义一个 equals() 方法来比较对象内容是否相等。

接着，必须确认数组中所存储的元素的确有实现比较大小的方法。要解决这一点并不难，只要把比较大小的方法定义到一个接口中，并且将排序方法的参数定义为此接口的数组即可。这样一来，就可以确定当需要比较数组中的元素时，一定可以调用其比较大小的方法了。

1. 定义代表可比较大小的接口

首先定义代表可比较大小的接口。

程序 Sorting.java 定义负责比较的接口

```
01 interface ICanCompare {
02   int compare(ICanCompare i);          //进行比较
03 }
```

这个 ICanCompare 就是所有要排序类必须实现的接口，其中只有一个方法，称为 compare()，实现时必须将自己与传入的对象比较，如果比传入对象大，就返回正整数；如果相等，就返回 0；如果比传入对象小，就返回负数。

2. 定义提供排序功能的类

定义提供排序功能的类就是提供排序功能的 Sort 类。为了简化起见，这里只提供冒泡排序法的 bubbleSort() 方法。但是，要注意在排序时是调用 ICanCompare 接口的 compare() 方法来比较大小即可。

程序 Sorting.java(续)提供排序功能的 Sort 类

```
 :
05 class Sort { //提供排序功能的类
06   static void bubbleSort(ICanCompare[] objs) { //冒泡排序法
07     for(int i = objs.length - 1;i > 0;i--) {
08       for(int j = 0;j < i;j++) {
09         if(objs[j].compare(objs[j + 1]) < 0) {
10           ICanCompare temp = objs[j];
11           objs[j] = objs[j + 1];
12           objs[j + 1] = temp;
13         }
14       }
15     }
16   }
17 }
```

3. 定义实现 ICanCompare 接口的类

以之前地价计算范例中的土地各种形状为例来测试 Sort 类，即在父类中声明要实现的 ICanCompare 接口，然后定义 compare() 方法。由于此处传入 compare() 的一定是一个 Land 对象，所以先将传入的 i 强制转换为 Land 类型，然后调用其 area() 方法，以面积来比较大小。具体如下。

程序 Sorting.java（续）要被排序的 Land 类及其子类

```
19 abstract class Land implements ICanCompare {          //父类
20   abstract double area();                               //计算面积的抽象方法
21   public int compare(ICanCompare i) {                   //实现接口的compare方法
22     Land l = (Land) i;
23     return (int)(this.area() - l.area());               //依据面积比较大小
24   }
25 }
26
27 class Circle extends Land {                             //圆形的土地
28   int r;                                                //半径（单位：米）
29
30   Circle(int r) {                                       //构造方法
31     this.r = r;
32   }
33
34   double area() {                                       //重新定义抽象方法
35     return 3.14 * r * r;
36   }
37
38   public String toString() {
39     return "半径：" + r + ",面积：" + area() + "的圆";
40   }
41 }
42
43 class Square extends Land {                             //正方形的土地
44   int side;                                             //边长（单位：米）
45
46   Square(int side) {                                    //构造方法
47     this.side = side;
48   }
49
50   double area() {                                       //重新定义抽象方法
51     return side * side;
52   }
53
54   public String toString() {
55     return "边长：" + side + ",面积：" + area() + "的正方形";
56   }
57 }
```

4. 编写测试程序

程序 Sorting.java(续) 测试排序的主程序

```
59 public class Sorting {
60
61   public static void main(String[] args) {
62     Land[] lands = {
63       new Circle(5),
64       new Square(3),
65       new Square(2),
66       new Circle(4)
67     };
68
69     for(Land l : lands) {
70       System.out.println(l);
71     }
72
73     Sort.bubbleSort(lands);
74     System.out.println("排序后...");
75
76     for(Land l : lands) {
77       System.out.println(l);
78     }
79   }
80 }
```

其中，第 62 ~ 67 行创建包含两个圆形以及两个方形的 lands 数组，然后显示数组内容，接着就调用 Sort 类的 bubbleSort() 方法进行排序，并将结果显示如下。

执行结果

```
半径：5,面积：78.5的圆
边长：3,面积：9.0的正方形
边长：2,面积：4.0的正方形
半径：4,面积：50.24的圆
排序后...
半径：5,面积：78.5的圆
半径：4,面积：50.24的圆
边长：3,面积：9.0的正方形
边长：2,面积：4.0的正方形
```

设计的 Sort 类不仅仅可以为 Land 数组排序，只要类实现了 ICanCompare 接口，还可以利用

Sort 类来为类数组排序。事实上，Java 所提供的类库中，就是使用这种技巧来实现许多通用于不同类的方法。

12.5.2 担任对象之间的沟通桥梁

扫一扫，看视频

接口还有一个很大的用处，就是在某种事件发生时，可作为某个对象通知另外一个对象的桥梁。例如，如果要编写一个秒表类，并且希望在秒表倒数到 0 的时候，可以通知使用秒表类的程序，此时就可以运用接口的技巧。范例如下。

程序 Stopwatch.java 使用接口作为对象之间沟通的桥梁

```
01 interface TimesUp {
02   void notifyMe();                          //通知时间已到的方法
03 }
04
05 class Timer {                               //定时器类
06   static void startTimer(int seconds,TimesUp obj) {
07     //开始计时
08     for(int i = 0;i < seconds;i++);
09     obj.notifyMe();                         //通知定时器用户
10   }
11 }
12
13 class watchUser implements TimesUp { //要使用秒表的类
14   public void notifyMe() {
15     System.out.println("时间到");
16   }
17 }
18
19 public class Stopwatch {
20
21   public static void main(String[] args) {
22     watchUser w = new watchUser();
23     Timer.startTimer(1000,w);
24   }
25 }
```

◎ 第 1 ~ 3 行的接口就是秒表与秒表用户间的沟通桥梁，秒表的用户必须实现这个接口，当秒表的倒数计时完成时，就会调用秒表用户所实现的 notifyMe() 方法。

◎ 第 5 ~ 11 行则是秒表类，为了简化，此处只是利用循环倒数计数而已。当计数完成后，就调用秒表用户的 notifyMe() 方法，通知定时器的用户。

通过这种方式，对象就可以经由调用接口中所定义的方法通知实现该接口的另一个对象了。

事实上，Java 用来设计用户接口的 AWT/Swing 类库就是利用这种方式来通知程序已有用户按下按钮或是选择了示例窗口中的某个项目等。我们会在第 18 章看到实际的范例。

这个范例用到接口所定义的方法通常是类要提供给其他类调用的方法，而这也正是其之所以称为接口的原因，同时也是接口中的方法及成员变量都自动拥有 public 访问控制的原因。

课后练习

※ 选择题可能单选或多选

1.（　　）在接口中所定义的方法会自动拥有以下哪些访问控制修饰符？
   （a）private　（b）abstract　（c）protected　（d）public
2.（　　）在接口中所定义的成员变量会自动拥有以下哪些访问控制修饰符？
   （a）public　（b）protected　（c）static　（d）final
3.（　　）要实现接口时，必须使用以下哪一个关键字？
   （a）extends　（b）implements　（c）implement　（d）extend
4.（　　）关于接口，以下叙述哪个是错误的？
   （a）当接口继承多个父接口时，父接口之间不能有同名的成员变量
   （b）实现接口时不一定要实现全部的方法
   （c）单一类可以同时实现多个接口
   （d）接口中不能定义同名的方法
5.（　　）关于抽象类，以下叙述哪个是错误的？
   （a）在类声明时加上 abstract 访问控制修饰符即可成为抽象类
   （b）具有抽象方法的类一定是抽象类
   （c）继承抽象类的类一定要实现所有的抽象方法
   （d）抽象类中不能有非抽象方法
6. 请说明以下程序的错误并改正。

```
01 interface I1 {
02   int i = 10;
03 }
04
05 interface I2 {
06   int i = 20;
07 }
08
09
10 public class Ex_12_06 implements I1,I2 {
11   public static void main(String[] args) {
12     System.out.println(i);
13   }
14 }
```

7. 请说明以下程序的错误并改正。

```
01 interface I1 {
02   int i = 10;
03   int add(int op);
04 }
05
06 public class Ex_12_07 implements I1 {
07   public int add(int op) {
08     I1.i += op;
09     return I1.i;
10   }
11
12   public static void main(String[] args) {
13   }
14 }
```

8. 请说明以下程序的错误并改正。

```
01 interface I1 {
02   void show(String s);
03 }
04
05 public class Ex_12_08 implements I1 {
06   void show(String s) {
07     System.out.println("信息为: " + s);
08   }
09
10   public static void main(String[] args) {
11   }
12 }
```

9. (　　)请问以下哪个是正确的?

(a) 抽象类中不能有非抽象方法　　(b) final 类中不能有抽象方法

(c) 抽象类中不能有 final 方法　　(d) 抽象类中不能有 static 方法

10. 请说明以下程序的错误并改正。

```
01 interface I1 {
02   void show(String s);
03 }
04
05 interface I2 {
06   String show(String s);
```

```
07 }
08
09 public class Ex_12_10 implements I1,I2 {
10   public void show(String s) {
11     System.out.println("信息为: " + s);
12   }
13
14   public String show(String s) {
15     System.out.println("信息为: " + s);
16     return s;
17   }
18
19   public static void main(String[] args) {
20   }
21 }
```

程序练习

1. 请为 12.5.1 小节的 Sort 类增加一个以冒泡排序法且由小到大排序的方法。
2. 延续上题，请为 Sort 类新增一个以快速排序法排序的方法。
3. 延续上题，使用第 11 章程序练习中第 6 题的学生以及老师等类测试 Sort 类。
4. 请仿照 Sorting.java 的做法编写一个 Search 类，提供 static 的方法，可以在数组中找出指定的元素。
5. 延续上题，请新增一个二分查找的方法，即可以在已排序的数组中找出特定的元素。
6. 延续上题，再新增两个方法，可以分别返回数组中最小与最大的元素。

13 CHAPTER

第 13 章 包

学习目标

- 了解包 (Packages)
- 适当地组织程序
- 编写通用于多个程序的公共类
- 使用包避免名称的重复
- 熟悉相关编译参数

当编写的程序越来越复杂时，会发现将所有的类写在同一个文件中并不是个好做法，因为这会让整个程序看起来很复杂，想要找某个类时也必须耗费一番功夫。

此外，有些类，例如前几章的范例中出现的二分查找法或排序的类，在设计时就是希望可以提供给不同的程序使用，如果全部写在同一个程序文件中，就无法突显该类可供不同程序采用的特性。

更进一步来说，如果类要分享给他人使用，那么很可能会发生我们的类与他人的类的名称冲突的情况，而导致有一方必须修改可表达类意义的名称。

本章就要针对上述的问题说明 Java 提供的解决方案——包，并讨论适当组织程序以及分享特定类的方法。

13.1 程序的分割

当程序越来越大的时候，最简单的管理方式就是让每一个类单独存储在一个文件中，并以所含的类名称为文件名（文件后缀名仍是 .java），然后将程序所需的文件全部放在同一个目录中。

举例来说，前几章提到的几何图形类即可将 Shape、Circle、Cylinder、Rectangle 类分别存于 Shape.java、Circle.java、Cylinder.java、Rectangle.java 文件中。而需要用到这些类的主程序与这些文件都放在一起（可以在下载范例的 Example\Ch13\13-1 文件夹中看到这些文件）。

程序 UsingOtherClasses.java 只含主程序的类

```
01 public class UsingOtherClasses {
02   public static void main(String[] args) {
03     //使用的类都存放在同一文件夹的其他文件中
04     Rectangle re = new Rectangle(1,3,5,7);
05     Circle ci = new Circle(3,6,9);
06     Cylinder cr = new Cylinder(2,4,6,8);
07 
08     System.out.println(re.toString());
09     System.out.println(ci.toString());
10     System.out.println(cr.toString());
11   }
12 }
```

接着，当编译 UsingOtherClasses.java 时，Java 编译器就会自动寻找含 Rectangle、Cylinder、Circle 类的程序文件，也一并编译这些文件。同样在执行时，“.java” 执行程序也会自动找到相关的类文件，让程序可正常执行。

TIP 其实 Java 编译器也会自动到环境变量 CLASSPATH 所设的路径中寻找类文件，或是到执行 javac 时所指定的路径中寻找，此部分会在本章的后续内容中说明。

使用单独的文件来存储每个类有以下好处。

◎ 管理类更容易：只要找到与类同名的文件，就可以找到类的原始程序，而不需要去记忆哪个类是在哪个文件中。

◎ 编译程序更简单：只要编译包含有 main() 方法的原始文件，编译器就会根据使用到的类名称在同一个文件夹下找出同名的原始文件，并进行必要的编译。以本例来说，虽然总共有 5 个源文件，但在编译 UsingOtherClasses.java 时，Java 编译器就会自动发现程序中需要使用到其他 4 个类，并自动编译这 4 个类的源文件。

也就是说，虽然程序分割为多个文件，但是在编译及执行上并没有增加任何的复杂度（因为即使不分割程序，在编译后仍会一个类产生一个同名的字节码文件），反而让程序更易于管理。

TIP 请特别注意，这些文件必须放置在同一个文件夹下，而且文件名要和类名称一样，否则 Java 编译器不知道要到哪里寻找所需类的源文件，而导致编译错误。

TIP 如果原始文件名和类名称不同，那么就必须先编译所有需要的源文件，以产生和类同名的类字节码文件 (.class)，这样在编译或执行主类时，就不会找不到所需的其他类了。

13.2 分享写好的类

有些情况下，我们编写好的类也可以给其他人使用，尤其是在开发团队中，可让开发人员不需要重复编写类似功能的类（即程序的共享）。要做到这一点，最简单的方式就是将该类的“.java”或“.class”文件复制给别人使用，不过此时对方的程序中就不能有任何类或接口和我们提供的类同名。遇到同名的情况时，要不就是修改他自己的类名称，要不就是修改你所提供的类名称，不仅徒然浪费时间，也同时增加了修改过程中发生错误的概率。

为了解决上述问题，Java 提供包（Packages）这种可将类包装起来的机制。将类包装成包时，就相当于给类贴上一个标签（包名称），而使用到包中的类时，同时指明包名称，因此可与程序中自己编写的同名类区分开来，而不会混淆，也没有必要重新命名了。

13.2.1 创建包

扫一扫，看视频

要将类包装在包中，必须在程序最开头使用 package 语句，标识出类所属的包名称。以 Shape 类为例，如果要将其包装在“flag”这个包中，可写成：

程序 Shape.java 将类包装在包中

```
01 package flag;                     //将类包装在 flag 包中
02
03 public class Shape {              //代表图形原点的类
04   protected double x,y;           //坐标
05
06   public Shape(double x,double y) {
07     this.x = x;
08     this.y = y;
09   }
10
11   public String toString() {
12     return "图形原点: (" + x + ", " + y + ")";
13   }
14 }
```

除了第 1 行的 package 语句外，还要注意第 3 行将类访问控制声明为 public，这是因为如果不声明为 public，则该类就无法由 package 以外的程序使用。因此，如果要将类提供给他人使用，就必须将该类声明为 public。

TIP 如果 package 中有只供包本身使用的类，则可不将类声明为 public。

其他几个类的原始文件的修改方法也类似，都是加上 package 语句，并将类声明为 public（修改的结果可参考下载范例 Example\Ch13\13-2\flag 文件夹中的文件）。在各文件中都作相同的修改，这些类就都属于我们指定的 flag 包了，未来即使类名称和其他包的类名称重复，也完全没有关系，不会发生冲突。

13.2.2 编译包装在包中的类

使用 package 语句指明类所属的包之后，在编译类时必须做额外的处理，可以选择以下两种方式来整理及编译这些类。

扫一扫，看视频

◎ 自行创建包文件夹：在 Java 中，同一包的类必须存放在与包名称相同的文件夹中。例如先将类源文件都放在与包同名的 flag 文件夹中，接着用 javac 一一编译，编译好的“.class” 文件也会存于其中。

◎ 由编译器创建包文件夹：可将创建包文件夹的操作交给 javac 编译器处理，只需在编译时用参数“-d” 指定编译结果的存储路径，编译器就会根据 package 语句指定的包名称在指定的路径下创建与包同名的子文件夹，并将编译结果存到该文件夹中。举例来说，如果要将 flag 包放在 C:\Ch13\13-2 文件夹下，那么就可以在编译 Shape.java 时执行如下的命令。

```
javac -d C:\Ch13\13-2 Shape.java
```

若改用 *.java 则可一次编译所有的文件

javac 的“-d”参数原本是用来指定存放编译结果的路径，在编译不含 package 语句的程序时，编译好的“.class”文件会直接存储在“-d”参数所指的路径中；但编译像 Shape.java 等第 1 行有 package 语句的程序时，则会在指定的路径下另建包文件夹。以上例而言，就是在 C:\Ch13\13-2 之下创建 flag 子文件夹，并将编译好的“.class”文件放到 flag 文件夹中。

TIP 使用“-d”选项时，所指定的文件夹必须已经存在，否则编译时会发生错误。以刚刚的范例来说，就是 C:\Ch13\13-2 这个文件夹必须已经存在。

无论使用哪一种方式，一旦编译好类文件，并且放置到正确的文件夹中，就可以使用包中的类了。

13.2.3 使用包中的类

扫一扫，看视频

可在其他程序中使用 flag 包中的类。要使用包中的类时，必须以其完整名称（Fully Qualified Name）来表示，其格式为“包名称.类名称”。以使用 flag 包中的 Circle 类为例，就必须使用 flag.Circle 来表示，程序如下。

程序 UsingPackage.java 使用包中的类

```
01 public class UsingPackage {
02   public static void main(String[] args) {
03     flag.Rectangle re = new flag.Rectangle(1,3,5,7);
04     flag.Circle    ci = new flag.Circle(3,6,9);
05     flag.Cylinder  cr = new flag.Cylinder(2,4,6,8);
06
07     System.out.println(re.toString());
08     System.out.println(ci.toString());
09     System.out.println(cr.toString());
10   }
11 }
```

TIP 此文件保存在范例程序文件夹 Ch13\13-2 之中。

在第 3 ~ 5 行中，不论是对象声明还是调用构造方法，都是使用“flag. 类名称”的语法来使用 flag 包中的类。

而编译及执行 UsingPackage.java 时，由于使用到包在包中的类，所以必须要有额外的处理，我们分为以下两种情况来说明。

1. 包与程序文件在同一文件夹下

如果包和使用到包的程序（例如 UsingPackage.java）都放在同一文件夹下，那么仍是以一般的方式编译、执行即可。例如 UsingPackage.java 保存在 Ch13\13-2 文件夹中，而 flag 包则是保存在同一路径下的 flag 子文件夹中，那么要编译及执行 UsingPackage.java 就可以这样做。

```
C:\Example\Ch13\13-2>dir
…
2016/05/09  下午 07:50    <DIR>          flag
2016/05/09  下午 08:03               408 UsingPackage.java
…

C:\Example\Ch13\13-2>javac UsingPackage.java

C:\Example\Ch13\13-2>java UsingPackage
图形原点：(1.0, 3.0)
图形原点：(3.0, 6.0)
图形原点：(2.0, 4.0)
```

当 Java 编译器及虚拟机看到"flag.*" 的类名称时，就会自动到程序所在的文件夹中寻找是否有 flag 子文件夹及文件夹下是否有所指定的类文件，并确认此类属于 flag 包。如果一切无误，就可以正常执行，否则就会出现编译错误。举例来说，如果 flag 文件夹中没有 Rectangle.java 或 Rectangle.class 文件，编译 UsingPackage.java 就会出现如下错误。

```
C:\Example\Ch13\13-2>javac UsingPackage.java
UsingPackage.java:4: cannot find symbol
    flag.Rectangle re = new flag.Rectangle(1,3,5,7);
    ^
  symbol : class Rectangle
  location: package flag
UsingPackage.java:4: cannot find symbol
    flag.Rectangle re = new flag.Rectangle(1,3,5,7);
                                 ^
  symbol : class Rectangle
  location: package flag
2 errors
```

此外，如果编译好后，不小心将 flag 文件夹中的文件移动位置或删除，则执行程序时也会出现找不到类的信息。如果只是移动了位置，可利用下一小节的方式让 java 可找到包的类文件。

2. 包与程序在不同文件夹下

由于包多半是提供给多个不同的程序共享，所以当包开发完毕时，一般都会放置在某个特定的位置，以方便不同的程序访问。也就是说，包所在的文件夹通常并非使用该包的程序所在的文件夹，此时在编译及执行程序时，就必须告诉 Java 编译器以及 Java 虚拟机包所在的位置。

例如，如果 flag 包文件夹是放在 C:\Allpackages 之下，而 UsingPackage.java 仍是放在前述的范例路径中，那么要编译与执行时，就必须用 “-cp” 选项指出 flag 包所在的路径。

```
C:\Example\Ch13\13-2>javac -cp C:\Allpackages UsingPackage.java

C:\Example\Ch13\13-2>java -cp .;C:\Allpackages UsingPackage
```

其中，“-cp” 选项是指 classpath，也就是类所在的路径，Java 编译器以及虚拟机会到此选项所指定的文件夹中寻找所需的类文件。若需要列出多个路径，可以用分号分隔，这样 Java 编译器以及虚拟机就会按照指定的顺序依次到各个文件夹中寻找所需的类，如果程序使用到了位于不同文件夹的包或是类，就必须这样指定。

本例由于执行时所需的 UsingPackage.class 文件是位于目前的文件夹中，因此要在 “-cp” 选项所列的路径中加上 “.” ，否则会因为在 C:\Allpackages 下找不到 UsingPackage.class 文件而发生执行时期错误。

TIP Java 虚拟机一旦指定了 classpath，就不会自动在目前的文件夹中寻找类文件了，因此别忘了在 classpath 中加上“.”(“.” 代表目前路径，而“..” 则代表目前路径的上一层路径)。

“-cp” 选项也可以使用全名，写成 “-classpath” ，两者效果相同。如果常常会使用到某个文件夹下的包或类，也可以设置环境变量 classpath，就不需要在编译或执行时额外指定 “-cp” 或是 “-classpath” 选项。例如：

```
C:\Example\Ch13\13-2>set classpath=.;c:\Allpackages

C:\Example\Ch13\13-2>javac UsingPackage.java

C:\Example\Ch13\13-2>java UsingPackage
图形原点：(1.0, 3.0)
图形原点：(3.0, 6.0)
图形原点：(2.0, 4.0)
```

TIP Java 会优先搜索内置类所在的路径，然后再搜索 classpath 所指定的路径。当 classpath 中有多个路径时，则会由最前面的路径开始往后寻找，一旦找到所需的文件即停止搜索，而不管后面的路径中是否还有同名的文件。

13.3 子包以及访问控制关系

当程序越来越大时，单一包中可能会包含多个类。例如，第 12 章用来帮助数组排序的 Sort 类也很适合放到包中供其他人使用。要做到这一点，只要将 Sort 类以及相应的 ICanCompare 接口分别加上 package 语句再存档编译即可。

程序 ICanCompare.java 将接口加入包中

```
01 package flag;
02 
03 public interface ICanCompare {
04   int compare(ICanCompare i);  //进行比较
05 }
```

TIP 再次提醒，需将编译好的“.class”文件自行保存到 flag 子文件夹，或在编译时加上“-d”选项。

下面则是 Sort 类。

程序 Sort.java 将 Sort 类加入到 flag 包中

```
01 package flag;
02 
03 public class Sort {             //提供排序功能的类
04   public static void bubbleSort(ICanCompare[] objs) {
05     //冒泡排序法
06     for(int i = objs.length - 1;i > 0;i--) {
07       for(int j = 0;j < i;j++) {
08         if(objs[j].compare(objs[j + 1]) < 0) {
09           ICanCompare temp = objs[j];
10           objs[j] = objs[j + 1];
11           objs[j + 1] = temp;
12         }
13       }
14     }
15   }
16 }
```

这样一来，所有的程序都可以利用 Sort 类来帮数组排序了。例如下面这个程序和第 12 章的 Sorting.java 程序基本上相同，差别只在于 Sort 与 ICanCompare 现在是放在 flag 包中，因此在程序中必须以 flag.Sort 以及 flag.ICanCompare 来识别。

程序 Sorting.java 使用包中的 Sort 类进行排序

```
01 abstract class Land implements flag.ICanCompare {   //父类
02   abstract double area();                          //计算面积
03   public int compare(flag.ICanCompare i) {         //实现 compare() 方法
04     Land l = (Land) i;
05     return (int)(this.area() - l.area());          //依据面积比较大小
06   }
07 }
08 
09 class Circle extends Land {                         //圆形的土地
10   int r;                                           //半径（单位：米）
11 
12   Circle(int r) {                                  //构造方法
13     this.r = r;
14   }
15 
16   double area() {                                  //多重定义的版本
17     return 2 * 3.14 * r * r;
18   }
19 
20   public String toString() {
21     return "半径：" + r + ",面积：" + area() + "的圆";
22   }
23 }
24 
25 class Square extends Land {                         //正方形的土地
26   int side;                                        //边长（单位：米）
27 
28   Square(int side) {                               //构造方法
29     this.side = side;
30   }
31 
32   double area() {                                  //多重定义的版本
33     return side * side;
34   }
35 
36   public String toString() {
37     return "边长：" + side + ",面积：" + area() + "的正方形";
38   }
39 }
40 
41 public class Sorting {
```

```
42
43    public static void main(String[] args) {
44      Land[] Lands = {
45              new Circle(5),
46              new Square(3),
47              new Square(2),
48              new Circle(4)
49      };
50
51      for(Land l : Lands) {
52              System.out.println(l);
53      }
54
55      flag.Sort.bubbleSort(Lands);
56      System.out.println("排序后...");
57
58      for(Land l : Lands) {
59              System.out.println(l);
60      }
61    }
62 }
```

13.3.1 创建子包

如果加上第 13.2 节的 Shape 等 4 个形状类，则 flag 包就有 5 个类和 1 个接口了。而当包中的类、接口越来越多时，为了将包分类管理，可进一步在现有的包中创建子包，把相关的类集合起来，归于某一个子包，而这个子包则和其他的类或是子包同属于一个上层包中。

扫一扫，看视频

例如，如果要将 Shape 类归属于 math 包中，以表示其属于数学几何图形，但又希望它仍旧属于 flag 包，以表示其为 flag（旗标）公司所提供，那么就可以在 flag 包中创建名称为 math 的子包，并将 Shape 放入 math 的子包中；而 ICanCompare 接口以及 Sort 类则仍保留在 flag 包中。

要做到这一点，需将程序中 package 语句的包名称改成“包 . 子包” 的形式，例如：

程序 Shape.java 将类包装在包中

```
01 package flag.math;              //将类包装在 flag.math 子包中
02
03 public class Shape {            //代表图形原点的类
04   protected double x,y;         //坐标
05
06   public Shape(double x,double y) {
07     this.x = x;
```

```
08      this.y = y;
09    }
10
11    public String toString() {
12      return "图形原点：(" + x + ", " + y + ")";
13    }
14  }
```

TIP 此范例程序保存在 Ch13\13-3 子文件夹中。

这个版本与 13.2.1 小节的版本完全一样，只有一开头 package 语句的包名称不同，flag.math 就表示其属于 flag 包下的子包 math。子包类的“.class” 文件也一样要放在与子包同名的文件夹下，换句话说，必须将“Shape.class” 文件放在 flag\math 文件夹中。由于涉及了多层文件夹，因此在编译时建议使用前面介绍过的“-d” 选项，让 Java 编译器帮我们根据包的结构创建对应的文件夹。

假设要将 flag 包的文件夹放在目前的路径下，那么编译的指令就是：

```
javac -d . Shape.java
         ↑ 小数点代表目前的路径
```

将 Shape 等相关类放入子包后，参考这些类时所用的“完整名称” 就必须包含子包名称，例如 flag.math.Circle，请参考以下范例。

程序 UsingSubPackage.java 测试子包

```
01 public class UsingSubPackage {
02   public static void main(String[] args) {
03     flag.math.Rectangle re = new flag.math.Rectangle(1,3,5,7);
04     flag.math.Circle ci = new flag.math.Circle(3,6,9);
05     flag.math.Cylinder cy = new flag.math.Cylinder(2,4,6,8);
06
07     System.out.println(re.toString());
08     System.out.println(ci.toString());
09     System.out.println(cy.toString());
10   }
11 }
```

如果有必要再对子包中的类和接口加以分类，仍可在子包中再创建下层的子包，只要在 package 语句中使用“.” 连接完整子包的名称即可。相应地，我们也必须自行手动或是使用编译器的“-d” 选项创建对应的子包文件夹，并且将编译好的“.class” 文件放到正确的文件夹中。在执行的时候，不需用“-cp”（或“-classpath”）选项或“classpath” 环境变量明确指出子包的路径，只需指定最上层包所在的位置即可。

13.3.2 使用 import 语句

如果子包结构有较多的层时，每次要使用一长串完整名称来识别类或接口，不管是编写或阅读程序都会感到不便。如果我们已确定自己程序中的类名称都不会与包中的类名称相冲突，那么就可以利用 import 语句，改善程序总是出现一长串名称的情况。

扫一扫，看视频

import 语句的功用是将指定的包类名称导入目前程序的名称空间中，此后要使用该类时即可单独以其类名称来识别，而不需加上包名称，以简化程序的编写。使用 import 语句的方式可分为两种：导入单一类名称或导入包中所有的类名称。

1. 导入包中的单一类名称

import 语句最简单的用法就是直接导入包中的单一类，例如：

程序 OnlyImportClass.java 导入单一类的名称

```
01 import flag.math.Rectangle;
02
03 public class OnlyImportClass {
04   public static void main(String[] args) {
05     Rectangle r = new Rectangle(1,3,5,7);
06     flag.math.Circle c = new flag.math.Circle(3,6,9);
07
08     System.out.println(r.toString());
09     System.out.println(c.toString());
10   }
11 }
```

程序第 1 行就是用 import 语句导入 flag.math 包中 Rectangle 类的名称，所以之后直接用 Rectangle 这个名称即可使用该类，而使用同一包中的其他类时，则仍是要编写完整名称。

2. 导入包中所有的类名称

如果程序同时要用到包中的多个类，并不需编写多行 import 语句一一导入类名称，而可用万用字符“*”表示要导入指定包中所有的类名称。例如，上一个程序可改成：

程序 ImportPackage.java 导入包中的所有类名称

```
01 import flag.math.*;
02
03 public class ImportPackage {
04   public static void main(String[] args) {
05     Rectangle r = new Rectangle(1,3,5,7);
```

```
06      Cylinder c = new Cylinder(2,4,6,8);
07
08      System.out.println(r.toString());
09      System.out.println(c.toString());
10    }
11 }
```

由于第 1 行用 import flag.math.* 语句导入 flag.math 包中所有的类，因此在程序中使用该包的类时，就不再需要再使用完整名称了。

但要特别注意，万用字符只代表该包中的所有类，而不包含其下的子包。举例来说，如果将 ImportPackage.java 程序的第一行改成：

```
import flag.*;
```

表示只导入 flag 中的类或接口，但未导入 flag.math 子包中的类或接口，因此编译到第 5 行和第 6 行时就会发生错误，因为编译器不知道第 5 行和第 6 行的 Rectangle、Circle 所指什么。

TIP 请注意，当 package 和 import 都有时，package 必须写在最前面，然后是 import，接着才是 class 的定义。请务必记住这个顺序。

13.3.3 包与访问控制修饰符的关系

在前面几章中讨论过访问控制修饰符与继承的关系，其中 protected 访问控制修饰符和包息息相关。先回顾第 11 章所提过的访问控制修饰符。

严格程度（高→低）	访问控制修饰符	说　明
高	private	只有在成员所属的类中才能访问此成员
	默认控制（不加任何访问控制修饰符）	只有在同一包的类中才能访问此成员
	protected	只有在子类中或同一包的类中才能访问此成员
低	public	任何类都可以访问此成员

TIP 最外层的类只能设为 public 或都不设（默认访问控制），而不可设为 protected 或 private，这是因为类的访问限制只有两种：无限制、限制同包可访问（可访问才可用它来创建对象或派生子类）。另外也不可设为 static，否则会发生编译错误。但内部类则不受以上这些限制，因为它是属于类内的成员，因此访问控制方式就和其他类成员类似。

由于访问控制修饰符可以加在成员、方法或类上，因此必须特别小心。举例来说，如果类的某个成员变量是 public 的，但类本身具有较严格的访问控制，而使外部根本无法使用它，则外部也将无法访问其 public 的成员变量，范例如下。

程序 DefaultClass.java 访问控制

```
01 package flag;
02 
03 class DefaultClass {              //默认只有同一包中的类才能使用
04   public static int i = 10;
05 }
```

DefaultClass 并未加上任何访问控制修饰符，因此只有同一包的类才能使用，即使成员变量 i 是 public 的，包外的程序也无法访问它。

程序 TestDefault.java 无法访问 public 成员

```
01 public class TestDefault {
02   public static void main(String[] args) {
03     System.out.println(flag.DefaultClass.i);
04   }
05 }
```

执行结果

```
TestDefault.java:3: flag.DefaultClass is not public in flag;
cannot be accessed from outside package
    System.out.println(flag.DefaultClass.i);
                                ^
1 error
```

以上就是编译时出现的错误，错误信息告诉我们 DefaultClass 并非 public 的，因此无法在包外使用。

TIP 在第 12 章中提到过，接口默认就是 public，所以不会有上述的问题。

为了让程序的用途明确清楚，建议应为所有的类及类中的成员定义合适的访问控制修饰符，基本的使用规范如下。

◎ 如果类是给所有的类使用，请定义为 public，否则就不要定义（采用默认访问控制），那么就只有同包的类可以访问。

◎ 如果类的成员只给子类或同一包的其他类使用，请将其定义为 protected。

◎ 如果类的成员只给同一包的其他类使用，就不要定义访问控制修饰符，而采用默认的访问控制即可。

◎ 如果成员类只给同类中的其他成员使用，需定义为 private。

13.3.4 默认包（Default Package）

扫一扫，看视频

在第 13.1 节中，将几何图形的类都保存在单独的文件中，回头看一下各文件的内容，可能会觉得奇怪：这些类都没有包装在同一个包中，而且它们也都没有加上访问控制修饰符。根据第 13.2 节的说明，这些类应该都只能给同一包中的类访问，为什么在主程序的 UsingOther Classes 类中可以直接使用这些类，而不会出现错误呢？

这是因为对所有未标识包的类，Java 都会将其视为默认包（Default Package），这个默认包相当于一个没有名字的包。所以在 UsingOtherClasses.java 程序中所用到同一文件夹中的其他类都属于同一个默认包，就可以正常使用这些类。其实在前面几章中将这些类都放在同一个文件中时，也一样是因为这些类归属到同一个默认包而可以相互使用。

默认包只是方便我们做练习或测试程序使用，未来在编写正式程序时，还是应该使用 package 来定义包名称，以方便管理或分享给他人使用。

13.4 综合演练

有了多层结构的包后，可以将类整理成良好的架构，让用户清楚地知道类之间的关系，并且通过包的名称了解这些类的用途。在本节中，将之前所编写过的程序再整理到 flag 包中，并且探讨 Java 所提供的包，以及包的命名问题。

13.4.1 加入新的类到 flag 包中

扫一扫，看视频

延续 13.3.1 小节的范例，将 ICanCompare 接口以及 Sort 类包装在 flag 的子包 utility 中，以明确表示其为工具类，同时也表示是由 flag（旗标）公司所提供的意思。要做到这一点，只要更改 package 语句即可。

程序 ICanCompare.java 子包中的接口

```
01 package flag.utility;
02
03 public interface ICanCompare {
04   int compare(ICanCompare i);          //进行比较
05 }
```

Sort 类的更改也是一样。

程序 Sort.java 子包中的类

```
01 package flag.utility;
02 
03 public class Sort {      //提供排序功能的类
04   public static void bubbleSort(ICanCompare[] objs) {
05     //冒泡排序法
06     for(int i = objs.length - 1;i > 0;i--) {
07       for(int j = 0;j < i;j++) {
08         if(objs[j].compare(objs[j + 1]) < 0) {
09           ICanCompare temp = objs[j];
10           objs[j] = objs[j + 1];
11           objs[j + 1] = temp;
12         }
13       }
14     }
15   }
16 }
```

这样一来，在 flag 包下就包含有 math 及 utility 两个子包，而每个类的归属就更为清楚，由包名称也都可以看出这些类的属性或是用途了。

13.4.2 Java 标准类库

扫一扫，看视频

事实上，Java 默认就提供了许多的包，可以帮助用户处理多种工作。例如 java.io 包中就提供了许多与输出输入相关的类，前几章曾经使用到的 BufferedReader 与 InputStreamReader 就属于此包，所以有些范例程序会在开头加上 import java.io.* 语句。

另外，java.lang 则提供了许多与 Java 语言本身有关的类，如对应于基础类型的 Integer 类等就属于此包，Java 默认会导入 java.lang.*，所以我们不需在程序中导入。本书一开始的范例使用到的 System 就是 java.lang 包中的类，它有 out 这个 static 的成员，指向一个 java.io.PrintStream 对象，因此我们才能调用 System.out.println( ) 方法将数据显示在屏幕上。

有关 Java 本身提供的这些包统称为 Java 标准类库，这部分内容将在第 17 章中进行详细介绍。

13.4.3 包的命名

扫一扫，看视频

虽然包可以防范类名称重复的问题，但包本身的名称也可能会重复，为了彻底解决这个问题，一般来说，包的命名都会遵循以下的规则，以避免包名称发生冲突。

◎ 每家公司（或是组织）以其在网络上的域名相反的顺序作为最上层包的名称，例如旗标公司的网域名称是 flag.com.tw，因此，只要是该公司所编写的类都应该要放置在 tw.com.flag 这个包中。

◎ 如果需要的话，可以再根据部门或是工作单位名称在最上层包中创建适当的子包，以放置该部门所编写的所有类，避免同一公司、不同单位的人使用相同的类名称。

◎ 在最上层包中，再依据类的用途创建适当的子包。举例来说，前面我们所创建的 flag.math 或是 flag.utility 子包，其实应该要创建为 tw.com.flag.math 以及 tw.com.flag.utility 包才对。

通过这样的方式，就可以确定不同单位所提供的包，其中的类一定不会有重复的完整名称，如此一来，即便不同单位的人写了同样名称的类，但是加上完整包名称时，这两个类就不同名了。

课后练习

※ 选择题可能单选或多选

1.（　　）以下语句哪个是正确的？

　（a）一个程序文件中只能有一个 package 语句

　（b）package 语句可以出现在任何地方

　（c）接口不能放在包中

　（d）包中只能包含类

2.（　　）没有使用 package 语句的类会被包在 ________ 包中。

3.（　　）以下语句哪个是正确的？

　（a）接口必须和其他类共同存储在程序文件中，而不能单独存储成一个程序文件

　（b）子包不能再包含有子包

　（c）定义为 protected 的类可以由包中的其他类继承

　（d）以上叙述都不正确

4. 如果Test.java文件中的内容如下：

```
package flag.test;

pubic class Test {
...
}
```

那么以javac-d C:\temp Test.java编译后，Test.class会被放置在____________文件夹下。

5. 延续上题，对于使用到Test类的程序来说，可以使用哪些方式编译及执行程序？

6. 请找出以下程序的错误并改正。

程序 Ex_13_6_Test.java

```
01 package flag;
02
03 public class Ex_13_6_Test {
04   int i = 10;
05 }
```

程序 Ex_13_6_Main.java

```
01 import flag.*;
02
03 public class Ex_13_6_Main {
04   public static void main(String[] args) {
05     Ex_13_6_Test o = new Ex_13_6_Test();
06     System.out.println(o.i);
07   }
08 }
```

7. 请找出以下程序的错误并改正。

程序 Ex_13_7_Test.java

```
01 package flag.excercise;
02
03 public class Ex_13_7_Test {
04   public int i = 10;
05 }
```

程序 Ex_13_7_Main.java

```
01 import flag.*;
02
03 public class Ex_13_7_Main {
04   public static void main(String[] args) {
05     Ex_13_7_Test o = new Ex_13_7_Test();
06     System.out.println(o.i);
07   }
08 }
```

8.（　　）以下哪个说法是错误的？

（a）编译时“-cp”选项与“-classpath”选项的作用相同

（b）包中可以有 private 类

（c）使用 import 语句后仍然可以用完整名称使用包中的类

（d）public 成员可以用在任何地方

9.（　　）以下哪个说法是正确的？

（a）每个程序都会自动导入 java.lang 以及其所包含的所有子包

（b）System 是 java.lang 包中的类

（c）以“*”导入包时会连带导入子包

（d）以上都正确

10.（　　）以下哪个说法是正确的？

（a）protected 修饰的成员与没有定义访问控制修饰符的成员一样只能给包中的其他类使用

（b）没有使用 package 语句的所有类都属于同一个包

（c）没有使用 import 语句时，必须以完整名称才能使用包中的类

（d）以上都正确

程序练习

1. 请将 9.2.3 小节中的范例程序 HidePrivateMember.java 中的 Point 类独立出来并包入 flag.math 包中，并修改原程序，以使用包中的类。
2. 请将第 9 章程序练习第 2 题的 Searcher 类放入 flag.utility 包中，并编写程序测试。
3. 请将 9.4.1 小节的 Utility 类也放入 flag.math 包中，并编写程序测试。
4. 请将 10.5 小节验证身份证号码的功能单独写成一个类 CheckID 并放入 flag.utility 中，并编写程序测试。
5. 请为 13.4 节中 flag.utility 包中的 Sort 类新增 quickSort() 方法。

14

CHAPTER

第 14 章 异常处理

学习目标

- 认识 Java 的异常处理机制
- 在程序中处理异常
- 显示错误信息
- 了解内置异常类的用法

在整个程序的生命周期中，难免会发生一些问题或错误。这类错误大概可分为以下几类。

◎ 编译时期错误：这是在程序开发过程中所发生的，例如初学者最常遇到的语法错误，如忘记在语句后面加分号、变量名称打错等，这类错误在编译程序时就无法编译成功，因此称为编译时期错误（compile-time error）。

◎ 逻辑错误：这种错误是指程序虽能编译成功，也能正常执行，但执行的结果却不是所预期的。究其原因，这是程序的运算逻辑有问题，例如要写程序计算球体体积，但却不小心将计算公式中的半径 3 次方打成 2 次方，程序虽然正常执行，但计算结果并不正确，这就是一种逻辑错误。

◎ 执行时期错误：此错误也是在程序编译成功后于执行阶段发生的错误，“执行时期错误(run-time error)”是指在执行时发生意外状况，而导致程序无法正常执行的错误。举例来说，如果程序中有除法运算，但用来当除数的整数变量的值为 0 （可能是用户输入错误），就会使程序发生“除以 0”的错误。

本章要介绍的异常处理就是要处理“执行时期错误”，让程序即使遇到突发的意外状况时也能加以处理，然后继续执行。

14.1 什么是异常

在程序执行时期所发生的错误就称为异常（exception）。发生异常时，Java 程序将会不正常地中止，轻则让用户觉得程序有问题，重则导致用户的数据损毁 / 丧失。为了能设计出安全可靠（robust）的程序，不会因异常发生而导致程序中止，Java 语言特别内置了异常处理的功能。

14.1.1 有状况：引发异常

扫一扫，看视频

在第 2 章曾介绍过，Java 程序是在 Java 虚拟机（JVM）中执行的。在默认的情况下，当程序执行时发生异常，JVM 就会拦截此异常状况并抛出（throw）此异常事件。

1. 异常实例之——用户输入错误

用户输入非程序预期的数据而导致异常是典型的异常实例。在前几章中有许多由键盘获取用户输入的范例程序，而只要我们故意输入非程序所需要的数据，就会发生异常。画三角形的范例如下。

程序 IsoscelesTriangle.java 画等腰直角三角形

```
01 import java.io.*;
02
03 public class IsoscelesTriangle {
```

```
04
05  public static void main(String args[]) throws IOException {
06
07    System.out.println("要画多高的星号三角形 (行数)");
08    System.out.print("→");
09
10    BufferedReader br =
11      new BufferedReader(new InputStreamReader(System.in));
12    String str = br.readLine();
13    int line = Integer.parseInt(str);
14
15    for (int i=1;i<=line;i++) {        //外循环，控制换行
16      for (int j=1;j<=line-i;j++)      //内循环 1，控制输出空格
17        System.out.print(" ");
18      for (int k=1;k<2*i;k++)          //内循环 2，控制输出星号
19        System.out.print("*");
20      System.out.print("\n");          //每输出一行就换行
21    }
22  }
23 }
```

执行结果

```
要画多高的星号三角形 (行数)
→ ABC ◄— 故意输入不是数字的内容
Exception in thread "main" java.lang.NumberFormatException: For input
string: "ABC"
        at java.lang.NumberFormatException.forInputString
(NumberFormatException.java:48)
        at java.lang.Integer.parseInt(Integer.java:580)
        at java.lang.Integer.parseInt(Integer.java:615)
        at IsoscelesTriangle.main(IsoscelesTriangle.java:13)
```

由于第 13 行调用的 Integer.parseInt() 方法只能解析以数字构成的字符串，而这里故意输入文字或是有小数点的数字，就会导致程序无法解读，而引发异常（或者是抛出异常）。此时 Java 会显示一连串异常的相关信息，并中止程序的执行（或者是线程被终止），因此第 14 行之后的程序都不会被执行到。

TIP 关于 Integer 类及 parseInt() 的详细介绍请参见第 17 章。

在异常信息中，可看到异常所属的“异常类”。

```
                                                   ┌ 异常类的名称
Exception in thread "main" java.lang.NumberFormatException: For input
string: "ABC"
        at java.lang.NumberFormatException.forInputString(NumberFormat
Exception.java:48)
        at java.lang.Integer.parseInt(Integer.java:580)
        at java.lang.Integer.parseInt(Integer.java:615)
        at IsoscelesTriangle.main(IsoscelesTriangle.java:13)
                                             └──────发生异常的程序名称及行号
```

关于异常类会在后面进一步说明。

2. 异常实例之——程序设计不当

程序设计不当也可能引发异常，例如在第 8 章介绍数组时提过，当程序中使用的元素索引码超出数组范围，就会产生异常。

程序 OutOfBound2.java 指定超出数组范围的索引码

```
01 public class OutOfBound2 {
02   public static void main(String[] args) {
03     int[] a = {10,20,30,40};
04
05     for(int i = 0;i <= a.length;i++) {
06       System.out.println("a[" + i + "]: " + a[i]);
07
08     System.out.println("已输出所有的数组元素内容");
09   }
10 }
```

执行结果

```
a[0]: 10
a[1]: 20
a[2]: 30
a[3]: 40
Exception in thread "main" java.lang.ArrayIndexOutOfBoundsException:
Index 4 out of bounds for length 4
        at OutOfBound2.main(OutOfBound2.java:6)
```

从执行结果可以看到，当程序执行到 i 的值等于 4 的时候，由于 4 已超出数组元素的索引范围，所以执行到第 6 行程序时，访问 a[i]（相当于 a[4]）的动作就会引发异常。

同样地，这个范例也是在 Java 输出一长串的信息后，程序就停止执行了，因此第 8 行的语句也不会被执行。这个范例所引发的异常所属的类和前一个例子不同。

```
                                              ┌── 异常类的名称
Exception in thread "main" java.lang.ArrayIndexOutOfBoundsException:
Index 4 out of bounds for length 4
        at OutOfBound2.main(OutOfBound2.java:6)
                                              └── 发生异常的程序是第 6 行
```

看过异常的发生状况后，以下就来认识 Java 是如何处理异常的。

14.1.2 Java 程序处理异常状况的方式

扫一扫，看视频

1. 异常处理流程

当程序执行时发生了异常，Java 会抛出异常，也就是将异常的相关信息包装在一个异常对象之中，然后丢给目前执行的方法来处理，此时会有以下两种状况。

◎ 如果方法中没有处理这个异常的代码，则转向调用者（调用该方法的上一层方法）寻找有无处理此异常的代码。若一直找到最上层的 main() 主方法都没有处理这个异常的代码时，该程序将会停止执行。

◎ 若程序中有处理这个异常的代码，则程序流程会跳到该处继续执行（详细流程请参见下一小节的说明）。

以前面数组索引码超出范围的例子而言，该异常是在 main() 方法中抛出的，所以 Java 会看 main() 中是否有处理该异常的处理代码。由于该范例程序中没有任何异常处理程序，而 main() 又是最上层的方法（程序是由它开始执行的），所以这个异常只好由 Java 自己来处理，而它的处理方式很简单，就是打印出一段有关该异常的信息，并终止程序的执行，由前面的执行结果即可印证。

如果希望异常发生时，程序不会莫名其妙地停止执行，就必须加入适当的异常处理程序（Exception Handler）。对于数组索引码超出范围这个范例，我们必须在 main() 方法中处理 ArrayIndexOutOfBoundsException 异常（此类名称会出现在错误信息中），这在 Java 中称之为"捕捉（catch）"异常。下一小节将会介绍如何在 Java 程序中编写捕捉异常的处理程序。

2. 异常类型

在 Java 中，所有抛出的异常都是以 Throwable 类及其派生类所创建的对象来表示，如 NumberFormatException、ArrayIndexOutOfBoundsException 都是其派生类。

Throwable 类有 Error 和 Exception 两个子类，分别代表两大类型的异常，而这两个类之下又各有许多子类和派生类，分别代表不同类型的异常。

◎ Error 类：此类及其派生类代表的是严重的错误，例如系统资源不足导致程序无法执行，或是 JVM 本身发生错误。由于此类错误通常是我们无法处理的，所以一般不会在程序中捕捉到此类的异常对象。

◎ Exception 类：此类及其派生类就是代表一般的异常，也是一般编写错误处理程序时所会捕捉到的类。Exception 类之下则有多个子类，但在本章中将重点放在 RuntimeException 这个子类，如图 14.1 所示。

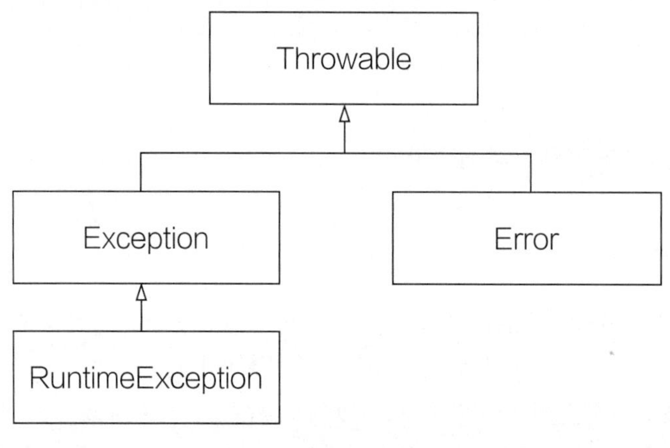

图14.1

顾名思义，RuntimeException 类代表的就是“执行时的异常”。此类下有多个子类和派生类，分别代表不同类型的执行时期异常。例如，在程序中指定超过范围的索引码时，就会引发 ArrayIndexOutOfBoundsException 类的异常。此类是 RuntimeException 的孙类，其父类是 IndexOutOfBoundsException。

另一种常见的异常则是 RuntimeException 的另一个子类 ArithmeticException，即当程序中做数学运算发生错误时（例如前面提过的用 0 作除数），就会引发这个异常。

接下来我们介绍如何用 Java 程序捕捉异常。

14.2 try...catch...finally 语句

在 Java 程序中编写异常处理程序时可使用 try、catch、finally 三个语句，但最简单的捕捉异常程序只需用到 try 和 catch 语句即可。

14.2.1 捕捉异常状况

扫一扫，看视频

当要执行一段有可能引发异常的程序时，可将它放在 try 语句块中，同时用 catch 语句来捕捉可能被抛出的异常对象，并编写相关的处理程序。其结构如下。

```
try {
    // 此处放的是一般要执行的程序,
    // 如果没有任何异常发生,
    // 则此语句块的程序全部执行完毕后,
    // 程序流程会跳到 catch 语句块之后的程序继续执行
} catch (异常类 e) {
    // 当 try 语句块的程序在执行时,
    // 发生属于“异常类”或其子类的异常时,
    // 就会立即跳到此 catch 语句块继续执行,
    // 在这段程序中可通过 e 对象获取相关的异常信息

    // 此语句块的程序全部执行完毕后,
    // 程序流程会跳到语句块之后的程序继续执行
}
```

try 是尝试的意思，所以上述结构就像是“尝试执行一段可能引发异常的语句”，如果发生异常，就由捕捉（catch）该异常的语句块来处理，如图 14.2 所示。

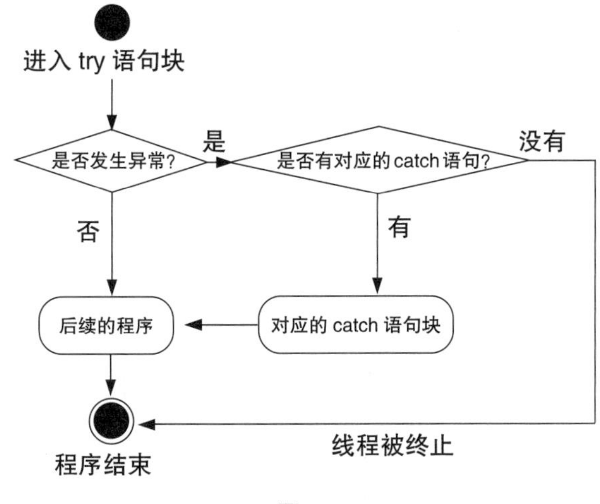

图14.2

例如，若要捕捉之前所提的 ArrayIndexOutOfBoundsException 异常，可用如下的 try...catch 语句来处理。

程序 CatchOutOfBound.java 捕捉超出数组范围的异常

```
01 public class CatchOutOfBound {
02
03   public static void main(String[] args) {
04
05     int[] a = {10,20,30,40};
06
07     try {
08      //将可能引发错误的程序放在 try 的大括号中
09       for(int i = 0;i <= a.length;i++)
10         System.out.println("a[" + i + "]: " + a[i]);
11     } catch (ArrayIndexOutOfBoundsException e) {
12       //发生 ArrayIndexOutOfBoundsException 异常时,
13       //才会执行此大括号中的代码
14
15       System.out.println("发生异常: " + e);
16       System.out.println("也就是超出数组范围了!");
17     }
18
19     System.out.println("这行程序还是会被执行!");
20   }
21 }
```

执行结果

```
a[0]: 10
a[1]: 20
a[2]: 30
a[3]: 40
发生异常: java.lang.ArrayIndexOutOfBoundsException: Index 4 out of bounds for length 4
也就是超出数组范围了!
这行程序还是会被执行!
```

◎ 第 7 ~ 17 行就是整个 try...catch 语句块。第 7 ~ 11 行的 try 语句块就是单纯用 for 循环输出所有的数组元素。当循环变量 i 的值为 4 时，执行第 10 行程序就会引发异常。

◎ 第 11 ~ 17 行就是捕捉超出数组范围异常的 catch 语句块。第 15 行程序直接输出异常对象 e 的内容。

◎ 不管有没有发生 ArrayIndexOutOfBoundsException 异常，都会执行到第 19 行的程序。

如果是在编写商用程序，那么随便显示一行异常信息对用户来说都不友好，因为用户可能根本看不懂，此时最好能显示可帮助用户了解问题所在的信息，例如需要用户输入数据的应用程序最好能显示用户应输入的数据类型及格式。在 catch 语句块中显示易懂信息的范例如下。

程序 CatchAndShowInfo.java 在 catch 语句中显示相关信息

```
01 import java.io.*;
02
03 public class CatchAndShowInfo {
04
05   public static void main(String[] args) throws IOException{
06
07     int[] secret = {65535,3001,1999,1496,119};
08     System.out.print("本程序有 5 个神秘数字, 您要看第几个? ");
09
10     BufferedReader br =
11       new BufferedReader(new InputStreamReader(System.in));
12     String str = br.readLine();
13
14     int target = Integer.parseInt(str);      //转换为 int
15
16     try {
17
18       System.out.println("第" + target + "个神秘数字是" +
19                          secret[target-1]);
20     } catch (ArrayIndexOutOfBoundsException e) {
21
22           System.out.println("您指定的数字超出范围。");
23           System.out.println("您要看的是第" + target + "个神秘数字,");
24           System.out.println("  但我们只有 5 个神秘数字。");
25     }
26
27     System.out.println("欢迎再次使用!");
28   }
29 }
```

执行结果

```
本程序有 5 个神秘数字, 您要看第几个? 7
您指定的数字超出范围。
您要看的是第 7 个神秘数字,
  但我们只有 5 个神秘数字。
欢迎再次使用!
```

这个范例程序内置一个整数数组，并请用户自行选择要看数组中的哪一个数字。如果用户指定的数字超出范围，就会引发 ArrayIndexOutOfBounds Exception 的异常，在 catch 语句块中，会显示这个程序只有 5 个数字，并告知用户指定的数字超出范围。

14.2.2 捕捉多个异常

扫一扫，看视频

如果程序中虽然有 try...catch 语句捕捉特定的异常，但在执行时发生了未捕捉到的异常，会发生什么样的情况呢？很简单，就和我们没写任何 try...catch 语句一样，Java 会找不到处理这个异常的程序，因此程序会直接结束执行。我们直接用刚刚的 CatchAndShowInfo.java 程序来示范。

```
本程序有 5 个神秘数字，您要看第几个？A ←— 故意输入非数字
Exception in thread "main" java.lang.NumberFormatException: For input string: "A"
        at java.lang.NumberFormatException.forInputString(NumberFormat
Exception.java:48)
        at java.lang.Integer.parseInt(Integer.java:580)
        at java.lang.Integer.parseInt(Integer.java:615)
        at CatchAndShowInfo.main(CatchAndShowInfo.java:16)
```

如以上执行结果所示，虽然程序中有捕捉 ArrayIndexOutOfBoundsException 异常，但只要用户输入整数以外的内容，就会使 Integer.parseInt() 方法因无法解析而抛出 NumberFormatException 异常，由于程序未捕捉此异常，导致程序意外结束。

要用 try...catch 语句来解决这个问题，可让程序再多捕捉一个因为算术、类型转换发生错误所引发的 ArithmeticException 异常。捕捉多个异常有两种不同写法，第 1 种是在 catch() 的括号中以"|"运算符组合两个或更多的异常类。

```
try {
    // 此处放一般要执行的程序
    // ...
} catch (异常类甲 | 异常类乙 ) {
    // 发生属于"异常类甲"或"异常类乙"，
    // 或两者子类的异常时,
    // 就会立即跳到此 catch 语句块继续执行
}
```

例如要让前一个范例可处理 ArrayIndexOutOfBoundsException 和 NumberFormatException 两种异常，可采用以下的方式编写 catch() 语句块。

程序 Catch2Except.java 捕捉两种异常

```
01 import java.io.*;
02
03 public class Catch2Except {
```

```
04
05  public static void main(String[] args) throws IOException{
06
07    int[] secret = {65535,3001,1999,1496,119};
08    System.out.print("本程序有 5 个神秘数字，您要看第几个？");
09
10    BufferedReader br =
11      new BufferedReader(new InputStreamReader(System.in));
12    String str = br.readLine();
13
14    int target = 0;
15
16    try {
17      target = Integer.parseInt(str); //转换为 int
18      System.out.println("第 " + target + " 个神秘数字是 " +
19                          secret[target-1]);
20    } catch (ArrayIndexOutOfBoundsException |
21             NumberFormatException e) {
22      System.out.println("对不起，输入错误。");
23      System.out.println("请确认您输入 1~5 之间的数字。");
24    }
25    System.out.println("欢迎再次使用!");
26  }
27 }
```

执行结果 1

```
本程序有 5 个神秘数字，您要看第几个？  8 ←— 输入超出范围的数字
对不起，输入错误。
请确认您输入 1~5 之间的数字。
欢迎再次使用!
```

执行结果 2

```
本程序有 5 个神秘数字，您要看第几个？  A ←— 输入文字
对不起，输入错误。
请确认您输入 1~5 之间的数字。
欢迎再次使用!
```

◎ 第 17 行将调用 Integer.parseInt() 方法的语句移到 try 语句块中，以便程序能捕捉此方法可能抛出的异常。

◎ 第 20、21 行在 catch() 语句块中用 “|” 运算符组合 ArrayIndexOutOfBoundsException 和

NumberFormatException，表示要捕捉这两种异常。

TIP 在 catch 语句块中用“|” 运算符捕捉多种异常是 Java 7 之后才支持的语法。若使用旧版的 Java，则请改用下面介绍的第 2 种写法。

第 2 种捕捉多个异常的写法则是让程序有两个或两个以上的 catch 语句块。例如要捕捉两种不同异常，就要在 try 语句块之后列出两个 catch 语句块即可。

```
try {
    // 此处放一般要执行的程序
    // ...
} catch (异常类甲 e) {
    // 发生属于“异常类甲”或其子类的异常时，
    // 就会立即跳到此 catch 语句块继续执行
} catch (异常类乙 e) {
    // 发生属于“异常类乙”或其子类的异常时，
    // 就会立即跳到此 catch 语句块继续执行
}
    // 如果有需要，还可继续加上其他的 catch 语句
```

请参考以下的范例程序。

程序 MultiCatch.java 捕捉两种异常

```
 :  ... 略（同前一程序）
15
16      try {
17        target = Integer.parseInt(str); //转换为 int
18        System.out.println("第" + target + "个神秘数字是" +
19                                      secret[target-1]);
20      } catch (ArrayIndexOutOfBoundsException e) {
21        System.out.println("您指定的数字超出范围。");
22        System.out.println("您要看的是第" + target + "个神秘数字，");
23        System.out.println("但我们只有 5 个神秘数字。");
24      } catch (NumberFormatException e) {
25        System.out.println("对不起，您输入的数据错误。");
26      }
27      System.out.println("欢迎再次使用！");
28    }
29 }
```

第 20、24 行捕捉两种不同异常，并分别显示不同的错误信息。

执行结果

```
本程序有 5 个神秘数字，您要看第几个？  A
对不起，您输入的数据错误。
欢迎再次使用！
```

虽然用“|”运算符或多个 catch 语句块都可捕捉不同类型的异常，但若想处理的异常种类较多，那么不是要让 catch 的括号内容变成一大串就是要加好几个 catch 语句块，而且也难保不会有所遗漏。在此种情况下，可考虑捕捉“上层”的异常类。在介绍此方法前，我们再来对 Java 的异常处理机制做更进一步的认识。

14.2.3 自成体系的异常类

1. Throwable 类

扫一扫，看视频

如前所述，Java 所有的异常都是由 Throwable 类及其派生类所创建的对象。Throwable 类本身已定义了数个方法，最常用的是返回异常相关信息的方法。

```
String getMessage()              //获得异常信息
String toString()                //获得异常类型和异常详细信息
```

上述两个方法的用法可参考以下的范例程序。

程序 ShowExceptionMessage.java 在 catch 语句中显示相关信息

```
 :  ... 略
16      try {
17
18        System.out.println("第" + target + "个神秘数字是" +
19                                secret[target-1]);
20      }
21     catch (ArrayIndexOutOfBoundsException e) {
22        System.out.println("发生异常!");
23        System.out.println("异常信息是: " + e.toString());
24        System.out.println("使用的数组索引值是: " + e.getMessage());
25      }
26    }
27 }
```

执行结果

```
本程序有 5 个神秘数字，您要看第几个神秘数字？  9
发生异常！
```

```
异常信息是：java.lang.ArrayIndexOutOfBoundsException:
Index 8 out of bounds for length 5

使用的数组索引值是：Index 8 out of bounds for length 5
```

Throwable 只有 Error 和 Exception 两个子类，其中 Error 类代表系统的严重错误，通常无法由程序处理，因此也不需编写捕捉此类错误的程序。而 Exception 类下则有许多派生类，代表一般写程序时可能会遇到的各种异常，下面我们再进一步介绍。

2. Exception 类

Exception 类的子类种类相当多（见图 14.3），而且各个子类下又有或多或少的子类。除了 RuntimeException 外，Exception 的其他子类都是在调用 Java 标准类库中特定的方法，或是在程序中要自己抛出类时才会用到（参见 14.3 节），初学者大都只会用到 RuntimeException 这个子类下的某几个类。除了已经用过的 ArrayIndexOutOfBoundsException 和 ArithmeticException 外，接下来再介绍几个 RuntimeException 下的子类和孙类。

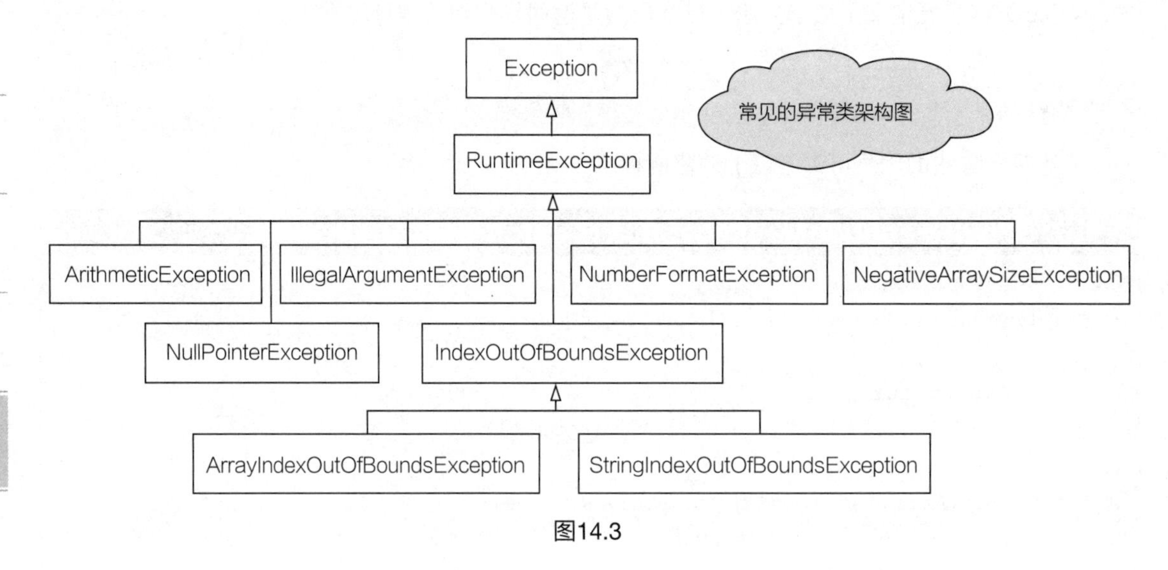

图14.3

◎ NullPointerException：当程序需使用一个指向对象的引用，但该引用却是 null 时就会引发此异常。例如程序需要引用一个对象，但提供的对象引用却是 null，Java 就会抛出 NullPointerException 异常的对象。

◎ NegativeArraySizeException：数组大小为负数时就会引发此异常。

◎ NumberFormatException：当程序要将某个字符串转换成数值格式，但该字符串的内容并不符合该数值格式的要求，就会引发此异常。在前面的范例中已介绍调用 Integer.parseInt() 方法要将字符串转换成整数时引发的异常，即若参数字符串并非整数的形式，就会引发格式不合适的异常。

◎ StringIndexOutOfBoundsException：和 ArrayIndexOutOfBoundsException 一样，该异常同属于 IndexOutOfBoundsException 的子类，当程序访问字符串中的字符，但指定的索引超出字符串的范围时，就会引发此异常。

3. 捕捉上层的异常

大致了解了主要的异常类继承关系后，就可以捕捉较上层的异常类对象，让一个 catch 语句块可处理各种异常，例如下面这个简单的程序。

程序 CatchUpperException.java 用一个 catch 处理两种异常

```
01 import java.io.*;
02
03 public class CatchUpperException {
04
05   public static void main(String[] args) throws IOException {
06
07     System.out.println("本程序有3个神秘数字,");
08     System.out.print("您要看第几个→");
09
10     BufferedReader br =
11       new BufferedReader(new InputStreamReader(System.in));
12
13     String str = br.readLine();
14     int choice1 = Integer.parseInt(str);     //转换为 int
15
16     System.out.println("本程序有6个神秘英文字母,");
17     System.out.print("您要看第几个→");
18
19     str = br.readLine();
20     int choice2 = Integer.parseInt(str);     //转换为 int
21
22     int[] a = {123,456,789};                 //含神秘数字的数组
23     String s = "MONDAY";                     //含神秘英文字母的字符串
24
25     try {
26      System.out.println("a[" +  choice1 + "]: " + a[choice1-1]);
27      System.out.println(s.charAt(choice2));
28     }
29     catch (IndexOutOfBoundsException e) {
30      System.out.println("发生异常: " + e);
31        System.out.println("索引超出范围了!");
32     }
33   }
34 }
```

执行结果 1

```
本程序有3个神秘数字，
您要看第几个 → 4
本程序有6个神秘英文字母，
您要看第几个 → 5
发生异常：java.lang.ArrayIndexOutOfBoundsException: 3
索引超出范围了！
```

执行结果 2

```
本程序有3个神秘数字，
您要看第几个 → 2
本程序有6个神秘英文字母，
您要看第几个 → 9
a[2]: 456
发生异常：java.lang.StringIndexOutOfBoundsException: String index
out of range: 9
索引超出范围了！
```

第 29 行的 catch 语句捕捉的是 IndexOutOfBoundsException 异常对象，所以不管发生 ArrayIndexOutOfBoundsException 或是 StringIndexOutOfBoundsException 异常，都会被捕捉，并执行 30、31 行语句输出相关信息。如果把第 29 行的程序改成捕捉更上层的 RuntimeException 异常对象，或 Exception 异常对象，也具有相同的效果。

针对衍生异常类做特别处理的写法

在捕捉上层异常时，如果您想针对某个子类的异常进行处理，可利用前面介绍过的捕捉多个异常类的技巧：先捕捉子类，再捕捉其上层类（父类）。例如有一段代码可能产生多种 RuntimeException 派生类的异常，但我们想特别对 ArrayIndexOutOfBounds-Exception 做额外处理，可将程序写成：

```
try {
  ...
} catch (ArrayIndexOutOfBoundsException e) {
  //针对 ArrayIndexOutOfBoundsException 异常的处理程序
  ...
} catch (RuntimeException e) {
  //针对 RuntimeException 其他异常的处理程序
  ...
}
```

写在较前面的 catch 语句会优先检查，而且一旦匹配到符合的异常即交给其处理，并忽略后面所有的 catch 语句。请注意，上述两段 catch 语句的顺序不可以颠倒过来，因为父类在前面的话一定会优先符合，那么后面的子类 catch 语句将永远执行不到，此时将会造成编译错误 (exception java.lang.ArrayIndexOutOfBoundsException has already been caught)。

14.2.4 善后处理机制

扫一扫，看视频

当程序发生异常时，若因没有捕捉到而导致程序突然结束，则可能会有不良的影响，例如程序可能还没将重要的数据存储，可能会导致用户的重要数据丢失。

为了让程序能在发生异常后，无论是否捕捉到该异常，都能做一些善后处理工作，Java 提供了一个 finally 语句。只需将善后的处理代码放在 finally 语句块中，并将此语句块放在 try...catch 之后，即可形成一段完整的 try...catch...finally 异常处理段落。

```
try {
    …
}
catch (异常类甲 e) {
    …
}
catch (异常类乙 e) {
    …
}
finally {
  // 无论是否发生异常，或者是否 catch 到异常，
  // 最后都会执行此语句块的程序
}
```

由于不管何种情况都会执行到 finally 语句块，所以很适合用 finally 来做必要的善后处理，如尝试存储用户尚未存档的数据等。若先前未发生异常或是发生程序有捕捉的异常，则在执行完 finally 语句块后，程序仍会依正常流程继续执行；但若之前发生的是程序未捕捉的异常，在执行完 finally 语句块后，Java 仍会显示异常信息并停止执行程序。

TIP 即使在 try 或 catch 语句块中执行到 return 语句，仍然会先执行 finally 语句块中的程序后才执行 return 语句。

TIP 在 try 语句块之后可以只有 catch 语句块或只有 finally 语句块，或者二者都有，但不能都没有，否则会编译错误。另外，每个语句块之间必须紧密相连，中间不可以插入任何代码。范例如下。

程序 TestFinally.java 在 catch 语句中显示相关信息

```
01 public class TestFinally {
02 
03   public static void main(String[] args) {
04 
05     int[] a = {10,20,30,40};
06 
07     try {
08       //故意加以下两行语句来制造 ArithmeticException 异常
09       int i=0;
10       i = 100/i;
11 
12       for(int j = 0;j <= a.length;j++)
13         System.out.println("a[" + j + "]: " + a[j]);
14     }
15     catch (IndexOutOfBoundsException e) {
16       System.out.println("发生异常: " + e);
17       System.out.println("超出数组范围了!");
18     }
19     finally {
20       System.out.println("无论如何这行代码都会被执行!");
21     }
22     //下面这行语句是在异常处理语句块之外
23     System.out.println("这行不一定会被执行!");
24   }
25 }
```

执行结果

```
无论如何这行代码都会被执行!
Exception in thread "main" java.lang.ArithmeticException: / by zero
        at TestFinally.main(TestFinally.java:11)
```

在第 9、10 行故意加了两行除以 0 的运算，以引发 ArithmeticException 异常，而程序中并未捕捉此异常对象。但当 Java 抛出此异常时，程序仍会执行第 20 行 finally 语句块中的语句后才停止运行。也因为异常的发生，所以第 23 行的程序不会被执行。

读者可尝试一下在第 10 行程序前面加上“//”使其变成注释，重新编译、执行程序，此时就会发现程序引发 IndexOutOfBoundsException 异常后，第 20、23 行的语句都会被执行。

TIP try 语句还有一种称为"try...with...resources"的语法,可简化以往需要在 finally 语句块中进行资源善后处理的工作,此部分内容会在 16.3 节中使用文件资源时一并介绍。

14.3 抛出异常

14.3.1 将异常传递给调用者

扫一扫,看视频

在开发 Java 程序时,若预计程序可能会遇到自己无法处理的异常时,可以选择抛出异常,让上层的程序(例如调用我们程序的程序)去处理。

要抛出异常需使用 throw 语句以及在方法的声明中加上 throws 子句,每当要从键盘读取用户输入时,main() 方法后面就会加上"throws IOException"子句,原因如下。

认识 Checked/Unchecked 异常

除了根据异常类的继承关系将其分为 Error 和 Exception 两大类外,还有一种分类方式,是根据编译器在编译程序时是否会检查程序中有没有妥善处理异常,此时可将异常分为 Unchecked(不检查)和 Checked(会检查)两种。

◎ Unchecked 异常:所有属于 Errors 或 RuntimeException 的派生类的异常都归于此类,前者是我们无法处理的异常,而后者则是利用适当的程序逻辑可避免的异常(例如做除法运算前先检查除数是否为 0、访问数组前先检查索引码是否超出范围),所以 Java 并不一定要处理此类异常,因此称其为编译器"不检查的(Unchecked)"异常。

◎ Checked 异常:除了 RuntimeException 以外,所有 Exception 的派生类都属于此类。Java 语言规定,所有的方法都必须处理这类异常,因此称其为编译器"会检查的(Checked)"异常,如果不处理的话,在编译程序时就会出现错误,无法编译成功。

以在 main() 方法中获取键盘输入的程序为例,查看文件中 BufferedReader 类的 readLine() 方法之原型声明,会发现它可能会抛出 IOException 异常。而 IOException 正属于 Checked 异常,因此使用到这个方法时,就必须在程序中"处理"这个异常,处理方式有以下两种。

◎ 自行用 try...catch 语句来处理:以使用 readLine() 方法为例,我们必须用 try 段落包住调用 readLine() 的语句,然后用 catch 语句来处理 IOException 异常。但初学 Java 时,暂时不必做此种复杂的处理,因此可采用第 2 种方式。

◎ 将 Checked 异常抛给上层的调用者处理:当我们在 main() 方法后面加上"throws IOException"的声明,就表示 main() 方法可能会引发 IOException 异常,而且它会将此异常抛给上层的调用者(在此为 JVM)来处理。这也是一般程序会采用的方式。另一方面,在编写自定义的方法时,若此方法会抛出异常,也必须在方法的声明中使用"throws"子句,注明所有可能抛出的异常类。

TIP 经常使用的 parseInt() 方法就是会抛出属于“Unchecked”异常的 NumberFormatException 异常，所以在 main() 方法中可不用声明抛出此类异常。

如果不将 main() 方法声明为“throws IOException”，就必须用 try...catch 的方式来处理 BufferedReader 类的 readLine() 方法，或其他会抛出 Checked 异常的方法。例如可将先前的范例改写成如下。

程序 MainNoThrows.java 不在 main() 方法中声明抛出异常

```
01 import java.io.*;
02
03 public class MainNoThrows {
04
05   public static void main(String[] args) {
06    //不加上 throws IOException
07     int[] secret = {65535,3001,1999,1496,119};
08     System.out.println("本程序有 5 个神秘数字, 您要看第几个?");
09     System.out.print("→");
10
11     int target;
12     //用 try 来进行读取数据的操作
13     try {
14       BufferedReader br =
15         new BufferedReader(new InputStreamReader(System.in));
16
17       String str = br.readLine();
18       target = Integer.parseInt(str);        //转换为 int
19     }
20     //捕捉 IOException 异常, 但其实没做什么处理
21     catch (IOException e) {
22       System.out.println("发生 IO 异常");
23       target = 5;
24     }
25
26     if (target > secret.length)
27       target = secret.length;
28
29     System.out.println("第" + target + "个神秘数字是" +
30                        secret[target-1]);
31   }
32 }
```

执行结果

```
本程序有 5 个神秘数字，您要看第几个?
→ 14
第 5 个神秘数字是 119
```

原本使用 readLine() 这类方法时，若不在 main() 方法中声明 throws IOException，编译程序时就会出现错误。但我们现在改用 try 语句来执行 readLine()，并自行捕捉 IOException 类的异常，因此不声明 throws IOException 也能正常编译成功。

14.3.2 声明抛出异常

扫一扫，看视频

当遇到无法自己处理的异常，或是想以异常的方式来显示不正常的状况时，就可以用 throw 语句主动抛出异常。

例如，在 Java 中，整数运算的除以 0 会引发 ArithmeticException 异常，但除以浮点数 0.0 时却不会引发异常，只会使执行结果变成 NaN（参见第 17 章）。如果希望这个运算也会产生 ArithmeticException 异常，则可自行将程序设计成发现除数为 0.0 时，即抛出 ArithmeticException 异常对象。

程序 IdealGas.java 计算理想气体在一定压力下的体积

```
01 import java.io.*;
02
03 public class IdealGas {
04
05   public static void main(String[] args) throws IOException{
06
07     int[] temp = {0,15,20,25};
08     System.out.println("计算在 0℃,15℃,20℃,25℃下, 理想气体的体积");
09     System.out.print("请输入大气压强 (atm)→");
10
11     BufferedReader br =
12       new BufferedReader(new InputStreamReader(System.in));
13     String str = br.readLine();
14
15     //转换为 double
16     double pressure = Double.parseDouble(str);
17
18     if (pressure==0)
19       throw new ArithmeticException("您输入的值将使除数为零!");
20
```

```
21      System.out.println("在" + pressure + "大气压下: ");
22
23      for (int i=0;i<temp.length;i++) {
24        System.out.print( + temp[i] + " ℃时, ");
25        System.out.print("1mol理想气体体积为 ");
26        System.out.print(0.082*(273.14+temp[i])/pressure + "公升\n");
27      }               //理想气体方程式 V=nRT/P
28    }
29  }
```

执行结果 1

```
计算在 0℃,15℃,20℃,25℃下, 理想气体的体积
请输入大气压强 (atm) → 1
在 1个大气压下:
 0℃时,  1mol理想气体体积为 22.397479999999998 公升
 15℃时, 1mol理想气体体积为 23.62748 公升
 20℃时, 1mol理想气体体积为 24.03748 公升
 25℃时, 1mol理想气体体积为 24.44748 公升
```

执行结果 2

```
计算在 0℃,15℃,20℃,25℃下, 理想气体的体积
请输入大气压强 (atm)→0
Exception in thread "main" java.lang.ArithmeticException:
您输入的值将使除数为零!
        at IdealGas.main(IdealGas.java:19)
```

第 18 行用 if 语句判断用户输入的值是否为 0，因为 0 将使第 26 行的表达式无法算出正常结果，所以在第 19 行抛出 ArithmeticException 对象，并自定义该异常对象的信息。

TIP 如果在方法中丢出一个 Checked 异常（即除了 RuntimeException 之外的任何 Exception 的子对象），那么就必须在方法中“用 catch 来捕捉”或“用 throws 来声明抛出”，否则会编译错误。但如果是在 catch 语句块中抛出，由于不能再捕获了，所以一定得用 throws 子句声明。

14.4 自定义异常类

除了自行用 throw 语句抛出异常对象，我们也能自定义新的异常类，然后在程序中抛出此类自定义类的异常对象。

但要特别注意，自定义的异常类一定要是 Throwable 的派生类（可用其下的任一个子类或孙类

来创建自定义的异常类），否则无法用 throw 语句抛出该类的对象。

接下来就将前一个范例略做修改，加入自定义的异常类 ValueException，并在用户输入 0 和负值时分别抛出不同信息的 ValueException 对象。

程序 IdealGas2.java 自定义异常类

```
 ⋮
15      double pressure = Double.parseDouble(str);
16      try {
17        if (pressure==0)
18          throw new ValueException("您输入的值将使除数为零！");
19        else if (pressure<0)
20          throw new ValueException("无法计算负值！");
 ⋮
29      }
30      catch (ValueException e) {
31        System.out.println("发生异常：" + e);
32      }
33    }
34  }
35
36  //自定义异常类
37  class ValueException extends RuntimeException {
38    public ValueException (String s) {
39      super(s);
40    }
41  }
```

执行结果 1

```
计算在 0℃,15℃,20℃,25℃下，理想气体的体积
请输入大气压强 (atm)→0
发生异常：ValueException: 您输入的值将使除数为零！
```

执行结果 2

```
计算在 0℃,15℃,20℃,25℃下，理想气体的体积
请输入大气压强 (atm)→-3
发生异常：ValueException: 无法计算负值！
```

◎ 第 17 ~ 20 行将检测气压值的程序放在 try 语句块中，若用户输入 0 或负值，都会抛出自定义的 ValueException 异常，此异常类的定义放在程序的最后。

◎ 第 30 ~ 32 行在 catch 语句块中自定义异常类对象，并显示异常对象的信息。

◎ 第 37 ~ 41 行是用 RuntimeException 派生出自定义的 ValueException 异常类，其中只定义一个构造方法（直接调用父类的构造方法）。

14.5 综合演练

14.5.1 会抛出异常的计算阶乘程序

扫一扫，看视频

在 6.6.3 小节中曾介绍一个计算阶乘的范例，这次做个小小的修改，让它改用抛出异常的方式来处理数值超出范围和用户不想再计算这两种情况。

程序 NewFactorial.java 计算阶乘

```
01 import java.io.*;
02
03 public class NewFactorial {
04
05   public static void main(String args[]) throws IOException {
06
07     long fact;                              //用来存储阶乘值的长整数
08
09     BufferedReader br =
10       new BufferedReader(new InputStreamReader(System.in));
11
12     try {
13       while (true) {
14         System.out.println("请输入一整数来计算阶乘 (0 代表结束)");
15         System.out.print("→");
16         String str = br.readLine();
17         int num = Integer.parseInt(str);
18
19         if (num > 20)
20           throw new ArithmeticException("指定数值超出范围");
21         else if (num == 0)
22           throw new RuntimeException("程序结束!");
23
24         System.out.print(num + "!等于");
25
26         for (fact=1;num>0;num--)        //计算阶乘值的循环
27           fact = fact * num;            //每轮皆将 fact 乘上 num
```

```
28
29            System.out.println(fact + "\n");
30          }
31      } catch (RuntimeException e) {
32          System.out.println(e);
33      }
34
35      System.out.println("谢谢您使用阶乘计算程序。");
36    }
37 }
```

执行结果

```
请输入一整数来计算阶乘 (0 代表结束)
 → 30
java.lang.ArithmeticException: 指定数值超出范围
谢谢您使用阶乘计算程序。
```

◎ 第 12 ~ 33 行为计算阶乘的 try...catch 语句块，计算阶乘的循环在第 26、27 行。

◎ 第 19 行用 if 语句判断用户输入的值是否大于 20，若是，则抛出 ArithmeticException 异常对象。

◎ 第 21 行则判断用户输入的值是否为 0，若是则抛出 RuntimeException 异常对象。

TIP 在此要特别说明，此范例只是为了示范抛出异常的用法。实际开发程序时，并不建议随意抛出异常，应该在遇到真的是程序无法处理的情况才抛出异常。

14.5.2 字符串大小写转换应用

扫一扫，看视频

Java 的 String 类虽然有 toUpperCase()、toLowerCase() 方法可将字符串中的字母全部转成大写或全部转成小写，但如果我们想将字符串中小写的字母转换成大写、大写的字母转换成小写，就要自行设计相关的程序。

以下就是一个将字符串中大小写字母互换的范例程序，这个程序只能转换纯英文的字符串，也就是说字符串中只要含英文字母及空白以外的字符，程序就不会进行转换。范例程序的做法是在此情况下抛出 RuntimeException 异常对象，并用 catch 语句块捕捉该异常、显示相关信息。

程序 StringChange.java 将字符串大小写互换的程序

```
01 import java.util.*;
02
03 public class StringChange {
04
```

```
05  public static void main(String[] args) {
06
07    System.out.println("本程序会将字符串中的英文字母大小写互换");
08    System.out.print("请输入要转换的字符串(输入 bye 结束)→");
09
10    Scanner sc = new Scanner(System.in);
11    while (sc.hasNextLine()) {
12      String str = sc.nextLine();
13      if(str.equalsIgnoreCase("bye"))
14        break;                                //输入 "bye" 即结束循环
15
16      char[] temp = str.toCharArray();        //将字符串转成字符数组
17
18      try {
19        for (int i=0;i<temp.length;i++)
20          if (Character.isLetter(temp[i]) |
21              Character.isWhitespace(temp[i]))
22             if (Character.isLowerCase(temp[i]))
23               temp[i] = Character.toUpperCase(temp[i]);
24             else
25               temp[i] = Character.toLowerCase(temp[i]);
26          else                                //遇到非英文字母，即抛出异常
27            throw new RuntimeException();
28        System.out.println(temp);
29      }
30      catch (RuntimeException e) {
31        System.out.println("字符串中只能含英文字母");
32      }
33      finally {
34        System.out.print("\n请输入要转换的字符串");
35        System.out.print("(输入 bye 结束)→");
36      }
37    }
38  }
39 }
```

执行结果

```
本程序会将字符串中的英文字母大小写互换
请输入要转换的字符串(输入 "bye" 结束)→MonDay
mONdAY

请输入要转换的字符串(输入 "bye" 结束)→Go2School
```

```
字符串中只能含英文字母

请输入要转换的字符串(输入 "bye" 结束)→bye
```

◎ 第 11 ~ 37 行的 while 循环会重复，请用户输入新字符串并进行字符串中大小写转换的动作。
◎ 第 13 行检查用户输入的字符串是否为“bye”（不论大小写），若是则停止循环。
◎ 第 18 ~ 36 行用 try...catch...finally 语句进行字符串转换的动作。
◎ 第 19 ~ 27 行的 for 循环逐一进行字符串中每个字符的转换工作。
◎ 第 20、21 行先检查字符是否为英文字母或空白，是才进行转换，不是就在第 27 行抛出 RuntimeException 异常对象。
◎ 第 33 ~ 36 行的 finally 语句块会在不论是否发生异常的情况下，请用户输入另一个新字符串。

14.5.3 简单的账户模拟程序

这个范例是用一个自定义类来模拟存款账户，此类会记录账户目前的存款金额，并可对账户进行存款、提款操作。当发生存款金额为负值、提款超过账户余额等情况时，都会抛出自定义的 AccountError 异常对象。

扫一扫，看视频

至于自定义的 AccountError 异常类，除了单纯继承 Exception 类外，只有利用构造方法将文字信息存于类中。

程序 TestAccount.java 模拟存款账户操作

```
01 import java.io.*;
02
03 class AccountError extends Exception {               //自定义的异常类
04   public AccountError(String message) {super(message);}
05 }
06
07 class Account  {                                     //简单的账户类
08   private long  balance;                             //记录账户余额
09
10   public Account(long money)  {balance = money;}
11
12     //存款的方法
13   public void deposite(long money) throws AccountError {
14     if (money <0)
15       throw new AccountError("存款金额不可为负值");   //抛出异常
16     else
17       balance += money;
18   }
19
```

```
20   //提款的方法
21   public void withdraw(long money) throws AccountError {
22     if (money > balance)
23       throw new AccountError("余额不足");                //抛出异常
24     else
25       balance -= money;
26   }
27
28   public long checkBalance() {return balance;}        //返回余额
29 }
30
31 public class TestAccount {
32
33   public static void main(String[] args) throws IOException {
34
35     System.out.println("简单账户模拟计算");
36     System.out.println("开户要先存100元");
37     Account myAccount = new Account(100);
38
39     BufferedReader br =
40       new BufferedReader(new InputStreamReader(System.in));
41     String str;
42
43     try {
44       while (true) {                                  //存款、提款的循环
45         System.out.print("\n您现在要(1)存款(2)提款→");
46         str = br.readLine();
47         int choice = Integer.parseInt(str);
48         System.out.print("请输入金额→");
49         str = br.readLine();
50         int money = Integer.parseInt(str);
51
52         if(choice == 1) {                             //存款处理
53           myAccount.deposite(money);
54           System.out.print("存了" + money + "元后，账户还剩");
55           System.out.println(myAccount.checkBalance() + "元");
56         }
57         else if(choice == 2) {                        //提款处理
58           myAccount.withdraw(money);
59           System.out.print("领了" + money + " 元后，账户还剩");
60           System.out.println(myAccount.checkBalance() + "元");
61         }
```

```
62          }                                                  //循环结束
63        }
64        catch (AccountError e) {
65          System.out.println(e);
66        }
67      }
68  }
```

执行结果

```
简单账户模拟计算
开户要先存100元

您现在要(1)存款(2)提款→1
请输入金额→50
存了50 元后，账户还剩 150 元

您现在要(1)存款(2)提款→2
请输入金额→80
领了80 元后，账户还剩 70 元

您现在要(1)存款(2)提款→2
请输入金额→100
AccountError: 余额不足
```

◎ 第 3 ~ 5 行用 Exception 派生出自定义的 AccountError 异常类。第 4 行的构造方法则以参数 message 字符串调用父类构造方法。

◎ 第 7 ~ 29 行定义一个 Account 类以模拟存款账户，此类只有一个数据成员 balance 以记录存款账户余额。

◎ 第 13 ~ 18 行的 deposite() 方法模拟存款动作，程序先检查存款金额是否为负值，是就抛出自定义的 AccountError 异常；否则就将账户余额加上本次存款金额。

TIP 请注意，此程序未检查金额是否超出 long 的范围。

◎ 第 21 ~ 26 行的 withdraw() 方法模拟提款动作，程序先检查金额是否足够，若不够，就抛出自定义的 AccountError 异常；否则就将账户余额减去本次提款金额。

◎ 第 44 ~ 62 行使用 while 循环请用户持续输入要进行的存款、提款操作。

◎ 第 64 行的 catch 只捕捉 AccountError 的异常，并直接输出该信息。程序未处理本章前面提过的用户输入错误所引发的异常，此部分留给读者自行练习。

课 后 练 习

※ 选择题可能单选或多选

1.（　　）下列哪项不是异常处理语句？

（a）catch　　（b）switch　　（c）try　　（d）throws

2.（　　）下列叙述哪个是正确的？

（a）程序可以用 try...catch 语句处理“编译时期错误”

（b）发生“逻辑错误”时，程序将无法编译成功

（c）“除以 0”的错误是“执行时期错误”

（d）Checked 异常是一种“逻辑错误”

3.（　　）以下哪项为合法的异常处理结构？

（a）try{...}finally{...}　　（b）catch(){...}throw{...}

（c）try{...}catch(){...}　　（d）while(){try{...}}

4.（　　）当程序要做a/b的运算,但整数b的值为0,此时将会引发异常。以下描述哪个符合此异常？

（a）这是一个 Uncheck Exception

（b）这是一个属于 NumberFormatException 类的异常

（c）这是一个 Check Exception

（d）这个异常不会使线程终止

5.（　　）在 main() 方法中调用一个会抛出 Checked 异常对象的方法时,以下处理方式哪个合适？

（a）在 main() 方法中，加上“throws CheckedException”

（b）用 try 语句块来调用该方法，并用 catch 捕捉该方法可能抛出的异常对象

（c）调用该方法时，将其返回值 throw 给上层

（d）不必进行任何处理，直接调用即可

6.（　　）下列叙述哪个是错误的？

（a）程序执行时，若发生异常，程序将结束执行

（b）在 try 语句块中未发生异常时，仍会使程序跳到对应的 finally 语句块中

（c）如果程序没有处理异常，则异常发生时，该线程将会被终止

（d）如果程序没有处理可能引发的 Unchecked 异常，则程序将无法编译成功

7.（　　）请参考图 14.4 中的异常类架构。

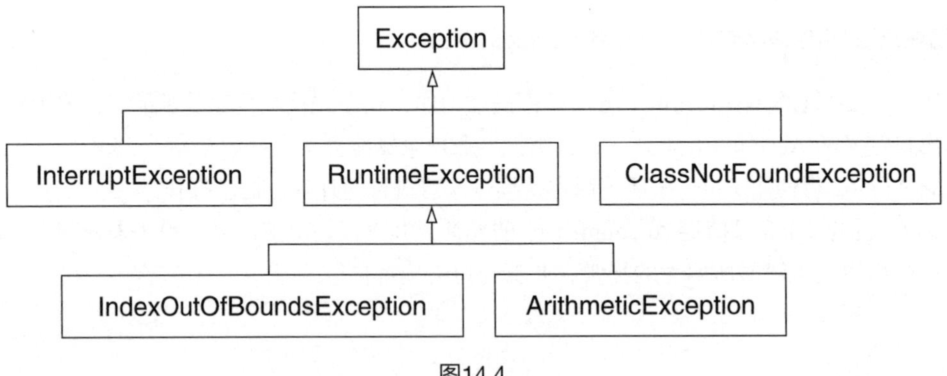

图14.4

某程序的 try-catch 段落中捕捉了 RuntimeException 异常对象，下列哪项描述有误？

（a）发生 IndexOutOfBound 异常时会跳到此 catch 语句块

（b）发生 InterruptException 异常时会跳到此 catch 语句块

（c）发生 ClassNotFoundException 异常时不会跳到此 catch 语句块

（d）这段 catch 段落的程序不一定会被执行

8. 请指出下列程序片段的问题?

```
int[] a = {10,20,30,40};
...
try {
  for(int i=0; i<= a.length; i++)
    System.out.println("a[" + i + "]: " + a[i]);
}
catch (OutOfBoundsException e) {
  System.out.println("发生异常: " + e);
  System.out.println("也就是超出数组范围了!");
}
```

9. 请指出下列程序片段的问题。

```
try {
  ...
} catch (Exception e) {
  ...
} catch (ArithmeticException a) {
  ...
}
```

10. 请参考图14.5所示的异常类架构。

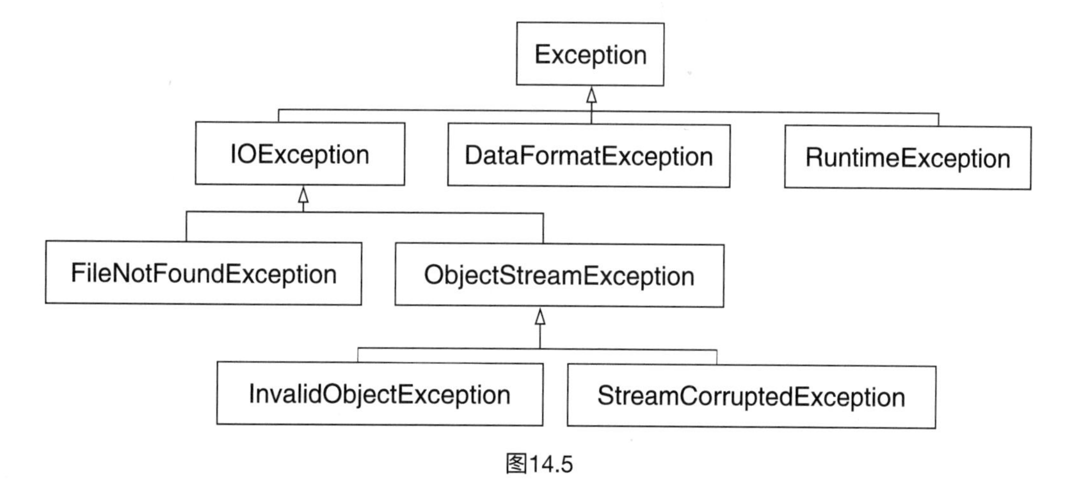

图14.5

某程序有以下的try...catch段落。

```
try {
  ...
} catch (DataFormatException e) {
    System.out.println("Wrong data format!");
} catch (FileNotFoundException e) {
    System.out.println("No such file");
} catch (RuntimeException e) {
    System.out.println("What happen?");
} catch (ObjectStreamdException e) {
    System.out.println("Bad stream");
}
```

下列描述哪个是正确的？（　　）

（a）发生 InvalidObjectException 异常时，不会执行上述任一 catch 段落

（b）发生 RuntimeException 异常时，不会执行上述任一 catch 语句

（c）发生 StreamCorruptedException 异常时，会输出 "Bad stream" 信息

（d）发生 DataFormatException 异常时，会输出 "Wrong data format!" 信息

程序练习

1. 请练习设计一个简单的计算除法运算的程序，除数和被除数由用户输入，用 try...catch 段落执行除法运算，并处理除以 0 的异常。
2. 接上题，请将程序改成除数为零时，只抛出异常，不进行其他处理。
3. 试写一个简单的异常示范程序，可根据用户选择，让程序产生对应的 RuntimeException 对象。例如用户选择 1 时，就会看到“Exception in thread"main"java.lang.ArrayIndexOutOfBoundsException...”这样的信息。
4. 古时候有个“百僧问题”，此问题是假设总共有一百位和尚、一百个馒头。大和尚每人吃三个馒头、小和尚三人分一个馒头正好分完，试问大和尚、小和尚各有多少人？请设计一个程序让用户可自由输入和尚总人数、馒头总数两个变量，而程序也会以异常方式抛出数字不合理的情况。
5. 请试修改 14.3.2 小节的 IdealGas.java 程序，将其 main() 方法改成无 "throws IOException"，但在 main() 方法内部则需以 try...catch 处理必要的输入错误。
6. 试写一程序，可让用户输入两次密码（4 位整数），并验证用户两次输入的密码是否符合，连续三次不符合便以异常的方式显示错误。
7. 试写一检查大乐透对奖程序，程序中存有当期中奖号码，用户可输入任一组的 6 个整数（1 ~ 49），程序即检查是否中奖。但当输入 1 ~ 49 以外的数字时，则以异常的方式结束程序，并显示相关信息。
8. 试改写 14.5.3 小节的异常类，让程序也会处理用户输入错误的异常（例如输入金额时，误输入文字的情况）。
9. 接上题，扩充程序，加入转账功能，转账金额超过一定的值（例如 3 万元）也会引发异常。
10. 接上题，修改程序中的异常类，让异常的信息也包含账户余额。

15

CHAPTER

第 15 章 多线程

学习目标

- 认识线程
- 创建线程
- 学习线程间的同步与协调

在实际编写程序的时候，常常会遇到同一时间进行多件事情的处理。例如之前编写过的秒表程序，但这个秒表程序其实不实用，因为同一时间只能做一件事，因此秒表程序除了倒数计时以外，什么事也不能做。

对此希望有所改进，在进行倒数的同时还进行其他工作的秒表。例如，进行简单的泡面，将面加入沸水后，可以设置倒计时的闹铃，定时三分钟，之后就可以看看电视或做些其他工作了，等到闹铃响时，再回到享用泡面中。这样，泡面、倒数计时、看电视就是三件同时进行的工作。

Java 就提供这种同时进行多项工作的能力，称为多线程（Multithreading）。

15.1　什么是线程

什么是线程，可以想象一下汽车制造厂，为了达到最高的效率，都会以生产线的方式将汽车相互独立的元件分开并且同时制造。例如可以有一条生产线制造车身、一条生产线制造引擎等，这样一来当它们同时完成时，马上就可以进行组装。否则，如果车身要等引擎制造完成才能动工，那么整台车的制造时间就会拖长了。

如果将程序看作是制造汽车的工厂，那么线程就是工厂中的每一条生产线，因此多个线程可以同时进行各自的工作，如图 15.1 所示。

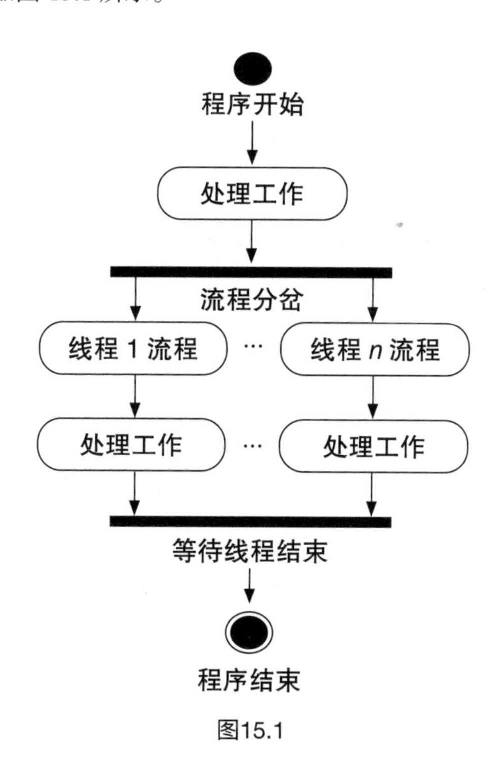

图15.1

15.1.1 使用 Thread 类别创建线程

扫一扫，看视频

接下来我们就实际创建一个多线程的程序，观察程序的执行结果，以深入了解线程的含义。

在 Java 中，每一个线程都是以一个 Thread 对象来表示，要创建新的线程，最简单的方法就是从 Thread 类（属于 java.lang 包）派生新的类，并且重新定义 Thread() 类中的 run() 方法，以进行这个线程所要负责的工作。例如：

程序 TestThread.java 最简单的多执行线程程序

```
01 import java.util.Date;
02
03 class TimerThread extends Thread {                //新的线程
04   public void run() {                             //新线程要执行的内容
05     while(true) {                                 //不断显示日期时间的循环
06       for(int i = 0;i < 50_000_000;i++);          //等待一段时间
07       Date now = new Date();                      //获取目前时间
08       System.out.println("新线程：" + now);       //显示时间
09     }
10   }
11 }
12
13 public class TestThread {
14
15   public static void main(String[] args) {
16     TimerThread newThread = new TimerThread();
17     newThread.start();                            //启动线程
18     while(true) {                                 //不断显示日期时间的循环
19       for(int i = 0;i< 50_000_000;i++);           //等待一段时间
20       Date now = new Date();                      //获取目前时间
21       System.out.println("旧线程：" + now);       //显示时间
22     }
23   }
24 }
```

执行结果

```
新线程：Mon Apr 25 18:55:46 CST 2016
新线程：Mon Apr 25 18:55:46 CST 2016
旧线程：Mon Apr 25 18:55:46 CST 2016
新线程：Mon Apr 25 18:55:46 CST 2016
新线程：Mon Apr 25 18:55:46 CST 2016
```

```
新线程: Mon Apr 25 18:55:46 CST 2016
旧线程: Mon Apr 25 18:55:46 CST 2016
...
```

在第 3 行中，定义了一个 Thread 的子类 TimerThread，并且重新定义了 run() 方法，这个方法会不断地获取目前的时间，然后显示在屏幕上。这里有两件事需要注意：

（1）获取时间是通过 java.util 包中的 Date 类，其构造方法会获取目前的时间。Date 类重新定义了 toString() 方法，因此可以将其记录的日期时间以特定格式转成字符串。相关的说明请参考 JDK 文件。

（2）第 6、19 行的 for 循环语句块是故意用来减缓程序显示信息的速度，避免不断迅速地执行第 8、21 行在屏幕上显示信息，而无法阅读结果。

在 main() 中，则创建了一个 TimerThread 对象，然后调用其 start() 方法。start() 是继承自 Thread 的方法，执行后会创建一个新线程，然后在新线程中调用 run() 方法。从此开始，run() 方法的执行就和原本程序的流程分开，同时执行。也就是说，新的线程从第 5 行开始执行，而同时原本的程序流程则会从 start() 中返回，由第 18 行接续执行。

TIP Java 程序一开始执行时就会创建一个线程，这个线程就负责执行 main()。

main() 中接下来的内容就和 TimerThread 类的 run() 相似，只是显示的信息开头不同而已。由于 main() 与 run() 中各是两个无穷循环，所以两个线程就不断地显示目前的日期时间。如果要结束程序，必须按下 Alt+F4 组合键强迫终结。

可以从执行结果中看出来，新线程与原本的流程是交错执行的，刚开始新线程先显示信息，然后旧流程插入，如此反复执行。如果再重新执行程序，结果并不会完全相同，但仍然是新线程与原始流程交错执行。

TIP 如果是多处理器，那么 Java 的多线程就可以利用多个处理器真正达到同时执行的效果。对于仅有单一处理器的计算机，多线程则是以分时的方式轮流执行，以模拟成多个线程同时执行的效果。

15.1.2 使用 Runnable 接口创建线程

由于 Java 并不提供多重继承，如果类需要继承其他类，就没有办法再继承 Thread 类来创建线程。对于这种状况，Java 提供有 Runnable 接口，让任何类都可以用来创建线程。范例如下。

扫一扫，看视频

程序 TestRunnable.java 以 Runnable 接口创建线程

```
01 import java.util.Date;
02
03 class TimerThread implements Runnable {       //以Runnable接口创建线程
04   public void run() {                         //新线程要执行的内容
```

```
05      while(true) {                              //不断显示日期时间的循环执行
06        for(int i = 0;i < 50_000_000;i++);       //等待一段时间
07        Date now = new Date();                   //获取目前时间
08        System.out.println("新线程:" + now);     //显示时间
09      }
10    }
11  }
12
13  public class TestRunnable {
14
15    public static void main(String[] args) {
16      //新的线程
17      Thread newThread = new Thread(new TimerThread());
18      newThread.start();                         //启动新线程
19      while(true) {                              //不断显示日期时间的循环
20        for(int i = 0;i< 50_000_000;i++);        //等待一段时间
21        Date now = new Date();                   //获取目前时间
22        System.out.println("旧线程: " + now);    //显示时间
23      }
24    }
25  }
```

要通过 Runnable 接口创建线程，首先就是定义一个实现 Runnable 接口的类，并重新定义 run() 方法；接着再如第 17 行，用单一参数的构造方法来生成 Thread 对象，并且将有实现 Runnable 接口的对象传给构造方法。产生 Thread 对象之后，只要调用其 start() 方法就可以启动新的线程。

每个 Thread 对象只能调用 start() 方法一次，也就是只允许生成一个新线程。另外，run() 方法也可以直接调用，例如 newThread.run()，但此时只是一般的调用，所以仍会在原来的线程中执行，而不会新增线程来执行。

15.1.3 线程的各种状态

扫一扫，看视频

线程除了能不断地执行以外，还可以依据需求切换到不同的状态。例如，在前面的范例中使用了空循环来延迟显示信息的时间，这项工作可以改成让线程进入睡眠状态一段时间，然后在时间到后再继续执行。

程序 Sleep.java 让线程进入睡眠状态

```
01  import java.util.Date;
02
03  class TimerThread extends Thread {             //新的线程
```

```
04    public void run() {                        //新线程要执行的内容
05      try {
06        while(true) {                          //不断执行
07          sleep(1000);                         //睡眠1秒
08          Date now = new Date();               //获取目前时间
09          System.out.println("新线程:" + now); //显示时间
10        }
11      }
12      catch(InterruptedException e) {}
13    }
14  }
15
16  public class Sleep {
17
18    public static void main(String[] args) {
19      TimerThread newThread = new TimerThread(); //创建线程
20      newThread.start();                       //启动新线程
21      try {
22        while(true) {                          //不断执行
23          Thread.sleep(1000);                  //睡眠1秒
24          Date now = new Date();               //获取目前时间
25          System.out.println("旧线程: " + now);//显示时间
26        }
27      }
28      catch(InterruptedException e) {}
29    }
30  }
```

其中第 7 行就是调用 Thread 类所定义的 static 方法 sleep()，让新的线程进入睡眠状态。sleep() 的参数表示睡眠的时间，以毫秒（即 1/1000 秒）为单位，因此传入 1000 就等于是 1 秒。由于调用 sleep() 可能会引发 java.lang.InterruptedException 异常，所以必须使用 try...catch 语句捕捉异常。

同理，原始的流程也一样可以通过睡眠状态来暂停一段时间，因此第 23 行一样调用 sleep() 睡眠 1 秒。当线程进入睡眠状态时，其他的线程仍然会继续执行，不会受到影响。

除了睡眠状态以外，线程的流程如图 15.2 所示，还可能会进入以下状况。

◎ 预备状态（Ready）：这个状态表示线程将排队等待执行，当创建线程对象并执行 start() 方法后，就会进入这个状态。相同的道理，当线程结束睡眠状态后，也会进入此状态等待执行。

◎ 执行状态（Running）：这个状态表示此线程正在执行中，可以调用 Thread 类所定义的 static 方法 currentThread()，获取目前正在执行中的 Thread 对象。

◎ 冻结状态（Blocked）：当线程执行需等待的处理，像是从磁盘读取数据时，就会进入冻结状态。等到处理完毕，就会结束冻结状态，进入预备状态。另外，在 15.2 节中也会介绍线程的同步，因为 synchronized 语句块或 synchronized 方法等待其他线程时也会进入冻结状态。

◎ 等待状态（Waiting）：当线程调用 Object 类所定义的 wait() 方法自愿等待时，就会进入等待状态，一直到其他线程调用 notify() 或是 notifyAll() 方法解除其等待状态，才会再进入预备状态。有关 wait() 与 notify()、notifyAll() 方法等，请看 15.3 节。

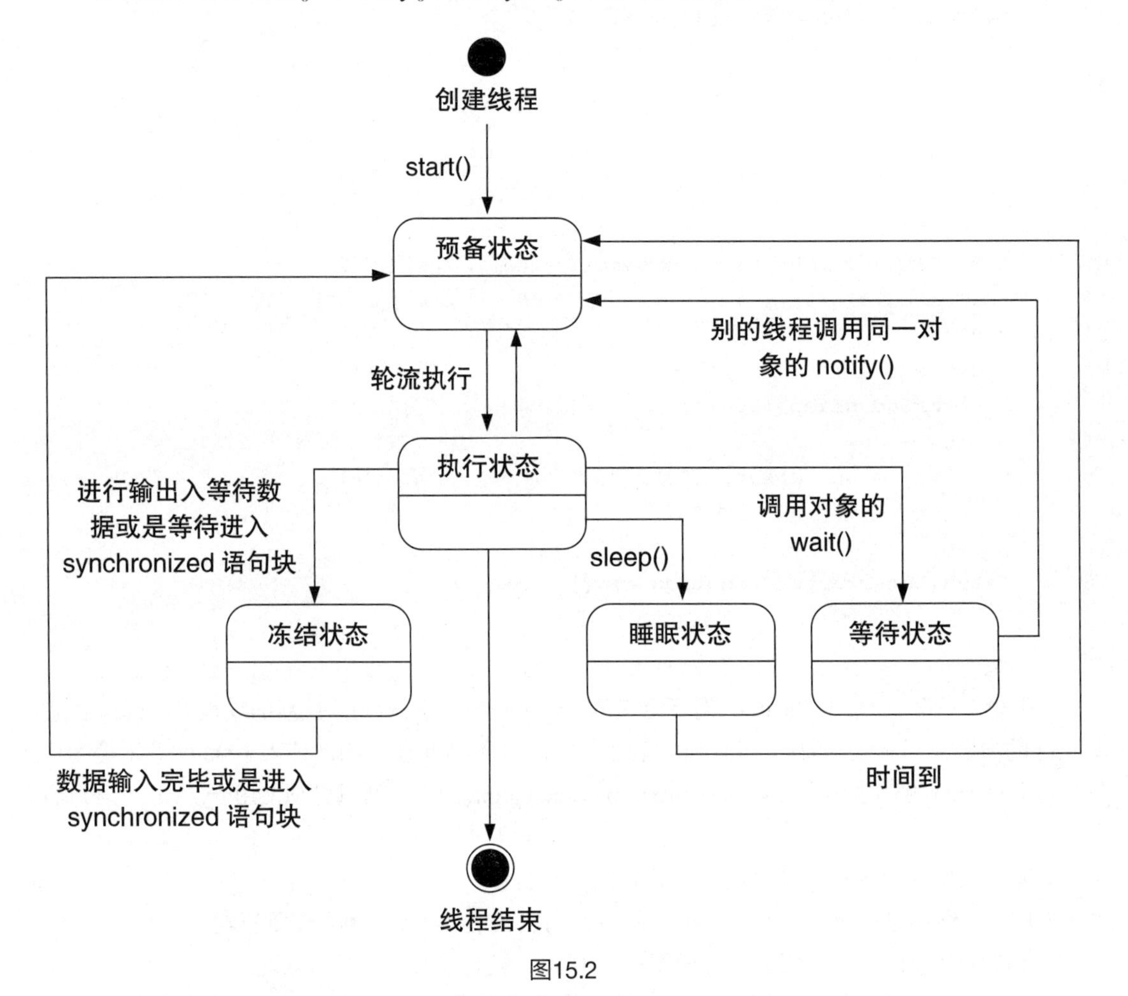

图15.2

15.2 线程的同步 (Synchronization)

由于多个线程是轮流执行的，因此如果多个线程使用到同一个资源，比如都会先取出某个变量值，进行特定的运算之后再存回该变量，那么就可能会造成线程 A 先取出变量值，计算后还未修改变量值时轮到线程 B 执行，线程 B 获取未修改的值，计算后修改变量值，等到再轮回线程 A 时，又将之前计算的值存回变量，刚刚线程 B 的计算结果便不见了，使得计算结果不正确。

TIP 每个线程多久会轮到，以及每次轮多久都是不固定的，而且也不一定会按照顺序轮。

15.2.1 多线程访问共用资源的问题

请看下面的范例，它会因上述的问题而输出错误的结果。假设某国 / 地区领导人大选时某候选人派人进驻各投票所收集得票数，每隔一段时间就返回该段时间新增的得票数，并加到总得票数中。如果使用线程来收集各投票所的得票，可写成如下程序。

扫一扫，看视频

程序 Vote.java 收集得票数

```
01 class PollingStation extends Thread {                    //开票所类
02   static int reportTimes = 5;                            //回报次数
03   int total = 0;                                         //此开票所总票数
04   Vote v;                                                //Vote对象
05   String name;                                           //开票所名称
06
07   public PollingStation(Vote v,String name) {            //构造方法
08     this.v = v;                                          //记录Vote对象
09     this.name = name;                                    //记录开票所名称
10   }
11
12   public void run() {          //线程要进行的工作：开票，然后汇报并汇总得票数
13     for(int i = 0;i < reportTimes;i++) {
14       //以随机数产生新增的得票数
15       int count = (int)(Math.random() * 500);
16       v.reportCount(name,count);                         //汇报新增的得票数并累加
17       total += count;                                    //此开票所总数
18     }
19   }
20 }
21
22 public class Vote {                                      //程序的主类
23     private     int total = 0;                           //总开票数
24     private     int numOfStations = 2;                   //开票所数
25     private     PollingStation[] stations;
26
27     public void reportCount(String name,int count) {     //显示总得票数
28       int temp = total;
29
```

```
30        System.out.println(name + "开票所得" + count + "票");
31        temp = temp + count;
32        System.out.println("目前总票数：" + temp);
33        total = temp;
34    }
35
36    public void startReport() {          //开始计票
37      //创建数组
38      stations = new PollingStation[numOfStations];
39
40      //一一创建投票所对象并存储到数组
41      for(int i = 1;i <= numOfStations;i++) {
42       stations[i - 1] = new PollingStation(this,i + "号");
43      }
44
45      //一一启动投票所对象的线程，开始计票
46      for(int i = 0;i < numOfStations;i++) {
47       stations[i].start();
48      }
49
50     //一一等待投票所开票结束
51     for(int i = 0;i < numOfStations;i++) {
52       try {
53         stations[i].join();
54       } catch(InterruptedException e) {}
55     }
56
57     System.out.println("最后投票结果：");
58
59     //显示各投票所票数
60     for(int i = 0;i < numOfStations;i++) {
61       System.out.println(stations[i].name + ":" +
62         stations[i].total);
63     }
64
65     //显示最后总票数
66     System.out.println("总票数：" + total);
67   }
68
69   public static void main(String[] args) {
70     Vote v = new Vote();
71     v.startReport();
72   }
73 }
```

◎ PollingStation 类就代表了各个投票所，其中 name 成员记录此投票所的名称，reportTimes 指的是投票所应该汇报新增的得票数的次数；而 total 则记录此投票所目前的总票数，v 成员则记录了统计总票数的 Vote 对象。

◎ run() 方法是线程的主体，使用了一个循环汇报新增的得票数。我们使用了 java.lang.Math 类所提供的 static 方法 random() 来产生一个介于 0 到 1 之间的 double 数值，将其乘上 500 后可以得到一个介于 0 ~ 500 的新增的得票数。接着，就调用 Vote 类的 reportCount() 方法汇报新增的得票数。最后，再将新增的得票数加入此投票所的总投票数。

TIP 有关 Math 类，可以参考第 17 章。

◎ 在 Vote 类中，total 成员记录总得票数，而 numOfStations 则是投票所的数量，stations 则是记录所有 PollingStation 对象的数组。

◎ reportCount() 方法是提供给 PollingStation 对象回报新增投票数用，它会先显示此投票所名称以及新增的得票数，然后再显示及存储总得票数。

◎ 在 startReport() 方法中，首先是一一产生代表投票所的对象；然后再一一启动其线程进行开票；接着，就等待各个投票所开票完毕，等待的方法是调用 Thread 类的 join() 方法，这个方法会等到对应此 Thread 对象的线程执行完毕后才返回。因此第 51~55 行的循环结束时，就表示各开票所的线程都已经执行完毕。join() 方法也和 sleep() 方法一样可能会引发 Interrupted Exception 异常，所以必须套用 try...catch 语句。最后，将各开票所的总票数及总得票数显示出来。

◎ main() 方法的内容很简单，只是产生 1 个 Vote 对象，然后调用其 startReport() 方法而已。

执行结果

```
1号开票所得423票
目前总票数：423
1号开票所得337票
目前总票数：760
1号开票所得278票
目前总票数：1038
1号开票所得406票
2号开票所得101票
目前总票数：1139
2号开票所得150票
目前总票数：1289
2号开票所得112票
目前总票数：1401
2号开票所得182票
目前总票数：1444
1号开票所得85票
目前总票数：1529
目前总票数：1583
2号开票所得489票
目前总票数：2072
最后投票结果：
1号:1529
2号:1034
总票数：2072
```

因票数是以随机数产生，故每次执行时的结果不尽相同

从执行结果的最后面就可以看到，明明两个开票所总得票数分别是 1529 以及 1034，为什么总得票数却是 2072？问题就出在 reportCount() 方法中。

由于多个线程是轮流执行的，因此当某个线程要将计算好的总票数存回 total 变量前，可能会

中断执行。此时，换其他的线程执行，也得到新增的得票数，并计算新的总票数存入 total 中。而当再轮回原本的线程时，便将之前计算的总票数存入 total 变量中，导致刚刚由别的线程所计算的总票数被覆盖，而计算出错误的结果。以下列出整个执行的过程，就可以看到问题出在哪里了。

（1）1 号开票所开出 423、337、278 张票，所以总票数 1038。

（2）1 号开票所再开出 406 张票，计算出总票数 1444 后，还未存入 total 变量中，便换成 2 号开票所执行。

（3）2 号开票所便以目前 total 的值 1038 为总票数，继续开出 101、150、112 张票，所以总数变成 1401。

（4）接着 2 号开票所开出 182 张票，计算出总票数 1583 后，未存回 total 变量便换成 1 号开票所开票。

（5）此时 1 号开票所将第（2）步中计算出的 1444 存回 total，覆盖了第（3）步中的结果。然后再开出 85 张票，所以总数变成 1529。

（6）又再换成 2 号开票所，把第（4）步中计算的结果 1583 存回 total，覆盖了第（5）步中的结果。最后，再开出 489 张票，结果就变成总票数 2072 了。

由于在第（6）步中覆盖了 total 的内容，等于是漏算了第（2）步中的 406 张票与第（5）步中的 85 张票了，因此总票数 2072 与真正的总票数 1529 +1034 = 2563 差了 491 张票。

15.2.2 使用 synchronized 语句块

扫一扫，看视频

要解决上述的问题，必须要有一种方式，可以确保计算及存储总票数的过程不会被中断，这样才能确保将总票数存回 total 变量前不会被其他线程修改。

1. 使用 synchronized 方法

在 Java 中，就提供有 synchronized 关键字，可用以标识同一时间仅能有一个线程执行的方法。只要将原来的 reportCount() 方法加上 synchronized 关键字，程序就不会出错了。

程序 Vote1.java 使用同步机制的 reportCount 方法

```
27   public synchronized void reportCount(String name, int count) {
28     int temp = total;
29 
30     System.out.println(name + "开票所得" + count + "票");
31     temp = temp + count;
32     System.out.println("目前总票数：" + temp);
33     total = temp;
34   }
```

加上 synchronized 关键字后，只要有线程正在执行此方法，其他的线程要想执行同一个方法时，就会被强制暂停，等到目前的线程执行完此方法后才能继续执行。如此一来，就可以避免在存回总票数之前被中断的情况，保证 total 的值一定是正确的。正确的执行结果如下。

执行结果

```
1号开票所得498票
目前总票数：498
1号开票所得342票
目前总票数：840
1号开票所得81票
目前总票数：921
1号开票所得277票
目前总票数：1198
1号开票所得425票
目前总票数：1623
2号开票所得338票
目前总票数：1961
2号开票所得416票
目前总票数：2377
2号开票所得132票
目前总票数：2509
2号开票所得176票
目前总票数：2685
2号开票所得36票
目前总票数：2721
最后投票结果：
1号:1623
2号:1098
总票数：2721
```


2. 使用 synchronized 语句块

有的时候，只有方法中的一段程序需要保证同一时间仅有单一线程可以执行，这时也可以只标识需要保证完整执行的语句块，而不必标识整个方法。以我们的范例来说，真正需要保证完整执行的是获取 total 变量值到求和结束存回 total 变量的这一段，因此程序可以改写为：

程序 Vote2.java 只标识语句块的 synchronized 语句

```
27   public void reportCount(String name, int count) {
28
29     synchronized(this) {
30       int temp = total;
31
32       System.out.println(name + "开票所得" + count + "票");
33       temp = temp + count;
34       System.out.println("目前总票数：" + temp);
35       total = temp;
36     }
37   }
```

这次未将 reportCount() 标识为 synchronized，而是使用 synchronized 来标识第 30 ~ 35 行程序。要注意的是，此种标识方法必须在 synchronized 之后指出线程间所共享的资源，这必须是一个对象才行。以本例来说，由于是多个线程都去修改 total 变量而造成问题，但 total 变量并非对象，因此要以包含 total 变量的 Vote 对象作为共享的资源来使用 synchronized 语句。

这样一来，Java 就会知道以下这个语句块内的程序会因为多个线程同时使用到指定的资源而造成问题，因而帮我们控制同一时间仅能有一个线程执行以下语句块。如果有其他线程也想进入此语句块，就会被强制暂停，等目前执行此语句块的线程离开此语句块，才能继续执行。

TIP 请务必确实了解了 synchronized 方法与 synchronized 语句块的差异，并熟悉在多线程间共享资源的正确方法。

15.3 线程间的协调

使用多线程时，经常会遇到的一种状况，就是线程 A 在等线程 B 完成某项工作，而当线程 B 完成后，线程 B 又要等线程 A 消化线程 B 刚刚完成的工作，如此反复进行。这时候就需要一种机制，可以让线程之间互相协调，彼此可以知道对方的进展。

15.3.1 线程间相互合作的问题

扫一扫，看视频

如果将 15.2 节的选票统计改由各开票所的人员打电话汇报得票数，而总部仅有一名助理接听电话，并负责将新增的得票数记录下来，然后通知选举总部的负责人去累加票数。那么程序就可以增加一个代表助理的 Assistant 类来处理计票工作（请注意下面的程序为错误示范，稍后会说明如何修正）。

程序 Vote3.java 没有协调的多线程

```
01 class PollingStation extends Thread {             //开票所
02   static int reportTimes = 5;                     //汇报次数
03   int total = 0;                                  //此开票所总票数
04   Assistant a;                                    //记票助理对象
05   String name;                                    //开票所名称
06
07   public PollingStation(Assistant a,String name) { //构造方法
08     this.a = a;                                   //记录Assistant对象
09     this.name = name;                             //记录开票所名称
10   }
11
12   public void run() {                             //线程要进行工作
13     for(int i = 0;i < reportTimes;i++) {          //汇报5次得票
14       //以随机数产生新增的得票数
15       int count = (int)(Math.random() * 500);
16       a.reportCount(name,count);                  //汇报新增的得票数并加总
17       total += count;                             //此开票所求和
18     }
19   }
20 }
21
22 class Assistant {
23   private int count;                              //新增的得票数
```

```
24    private String name;                          //开出新增的得票数的开票所
25
26    public synchronized void reportCount(String name,int count) {
27      System.out.println(name + "开票所新增" + count + "票");
28       this.count = count;
29       this.name = name;
30    }
31
32    public synchronized int getCount() {
33       return count;
34    }
35 }
36
37 public class Vote3 {
38      static int total = 0;                       //总开票数
39      static int numOfStations = 2;               //开票所数
40      static PollingStation[] stations;
41
42    public static void main(String[] args) {
43       //创建助理对象
44       Assistant a = new Assistant();
45
46       //创建数组
47       stations = new PollingStation[numOfStations];
48
49       //一一创建投票所对象
50       for(int i = 1;i <= numOfStations;i++) {
51         stations[i - 1] = new PollingStation(a,i + "号");
52       }
53
54       //一一启动线程
55       for(int i = 0;i < numOfStations;i++) {
56         stations[i].start();
57       }
58
59       for(int i = 0;
60       i < numOfStations * PollingStation.reportTimes;i++) {
61        total += a.getCount();              //读取票数
62        System.out.println("目前总票数：" + total);
63       }
64
65       System.out.println("最后投票结果：");
66
```

```
67      //一一显示各投票所票数
68      for(int i = 0;i < numOfStations;i++) {
69        System.out.println(stations[i].name + ":" +
70          stations[i].total);
71      }
72
73      //显示最后总票数
74      System.out.println("总票数: " + total);
75    }
76  }
```

其中，第 22 ~ 35 行就是用来表示选举总部助理的 Assistant 类。这个类只有两个方法，分别是用来让 PollingStation 对象调用，以汇报新增的得票数的 reportCount()，以及提供给主流程获取新增票数的 getCount()。由于这两个方法都必须访问共享的资源 count，所以都以 synchronized 来控制访问 count 变量的同步。reportCount() 中是显示并且记录汇报的票数，而 getCount() 就很单纯地返回 count。

PollingStation 类的内容和之前的范例基本相同，稍有不同的只是原来记录 Vote 对象的变量改成记录 Assistant 对象，并且改成调用 Assistant 类的 reportCount() 汇报新增票数。

在 main() 中，先生成代表助理的 Assistant 对象；然后一一产生各个开票所的 PollingStation 对象，并启动线程；再然后使用 for 循环依据开票所的数量以及个别开票所汇报新增票数的次数调用 Assistant 的 getCount()，获取新增票数以进行求和；最后，显示各开票所的总票数以及汇总的总票数。

执行结果

```
目前总票数: 0
目前总票数: 0
1号开票所新增258票
2号开票所新增188票
1号开票所新增210票
2号开票所新增145票
1号开票所新增81票
2号开票所新增94票
1号开票所新增187票
2号开票所新增482票
1号开票所新增143票
2号开票所新增136票
目前总票数: 136
目前总票数: 272
目前总票数: 408
目前总票数: 544
目前总票数: 680
目前总票数: 816
目前总票数: 952
目前总票数: 1088
最后投票结果:
1号:879
2号:1045
总票数: 1088
```

先看最后的结果，明明两个开票所分别有 879 票及 1045 票，怎么总票数会是 1088 票呢？仔细看执行结果就会发现，主流程在开票所还没有汇报票数时，就已经先调用 getCount() 两次了。更糟的是，助理并没有控制好，总部负责人根本就还没有将记录下来的新增票数汇总，就又把返回的新增票数记录到 count 变量中，覆盖了之前的数值，以至于最后的 1088 票其实是 2 号开票所最后一次返回的 136 票乘上 8 次的结果。

这个程序的问题就出在各个线程间并没有协调好，助理应该告诉总部负责人“现在没有数据，请等候”；相同的道理，助理也应该要知道负责人“还没汇总好数据，先不要把新数据记下来而覆盖旧数据”。

15.3.2 协调线程

为了解决上述的问题，必须修改 Assistant 类，让它扮演好助理的角色。Object 类为此提供一对方法:wait() 与 notify()，wait() 可以让目前的线程进入等待状态，直到有别的线程调用同一个对象的 notify() 方法唤醒，才会继续执行。因此，可以用 Assistant 对象调用这一对方法来协调汇报新增票数与汇总票数的工作。

扫一扫，看视频

程序 Vote4.java 让助理协调计票事务的 Assistant 类

```
22 class Assistant {
23   //是否有得票数未汇总
24   private boolean unprocessedData = false;
25   private int count;                  //新增的得票数
26   private String name;                //开出新增的得票数的开票所
27
28   public synchronized void reportCount(String name,int count) {
29     while(unprocessedData) {          //有未汇总的票
30       try {
31         wait();                       //请等待
32       }  catch (InterruptedException e) {}
33     }
34
35     System.out.println(name + "开票所新增" + count + "票");
36     this.count = count;
37     this.name = name;
38     unprocessedData = true;
39     notify();
40   }
41
42   public synchronized int getCount() {
43     while(!unprocessedData) {         //没有未汇总的票
44       try {
45         wait();                       //请等待
46       } catch(InterruptedException e) {}
47     }
48
```

```
49      int value = count;
50      unprocessedData = false;
51      notify();
52      return value;
53    }
54  }
```

◎ 第 24 行新增了 unprocessedData 成员，用来表示是否有新增的票数还未汇总。

◎ 第 29 行的 while 循环会在还有新增票数未汇总时调用 Assistant 对象的 wait() 方法，让代表开票所的线程进入等待状态。一旦被唤醒继续执行，就会将新增票数记录下来，将 unprocessedData 设为 true，告诉助理可以汇总票数了。然后调用 notify()，让等待汇总票数的主流程可以继续执行。

◎ 第 43 的 while 循环会在没有新增票数需要汇总时，让负责汇总的主流程等待，等待的方式一样是调用 Assistant 对象的 wait() 方法。一旦被唤醒继续执行时，就会将 unprocessedData 设为 false，并调用 Assistant 对象的 notify() 方法，以便唤醒等待汇报新增票数的线程，让开票所能够继续汇报新增票数。

这样改进后的程序执行结果就完全正确了。

执行结果

```
1号开票所新增432票
1号开票所新增311票
目前总票数：432
1号开票所新增5票
目前总票数：743
1号开票所新增215票
目前总票数：748
2号开票所新增202票
目前总票数：963
2号开票所新增15票
目前总票数：1165
2号开票所新增323票
目前总票数：1180
1号开票所新增335票
目前总票数：1503
2号开票所新增30票
目前总票数：1838
2号开票所新增68票
目前总票数：1868
目前总票数：1936
最后投票结果：
1号:1298
2号:638
总票数：1936
```

要注意的是，对于对象 a 来说，只有在对象 a 的 synchronized 方法或是以 a 为共享资源的 synchronized（a）语句块中才能调用 a 的 wait() 方法。一旦线程进入等待状态时，就会暂时释放其 synchronized 状态，就好像这个线程已经离开 synchronized 方法或是语句块一样，让其他的线程可以调用同一方法或是进入同一语句块。等到其他线程调用 notify() 唤醒等待的线程时，被唤醒的线程必须等到可以重新进入 synchronized 状态时才能继续执行。

TIP 如果有多个线程在 wait 同一份资源，那么执行 notify() 只会随机唤醒其中的一个线程。另外还有一个 notifyAll() 方法，则可一次唤醒所有等待该资源的线程。

TIP 请注意，wait()、notify()、notifyAll() 都是 Object 类的方法（而非 Thread 或 Runnable 的），而且都只能在 synchronized 的方法或语句块中执行，否则会出现 Runtime Error。

15.3.3 避免错误的 synchronized 写法

上一小节曾经提过使用 synchronized 来同步多个线程，**不过要特别注意，使用 synchronized 标识方法时，其实就等于是以对象自己为共享资源标识 synchronized 语句块，**也就是说，以下的方法。

```
public synchronized void foo() {
  ...
}
```

其实就等于

```
public void foo() {
  synchronized(this) {
  ...
  }
}
```

所以无论是设置 synchronized 方法还是语句块，其实都会以对象为单位进行锁定（也称“加锁”）：当有线程进入某对象的 synchronized 语句块时，Java 即会将该对象标识为锁定（也就是进入 synchronized 状态），直到离开语句块时才会解除锁定。当对象标识为锁定时，其他线程就无法再进入该对象的任何 synchronized 语句块了，必须等待解除锁定后才能进入。

TIP 请注意，每个对象都有自己的锁定状态 (synchronized 状态)，而不会相互影响。

TIP 如果是 synchronized 静态 (static) 方法，则锁定的将是类而非对象（因为静态方法和对象没有直接关联）。因此，若是要在静态方法中设置 synchronized 语句块，则可以改用类来指定，例如“synchronized(Vote.class){...}”，其中的 Vote.class 就代表 Vote 类。

因此，如果同一类中有多个 synchronized 方法时，若是有线程已进入此类对象的某个 synchronized 方法，就会造成其他线程无法再调用同一对象的任一个 synchronized 方法，范例如下。

程序 DeadLock.java 互相等待的线程

```
01 class ThreadA extends Thread {
02   public void run() {
03     Lock.obj.a();
04   }
05 }
```

```
06
07 class ThreadB extends Thread {
08   public void run() {
09     Lock.obj.b();
10   }
11 }
12
13 class Lock {
14   public static Lock obj = new Lock();       //静态对象，可用类名称访问
15   private boolean bExecuted = false;
16
17   public synchronized void a() {
18     System.out.println("方法a开始执行");
19     while(!bExecuted) {}                      //等方法b被调用
20     System.out.println("方法a执行完毕");
21   }
22
23   public synchronized void b() {
24     System.out.println("方法b开始执行");
25     bExecuted = true;                         //表示方法b已经调用了
26     System.out.println("方法b执行完毕");
27   }
28 }
29
30 public class DeadLock {
31   public static void main(String[] args) {
32     ThreadA ta = new ThreadA();
33     ThreadB tb = new ThreadB();
34     try {
35       ta.start();                             //ta线程先执行
36       tb.start();                             //tb线程再接着执行
37       ta.join();                              //等ta线程结束
38       tb.join();                              //等tb线程结束
39     } catch(InterruptedException e) {}
40     System.out.println("程序结束");
41   }
42 }
```

在这个程序中，Lock 类有两个 synchronized 方法，分别称为 a() 与 b()。其中，a() 执行后就会进入一个 while 循环等待，b() 被执行；而 b() 则会设置 bExecuted 的值，让 a() 的 while 循环可以结束。

ThreadA 与 ThreadB 这两个 Thread 子类的 run() 则是分别调用 Lock.obj 对象的 a() 与 b()。而在 main() 中，会先生成 ThreadA 与 ThreadB 的对象 ta 与 tb，然后分别启动其线程。理论上程序执

行后，ta 线程会调用 Lock.obj.a() 而等待，然后 tb 线程会调用 Lock.obj.b() 解除 a() 的循环，最后程序结束。不过实际的执行结果却是这样。

执行结果

```
方法a开始执行
```

ta 线程一进入循环后就跑不出来了，这表示 tb 线程根本就没有进入 b()。之所以会造成这样的结果，就是因为调用的 a() 与 b() 是属于同一个对象（Lock.obj）的 synchronized 方法，当 ta 进入 a() 后，就导致 tb 无法调用 b() 了。最后，变成 ta 要等 tb 执行 b() 来解除它的循环，可是 tb 也在等 ta 离开 a()，彼此互相等待，所以程序就停在 a() 中无法继续了。像这样多个线程间相互等待的状况就称为死锁（Dead Lock）。

如果将 b() 的 synchronized 拿掉，程序就可以顺利进行了。

程序 NoDeadLock.java 不会造成死锁的程序

```
13 class Lock {
14   public static Lock obj = new Lock();
15   private boolean bExecuted = false;
16
17   public synchronized void a() {
18     System.out.println("方法a开始执行");
19     while(!bExecuted) {}        //等方法b被调用
20     System.out.println("方法a执行完毕");
21   }
22
23   public void b() {
24     System.out.println("方法b开始执行");
25     bExecuted = true;           //表示方法b已经调用了
26     System.out.println("方法b执行完毕");
27   }
28 }
```

执行结果

```
方法a开始执行
方法b开始执行
方法b执行完毕
方法a执行完毕
程序结束
```

TIP 编写多线程程序很容易因为粗心而写出造成死锁的程序，请务必多加注意。

如果这两个方法都必须是 synchronized，那么就必须改用 wait() 来进行等待，因为在上一小节提过，当线程调用某对象的 wait() 而进入等待状态时，会先释放对于该对象的 synchronized 状态，让其他的线程可以进入以同一对象为共享资源的 synchronized 语句块，程序如下。

程序 UsingWait.java 使用 wait 避免死锁

```
13 class Lock {
14   public static Lock obj = new Lock();
```

```
15
16   public synchronized void a() {
17     System.out.println("方法a开始执行");
18     try{
19       wait();     //改用wait等待b()的notify
20     } catch(InterruptedException e) {}
21     System.out.println("方法a执行完毕");
22   }
23
24   public synchronized void b() {
25    System.out.println("方法b开始执行");
26    notify();
27    System.out.println("方法b执行完毕");
28   }
29 }
```

要特别注意调用 notify() 来解除等待状态，这是编写多线程程序时很容易疏忽的地方。

TIP 如果类中已避免所有多线程下的资源共用问题，就可称之为“多线程安全”(Thread-Safe) 的类，并可安心地将之使用于多线程的程序中。

15.4 综合演练

有了多线程之后，就可以制作出许多有用的工具类。像是在第 12 章曾经编写过的计时器，如果让它在单独的线程运作的话，主流程就可以持续进行后续的工作，并在计时结束时收到通知。在本节中，就要改良计时器，让它可以通用在不同的程序中。

1. 用来通知计时结束的接口

在第 12 章曾经提过，接口有一个用法就是提供给对象之间作为相互沟通的桥梁，下面首先要实现的就是这样的接口，它可以让计时器在计时结束时调用启动该计时器的对象。

程序 TimeUp.java 计时器与启动计时器的对象的沟通桥梁

```
01 interface TimeUp {
02   void notifyTimeUp();
03 }
```

要启动计时器必须准备一个实现 TimeUp 接口的对象，并在启动计时器时传递给计时器。当计时器计时结束时，就会调用此 TimeUp 对象的 notify TimeUp() 方法来通知计时已经结束。

2. 实现计时器类

有了 TimeUp 接口后，就可以实现计时器的 Timer 类了，程序如下。

程序 Timer.java 实现计时功能的类

```
01 public class Timer extends Thread {
02   private int interval;                                  //计时区间
03   private TimeUp listener;                               //时间到时反向调用的接口
04
05   public static void setTimer(int interval, TimeUp listener) {
                                                            //外界启动计时器的专用方法
06     Timer t = new Timer(interval,listener);              //创建计时对象
07     t.start();                                           //启动计时用的线程
08   }
09
10   private Timer(int interval,TimeUp listener) {          //私用的构造方法
11     this.interval = interval;
12     this.listener = listener;
13   }
14
15   public void run() {                                    //启动线程时所要执行的内容
16     try {
17       sleep(interval);                                   //进入睡眠时间等待时间到
18     } catch(InterruptedException e) {}
19     listener.notifyTimeUp();                             //通知时间已到
20   }
21 }
```

在 Timer 类中，interval 用来记录计时的长度，单位和 Thread.sleep() 方法一样是 1/1000 秒。而 listener 就是记录当计时结束时要调用的 notifyTimeUp() 方法所属的对象。

static 方法 setTimer() 就是实际启动计时器的方法，它需要 2 个参数，分别是计时的长度以及用来通知计时结束的 TimeUp 对象。此方法会创建一个 Timer 对象，然后调用 start() 方法启动线程开始计时。

要注意，由于 Timer 类的用法是调用其 static 方法 setTimer()，因此其构造方法设为 private 访问控制。也就是说，除了调用 setTimer() 以外，并不允许外部程序自行创建 Timer 对象。这也是 private 构造方法的一种用法。

在 run() 方法中，只是很单纯地调用 Thread.sleep() 方法等待指定的时间，并且在等待完毕调用 listener 对象的 notifyTimeUp() 方法，通知计时结束。

到这里，计时类就设置完成了，接下来就可以实际运用。

3. 测试 Timer 类

这里我们写了一个简单的测试程序，它会启动一个 5 秒的计时器，并显示简单的信息。

程序 TestTimer.java 测试 Timer 类

```
01 import java.util.Date;
02 
03 public class TestTimer implements TimeUp {  //声明要实现 TimpUp 接口
04   static boolean isTimeUp = false;
05 
06   public static void main(String[] args) {
07     Timer.setTimer(5000,new TestTimer());
08 
09      Date now = new Date();
10      System.out.println("目前时刻：" + now);
11      while(!isTimeUp) {
12        try {
13          Thread.sleep(1000);
14        } catch(InterruptedException e) {}
15        System.out.print(".");
16      }
17     now = new Date();
18     System.out.println("目前时刻：" + now);
19   }
20 
21   public void notifyTimeUp() {               //实现 TimeUp 接口中的方法
22     System.out.println("时间到！");
23     isTimeUp = true;
24   }
25 }
```

执行结果

```
目前时刻：Fri Apr 29 12:04:33 CST 2016
...时间到！
目前时刻：Fri Apr 29 12:04:38 CST 2016
```

◎ 在 TestTimer 类中，isTimeUp 是用来标识计时是否已经结束的变量，在 main 中的主流程就依据这个变量的值来判断是否要结束循环。

◎ main() 中首先调用了 Timer.setTimer() 启动计时器，并传入 5000 表示要计时 5 秒，另外传入一个新生成的 TestTimer 对象，以作为计时结束时通知之用。

◎ 程序接着先显示目前时间，然后进入一个 while 循环，利用 Thread.sleep() 等 1 秒，显示简

单的 "." 表示正在等待计时结束中。循环会一直进行到 isTimeUp 被设置为 true 为止，最后再显示目前的时间，然后结束程序。

◎ 由于 TestTimer 本身就实现了 TimeUp 接口，因此必须实现 notifyTimeUp() 方法。在这个方法中，只是很简单地显示时间到的信息，并设置 isTimeUp 为 true，让 main() 中的循环可以结束。

也可以将 Timer 类以及 TimeUp 接口放入包中，以方便不同的程序共用这个工具类。

课 后 练 习

※ 选择题可能单选或多选

1. 要创建新的线程，必须从________派生新类或是实现________接口。
2. 为了协调多个线程访问同一个资源，必须使用________方法或是语句块。
3. (　　)以下叙述哪个是正确的?
   (a) sleep() 是 Thread 类的 static 方法　(b) wait() 是 Thread 类的方法
   (c) notify() 是 Thread 类的方法　(d) 以上都正确
4. (　　)以下叙述哪个是正确的?
   (a) 要调用 notify() 方法，必须是在 synchronized 语句块中
   (b) 要调用 wait() 方法，必须是在 synchronized 语句块中
   (c) 要调用 sleep() 方法，必须是在 synchronized 语句块中
   (d) 以上都正确
5. (　　)以下叙述哪个是正确的?
   (a) 要等待线程结束，可以调用 Thread.wait() 方法
   (b) 要等待线程结束，可以调用 Thread.sleep() 方法
   (c) 要等待线程结束，可以调用 Thread.join() 方法
   (d) 以上都正确
6. (　　)以下哪一个不是线程可能的状态?
   (a) 执行 (Running)　(b) 等待 (Waiting)
   (c) 睡眠 (Sleeping)　(d) 略过 (Bypassing)
7. 请指出以下程序的错误，并改正。

```
01 import java.util.Date;
02
03 public class Ex_15_7 extends Thread {
04   Date d = new Date();
05
06   public void run() {
07     try {
08       d.wait();
```

```
09      } catch(InterruptedException e) {}
10    }
11 }
```

8. 请指出以下程序的错误，并改正。

```
01 public class Ex_15_8 extends Thread {
02   public static void main(String[] args) {
03     Ex_15_8 ex = new Ex_15_8();
04     ex.start();
05     ex.join();
06   }
07
08   public void run() {
09     try {
10       sleep(5000);
11     }
12     catch(InterruptedException e) {};
13   }
14 }
```

9. 请指出以下程序的错误，并改正。

```
01 public class Ex_15_9 {
02   public static void main(String[] args) {
03     sleep(5000);
04   }
05 }
```

10. 请指出以下程序的错误，并改正。

```
01 import java.util.Date;
02
03 public class Ex_15_10 extends Thread {
04   Date d = new Date();
05
06   public void run() {
07     try {
08       d.notify();
09     } catch(InterruptedException e) {}
10   }
11 }
```

程序练习

1. 请利用 15.4 节的计时器程序编写一个等待泡面的程序，让用户输入要泡面的分钟数，并且在时间到时提醒用户可以吃面。
2. 请编写一个有两个线程的程序，分别模拟两个玩猜拳游戏的人，每次出拳后显示输赢以及目前双方的输赢总次数。
3. 请编写一个赛车程序，以 F1Car 类模拟一部赛车，在线程中以循环每一轮使用随机数获取前进的距离，并在到达终点后显示信息，结束线程。所有赛车都到达终点后，要能够看到赛车到达的顺序。
4. 请编写一个打字练习游戏，由单独的线程负责每一秒通过随机数产生一个英文字母，而 main() 方法所在的线程负责接收玩家的输入，输入正确字母得一分，并在输入“*”时结束程序。
5. 请编写一个有两个线程的程序，分别模拟寿司店师傅与食客，食客必须等寿司师傅做好寿司才能进食，寿司师傅必须等食客进食，把盘子清空后才能将做好的寿司放入盘中。

16

CHAPTER

第 16 章 数据输入与输出

学习目标

- 了解 Java 的文件流处理方式
- 掌握文件流异常类的用法
- 学习在程序中处理标准输入与输出
- 使用程序读写、管理文件

之前已多次用 import java.io.* 语句导入 Java 的 I/O（数据输入与输出）包，并使用其中的 BufferedReader 类的 readLine() 方法从键盘读取用户输入的数据，以及用 System.out.println() 方法在屏幕上显示信息。

但 java.io 包的功能可不止如此，凡是从计算机屏幕、键盘等各种设备输出或输入数据，或是读写计算机中的文本文件、二进制文件（binary file），甚至是读写 .zip 格式的压缩文件，都可通过 java.io 包中的类来完成。本章主要介绍 Java 的数据输入与输出框构，以及如何使用 java.io 包的各项 I/O 类。

TIP 在曾经用过的 java.util.Scanner 类获取输入数据，从其所属的包 java.util 可看出，Scanner 算是工具性的类，它提供了较简便的方式，由输入串流或单个字符串来获取特定的数据内容。

16.1 什么是流

为了简化程序处理 I/O 的操作，不管读取或写入数据的来源 / 目的是什么（文件、网络或存储器等），都是以流（stream，也称串流）的方式进行读取与写入。而流就是形容数据像河流一样，将数据按顺序从数据源中流出或流入目的地中，如图 16.1 所示。

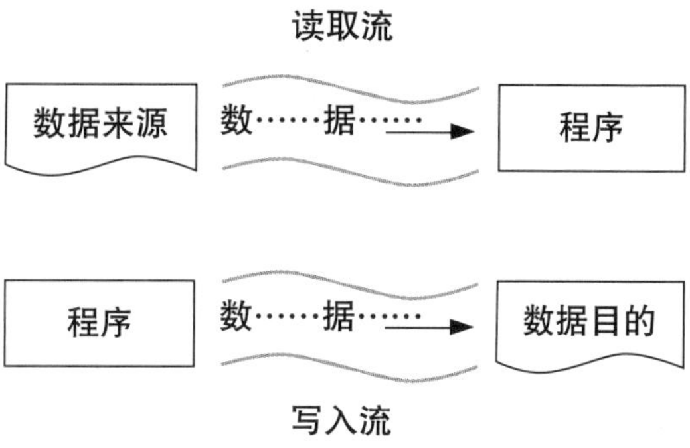

读取流

数据来源 数……据…… → 程序

程序 数……据…… → 数据目的

写入流

图16.1

在 java.io 包中，所有的类都是以流来操作数据，不管读取或写入，但都离不开以下基本操作。

（1）打开流（构造流对象）。

（2）从流读取数据或将数据写入流。

（3）关闭流。

从程序的角度出发：可供程序读取的数据来源称为输入流（input stream）；而可用来写入数据的则称为输出流（output stream）。不管是从磁盘（文件）、网络（URL）或其他来源创建流对象，读写的方式都相似，Java 已将其间的不同隐藏起来，让用户可以用统一的方式来操作流，大幅简化程序流程。

16.2 Java I/O 流

在 java.io 包中，主要有 4 组流类型，这 4 组类型可分为两大类，具体如下。

（1）以 byte 为处理单位的输入 / 输出流，又可称之为字节流 (Byte Streams)。

（2）以 char 为处理单位的输入 / 输出流，又可称之为字符流 (Character Streams)。

16.2.1 字节流

扫一扫，看视频

字节流是以 8 位的字节（byte）为单位进行数据读写，它有两个最上层的抽象类，即 InputStream（输入）及 OutputStream（输出）。其他的字节流都是由这两个类派生出来的，例如已用过很多次的 System.out 就是 java.io.PrintStream 类的对象，此类是 FilterOutputStream 的子类，而 FilterOutputStream 则是 OutputStream 的子类。关于字节流的主要类，如图 16.2 和图 16.3 所示。

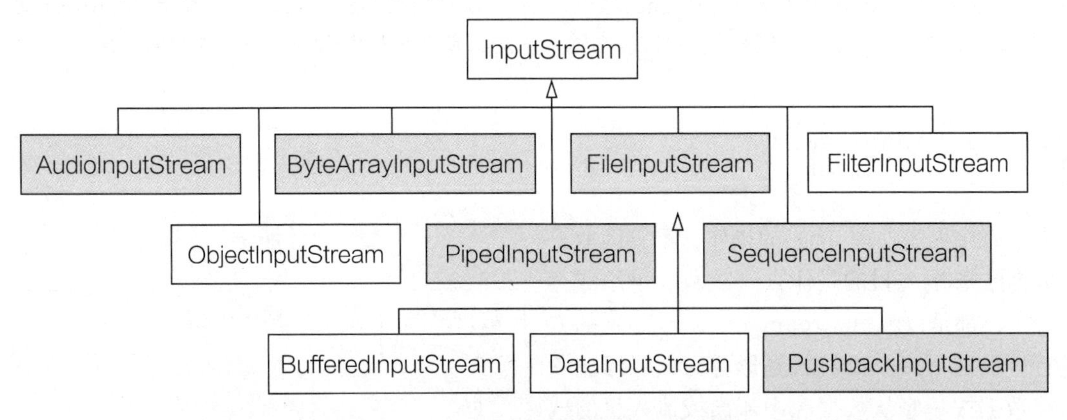

InputStream 及其派生类，在图 16.2 中只列出部分类，白底的类较常用。

图16.2

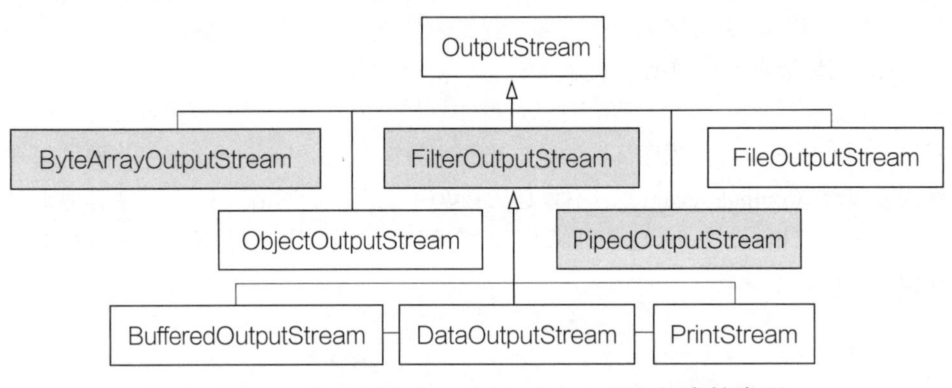

OutputStream 及其派生类，在图 16.3 中白底的类较常用。

图16.3

每种类都适合于某类的读取或写入操作，例如 ByteArrayInputStream 适用于读取位数组；FileOutputStream 则适用于写入文件。另外，比较特别的是 ObjectInputStream 和 ObjectOutputStream，它们是为了读写自定义类的对象而设计，其用法将在 16.4 节介绍。

这些流的读 / 写方法都有个共同的特性，就是它们的原型声明都注明 throws IOException，所以使用时要记得用 try...catch 来执行，或是在用户的方法声明中也加上 throws IOException，将异常抛给上层。

16.2.2 字符流

字符流是以 16 位的 char 为单位进行数据读写，字符流同样有两个最上层的抽象类 Reader、Writer，分别对应于字节流的 InputStream、OutputStream。这类流主要是顺应国际化的趋势，为方便处理 16 位的 Unicode 字符而设的，而且字符流也会自动区分数据中的 8 位 ASCII 字符和 Unicode 字符，不会将两种数据弄混。

字符流类和字节流有些类似，而且用法也相似，所以学会一种用法就等于学会两种。不过 Reader、Writer 的派生类数量较少，如图 16.4 和图 16.5 所示。其中，白底的类比较常用。

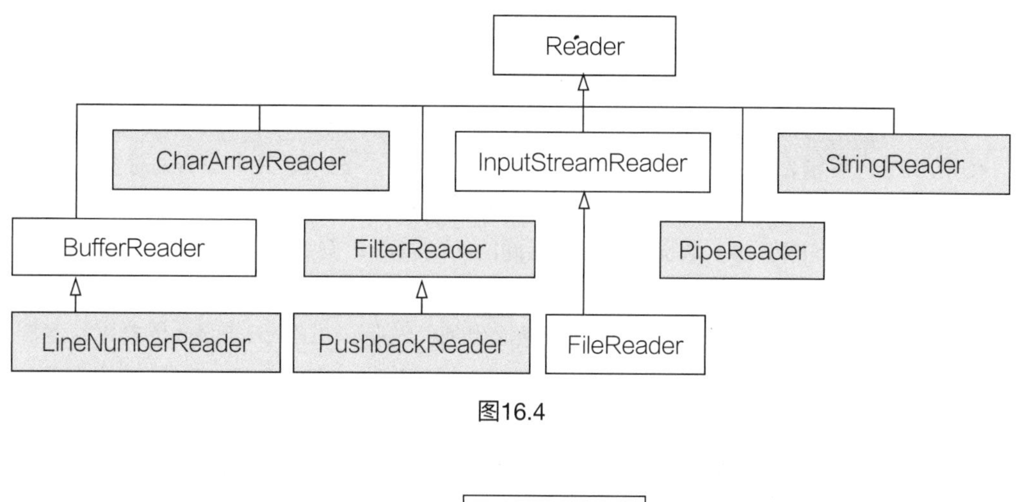

图16.4

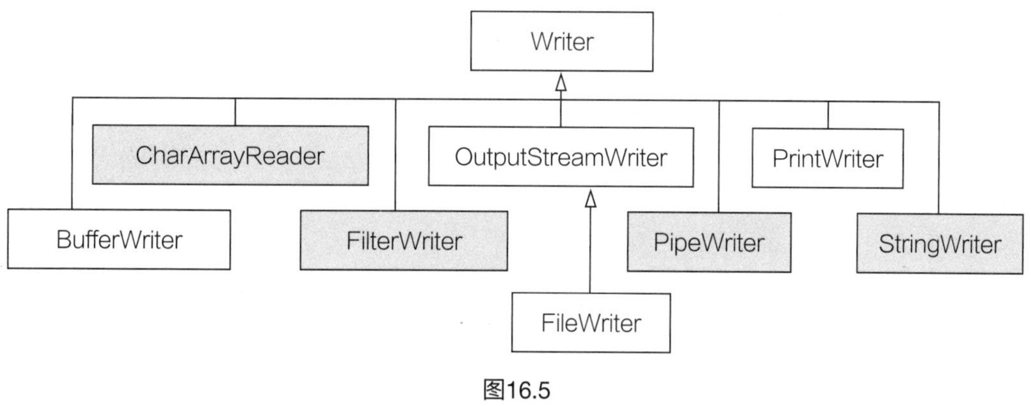

图16.5

TIP 所有字节流类的名称均以 Stream 结尾，而字符流则以 Reader 或 Writer 结尾。

TIP 在 java.io 包中，除了上述四种流外，还有一个 Console（控制台）类，可以很方便地用它来进行键盘输入与屏幕输出。另外还有多个与 I/O 相关的类，其中的 File 类可用来管理文件与文件夹。Console 及 File 类稍后介绍。

16.3 数据的输入与输出

16.3.1 标准输出、输入

所谓标准输出一般就是指屏幕，而标准输入则是指键盘，在之前的程序中，就是从键盘获取用户输入的数据，从屏幕输出信息及执行结果。

1. 标准输出

在 System 类中，有两个 PrintStream 类的成员。

◎ out 成员：代表标准输出设备，一般而言，都是指计算机屏幕。不过可以利用转向的方式让输出的内容输出到文件、打印机或远端的终端机等。例如，在命令提示字符窗口中，可以用“dir > test”的方式，使 dir 原本会显示在屏幕上的信息“转向”存到“test”这个文件中。（在 UNIX/Linux 系统下也可用相同的转向技巧，例如“ls > test”）。

◎ err 成员：代表标准“错误信息”输出装置，同样默认为屏幕。以往当应用程序执行过程中遇到错误并需通知用户时，就是将信息输出到此设备。虽然 err 与 out 同样默认为屏幕，但将 out 转向时，err 并不会跟着转向。例如，如果执行“dir ABC > test”这个命令，但文件夹中并无 ABC 这个文件，此时 dir 指令仍会将“找不到文件”的错误信息显示在屏幕上，而不会存到 test 文件中。

PrintStream 类重载了适用于各种数据类型的 print()、println() 方法（后者会多输出一个换行字符以进行换行），所以用这两个方法输出任何数据，Java 都会自动以适当的格式输出。

此外，PrintStream 类还有一对重载的 write() 方法，其参数是数据的“位值”。例如，要输出“A”字符，必须指定其 ASCII 码“65”，例如“write（65）;”。另一个 write() 方法则是可输出位数组的元素，且可指定要从第几个元素开始输出，共输出几个元素。

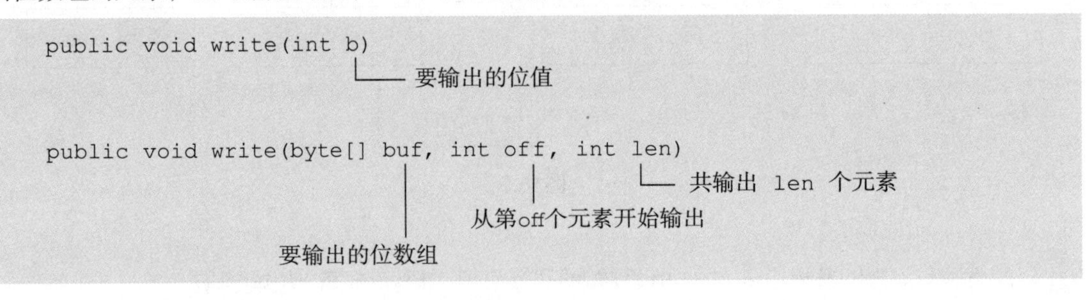

TIP PrintStream 另外还有可输出“格式化数据”的 printf() 及 format() 方法，详情参见 16.3.4 小节。

PrintStream 类有个和其他流不同的特点，就是它的方法都不会抛出 IOException 异常。下面程序示范了这几个方法的用法。

程序 SystemOutTest.java 示范 Print Stream 各种方法的用法

```
01 public class SystemOutTest {
02
03   public static void main(String[] args) {
04
05     int[] a = {10,20,40,80,160};
06
07    //依次输出所有元素的整数值、ASCII 码对应的字符
08     for(int i = 0;i < a.length;i++) {
09       System.out.print("a[" + i + "]: " + a[i] + " ");
10       System.out.write(a[i]);
11       System.out.println();    //换行
12    }
13
14    byte[] b = {7,32,7,32,7};
15    System.err . println("\n接着输出一串哔声");
16    System.err . write(b, 0, b.length);
17  }       //从第 0 个元素开始输出，共输出 b.length 个元素
18 }
```

执行结果

```
a[0]: 10

a[1]: 20
a[2]: 40 (
a[3]: 80 P
a[4]: 160 ?

接着输出一串哔声
```

◎ 第 8 ~ 12 行的循环会分别用 print() 和 write() 方法输出 a[] 数组中的元素。print() 方法会将各元素当整数值输出，所以可正常看到输出值；write() 方法则是将元素值当成一个二进制数值输出，对屏幕而言，就是将元素值当成 ASCII 码，然后输出对应的 ASCII 字符。

以 a[0] 为例，ASCII 码 10 是换行字符，所以输出这行后会自动换行；至于 ASCII 码 20 对应的字符则是一个特殊的控制字符，所以 a[1] 这行后面看不到内容；至于最后一个 a[4]: 160 对应的字码超出 127 （该字符是 a 上面多一撇），所以在中文环境被当成 GBK 编码第一码，但因为无第二码，因此只输出一个问号。

TIP 若在命令提示符窗口下执行“chcp 437”指令切换到英文环境，就能看到 a 上面多一撇的字符。

◎ 第 14 行改用 err 对象以 write() 方法输出 b 数组的全部内容。由于 ASCII 码 7 是个特殊的 BEL 字符，它会让计算机发出哔声，但不会输出任何“字”，而 ASCII 码 32 对应的是“空白”字符，所以这行语句只会让计算机发出哔声，但屏幕上看不到任何输出。

若要测试 System.out、System.err 的差异，可改用转向的方式来执行。

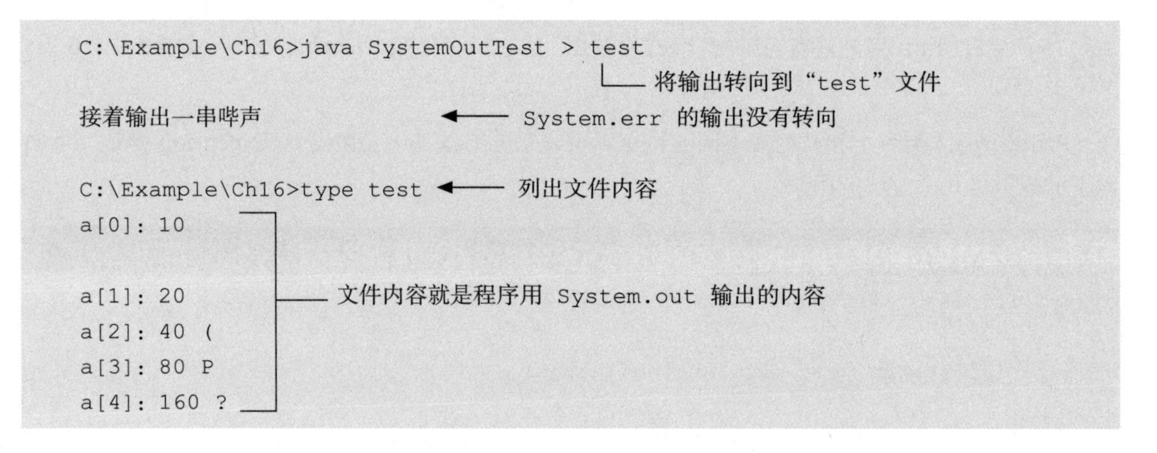

C:\Example\Ch16>java SystemOutTest > test
将输出转向到“test”文件
接着输出一串哔声
System.err 的输出没有转向
C:\Example\Ch16>type test
列出文件内容
a[0]: 10
a[1]: 20
a[2]: 40 (
a[3]: 80 P
a[4]: 160 ?
文件内容就是程序用 System.out 输出的内容

2. 标准输入

标准输入一般指的是从键盘存入，但同样可以利用转向方式从其他设备来获取。不过细心的读者或许发现，之前的范例程序会另外创建一个 BufferedReader 类的对象，然后用这个对象来读取 System.in 的键盘输入。这样做就是为了方便处理。

System.in 是 InputStream 类的对象，它是将标准输入当成字节流来处理，所以若用它来读取键盘输入，读到的都是位的形式，处理上并不方便（例如要读取多个 Byte 组成的中文或 Unicode 字符，就需进行额外的处理）。此外，直接读取键盘输入流时，由于计算机键盘缓冲区的运行行式会造成一些不易处理的状况。为让读者了解直接使用 System.in 的情况，我们先介绍 InputStream 类的 read() 方法。

```
int read()          //读取一个位，返回值即为读到的位值
                    //若没有读到位，则返回 -1 (EOF，代表文件结尾的意思)

int read(byte[] b)
                    //将读到的字符存入 b 数组中，返回值同下一个方法

int read(byte[] b, int off, int len)
                    //将读到的字符存入 b 数组中
                    //从第 off 个元素开始存放，共读取 len 个字符
                    //返回值为读到的字符数，没有读到则返回 -1
```

使用这些方法时，都需处理 IOException 异常，或是单纯地抛给上层处理。下面通过 System.in 对象用这些方法直接读取键盘输入的情形。

程序 SystemInTest.java 计算 2 的 N 次方，直接使用 System.in 字节流

```
01 import java.io.*;
02
03 public class SystemInTest {
```

```
04
05    public static void main(String args[]) throws IOException {
06
07      System.out.print("计算 2 的 N 次方，请输入次方值：");
08
09      char ch = (char) System.in.read();       //用 read() 读取并转成字符
10      String str = Character.toString(ch);     //将读到的字符转成字符串
11      double pow = Double.parseDouble(str);
12      System.out.println("2 的" + pow + "次方等于" +
13                         Math.pow(2,pow));
14
15      System.out.print("\n再算一次 2 的 N 次方，请输入次方值：");
16
17      byte[] b = new byte[10];
18      System.in.read(b);                       //改用 read(byte[]) 读取
19      pow = Double.parseDouble(new String(b));
20                    //将位数组转成字符串，再转成 double
21      System.out.println("2 的 " + pow + "次方等于" +
22                         Math.pow(2,pow));
23    }
24  }
```

执行结果 1

```
计算 2 的 N 次方，请输入次方值：2
2 的 2.0 次方等于 4.0

再算一次 2 的 N 次方，请输入次方值：Exception in thread "main" java.lang.
NumberFormatException: empty String
        at sun.misc.FloatingDecimal.readJavaFormatString(Unknown Source)
        at java.lang.Double.parseDouble(Unknown Source)
        at SystemInTest.main(SystemInTest.java:18)
```

执行结果 2

```
计算 2 的 N 次方，请输入次方值：25 ←— 输入 2 个数字
2 的 2.0 次方等于 4.0

再算一次 2 的 N 次方，请输入次方值：2 的 5.0 次方等于 32.0
```

◎ 第 9、18 行分别用不同的 read() 方法读取键盘输入的位数据。

◎ 第 10 行调用 Character.toString() 方法（参见第 17 章）将字符转成字符串。

◎ 第 13、22 行调用 Math.pow() 方法（参见第 17 章）计算 2 的 N 次方。

为什么会出现上面的执行结果呢？最主要的原因是范例程序第 1 次调用 read() 方法只读取 1 位，但用户可能输入 2 位数字（多个位）且 InputStream 的 read() 方法也会读到 Enter 键的信息所造成的。

回头看第一个执行结果：程序第 1 次要求输入，输入 2 并按 Enter 键时，read() 方法返回的是“2” 这个字符的 ASCII 码，也就是 50，所以必须进行转换，才能得到整数以进行运算。程序第 2 次要求输入时，还未输入，程序就直接显示异常信息而结束，这是因为前一次输入 2 时按下的 Enter 键会产生归位及换行字符（ASCII 码 13 及 10），所以第 2 次读取时，read() 方法便直接读到这些字符，造成输入的字符串变成空字符串，导致第 19 行程序进行转换时发生异常。

至于第 2 个执行结果，则是在第 1 次输入时，就故意输入 2 个字符。结果第 2 次的 read() 方法就读到前次未读到的“5”，所以就直接计算 2 的 5 次方。

虽然 Enter 键的问题并非不能解决，但一来这样做会让程序多做额外的处理，二来大多数的应用程序都是要求用户输入“字符” 而非位，所以一般会用字符流来包装 System.in，达到简化处理的目的。

3. 用字符流来包装 System.in

为了方便从键盘获取数据，会以字符流来包装 System.in 这个字节流，“包装”（wrap）意指用 System.in 来创建字符流的对象，所以对程序来说，它使用的是“字符” 流，而非原始的 System.in“位” 流，如图 16.6 所示。

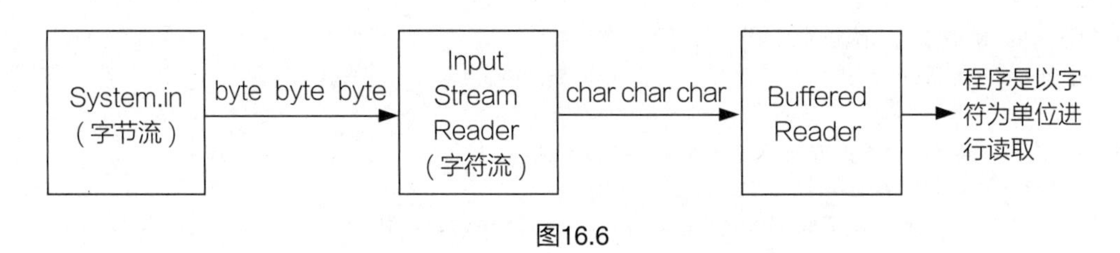

图16.6

以之前获取键盘输入的方式为例，我们都使用下面的程序。

```
BufferedReader br =
  new BufferedReader(new InputStreamReader(System.in));

String str = br.readLine();
```

以上就是先将 System.in 对象包装成 InputStreamReader 对象，然后再包装成 BufferedReader 对象，最后才用此对象的 readLine() 方法来获取输入。之所以要包两层，原因如下。

◎ InputStreamReader 的功用就是从字节流获取输入，然后将这些位解读成字符。因此在创建 InputStreamReader 对象时，必须以字节流对象为参数来调用其构造方法。但 InputStreamReader 在使用上仍有前述 Enter 键的问题，操作并不方便。

◎ BufferedReader 是所谓的缓冲式输入流，也就是先将输入存到存储器缓冲区中，程序再到这个缓冲区读取输入。在读取文件时这种缓冲式输入效率较佳，而读取键盘输入时，也可免去处理 Enter 键的问题。但 BufferedReader 只能以 Reader 对象来创建，因此必须先用 System.in 创建 InputStreamReader 对象，再用此对象来创建 BufferedReader 对象。

使用 BufferedReader 的 readLine() 方法读取输入时，每次会读取“一行”的内容，且会自动忽略该行结尾的归位及换行字符，因此可顺利解决 Enter 键的问题，范例如下。

程序 WrapSystemIn.java 示范 BufferedReader 与 InputStreamReader 的差异

```
01 import java.io.*;
02
03 public class WrapSystemIn {
04
05   public static void main(String args[]) throws IOException {
06
07     //用 InputStreamReader 读取
08     System.out.print("请输入一串字：");
09     InputStreamReader ir = new InputStreamReader(System.in);
10
11     char[] ch = new char[80];                   //用来存放读到的字符
12     int i=0;
13                                                 //用循环持续读取
14     while ((ch[i] = (char) ir.read())!= 10)    //直到遇到换行字符
15       i++;
16
17     System.out.print("用 InputStreamReader 读到的是：");
18     for (int j=0;j<i;j++)
19       System.out.print(ch[j]);                  //依次输出每个字符
20     System.out.println();
21
22     //改用 BufferedReader 读取
23     System.out.print("请再输入一串字：");
24     BufferedReader br = new BufferedReader(ir);
25
26     String str = br.readLine();
27     System.out.println("用 BufferedReader 读到的是：" + str);
28   }
29 }
```

执行结果

```
请输入一串字：我爱Java
用 InputStreamReader 读到的是：我爱Java
请再输入一串字：喝Java咖啡
用 BufferedReader 读到的是：喝Java咖啡
```

◎ 第 9 行用 InputStreamReader 包装 System.in。

◎ 第 14 行以 while 循环的方式连续读取多个字符，遇到换行字符（字码为 10）时即停止。

◎ 第 18、19 行以 for 循环输出所有读到的字符。

◎ 第 24 行使用 BufferedReader 包装第 9 行创建的 InputStreamReader 对象。

此外，BufferedReader 也有两个 read() 方法可用来读取字符。

```
int read()        //读取一个字符，返回值即为读到的字符
                  //若没有读到字符，则返回 -1 (EOF，代表文件结尾的意思)

int read(char[] cbuf, int off, int len)
                  //将读到的字符存入 cbuf 数组中
                  //从第 off 个元素开始存放，共读取 len 个字符
                  //返回值为读到的字符数，没有读到则返回 -1
```

16.3.2 文件输出、输入

扫一扫，看视频

要读写文件，可使用内置的 FileReader/FileWriter 字符流来处理，如其名称所示，它们是专为文件所设计的。

这两个字符流的用法都很简单，只要以文件名称为参数调用其构造方法，即可创建该文件的流对象。接着即可用流的方法进行读写，读写完毕则需关闭流以节省系统资源。

1. 使用字符流读取文件

FileReader 是 InputStreamReader 的子类，所以可用 16.2 节介绍的 read() 方法来读取流中的字符。用 FileReader 读取文件中所有字符并输出在屏幕上的范例如下。

程序 ReadTxtFile.java 利用 FileReader 读取文件并显示文件内容

```
01 import java.io.*;
02
03 public class ReadTxtFile {
04
05   public static void main(String args[]) throws IOException {
06
07     System.out.println("要读取的文件名称 (路径)");
```

```
08      System.out.print("→");
09
10      BufferedReader br =
11        new BufferedReader(new InputStreamReader(System.in));
12
13      String str = br.readLine();              //获取文件名字符串
14      FileReader fr = new FileReader(str);     //创建 FileReader 对象
15
16      System.out.println("\n以下是文件 "+ str + "的内容: ");
17      int ch;
18      while ((ch=fr.read()) != -1)             //在读到 -1 之前, 持续读取
19        System.out.print((char)ch);            //直接将读到的文字输出
20
21      fr.close();
22    }
23  }
```

执行结果

```
要读取的文件名称 (路径)
→ ReadTxtFile.java  ◄──── 输入时若未指定路径, 则为程序所在路径

以下是文件 ReadTxtFile.java 的内容。
import java.io.*;

public class ReadTxtFile {

  public static void main(String args[]) throws IOException {
...
```

◎ 第 13 行获取用户输入的文件名(路径)字符串,第 14 行即以此字符串创建 FileReader 对象 fr。

◎ 第 18、19 行以 while 循环的方式连续用 fr.read() 读取文件中的字符,读到文件结尾时,read() 会返回 -1,即停止循环。

◎ 第 21 行调用 close() 关闭文件流。

2. 使用字符流写入文件

至于写入文件用的 FileWriter 类则是 OutputStreamWriter 的子类。**请注意,如果在创建写入流时,指定了已存在的文件,则程序会将文件中原有的数据全部清除,再写入新的数据。**

FileReader 类并无定义自己的写入方法,其写入功能只有继承自 OutputStreamWriter 的三个 write() 方法。

```
public void write(int c)        //写入单一字符

public void write(char[] cbuf, int off, int len)
                                //从第 off 个元素开始输出 cbuf 字符数组的内容
                                //共输出 len 个元素

public void write(String str, int off, int len)
                                //从第 off 个字开始输出 str 字符串的内容
                                //共输出 len 个字符
```

以下程序会请用户输入新的文件名称，并创建 FileReader 写入流，接着请用户输入字符串、整数、浮点数等三种数据，并写入文件流中，最后读取并输出文件内容以比对结果。

程序 WriteTxt.java 利用 FileWriter 流写入文件

```
01 import java.io.*;
02
03 public class WriteTxt {
04
05   public static void main(String args[]) throws IOException {
06
07     System.out.println("要创建的新文件名称 (路径)");
08     System.out.print("→");
09
10     BufferedReader br =
11       new BufferedReader(new InputStreamReader(System.in));
12
13     String filename = br.readLine();            //获取文件名字符串
14     FileWriter fw = new FileWriter(filename); //创建FileWriter对象
15
16     System.out.print("请输入字符串: ");
17     String str = br.readLine();
18     fw.write(str,0,str.length());               //写入文字字符串
19     fw.write('\n');                             //写入换行字符
20
21     System.out.print("请输入整数: ");
22     str = br.readLine();
23     fw.write(str,0,str.length());               //写入整数字符串
24     fw.write('\n');                             //写入换行字符
25
26     System.out.print("请输入浮点数:");
27     str = br.readLine();
28     fw.write(str,0,str.length());               //写入浮点数字符串
```

```
29
30      fw.flush();                          //若有尚未写入的内容，立即全部写入流中
31      fw.close();                          //关闭 FileWriter 流对象
32
33      FileReader fr = new FileReader(filename);        //创建FileReader对象
34      int ch;
35      while ((ch=fr.read()) != -1)         //在读到 -1 之前，持续读取
36        System.out.print((char)ch);        //直接将读到的文字输出
37      fr.close();
38    }
39  }
```

执行结果

```
要创建的新文件名称 (路径)
→ Hello
请输入字符串：Mirror
请输入整数：1000
请输入浮点数：3.14
Mirror
1000
3.14
```

◎ 第 14 行用用户输入的文件名路径创建流对象。如果输入现有的文件名，将会使文件原有的内容被写入的内容覆盖掉。

TIP 如果想以附加到原有内容最后面的方式写入，可在创建 FileWriter 时多加一个“是否附加”参数（默认为 false），例如 new FileWriter(filename，true)。

◎ 第 18、23、28 行分别将用户输入的数据以字符串的格式用 write() 方法写入。

◎ 第 19、24 行以 write() 写入换行字符，模拟输入 Enter 键的效果。也就是让输入的三个字符串分别存在 3 行。若不加这几行程序，写入文件的内容会存在同一行。

◎ 第 30 行用 flush() 将所有未写入的内容立即写入流，然后于第 31 行用 close() 关闭文件流。

◎ 第 33 ~ 37 行另外创建 FileReader 对象读取文件内容，并显示在屏幕上，以检查刚才的输入及写入是否正常。

读者可发现，直接使用 FileReader/FileWriter 字符流来处理文件其实并不方便，简单如换行的操作也要我们自行用 write() 写入换行字符。若要处理二进制文件（binary file，例如图形文件），显然会遇到更多的不便。因此一般在处理文件流时，也和使用 System.in 一样，将文件流用较好用的缓冲式流包装起来。

3. 使用缓冲式流包装文件流

读取文件时，同样可用 BufferedReader 来包装 FileReader 对象，然后就能用 readLine() 来做整行的读取。

至于写入方面，则可用对应的 BufferedWriter 来包装 FileWriter 对象，BufferedWriter 除了有和 FileWriter 同样的三个方法外，还多了一个 newLine() 方法可进行换行操作。

效率较佳的缓冲式处理

使用缓冲流来处理文件读写还有一个优点，就是读写的效率会比较好。如果直接以文件流读写文件，程序每一个读写语句都会使系统进行一次读写操作；而使用缓冲读写流可将一大笔数据都预先读到缓冲区（内存空间），或是等要写入的数据累积满整个缓冲区时再一次写入，如此程序的效率稍有提升。

使用缓冲式写入流 BufferedWriter 时，可用 flush() 将缓冲区中的数据立即写入流，以免因意外状况而造成有数据未写入的情况。下面就是一个使用缓冲流读写文件的范例。

程序 BufferedFile.java 创建简单的通信录文件

```
01 import java.io.*;
02
03 public class BufferedFile {
04
05   public static void main(String args[]) throws IOException {
06
07     System.out.println("要创建的通信录文件名");
08     System.out.print("→");
09
10     BufferedReader br =
11       new BufferedReader(new InputStreamReader(System.in));
12
13     String filename = br.readLine();          //获取文件名字符串
14     BufferedWriter bw  =                      //创建缓冲流读取对象
15       new BufferedWriter(new FileWriter(filename));
16     String str = new String();
17
18     do {
19       System.out.print("请输入姓名：");
20
21       str = br.readLine();
22       bw.write(str,0,str.length());           //写入姓名
23       bw.write('\t');                         //写入定位 (tab) 字符
24
25       System.out.print("请输入电话号码：");
26
27       str = br.readLine();
28       bw.write(str,0,str.length());           //写入电话号码
29       bw.newLine();                           //换行, 在 Windows 平台上
30                                               //相当于写入换行及归位字符
```

```
31        System.out.print("还要输入数据吗 (y/n): ");
32        str = br.readLine();
33      } while (str.equalsIgnoreCase("Y"));     //回答 Y/y 即再执行一次循环
34
35      bw.flush();                               //若有尚未写入的内容，立即全部写入流中
36      bw.close();                               //关闭 FileWriter 流对象
37
38      System.out.println("\n已将数据写入文件" + filename);
39      System.out.print("您想立即查看文件内容吗 (y/n): ");
40      str = br.readLine();
41
42      if (str.equalsIgnoreCase("Y")) {          //回答 Y/y 即显示文件内容
43        BufferedReader bfr =                    //创建 BufferedReader 对象
44          new BufferedReader(new FileReader(filename));
45        while ((str = bfr.readLine()) != null) //读到空字符串前持续读取
46          System.out.println(str);              //输出读到的一整行
47        bfr.close();
48      }
49    }
50 }
```

执行结果

```
要创建的通信录文件名
→note
请输入姓名：张三
请输入电话号码：23963257
还要输入数据吗 (y/n): y
请输入姓名：王小明
请输入电话号码：23211271
还要输入数据吗 (y/n): n
已将数据写入文件 note
您想立即查看文件内容吗 (y/n): y
张三23963257
王小明23211271
```

◎ 第 14、15 行用输入的文件名创建新 FileWriter 流对象，再用此对象创建 BufferedWriter 缓冲字符写入流。

◎ 第 22、28 行分别以 BufferedWriter 的 write() 方法写入用户输入的姓名和电话字符串。

◎ 第 33 行判断用户输入的是否为大 / 小写的“Y”，是就再执行一次循环，也就是再让用户输入一笔数据。

◎ 第 35、36 行将缓冲区内容全部写入，并关闭流。

◎ 第 43 ~ 47 行是创建 BufferedReader 流对象以读取文件内容，并显示在屏幕上。

◎ 第 45、46 行利用 while 循环以 BufferedReader 的 readLine() 方法读取文件的每一行，当读到的字符串为 null 时，即表示已到文件结尾。

这个例子改用 BufferedReader 的 readLine() 方法来读取文件内容，所以就不必用 read() 来读取字符了。

16.3.3 读写二进制文件

扫一扫，看视频

文件可以说是为了直接给人看而存在的，给计算机程序用的文件其实使用二进制文件（binary file）就可以了。以 Java 的各种数据类型为例，它们就是以 binary 格式存储，可由程序直接访问。如果连数字都存成字符串形式“123456”，那 Java 还要先把它转成整数或其他数值类型才能进行运算，非常不便。所以存储供程序用的数据时，若能使用像数据类型的格式，显然就比存成纯文本文件方便得多，而这种格式的文件就称为二进制文件。

以“123456”为例，若是使用整数格式存放时，其 4 个位组的值是“00 01 E2 40”，如果我们看到这样的文件内容，一定无法理解它们是什么意思，所以说二进制文件是“给程序（计算机）看的文件”。

使用二进制文件时，通常是以字节流来处理。在字节流中，有 FileInputStream 和 FileOutputStream 两个文件输入与输出流。但同样的，直接用这两个流来读写文件非常不便，因此通常会用 DataInputStream、DataOutputStream 这两个字节流来包装文件流，然后读写二进制文件。这两个类的特别之处，就在于它们分别实现了 java.io 包中的 DataInput 和 DataOutput 接口。

1. DataOutputStream

DataOutput 接口定义了一组写入的方法，而 DataOutputStream 实现了这个接口，方便我们直接写入各种 Java 原生数据类型。只要调用这些方法，就能将数据以二进制的方式写入流中。下面就是 DataOutputStream 的数据写入方法。

```
void write(int b)                              //写入 b 的低位组
void write(byte[] b, int off, int len)         //写入位组数组 b
void writeBoolean(boolean v)                   //写入 Boolean 类型的数据
void writeByte(int v)                          //写入位组
void writeBytes(String s)                      //写入字符串中各字符的低位组
void writeChar(int v)                          //写入字符
void writeChars(String s)                      //写入字符串
void writeDouble(double v)                     //写入双精度浮点数
void writeFloat(float v)                       //写入单精度浮点数
void writeInt(int v)                           //写入整数
void writeLong(long v)                         //写入长整数
void writeShort(short v)                       //写入短整数
void size()                                    //回至目前为止写入的位组数
```

下面是一个简单的数据写入程序。

程序 WriteBinary.java 计算 49 ~ 38 取 6 的组合总数并写入文件

```
01 import java.io.*;
02
03 public class WriteBinary {
04
05   public static void main(String args[]) throws IOException {
06
07     System.out.println("要创建的二进制文件文件名");
08     System.out.print("→");
09
10     BufferedReader br =
11     new BufferedReader(new InputStreamReader(System.in));
12     String filename = br.readLine();          //获取文件名字符串
13
14     DataOutputStream dout =
15       new DataOutputStream (                  //创建最上层的读取流
16         new BufferedOutputStream(             //包住下层的缓冲流
17           new FileOutputStream(filename)));   //最下层的文件输出流
18
19    for(int i=49;i>=38;i--) {                  //从 49 到 38
20      double hopeless = i;                     //计算 i 取 6 共有几种组合
21
22      for (int j=1 ; j<6; j++)                 //此部分在计算 i!/((i-6)! * 6!)
23        hopeless = hopeless * (i-j);           //此处已将表达式简化,
24          hopeless = hopeless / 720;           //并未真的算 i! 及 (i-6)!
25
26          dout.writeInt(i);                    //写入整数
27          dout.writeDouble(hopeless);          //写入浮点数
28    }
29
30    System.out.println("共写入 " + dout.size() + "个位组! ");
31    dout.flush();                    //写入流
32    dout.close();                    //关闭流
33   }
34 }
```

执行结果

```
要创建的二进制文件文件名
→ hopeful
共写入 144 个位组!
```

◎ 第 14 ~ 17 行以层层包装的方式创建程序写入文件时所用的 DataOutputStream 对象。

◎ 第 30 行调用 DataOutputStream 的 size() 方法返回写入的总位数，此数值应和用 “dir” 命令所看到的文件大小数字相同。

◎ 第 31、32 行做最后的“清理” 及关闭流操作。

执行此程序，输入文件名后，程序就会将计算结果写入指定的文件中，并返回写入的字节数。但因为是以二进制文件的格式存储，所以无法用一般文字编辑器读取其内容，例如用先前写的文件读取程序来读取，只会看到如“1Aj?0Agg?” 这些乱码。

2. DataInputStream

要读取上述的二进制文件，当然是以对应的 DataInputStream 来处理最为方便。DataInputStream 实现了 DataInput 接口，同理此接口定义了各种数据类型的读取方法，通过 DataInputStream 对象调用这些现成的方法，即可轻松从流读取各种数据类型。这些方法的名称也都很一致，几乎是 writeXXX() 方法改成 readXXX() 即可，例如：

```
boolean  readBoolean()        //读取一个 Boolean 类型的数据
byte     readByte()           //读取一个位
char     readChar()           //读取一个字符
double   readDouble()         //读取一个双精度浮点数
float    readFloat()          //读取一个单精度浮点数
int      readInt()            //读取一个整数
long     readLong()           //读取一个长整数
short    readShort()          //读取一个短整数
String   readUTF()            //读取一个 Unicode 字符串
int      skipBytes(int n)     //跳过 n 个位组
```

下面用 DataInputStream 读取前一个程序所创建的二进制文件的范例程序。（请确认已有编译并执行前一个程序，以创建 hopeful 二进制文件。）

程序 ReadBinary.java 读取二进制文件

```
01 import java.io.*;
02
03 public class ReadBinary {
04
05   public static void main(String args[]) throws IOException {
06
07     System.out.println("请输入存放概率数据的文件名称");
08     System.out.print("→");
09
10     BufferedReader br =
11       new BufferedReader(new InputStreamReader(System.in));
12     String filename = br.readLine();          //获取文件名字符串
13
14     DataInputStream din =
15       new DataInputStream (                   //创建最上层的读取流
```

```
16            new BufferedInputStream(               //包住下层的缓冲式读取流
17              new FileInputStream(filename)));     //最下层的文件输出流
18
19        double hopeless;
20
21        try {
22          while (true) {
23            System.out.print(din.readInt() + " 取 6 共有 " +
24                             (hopeless = din.readDouble()) +
25                             " 种排列组合,");
26            System.out.println(" 猜中概率为 " + 1/hopeless);
27            din.skipBytes (12);                    //每读一笔记录就跳过一笔记录
28          }                                        //整数占 4 个，浮点数占 8 个位组
29        }
30        catch (EOFException e) {                   //捕捉已到文件结尾的异常
31            din.close();                           //已到文件结尾，故关闭流
32        }
33      }
34  }
```

执行结果

```
请输入存放概率数据的文件名称
→ hopeful
49 取 6 共有 1.3983816E7 种排列组合，猜中概率为 7.151123842018516E-8
47 取 6 共有 1.0737573E7 种排列组合，猜中概率为 9.313091515186905E-8
45 取 6 共有 8145060.0 种排列组合，猜中概率为 1.2277380399898834E-7
43 取 6 共有 6096454.0 种排列组合，猜中概率为 1.6402977862213017E-7
41 取 6 共有 4496388.0 种排列组合，猜中概率为 2.2240073587955488E-7
39 取 6 共有 3262623.0 种排列组合，猜中概率为 3.065018544894706E-7
```

◎ 第 14 ~ 17 行以层层包装的方式，创建程序读取文件时所用的 DataInput Stream 对象。

◎ 第 21 ~ 29 行以 try 的方式执行读取文件及显示数据的操作。

◎ 第 22 ~ 28 行以 while() 循环持续读取文件，其中第 23 ~ 24 行分别以 DataInputStream 的 readInt()、readDouble() 方法来读取文件中的整数及浮点数数据。

◎ 第 27 行调用 DataInputStream 的 skipBytes() 跳过 12 个位组，使程序每读一笔整数及浮点数数据，就跳过另一笔。因此只会显示文件中"第单数笔"的数据。

◎ 第 30 行的 catch 语句捕捉 EOFException 文件结束异常对象，并在第 31 行关闭流。EOFException 是 IOException 的派生类，用来表示已读到文件结尾（End of File，EOF）或流结尾的异常状况。

无正负号的整数

Java的整数类型都可存放正负数值，但像C/C++程序语言则可声明“无正负号”(unsigned)的整数。以16位的short为例，“unsigned short”可存放0 ~ 65535的数值，但Java的short因为也要能表示负数，所以只能表示-32768 ~ 32767的数值。为了让Java程序也能正确读写由C/C++程序读写的这类数据，DataInputStream和DataOutputStream各有一对特别的读写方法，可读写无正负号的整数数据。

```
int writeUnsignedByte()          //写入一个无正负号的位
int writeUnsignedShort()         //写入一个无正负号的短整数
int readUnsignedByte()           //读取一个无正负号的位
int readUnsignedShort()          //读取一个无正负号的短整数
```

16.3.4 以格式化字符串控制输出

扫一扫，看视频

由上一个范例可发现其输出不太整齐，造成阅读上的不便。此时可利用PrintStream提供的两个方法来“格式化输出”，精确控制数字输出的格式：（字符流的PrintWriter类也有同样的方法。）

```
printf(String 格式化字符串, Object...要放在格式化字符串中输出的参数列表)
format(String 格式化字符串, Object...要放在格式化字符串中输出的参数列表)
```

这两个方法的效果相同（择一使用即可），都会输出格式化字符串的内容，如果格式化字符串只是普通字符串，则其效果和使用print()输出相同；但格式化字符串中若有Format Specifier（格式控制符），则会从后面的参数中一一将参数对应到格式化字符串中出现的Format Specifier，并将该参数依指定的格式插入Format Specifier所在的位置。例如：

```
System.out.printf("这是%d个含%.1f个数字的字符串", 1, 2.0)
        输出的内容
          这是 1 个含 2.0 个数字的字符串
```

在格式化字符串“这是%d个含%.1f个数字的字符串”中，“%d”“%.1f”就是Format Specifier，printf()会格式化字符串后面所列的参数，按顺序一一对应到格式化字符串中Format Specifier的位置，并按指定的格式显示出来。例如“%d”就是一般十进制数字显示，“这是%d个”代入后面所列的第一个参数1之后，就变成“这是1个”。

Format Specifier是以%开头，其后的格式为：

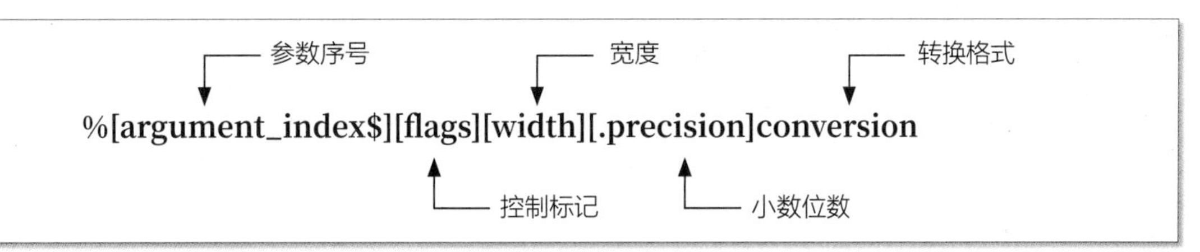

其中只有转换格式是一定要有的，其他各部分都视需要选用。常见的转换格式见表 16.1。

表16.1　常见的转换格式

转换格式	输出格式
b	以布尔值表示，例如显示为 true、false
d	以一般格式表示整数
e	使用科学数字（指数）表示法表示浮点数
f	以小数格式表示浮点数
o	以八进位表示整数
x	以十六进位表示整数
s	以字符串表示

参数序号是以 1$、2$、……的方式指出此处要代入的是格式字符串后参数列的第几个参数，例如 printf（"%3$d，%2$d"，1，2，3）会输出“3，2”（先输出第 3 个参数，再输出第 2 个）。而控制标记的用法见表 16.2。

表16.2　控制标记的用法

标　记	效　果	范　例
0	空白处要补 0	format("%03d",1) → 001(3 代表宽度)
,	显示千位符号	format("%,d",12345) → 12,345
-	向左对齐	format("[%-3d][%3d]",1,2) → [1][2]
+	在正数前显示正号	format("[%+d]",1) → [+1]
空格	在正数前显示空格	format("[%d]",1) → [1]
(	负数以括号表示	format("%(d,%d",-1,-2) → (1),-2

TIP 当数据比指定的宽度 (width) 还要宽时，仍会以数据的宽度来输出。

例如前一个范例程序，若将其中的输出部分改用格式化输出的方式，整个输出结果看起来就会比较整齐了。

程序 UsingFormat.java 使用格式化字符串控制输出

```
22    while (true) {
23        System.out.printf(" %d 取 6 共有%9.0f种排列组合,",
24        din.readInt(), (hopeless = din.readDouble()));
25        System.out.format(" 猜中概率为%15.12f\n", 1/hopeless);
26        din.skipBytes (12);
27    }
```

执行结果

```
请输入存放概率数据的文件名称
  → hopeful
  49 取 6 共有 13983816种排列组合, 猜中概率为 0.000000071511
  47 取 6 共有 10737573种排列组合, 猜中概率为 0.000000093131
  45 取 6 共有  8145060种排列组合, 猜中概率为 0.000000122774
  ...
```

◎ 第 23、25 行分别使用 printf()、format() 方法，在此用哪一个方法都没有差别，输出结果都相同。

◎ 第 23 行格式字符串中的“%9.0f” 表示要输出 9 个位数、没有小数位数的浮点数，所以排列组合的数字时会自动空 9 个字符来输出此数字，若数字不足 9 个位数，默认会向右对齐、左边多出的部分则留空。

◎ 第 25 行格式字符串中的“%15.12f” 表示要输出 15 个位数、小数显示至 12 位数的浮点数，请注意，小数点本身也会占去一位，所以整数部分仅剩 2 位（15–12–1=2）。

◎ 另外要特别注意，printf()、format() 都不会自动换行，所以在第 25 行的格式字符串中，最后面加上“\n” 产生换行效果。

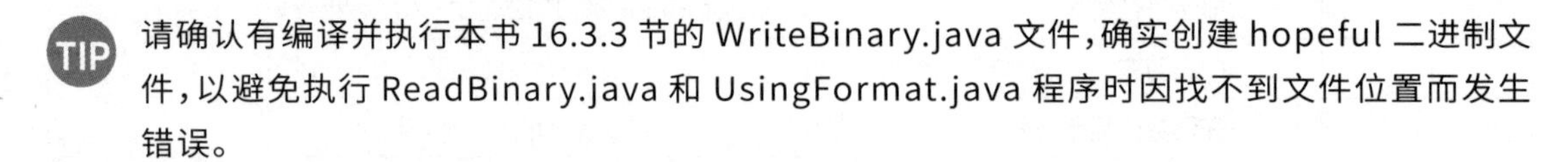

TIP 请确认有编译并执行本书 16.3.3 节的 WriteBinary.java 文件，确实创建 hopeful 二进制文件，以避免执行 ReadBinary.java 和 UsingFormat.java 程序时因找不到文件位置而发生错误。

String 类也有功能相似的 format() 方法，可用以产生格式化的字符串，读者可参考 String 类的文件说明。

16.3.5 使用 try...with...resource 语法自动关闭资源

扫一扫，看视频

在前面的几个范例程序中，都会在程序最后调用 close() 方法关闭所使用的流。为了简化这类基本的收尾工作，try 语句还有一种 try...with...resource 语法，提供自动关闭资源的功能，其用法如下：

```
try (创建资源对象) {
    ...        // 结束 try 语句块时, Java 会自动调用资源的 close( ) 方法
} catch (... ) {
    ...
} finally {
    ...
}
```

例如前一个范例可将创建 DataInputStream 的语句移到 try() 的括号中。

程序 TryWithRes.java 在 try 语句后列出所使用的资源对象

```
16  try(DataInputStream din =
17        new DataInputStream (
18          new BufferedInputStream(
19             new FileInputStream(filename))) ){
20     while (true) {
21       System.out.printf("%d 取 6 共有%9.0f种排列组合,",
22         din.readInt(), (hopeless = din.readDouble()));
23       System.out.format(" 猜中概率为%15.12f\n", 1/hopeless);
24         din.skipBytes (12);
25     }
26  }
```

第 16 ~ 19 行就是 try...with...resource 的用法，此处就是将原本整个创建 DataInputStream 的语句移到 try() 的括号中。若要使用的资源有好几个，可用分号 “;” 分隔一并列出。

与 try...with...resource 相关的 AutoCloseable 接口

try...with...resource 语法要能顺利发挥其自动关闭资源的功效，所使用的资源必须实现 AutoCloseable 接口，在 Java 类库的各种流、网络等相关类，都已实现此接口，所以可直接使用。

如果定义新类而想用在 try...with...resource，就要实现 AutoCloseable 接口，此接口只有 1 个 public void close() 方法，需在此方法中完成资源收尾的工作。

在此就用一个简单的范例，通过 AutoCloseable 接口让读者了解 try...with...resource 语法中，系统何时会调用资源对象的 close() 方法。

程序 MyRes.java 实现 AutoCloseable 接口测试 close() 被调用的时机

```
01 public class MyRes implements AutoCloseable {
02   String name;                         //存储名称
03
04   MyRes(String str) {name = str;}      //构造方法
05
06   public void close() {                //实现 AutoCloseable 接口的方法
07     System.out.println("正在关闭资源-"+name);
08   }
09
10   public static void main(String args[]) {
11
12     try(MyRes one=new MyRes("1");      //创建 2 个资源对象
13           MyRes two=new MyRes("2") ){
14       System.out.println("...try...");
15     }
16     finally{
17       System.out.println("...finally...");
18     }
19
20   }
21 }
```

执行结果

```
...try...
正在关闭资源-2
正在关闭资源-1
...finally...
```

范例中实现的 close() 方法只是输出一段文字信息（第 6 ~ 8 行），由执行结果可发现，Java 会在 try 语句块结束后、finally 语句块之前调用资源对象的 close() 方法。

16.3.6 好用的控制台 (Console) 类

扫一扫，看视频

控制台（Console）就是指命令行模式（例如 Windows 的命令提示符窗口）下的键盘及屏幕，而 java.io.Console 类则可方便我们在命令行模式下进行键盘输入及屏幕输出。如果觉得使用 System.in 来输入数据有点麻烦，那么不妨改用 Console 来输入，其最大好处就是不用特别处理（catch 或 throws）IOException 异常。表 16.3 列出的是几种常用的方法。

表16.3 Console类的常用方法

方 法	说 明
String readLine()	输入一行文字
String readLine(String fmt,Object...o)	输出格式化的字符串，然后输入一行文字
char[]readPassword()	输入一行密码
char[]readPassword(String fmt,Object...o)	输出格式化的字符串，然后输入一行密码

方　法	说　明
Console format(String fmt,Object...args)	输出格式化的字符串
Console printf(String format,Object...args)	和 format() 完全相同

其中比较特别的是 readLine() 和 readPassword() 都可先输出一段格式化的文字，然后再让用户输入数据。而 readPassword() 在输入时，用户将看不到输入的字符，按 Enter 键后则会返回一个字符数组（而非字符串），其好处是在处理完密码之后可立即将之清空，以防黑客从内存中截取密码。

另外，由于控制台对象只有一个，所以不能用 new 来创建，而必须调用 System.console() 来获取。不过，如果程序不是在命令行模式下执行，那么 System.console() 会返回 null，所以若不确定执行环境时应先检查返回值是否为 null，范例如下。

程序 ConsoleRW.java 输入文字及密码，然后输出信息，最后清除密码

```
01 import java.io.Console;
02
03 public class ConsoleRW {
04   public static void main(String[] args) {
05     Console c = System.console();
06
07     String acc = c.readLine("请输入账号: ");
08     char[] pwd = c.readPassword("请输入密码: ");
09     c.printf("→您的账号密码为 %s, %c%c...\n", acc, pwd[0], pwd[1]);
10
11     for(int i=0; i < pwd.length; i++) //清除密码数组
12       pwd[i] = 0;
13
14     //进行其他操作
15   }
16 }
```

执行结果

```
请输入账号: Celine
请输入密码:            ◄── 输入时，不会显示输入的字符
→您的账号密码为 Celine, az...
```


16.3.7 文件与文件夹的管理

扫一扫，看视频

在 java.io 包中也包含了代表文件或文件夹的 File 类，除了可搭配前面介绍的文件输入 / 输出类来使用之外，也可针对文件或文件夹进行新增、删除、重命名等操作。File 类的常用方法见表 16.4。

表16.4　File类的常用方法

方　法	说　明
boolean createNewFile()	创建新文件，若文件已存在则会失败并返回 false
boolean mkdir()	创建子文件夹，若文件夹已存在则会失败
boolean mkdirs()	创建文件夹，若上层文件夹不存在也会一起创建
boolean exists()	检查文件或文件夹是否存在
boolean isFile()	检查对象是否为文件
boolean isDirectory()	检查对象是否为文件夹
boolean renameTo(File d)	将对象名称更改为 d 对象的名称
boolean delete()	删除文件或文件夹
String[]list()	返回文件夹中的文件与子文件夹名称列表
String toString()	返回 File 对象的路径
File getParentFile()	返回上层文件夹的 File 对象，返回 null 表失败
File getAbsoluteFile()	返回内含绝对路径的对象

注：以上新增、删除等操作，若成功会返回 true，若失败则返回 false。

File 对象在创建时必须指定文件名（可包含路径），下面这个范例会先创建 a.txt 并写入一些数据，然后创建 my 文件夹，并将 a.txt 更名为 my\b.txt（此时会移动文件及更名），接着输出之前写入的数据，最后将 b.txt 删除。

程序　FileRW.java 示范 File 类的应用

读写文件及部分 File 的方法会抛出此异常

```
01 import java.io.*;
02
03 public class FileRW {
04    public static void main(String[] args) throws IOException {
05       Console c = System.console();
06
07       File f = new File("a.txt");      //创建一个名为 a.txt 的 File 对象
08       if(f.exists())                   //如果文件已存在则显示信息
09          c.printf("复写 a.txt\n");
10
11       //以 File 对象来创建输出对象
12       PrintWriter pw = new PrintWriter(new FileWriter(f));
13       pw.printf("Hello!\nBye.\n");     //写入
14       pw.flush(); pw.close();          //存档及关闭
15
16       File d = new File("my");         //创建名为 my 的对象
17       d.mkdir();                       //新建文件夹
```

```
18        File f2 = new File(d, "b.txt");          //创建名为 my\b.txt 的对象
19        f.renameTo(f2);                           //重命名文件名为 my\b.txt
20
21        //以 File 对象来创建输入对象
22        BufferedReader br = new BufferedReader(new FileReader(f2));
23        String s;
24        c.printf("%s 的内容: \n", f2.toString());
25        while((s = br.readLine()) != null)       //每次读取一行
26           c.printf("%s\n", s);
27        br.close();                               //关闭
28        f2.delete();                              //删除
29     }
30  }
```

执行结果

```
my\b.txt 的内容:
Hello!
Bye.
```

◎ 第 7、16 行都是以一个名称（文件名或文件夹）来创建 File 对象，此时默认为执行文件所在的路径（但在名称中也可包含路径）。第 18 行则是以一个文件夹对象及名称来创建 File 对象，此时就会以指定的文件夹为路径。

◎ 第 12、22 行则是分别用 File 对象来创建 PrintWriter 及 BufferedReader，以进行写入或读取的操作。

◎ 第 19 行 rename 的时候，需要先创建一个新名称的 File 对象。在重命名之后，则要改用新的 File 对象来进行后续操作，因为原对象中的名称已不存在（被更名）了。

了解基本用法之后，下面再来设计一个“小型文件管理系统”，具备创建文件或文件夹、到上或下一层文件夹、重命名、删除、列举目录等功能。

程序 Filer.java 示范 File 类的文件管理技巧

```
01 import java.io.*;
02
03 public class Filer {
04    //以下方法可依执行结果显示成功或失败的信息
05    static boolean go(String act, boolean isSucceed) {
06       System.out.println(act + (isSucceed? "成功" : "失败"));
07       return isSucceed;
08    }
09
10    public static void main(String[] args) throws IOException {
         //部分 File 的方法会抛出此异常
11       Console c = System.console();
12       String s, name;
13       File f, dir = new File("").getAbsoluteFile();   //获取目前所在的绝对路径
14
15       c.printf("请输入 [操作]+[文件名], 例如 na.txt 表示创建 a.txt。\n");
```

```
16          c.printf("<n>新建文件<m>新建文件夹<r>重命名<d>删除<c>进入文件夹<u>上层文件夹" +
17                   "<l>目录<x>结束: \n");
18          while (true) {
19             s = c.readLine(">");
20             if(s.length() == 0) s = "x";          //输入空白，等同要结束程序
21             name = s.substring(1).trim();
22             f = new File(dir, name);               //以路径及名称创建 File 对象
23             switch(s.toLowerCase().charAt(0)) {
24                case 'n':
25                   go("新建文件" + name, f.createNewFile());
26                   break;
27                case 'm':
28                   go("新建文件夹" + name, f.mkdir());
29                   break;
30                case 'r':
31                   s = c.readLine("请输入新名称: ");
32                   go("重命名" + name, f.renameTo(new File(dir,s)));
33                   break;
34                case 'd':
35                   go("删除" + name, f.delete());
36                   break;
37                case 'c':
38                   if(go("进入文件夹" + f, f.isDirectory()))
39                      dir = f;
40                   break;
41                case 'u':
42                   f = f.getParentFile();           //获取上层文件夹, null 表示失败
43                   if(go("上层文件夹 " + f, f != null) )
44                      dir = f;
45                   break;
46                case 'l':
47                   c.printf("%s 的目录列表\n", dir);
48                   for(String t : dir.list())
49                      c.printf("%s\n", t);
50                   break;
51                case 'x':
52                   c.printf("结束\n");
53                   return;
54                default:
55                   c.printf("请输入 [操作]+[文件名]。\n");
56 }}}}
```

执行结果 （以下粗体表示输入的数据，↵ 表示按 Enter 键）

```
请输入 [操作]+[文件名]，例如 na.txt 表示创建 a.txt。
<n>新建文件<m>新建文件夹<r>重命名<d>删除<c>进入文件夹<u>上层文件夹<l>目录<x>结束:
> mtdir  ↵ 新建文件夹 tdir 成功
> ctdir  ↵ 新建文件夹 C:\JavaTest\0Test\tdir 成功
> na.txt ↵ 新建文件 a.txt 成功
> mdir   ↵ 新建文件夹 dir 成功
> cdir   ↵ 进入文件夹 C:\JavaTest\0Test\tdir\dir 成功
> u      ↵ 上层文件夹 C:\JavaTest\0Test\tdir 成功
> ra.txt ↵
请输入新名称：b.java  ↵ 重命名 a.txt 成功
> l
C:\JavaTest\0Test\tdir 的目录列表
b.java
dir
> ddir   ↵ 删除 dir 成功
> x      ↵ 结束
```

◎ 第 5 行定义的 go() 方法可依照传入的信息及布尔值来显示操作成功或失败，最后还会将布尔值再返回，以供必要时再次作为判断之用，例如第 38 行就会用其返回值来决定是否变更目前路径。

◎ 第 22 行会以目前的路径 dir 以及操作命令中的文件名 name（或文件夹名）来创建 File 对象，然后进入下一行的 switch 进行文件操作。

◎ 第 23~55 行的 switch 语句块，就是依命令进行各种操作，其中每项操作语句都会包在 go() 方法中，以便显示成功或失败的信息。

◎ 在程序中要将 File 对象转为字符串时（例如第 38 行的 f），系统会自动调用其 toString() 方法来转为路径字符串。

16.4 对象的读写

为了方便将对象的数据写入文件，Java 提供了 ObjectOutputStream、ObjectInputStream 这两个专用于对象读写的流。使用其 readObject()、writeObject() 方法可一次就读取、写入整个对象的数据（包含对象中引用的其他对象在内）。而这种存储对象以便之后可以还原对象的做法就称为序列化（Serialization）。

TIP 注意，静态变量不属于对象所有，因此不会被序列化。

1. 实现 Serializable 接口

类必须先实现 java.io 包中的 Serializable 接口，才能用 ObjectXXX 流对象来读写其对象。不过这个接口未定义任何的方法和成员，所以只要在类定义时加上“implements Serializable” 就可以了，不需再自定义任何方法。

此外还需注意一点，ObjectOutputStream 在写入对象时，也会将类的信息记录下来，所以若要用另一个程序以 ObjectInputStream 将对象读回来，两个程序中所定义的对象类必须完全相同，不能只是有相同的数据成员，必须连方法及其他声明也都一样，否则程序在进行读取时会引发 ClassNotFoundException（找不到类）的异常。

2. 写入对象

定义一个 Account 账户类，并加上 implements Serializable 的声明，程序如下。

程序 Account.java 可用流对象读写的账户类

```
01 import java.io.*;
02 
03 class AccountError extends Exception {                //自定义的异常类
04   public AccountError(String message) {super(message);}
05 }
06 
07 class Account implements Serializable {
08   private long  balance;                              //记录账户余额
09 
10   public Account(long money)  {balance = money;}
11 
12   //存款的方法
13   public void deposite(long money) throws AccountError {
14     if (money <0)
15       throw new AccountError("存款金额不可为负值");   //抛出异常
16     else
17       balance += money;
18   }
19 
20   //取款的方法
21   public void withdraw(long money) throws AccountError {
22     if (money > balance)
23       throw new AccountError("存款不足");             //抛出异常
24     else
25       balance -= money;
26   }
27 
```

```
28   public long checkBalance() {return balance;}           //返回余额
29 }
```

类实现 Serializable 接口后，即可用 ObjectOutputStream 流对象将之写入文件中。以下程序会请用户输入开户时要存的金额，并以此金额创建 Account 对象，然后创建 ObjectOutputStream 对象，并将 Account 对象写入文件中。

程序 WriteAccountObject.java 用流对象将账户对象写入文件

```
01 import java.io.*;
02
03 public class WriteAccountObject {
04
05   public static void main(String[] args) throws IOException {
06
07     System.out.print("简单账户模拟计算,");
08     System.out.println("开户要存多少钱?");
09
10     BufferedReader br =
11       new BufferedReader(new InputStreamReader(System.in));
12
13     Account myAccount =                  //以输入金额为构造方法参数
14         new Account(Integer.parseInt(br.readLine()));
15
16     ObjectOutputStream oos =             //创建对象输出流对象
17       new ObjectOutputStream(new FileOutputStream("AccountFile"));
18
19    oos.writeObject(myAccount);          //写入对象
20    oos.flush();
21    oos.close();
22
23    System.out.println("已将账户信息存至文件 AccountFile! ");
24   }
25 }
```

执行结果

```
简单账户模拟计算,开户要存多少钱?
1000
已将账户信息存至文件 AccountFile!
```

◎ 第 16、17 行将 FileOutputStream 包装成 ObjectOutputStream 对象。打开文件流时，文件名设为 AccountFile。

◎ 第 19 行以 ObjectOutputStream 的 writeObject() 将对象写入流中。

◎ 第 20、21 行将流中所有数据立即写入并关闭流。

若以一般文本编辑器打开程序写入的文件“AccountFile”，将会看到一团乱码，因为 ObjectOutputStream 是以二进制文件的方式将对象写入文件中，要读回文件中的对象信息，可用

ObjectInputStream 流。

TIP ObjectOutputStream 除了提供 writeObject() 方法可写入对象外，也有提供类似于 DataOutputStream 的 writeXXX() 方法，可将非对象的各种基本数据类型写入流。

3. 从文件读取对象数据

要读取文件（或其他流）中的对象数据，可使用 ObjectInputStream 的 readObject() 方法。由于 readObject() 会抛出 IOException、ClassNotFoundException 这两个 Checked 异常，所以在调用 readObject() 的方法中，必须抛出或处理这两个异常。比写入对象时多了一个 ClassNotFoundException 异常，范例程序如下。

程序 ReadAccountObject.java 读取文件中的账户对象

```
01 import java.io.*;
02 
03 public class ReadAccountObject {
04 
05   public static void main(String[] args)
06                   throws IOException, ClassNotFoundException {
07     System.out.println("由文件读取账户信息");
08 
09     ObjectInputStream ois =                                //创建对象输入流
10       new ObjectInputStream(new FileInputStream("AccountFile"));
11     Account myAccount = (Account) ois.readObject();        //读入对象
12     ois.close();                                           //关闭流
13 
14     BufferedReader br =
15       new BufferedReader(new InputStreamReader(System.in));
16 
17     try {
18       while (true) {                                       //存、取款的循环
19         System.out.print("\n您现在要(1)存款(2)取款→");
20         int choice = Integer.parseInt(br.readLine());
21         System.out.print("请输入金额→");
22         int money = Integer.parseInt(br.readLine());
23 
24         if(choice == 1) {                                  //存款处理
25           myAccount.deposite(money);
26           System.out.print("存了" + money + "元后，账户还剩");
27           System.out.println(myAccount.checkBalance() + "元");
28         }
29         else if(choice == 2) {                             //取款处理
```

```
30              myAccount.withdraw(money);
31              System.out.print("领了" + money + "元后, 账户还剩");
32              System.out.println(myAccount.checkBalance() + "元");
33            }
34          }                                   //循环结束
35        }
36        catch (AccountError e) {
37          System.out.println(e);
38        }
39      }
40  }
```

执行结果

```
由文件读取账户信息

您现在要(1)存款(2)取款→1
请输入金额→50
存了50 元后, 账户还剩 1050 元

您现在要(1)存款(2)取款→2
请输入金额→1200
AccountError: 存款不足
```

◎ 第 5、6 行将 main() 声明多抛出一个 ClassNotFoundException 异常。

◎ 第 9、10 行将 FileInputStream 包装成 ObjectInputStream 对象。

◎ 第 11 行以 ObjectInputStream 的 readObject() 从流读回对象。由于此程序只读一笔对象就自行关闭流，所以未用 try...catch 来执行 readObject()，若要参考前几个范例程序的做法，让程序一直读到文件结尾或要处理找不到文件等异常，就必须用 try 来执行 readObject()，并用 catch 捕捉 EOFException 异常对象。

◎ 第 12 行关闭流。

◎ 第 17 ~ 38 行则是模拟操作存款账户的情形，此部分可参见 14.5.3 小节的范例。

16.5 综合演练

16.5.1 将学生成绩数据存档

将对象数据存档是很实际的应用，本范例将创建一个学生成绩数据类型，并提供输入接口，最后再将输入的学生成绩对象存档。为方便起见，我们先设计一个存放学生数据的 Student 类，并存于 Student.java 文件中。

扫一扫，看视频

程序 Student.java 学生成绩数据类型

```
01 import java.io.*;
02
03 public class Student implements Serializable {
04
```

```
05   public Student (String s, short e, short m, short j) {
06     name = s;                   //姓名
07     EScore = e;                 //英语成绩
08     MScore = m;                 //数学成绩
09     JScore = j;                 //Java 成绩
10   }
11
12   public Student () { }
13
14  //返回姓名和各项成绩数据的方法
15   public String getN () { return name; }
16   public short getE ()  { return EScore; }
17   public short getM ()  { return MScore; }
18   public short getJ ()  { return JScore; }
19
20  //计算并返回三科平均分数的方法
21   public double getAvg () {
22     return (EScore + MScore + JScore) / 3.0;
23   }
24
25   private String name;          //姓名
26   private short EScore;         //英语成绩
27   private short MScore;         //数学成绩
28   private short JScore;         //Java 成绩
29 }
```

◎ 第 3 行用 implements Serializable 声明此类可写入文件中。

◎ 第 5 ~ 10 行是可设置所有成员变量值的构造方法。

◎ 第 15 ~ 18 行定义了 4 个可返回对象中各成员值的方法。

◎ 第 21 行定义了计算及返回个人平均分数的方法，在下个范例中会用到。

◎ 第 25 ~ 28 行分别声明姓名及英语 / 数学 /Java 三科成绩的成员变量。

接下来设计一个程序，可让用户输入学生数据，并将学生数据存档。

程序 WriteObject.java 将学生成绩数据存档

```
01 import java.io.*;
02
03 public class WriteObject {
04
05   public static void main(String args[]) throws IOException {
06
07     System.out.println("请输入要创建的学生成绩存档文件名");
08     System.out.print("→");
```

```
09
10    BufferedReader br =
11      new BufferedReader(new InputStreamReader(System.in));
12     String filename = br.readLine();           //获取文件名字符串
13
14     ObjectOutputStream os =                    //创建对象输出流对象
15      new ObjectOutputStream(new FileOutputStream(filename));
16
17     String str = new String();
18     int counter=0;
19
20     do {
21        counter++;
22
23        System.out.print("请输入学生姓名：");
24        String name = br.readLine();
25
26        System.out.print("请输入英语分数：");
27        str = br.readLine();
28        short e = Short.parseShort(str);
29
30        System.out.print("请输入数学分数：");
31        str = br.readLine();
32        short m = Short.parseShort(str);
33
34        System.out.print("请输入 Java 分数：");
35        str = br.readLine();
36        short j = Short.parseShort(str);
37
38        Student ss = new Student(name, e, m, j);
39
40        os.writeObject(ss);                     //写入对象数据
41
42        System.out.print("还要输入另一笔数据吗 (y/n)：");
43        str = br.readLine();
44     } while (str.equalsIgnoreCase("Y"));      //回答 Y 即再执行一次循环
45
46    os.flush();                                 //若有尚未写入的内容，立即全部写入流中
47    os.close();                                 //关闭流对象
48
49     System.out.println("\n已写入 " + counter +
50                        "笔学生数据至文件" + filename);
51   }
52 }
```

执行结果

```
请输入要创建的学生成绩存档文件名
→score
请输入学生姓名：赵灵
请输入英语分数：75
请输入数学分数：88
请输入 Java 分数：84
还要输入另一笔数据吗 (y/n): y

请输入学生姓名：关云
请输入英语分数：82
请输入数学分数：86
请输入 Java 分数：80
还要输入另一笔数据吗 (y/n): ←┐
                    直接按 Enter 键
已写入 2 笔学生数据至文件 score
```

◎ 第 14、15 行将 FileOutputStream 包装成 ObjectOutputStream 对象。

◎ 第 18 行声明的 counter 变量是用来记录用户共输入了几笔学生数据。

◎ 第 20 ~ 44 行以 do…while 循环持续获取用户输入的学生数据以创建学生对象，并于第 40 行以 ObjectOutputStream 的 writeObject() 方法将对象写入流中。

◎ 第 46、47 行调用将流中所有数据立即写入并关闭流。

◎ 第 49、50 行显示程序共写入几笔学生数据至文件中。

程序会一直请用户输入学生数据，直到用户回答不再输入为止。本程序创建的学生数据文件也是二进制文件，我们可用对象读取流来读取这个文件的内容。

16.5.2 读取学生成绩并计算平均分

扫一扫，看视频

前一个程序将学生成绩数据存档，这个范例则是要读取文件中的学生成绩并显示出来，同时还会计算各科的平均分数。此程序会在 try 语句块中以 while 循环持续用 ObjectInputStream 的 readObject() 读取对象，当程序读到文件结尾时，readObject() 会抛出 EOFException 异常，此时程序即会显示总平均分数并关闭流。

程序 ReadObject.java 从文件读取学生数据并计算平均分

```
01 import java.io.*;
02 
03 public class ReadObject {
04 
05   public static void main(String args[])
```

```
06                      throws IOException, ClassNotFoundException {
07
08     System.out.println("要读取的学生成绩存档文件名");
09     System.out.print("→");
10
11     BufferedReader br =
12       new BufferedReader(new InputStreamReader(System.in));
13     String filename = br.readLine();           //获取文件名字符串
14
15     int counter = 0;                           //用来记录读到的数据笔数
16     double Esum = 0;                           //英语分数求和
17     double Msum = 0;                           //数学分数求和
18     double Jsum = 0;                           //Java 分数求和
19     Student ss = new Student();
20
21     System.out.println("姓名\t英语\t数学\tJava\t平均分");
22     System.out.println("------------------------------------");
23
24     try (ObjectInputStream ois =               //在try的小括号中创建对象输入流对象
25          new ObjectInputStream(new FileInputStream(filename))){
26       while (true) {
27         ss = (Student) ois.readObject();
28         counter++;
29
30         Esum += ss.getE();
31         Msum += ss.getM();
32         Jsum += ss.getJ();
33
34         System.out.println(ss.getN() + '\t' + ss.getE() + '\t' +
35                            ss.getM() + '\t' + ss.getJ() + '\t' +
36                            ss.getAvg());
37       }
38     }
39     catch (EOFException e) {
40       System.out.println("\n已从文件" + filename + "读取" +
41                          counter + "笔学生数据");
42       System.out.println("\n全员英语平均分：" + (Esum/counter));
43       System.out.println("全员数学平均分：" + (Msum/counter));
44       System.out.println("全员Java平均分：" + (Jsum/counter));
45     }
46   }
47 }
```

执行结果

```
要读取的学生成绩存档文件名
→ score
姓名      英语    数学    Java    平均分
-----------------------------------------
赵灵      75      88      84      82.33333333333333
关云      82      86      80      82.66666666666667

已从文件 score 读取 2 笔学生数据

全员英语平均分：78.5
全员数学平均分：87.0
全员Java平均分：82.0
```

◎ 第 15 行声明的 counter 变量是用来记录共读取了几笔学生数据。

◎ 第 16 ~ 18 行声明三个变量，以计算各科所有学生分数的总和，以便算出各科的平均分数。

◎ 第 24 ~ 38 行于 try 的小括号中将 FileInputStream 对象包装成 ObjectInputStream 对象，以进行读取对象数据的操作，并可在 try 语句块结束时自动关闭流。第 27 行以 ObjectInputStream 的 readObject() 方法从流读取对象，成功读出对象后，即在第 28 行将 counter 变量加 1。

◎ 第 30 ~ 36 行使用 Student 类的 getXXX() 方法来获取各科的分数及平均分数。

◎ 第 39 ~ 45 行是 catch 文件结束异常对象的语句块，当 readObject() 方法读到文件结尾时，即在屏幕上输出读到的总笔数、各科的总平均分数。

由于前一个 WriteObject.java 程序设计成可让用户自由输入不定数量的学生数据，所以这个 ReadObject.java 程序是用循环的方式持续读 Student 对象，直到文件结束，因此需以 try...catch 来处理 EOFException 异常对象。

课 后 练 习

※ 选择题可能单选或多选

1. java.io包中的流类可依读写时的数据单位分为______流和______流两种。

2. (　　)下列哪项不是字节流？

　(a) PrintStream　　(b) ObjectInputStream

　(c) DataOutputStream　　(d) InputStreamReader

3. (　　)下列关于 BufferedWriter 类的描述哪个是错误的？

　(a) 此类是字符流　　(b) 此类属于缓冲式写入流

　(c) 此类只能用于写入文件　　(d) 此类提供 newLine() 方法可在写入时换行

4. (　　)当程序要将 int 类型以 4 字节的大小写入文件时,可使用哪一个流及方法?
   (a) 用 DataOutputStream 的 writeInt() 方法
   (b) 用 FileOutputStream 的 write() 方法
   (c) 用 Serializable 类的 writeInt() 方法
   (d) 以上都可以
5. (　　)使用对象输出入流时,以下叙述哪个是正确的?
   (a) 被读写的类需为 Serializable 类的派生类
   (b) 读取之前写入的对象时，只要类名称相同即可正确读取
   (c) 读取对象时，需处理 ClassNotFoundException
   (d) 以上都正确
6. (　　)下列叙述哪个是错误的?
   (a) System.in 不是流对象，所以使用时要先创建 BufferedReader 流对象，才能从键盘获取输入
   (b) System.out 是 PrintStream 类的对象，可用来将数据输出到屏幕上
   (c) System.err 可用来输出错误信息
   (d) 利用操作系统转向的功能可使程序输出到 System.out 的信息转输出到文件中存储
7. (　　)下列关于 InputStream 的描述哪个是正确的?
   (a) InputStream 是接口
   (b) InputStream 是抽象类
   (c) InputStream 是一般的流类
   (d) InputStream 是流类，且提供 readLong() 方法可读取长整数
8. 如果想在读到文件结尾时进行处理，则程序应捕捉____________异常对象。
9. (　　)以下关于缓冲流的描述哪个是正确的?
   (a) 我们可用缓冲流包住其他的流对象，以方便处理
   (b) 缓冲流都是字符流，所以不能用来读取二进制文件
   (c) 用缓冲流写入文件时，执行 flush() 可以避免还有数据未写入文件的状况
   (d) 缓冲流只能用于文件，不能用于键盘，因为计算机已经有键盘缓冲区
10. 指出下列程序有何问题?

```
import java.io.*;

public class Ex_16_10  {

  public static void main(String args[]) {

    System.out.print("请输入一个字：");
    int i = System.in.read();
    System.out.println("您输入的是：" + (char)i);
  }
}
```

程序练习

1. 请试写一个程序，将九九乘法表的内容写入到文件中。
2. 接上题，写个程序可将上述文件的内容读出，并显示在屏幕上。
3. 请试写一个程序，可供用户输入中文字符，然后显示该字的 GBK 码。（提示：可使用 Integer.toHexString() 方法将整数转成十六进制字符串，详见下一章。）
4. 请试写一个程序，可读取用户指定的文件，然后计算文件中 A、B、C、D 等 26 个英文字母各有多少及总数有多少。
5. 接上题，将文件中的英文全部换成大写后写入另一个文件中。
6. 请试写一个复制程序，能将指定文件的内容原封不动地复制成另一个文件。
7. 请试写一个字符串查找程序，可供用户指定要查找的字符串（例如“the”)，及要查找的文件，程序汇总该字符串出现的总次数。
8. 接上题，将程序改成可供用户指定要取代的字符串（例如将“the”换成“this”)，程序就会将文件中的“the”换成“this”。
9. 试写一个程序会以对象的方式将个人通信数据（姓名、电话、E-mail）写入文件中，再另写一个程序可读取此文件并显示通信数据。
10. 请试写一个统一发票对奖程序，可让用户输入当期中奖号码，即可由预存的发票清单中读取发票号码并判断有无中奖及中奖情况。

17

CHAPTER

第 17 章 Java 标准类库

学习目标

- 认识 Java 的标准类库
- 熟悉基本数据类型
- 使用内置的数学运算方法
- 使用 Collections 相关类与接口

前几章介绍了 Java 提供的各种“功能”，如线程、异常处理、文件流类等，这些“功能”都是内置在 Java 标准类库（Standard Class Library）中，或称为 Java API（Application Programming Interfaces，应用程序接口）。只要使用这些现成的类及方法，就可进行复杂的工作，例如用 BufferedReader 以缓冲方式读取文件或键盘输入。

本章主要介绍更多实用的 Java API，方便编写各式各样的 Java 程序。

17.1 什么是 Java 标准类库

Java 语言要发挥功能，必须有个可供 Java 程序执行的 Java Platform（Java 平台）环境。Java Platform 包含两大部分。

◎ JVM

◎ Java API

JVM 提供一个让 Java bytecode 程序执行的环境，而 Java API 则是一套内含相当多类、接口定义的集合，同一 Java 版本所提供的 Java API 种类、数量都相同，所以称为 Java 标准类库（Standard Class Library）。

我们可以从 Java 标准类库找到各式各样的类来使用，让程序发挥不一样的功能。这些类已适当分成多种不同的包，以 Java SE（Standard Edition）为例，其 Java API 提供了如图 17.1 所示的多种包。

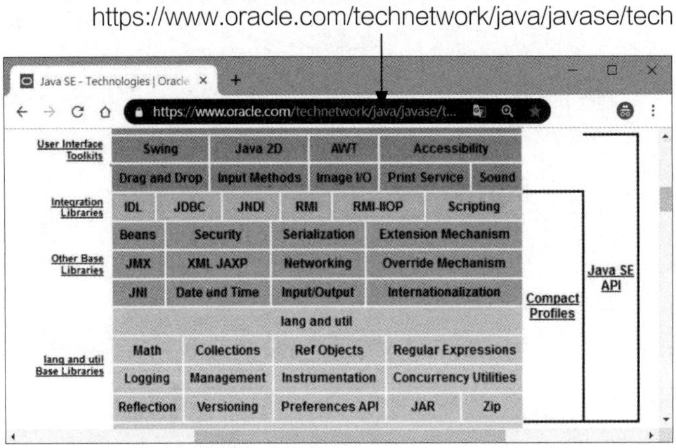

https://www.oracle.com/technetwork/java/javase/tech

图17.1

每个包名称也都暗示了其功能及用途，如前一章介绍的 java.io 包就是有关 Input/Output 的类集合；而图中的 Security 指的是包括 java.security 包在内，与安全性有关的类集合。

在众多的包中，有关图形用户接口及绘图的几个包，例如图 17.1 所示上方的 Swing、Java 2D、AWT 等，会在第 18 章介绍。

由于 Java API 的内容相当多，因此本书只能做重点式的介绍。第 16 章介绍过 java.io 包中的输出入类和接口，本章则要介绍以下两个包中一些实用的类。

◎ java.lang：顾名思义，此包是包含与 Java 语言有关的核心类，例如前几章介绍的字符串、线程及异常类等。而本章要介绍的则是处理数字的 Math 类，以及可用来包装基本数据类型的“基本数据类型”。

◎ java.util：这个包有如 Java 的万用工具箱，提供了开发各种程序都可能会用到的辅助性类，其中有一组相当重要的 Collections(集合)类，这群类包含了可存储、处理多种数据结构的类，对编写应用程序很有帮助，因此本章也将介绍如何使用这些 Collections 类。

查看 Java API 文件

Java API 中还有很多功能强大且实用的类，限于篇幅，我们无法一一介绍，可以直接连上 Oracle 公司的 Java 线上文件网站（https://https://docs.oracle.com/en/java/javase/12/）一探究竟，如图 17.2~ 图 17.4 所示。

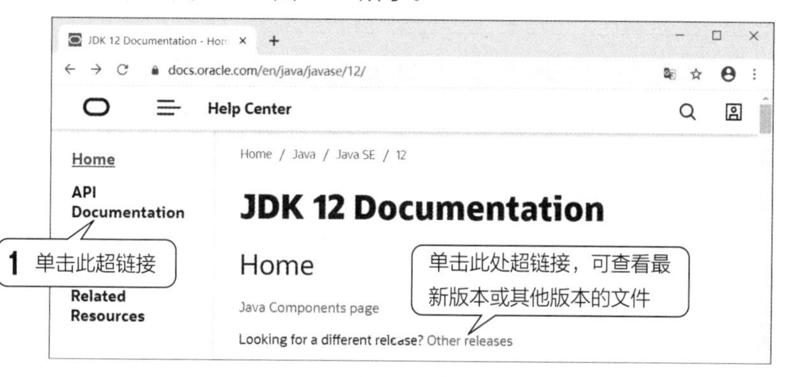

图17.2

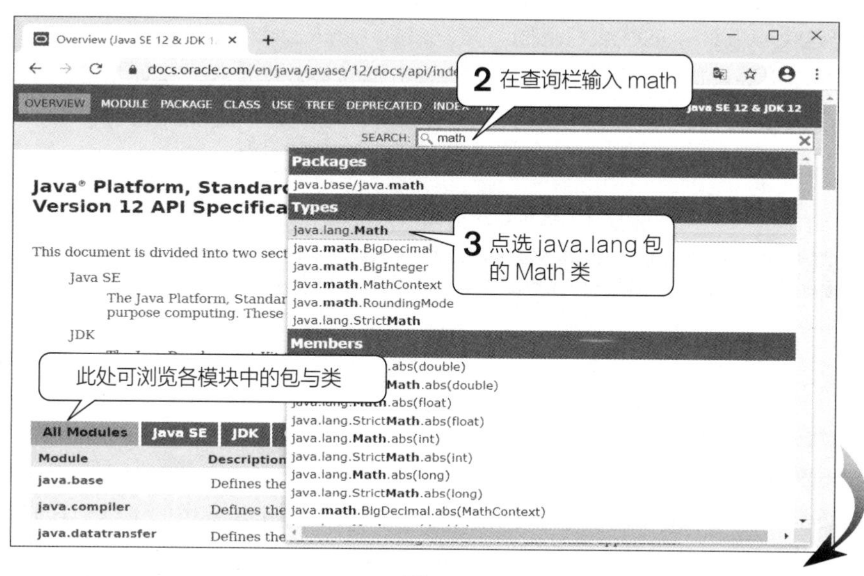

图17.3

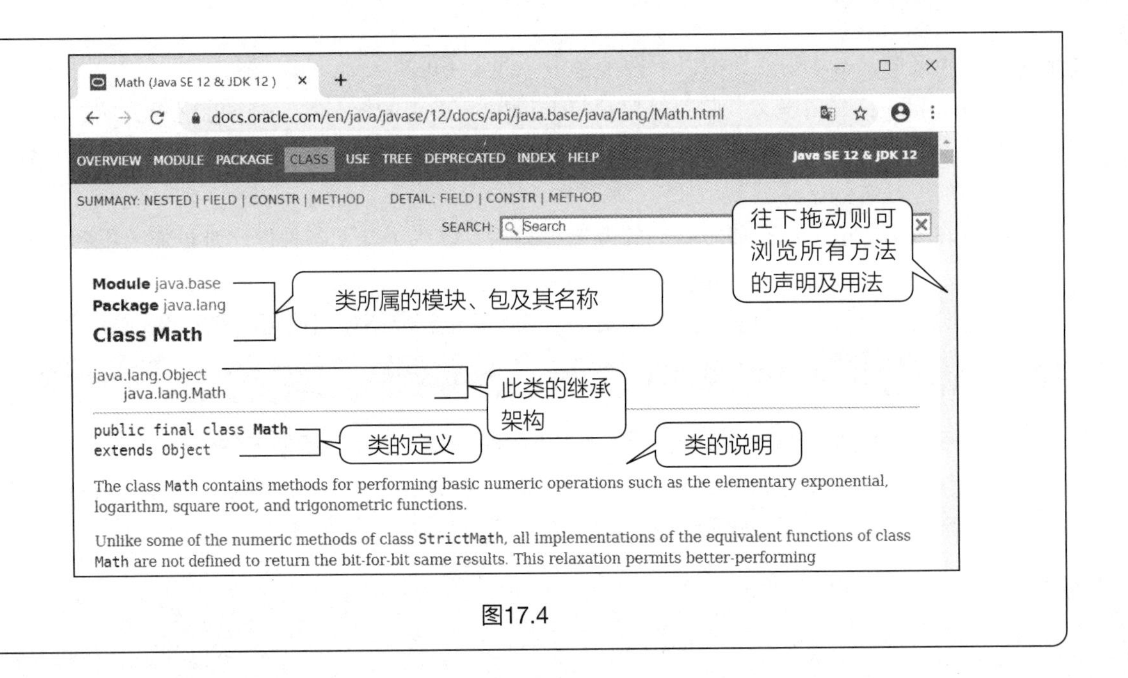

图17.4

17.2 基本数据类型

第 11 章提过，java.lang 有一组特别的类，是用来以对象包装 Java 基本数据类型，所以称之为基本数据类型或包装类（type-wrapper class、wrapper class、object wrapper）。为什么要用对象包装基本类型呢？因为在某些状况下，要处理的虽然是整数、浮点数等数据类型，但要使用的工具却只接受对象，此时就要先将基本数据类型包装成对象再进行处理，17.4 节将要介绍的 Java Collection 就是这类“工具” 的代表性范例。

此外，包装类也提供许多实用的 static 方法，方便转换数据格式，例如从键盘取得输入的字符串，就可调用这些方法将字符串转换成所需的格式（如 Integer.parseInt() 方法）。本节要进一步认识这些包装类，每个基本数据类型都有其对应的包装类，见表 17.1。

表17.1　基本数据类型及其对应的包装类

基本数据类型	包 装 类	基本数据类型	包 装 类
boolean	Boolean	float	Float
byte	Byte	int	Integer
char	Character	long	Long
double	Double	short	Short

除了 Boolean、Character 外，其他几个数据类别都是 Number 抽象类的子类，它们都有提供一组相似的方法（例如常用的 parseInt()、parseDouble() 等）。

基本数据类型有个重要的特性：包装后的对象，其值是无法改变的。另外，基本数据类型都是 final 类，所以也不能从其派生出子类。这样的设计其实是可以理解的，毕竟使用基本数据类型的变量已非常方便，不需多费一道工夫将它们包装成对象来做运算。

以下就来看如何创建包装类的对象，以及反向取出对象中的数据。

17.2.1 创建基本数据类型对象

1. 构造方法与 valueOf( ) 方法

扫一扫，看视频

创建基本数据类型的对象，相当于将基本类型的数据装到对象中。创建的方法很简单，就是直接以变量、字面常量调用类的构造方法，例如，下面是创建的 Boolean 对象。

```
boolean bool1 = true;                          //可用同类型的变量创建对象
Boolean bool2 = new Boolean(bool1);

Boolean mybool = new Boolean("True");          //也可以从字符串创建对象
Boolean whatbool = new Boolean("happy");       //只要字符串不等于 "true"
                                               //(不分大小写), 就是 false
```

关于各类的构造方法如下。

◎ Character 类的构造方法只接受字符类型的参数。

◎ Boolean、Byte、Double、Integer、Long、Short 类的构造方法只接受其对应类型的变量、字面常量或字符串为参数。例如上述的例子中，就用布尔变量和字符串创建 Boolean 类的对象。

◎ Float 除了能用 float 类型和字符串为构造方法的参数，也能直接用 double 类型的变量当参数调用构造方法，不需自行将参数做强制类型转换。

不过由于包装对象的值无法改变，因此可以重复使用在不同的地方（而不用每次都创建一个新对象），也因此 Java 建议尽量不要用构造函数来创建新的包装对象，而应改用更有效率的 valueOf() 方法，它是每个基本数据类型都有的 static 方法，其用法和构造函数类似，但不用加 new。例如：

```
boolean bool1 = true;
Boolean bool2 = Boolean.valueOf(bool1);               //返回 true 对象

Boolean mybool = Boolean.valueOf("True");             //返回 true 对象
Boolean whatbool = Boolean.valueOf("happy");          //返回 false 对象(详见前面程序)
```

以上程序由 valueOf() 返回给 bool2 和 mybool 的会是同一个 true 对象，因为 valueOf() 会重复使用相同的对象，以提高执行及存储效率。

另外请注意，无论是构造方法还是 valueOf() 方法，其参数都必须是该类型或类别的数据才行，例如 5 会被视为整数，因此执行 Short.valueOf(5) 会发生错误，而必须改成 Short.valueOf((short)5)。

2. 取得对象的值

将基本数据类型包装成对象后，可通过类所提供的多种方法将其值取出。这些类至少都提供一种 xxxValue() 方法可返回对象的值，其中 xxx 为基本数据类型的名称，例如 Boolean 对象可使用 booleanValue()、Character 对象可使用 charValue()。

至于各 Number 类的子类就较具弹性，它们的对象可调用下列任一个返回数值类型的方法（因为这些方法都是继承自 Number 抽象类）。

```
byte byteValue()              //以 byte 类型返回数值
double doubleValue()          //以 double 类型返回数值
float floatValue()            //以 float 类型返回数值
int intValue()                //以 int 类型返回数值
long longValue()              //以 long 类型返回数值
short shortValue()            //以 short 类型返回数值
```

使用上述方法时要注意，对范围较大的对象（例如 Double），取其较小范围的基本数据类型（例如 byte）就可能发生无法表示的情形，请参考以下范例。

程序 WrapperTest.java 创建基本数据类型对象

```
01 public class WrapperTest {
02
03   public static void main(String args[]) {
04
05     System.out.println("数值型基本数据类型示范");
06
07     Integer myint = new Integer(123456789);         //创建 Integer 对象
08     Double mydbl = new Double(5.376543e200);        //创建 Double 对象
09
10    System.out.println("\n以下是取 Integer 对象数值的结果：");
11    showall(myint);
12
13    System.out.println("\n以下是取 Double 对象数值的结果：");
14    showall(mydbl);
15   }
16
17   public static void showall(Number o) {            //此方法专门用来显示
18                                                      //调用各取值方法的结果
19     System.out.println("调用 byteValue(): " + o.byteValue());
20     System.out.println("调用 doubleValue(): " + o.doubleValue());
```

```
21      System.out.println("调用 floatValue(): " + o.floatValue());
22      System.out.println("调用 intValue(): " + o.intValue());
23      System.out.println("调用 longValue(): " + o.longValue());
24      System.out.println("调用 shortValue(): " + o.shortValue());
25    }
26 }
```

执行结果

```
以下是取 Integer 对象数值的结果。
调用 byteValue(): 21
调用 doubleValue(): 1.23456789E8
调用 floatValue(): 1.23456792E8
调用 intValue(): 123456789
调用 longValue(): 123456789
调用 shortValue(): -13035

以下是取 Double 对象数值的结果。
调用 byteValue(): -1
调用 doubleValue(): 5.376543E200
调用 floatValue(): Infinity
调用 intValue(): 2147483647
调用 longValue(): 9223372036854775807
调用 shortValue(): -1
```

◎ 第 7、8 行分别创建 Integer、Double 类对象。

◎ 第 11、14 行分别以基本数据类型的对象为参数，调用自定义的 showall() 方法进行示范。

◎ 第 17 ~ 25 行的 showall() 方法，只是单纯地调用各种 xxxValue() 方法并输出结果。此方法的参数为 Number 类的对象，所以可用 Integer、Double 类的对象为参数调用之。

如执行结果所示，当对象的数值超出返回值所能表示的范围时，会出现不可预期的结果。例如上例中的 123456789 转成 byte 和 short 时分别变成 21、-13035，而转成 float 类型时，也产生一点误差变成 1.23456792E8 （相当于 123456792）。至于倒数第 4 个输出的 Infinity，则是 Java 特别定义的常量，代表无限大的意思（因为 5.376543E200 远超过 float 可表示的范围），以下就来认识基本数据类型中所定义的常量值。

3. 基本数据类型的常量

除了 Boolean 类外，其他几个基本数据类型都有定义至少 3 个 static 变量，用以表示一些常量值。其中，基本的就是表示各数据类型的最大值、最小值（数值范围）以及 SIZE（所占的 byte 数），见表 17.2。

表17.2 基本数据类型的最大值、最小值和SIZE

类别＼变量名	MAX_VALUE	MIN_VALUE	SIZE
Byte	127	-128	8
Character	65535	0	16
Short	32767	-32768	16
Integer	2147483647	-2147483648	32
Long	9223372036854775807L	-9223372036854775808L	64
Float	3.4028234663852886E38f	1.401298464324817E-45f	32
Double	1.7976931348623157E308	4.9E-324	64

注：除了 SIZE 均为 int 类型外，其他 static 变量的类型都是该类所对应的基本数据类型，例如 Long.MAX_VALUE 的类型就是 long。

除此之外，浮点数的 Float、Double 类分别还有 3 个代表极限值及非数值（Not-a-Number，NaN）等特殊值的 static 变量，Float 和 Double 部分特殊值的 static 变量见表 17.3。

表17.3 Float和Double部分特殊值的static变量

类别＼变量名	NaN	NEGATIVE_INFINITY（负无限大）	POSITIVE_INFINITY（正无限大）
Float	0f/0f	-1f/0f	1f/0f
Double	0d/0d	-1d/0d	1d/0d

17.2.2 基本数据类型与字符串

扫一扫，看视频

认识基本数据类型对象的创建及取值方式后，下面再多介绍一些与字符串相关的方法，这些方法分为以下类型。

◎ 从字符串创建类对象：前面介绍的构造方法及 valueOf() 方法都可将字符串转成数值型的对象，但构造方法的字符串只能用十进制表示，而 valucOf() 方法还可接受以不同数字系统表示的字符串。

◎ 将类对象转成字符串：各数据类型对象都可调用特定方法将其值转成字符串表示。

◎ 将数据类型转成字符串：这类是各类提供的 static 方法可用来将各基本数据类型转成字符串表示。

◎ 将字符串转成基本数据类型：同样是 static 方法，而且我们已用过多次，每次由键盘取得输入时用的 Integer.parseInt()、Double.parseDouble() 就属此类。

1. 从字符串创建类对象

除了 Character 类外，各基本数据类型的 valueOf() 方法都可传入适当格式的字符串来调用，即可返回该类的对象。例如：

```
public static Boolean valueOf(String s);          //返回 Boolean 对象
public static Double valueOf(String s);           //返回 Double 对象
public static Float valueOf(String s);            //返回 Float 对象
```

整数型类除了有类似上述的 valueOf() 方法，还有一个重载方法可指定此字符串所采用的数字系统。

```
public static Integer valueOf(String s, int radix);
                                        //s 为代表数字的字符串
                                        //radix 为代表进制方式的数值
```

以上仅列出 Integer 类的 valueOf() 方法，其他 Byte、Short、Long 也都有这个方法可用。请参考下面的程序。

程序 StringValue.java 将字符串转换成基本数据类型对象

```
01 public class StringValue {
02
03   public static void main(String args[]) {
04
05     System.out.println("示范 valueOf() 的效果");
06
07     String str16 = "A035FC4";         //十六进制表示
08     String str08 = "1357246";         //八进制表示
09     String str07 = "-162534";         //七进制表示
10     String str02 = "1101101";         //二进制表示
11
12     System.out.println(str16 + ": " + Long.valueOf(str16,16));
13     System.out.println(str08 + ": " + Integer.valueOf(str08,8));
14     System.out.println(str07 + ": " + Short.valueOf(str07,7));
15     System.out.println(str02 + ": " + Byte.valueOf(str02,2));
16   }
17 }
```

执行结果

```
示范 valueOf() 的效果
A035FC4: 167993284
1357246: 384678
-162534: -32169
1101101: 109
```

◎ 第 7 ~ 10 行声明 4 个以不同数字系统表示的字符串。

◎ 第 12 ~ 15 行分别调用各整数型类的 valueOf() 将字符串转换成数字对象，并输出结果。

使用 valueOf() 时要特别注意：如果字符串内容不符合数

字格式或者数字超出对象可表示的范围（例如在上面的程序中将 str16 转成 Byte 对象），就会引发 NumberFormatException 异常。

2. 将类对象、数据类型转成字符串

在第 11 章已提过所有基本数据类型都有实现各自的 toString() 方法，可将对象转换成字符串表示，所以我们能在 print()、println() 中直接将其输出或者转成字符串来处理。

除了将对象转成字符串外，各数值型的类也都提供静态的 toString（xxx），可将基本类型的 xxx 数据转换成字符串，例如 Boolean.toString（true）会返回“true”。

但各类的 toString() 都只能将数值转成十进制的字符串表示，若想转成二进制、八进制、十六进制甚至于其他数字系统等方式来表示，则可使用只有 Integer、Long 类才提供的下列方法。

```
static String toBinaryString(int i)         //转成以二进制表示的字符串
static String toHexString(int i)            //转成以十六进制表示的字符串
static String toOctalString(int i)          //转成以八进制表示的字符串
static String toString(int i, int radix)    //转成以 i 进制表示的字符串
```

此处所列为 Integer 类的方法，Long 类的同名方法其参数类型为 long。请看下面这个范例。

程序 RadixString.java 将数值转成各种进制表示的字符串

```
01 public class RadixString {
02
03   public static void main(String args[]) {
04
05     System.out.println("示范 toXXXString() 方法");
06
07     int i = 496;
08     long l = 4388073616521L;
09
10     System.out.println (l+"转十六进制: "+Long.toHexString(l));
11     System.out.println (l+"转八进制: "+Long.toOctalString(l));
12     System.out.println (i+"转四进制: "+Integer.toString(i,4));
13     System.out.println (i+"转二进制: "+Integer.toBinaryString(i));
14   }
15 }
```

执行结果

```
示范 toXXXString() 方法
4388073616521 转十六进制: 3fdad91b489
4388073616521 转八进制: 77665544332211
496 转 四进制: 13300
496 转 二进制: 111110000
```

◎ 第 7、8 行分别声明 int、long 类型的变量，以供程序转成字符串。

◎ 第 10 ~ 13 行分别调用各自的 toXxx-String() 方法将数值转换成字符串，并输出结果。

3. 将字符串转成基本数据类型

基本数据类型也提供多个方法，可将字符串转成基本数据类型。其中有一类方法，就是用来将字符串转成基本数据类型的 Integer.parseInt()、Double.parseDouble() 等。这些我们都已用过多次，就不再过多介绍。

比较特别的是，整数型的类所提供的 parseXxx() 也有另一种形式，可加上待转换字符串是用哪一种数字系统的参数，这样就能将不同进制表示的字符串转成基本数据类型。

```
byte parseByte (String s, int radix);
short parseShort (String s, int radix);
int parseInt (String s, int radix);
long parseLong (String s, int radix);
```

范例如下。

程序 ConvertString.java 将数值转成各种进制表示的字符串

```
01 import java.io.*;
02
03 public class ConvertString {
04
05   public static void main(String args[]) throws IOException {
06
07     System.out.println("本程序会将各种进制的数字转成十进制显示");
08
09     BufferedReader br =
10       new BufferedReader(new InputStreamReader(System.in));
11
12     while (true) {
13       System.out.println("\n您要输入的数字是什么进制 (例如" +
14                          "八进制就输入 8, 输入 0 则结束程序) ");
15       System.out.print("->");
16       String str = br.readLine();
17
18       try {      //将所有字符串转成数字的语句都放在 try 语句块中
19         int radix = Integer.parseInt(str);  //取得进制数字
20
21         if (radix==0) break;                 //输入 0 就跳出循环
22
23         System.out.print("请输入" + radix + "进制的数字:");
24         str = br.readLine();
25
26         long num = Long.parseLong(str,radix);      //将字符串转成长整数
```

```
27          System.out.println(radix + "进制的" + str +
28                             "转成十进制表示:" + num);
29        }
30        catch (NumberFormatException e) {          //转换时的字符串格式不正确
31                                                    //或转出来的数字超出 long
32                                                    //范围就会引发此异常
33          System.out.println("输入格式错误或数值太大!");
34        }
35      }
36    }
37  }
```

执行结果

```
本程序会将各种进制的数字转成十进制显示

您要输入的数字是什么进制 (八进制就输入 8, 输入 0 结束程序)
->9
请输入九进制的数字: 13579    ◀— 九进制数字不会出现 9 (因为要进位成 10)
输入格式错误或数值太大!

您要输入的数字是什么进制 (八进制就输入 8, 输入 0 结束程序)
->5
请输入五进制的数字: 3124
5 进制的 3124 转成十进制表示: 414

您要输入的数字是什么进制 (八进制就输入 8, 输入 0 结束程序)
->0
```

◎ 第 12 ~ 35 行在循环中不断请用户输入数字并进行转换。

◎ 第 18 ~ 29 行的 try 是预防第 19、27 行转换数字时发生格式错误的异常。

◎ 第 21 行用 if 判断用户是否输入 0，是就跳出循环，结束程序。

◎ 第 30 ~ 34 行的 catch 语句块会捕捉 NumberFormatException 异常，并输出一段信息。catch 语句块结束后，仍会重新执行循环。

Character 类也有一个类似的方法，可将字符转成数字。

```
static int digit(char ch, int radix)
```

例如，Character.digit('A', 16) 会返回 10 （在十六进制中，A 代表十进制的 10）。但 digit() 方法并不会在第一个参数超出范围时抛出异常，而是会返回 –1，例如 Character.digit('A', 8) 就会返回 –1。

另外，还有个类似的方法。

```
public static int getNumericValue(char ch) //返回字符代表的数字
```

这个方法是将英文字母接续在数字 0 ~ 9 后面排列（不分大小写），例如：

```
Character.getNumericValue('A')          //会返回 10
Character.getNumericValue('k')          //会返回 20
```

除了英文字母外，Unicode 中定义的罗马数字也会返回代表的数值，例如：

```
Character.getNumericValue('\u2168')     //'\u2168' 是罗马数字 Ⅸ
                                        //因此会返回 9
```

17.2.3 基本数据类型的其他方法

扫一扫，看视频

除了上述各种转换方法外，基本数据类型也提供一些简单实用的“工具” 方法，可让我们对对象的值做其他处理。

1. 字符的判断与转换方法

前面介绍的多种方法中，Character 类大多并未提供，是因为单一字符与数字 / 字符串间的转换并不常见。但 Character 类其实提供了很多 static 方法，可做字符的判断和转换。例如一些判断字符的方法，即判断字符是不是属于某一种类，具体如下：

```
isDigit(char ch)                    //是否为数字
isJavaIdentifierPart(char ch)       //是否可当 Java 识别字
isJavaIdentifierStart(char ch)      //是否可当识别字的首字
isLetter(char ch)                   //是否为文字字符
isLetterOrDigit(char ch)            //是否为数字或文字字符
isLowerCase(char ch)                //是否为小写字母
isUpperCase(char ch)                //是否为大写字母
isWhitespace(char ch)               //是否为空白字符
```

这些方法的返回值都是 boolean 类型：是该类字符就返回“true”、不是就返回“false”。关于空格符要说明一下，但凡空格、'\t'、'\n'、'\r'、'f'（换页）、全角空格等都算是空白字符。

范例如下。

程序 CountChars.java 计算字符串中的各种字符数

```
01 import java.io.*;
02
03 public class CountChars {
04
```

```
05   public static void main(String args[]) throws IOException {
06
07     System.out.print("请输入一个句子");
08
09     BufferedReader br =
10             new BufferedReader(new InputStreamReader(System.in));
11     System.out.print("→");
12     String str = br.readLine();
13     int lt=0,di=0,sp=0;                    //声明用来计算各类字符数量的变量
14
15     for(int i=0;i<str.length();i++) {
16       char ch = str.charAt(i);
17       if (Character.isLetter(ch))          //判断是否为文字
18         lt++;
19       else if (Character.isDigit(ch))      //判断是否为数字
20         di++;
21       else if (Character.isWhitespace(ch)) //判断是否为空白
22         sp++;
23     }
24     System.out.println("这个句子中，共有 " + lt + " 个文字、 " +
25                        di + " 个数字、 " + sp + " 个空白字符");
26   }
27 }
```

执行结果

```
                                  此处是按两次 Tab 键
请输入一个句子→你几岁？            I am 15 years old.
这个句子中，共有 14 个文字、 2 个数字、 6 个空白字符
```

由执行结果可发现：

◎ 不论中英文，每个字（母）都视为一个字符。

◎ 即使按了多下 Tab 键产生很宽的空白，每个 Tab 键仍只计为 1 个空白符，所以程序会计算为“6 个空白字符”。

◎ 程序并未计算标点符号，所以输入的标点符号都会被忽略。

转换字符的方法如下。

```
toLowerCase(char ch)                     //将字符转成小写
toUpperCase(char ch)                     //将字符转成大写
```

这两个方法都会返回转换后的字符，如果参数 ch 不是用大小写区分的字符，就返回原来的字符。因此像下列语句也不保证会返回 true。

```
Character.isUpperCase(Character.toUpperCase(ch))
            //返回的可能不是文字字符，所以判断结果可能是 false
```

2. 比较相等或大小的方法

要比较基本数据类型的对象，若只是看两者是否相等，可使用第 11 章介绍的继承自 java.lang.Object 的 equals()；若要比较谁大谁小，可使用除了 Boolean 类以外都有提供的 compareTo()。

```
public int compareTo(相同类 obj);      //若两对象相同即返回 0
                                       //若比obj对象大即返回正值
                                       //若比obj对象小即返回负值
```

各类的 compareTo() 都只能比较同类（或类型）的对象，若参数是不同类（或类型），则会引发 ClassCastException 异常。例如 Integer.valueOf(5).compareTo(8) 会返回 –1 （因 5 比 8 小），而 Integer.valueOf(5).compareTo(8.1) 则会发生错误，因为 8.1 无法自动转换为 Integer。

TIP 注意，== 用来比较是否为同一个对象，而 equals() 用来比较对象的内容（内含值）是否相等。此外，当包装对象与基本类型数据进行 == 比较时，包装对象会先转换成基本类型的数据，因此会针对其内含值做比较，而非比较是否为同一对象。

17.3 Math 类

在 java.lang 包中的 Math 类提供了一组方便进行各种数学运算的方法。另外，还定义了两个 static 常量，即：

```
public static final double E          //自然对数值，其值为 2.718281828459045d
public static final double PI         //圆周率，其值为 3.141592653589793d
```

在程序中可直接用这两个常量进行相关计算，下面就来分类介绍 Math 类中的各种方法，在部分范例中就会用到上述两个 Math 常量。

17.3.1 求最大值与最小值

首先要介绍的一组方法是比较两个数字，并返回其中的最大值（max() 方法）或最小值（min() 方法）。虽然像这样的运算也能用简单的 if...else 语句或比较运算符（?:）来做；但在写程序时，使用 Math 提供的方法仍不失为一种简单明了（易读）的方案。这两个方法各有下列 4 种，以用于不同的参数类型。

扫一扫，看视频

```
static   double max(double a, double b)    //返回 a、b 中的较大者
static   float max(float a, float b)
```

```
static   int max(int a, int b)
static   long max(long a, long b)

static   double min(double a, double b)    //返回 a、b 中的较小者
static   float min(float a, float b)
static   int min(int a, int b)
static   long min(long a, long b)
```

程序 MinMax.java 求最大值和最小值

```
01 public class MinMax {
02
03   public static void main(String args[]) {
04
05     System.out.println("Math.min()、Math.max() 示范");
06     int i=100;    double a = 0.082;
07     int j=37;     double b = 331.39;
08     int k=399;    double c = 3.14;
09
10     System.out.println("整数组最大的数字是：" +
11                          Math.max(Math.max(i,j), k));
12     System.out.println("浮点数组最小的数字是：" +
13                          Math.min(Math.min(a,b), c));
14   }
15 }
```

执行结果

```
Math.min()、Math.max() 示范
整数组最大的数字是：399
浮点数组最小的数字是：0.082
```

第 11、13 行分别调用 Math 类的 max()、min() 方法以取得最大及最小的数值。

17.3.2 求绝对值与近似值

Math 类提供有关求绝对值与近似值的 static 方法如下。

扫一扫，看视频

```
static double abs(double a)   //返回数值 a 的绝对值
static float abs(float a)
static int abs(int a)
static long abs(long a)

static double ceil(double a)  //返回大于变量 a，且最接近 a 的整数
static double floor(double a) //返回小于变量 a，且最接近 a 的整数
static double rint(double a)  //返回最接近变量 a 的整数
                              //这三个方法返回的整数仍是 double 类型
```

```
static long round(double a)    //将 a 做 4 舍 5 入后的值，以 long 类型返回
static int round(float a)      //将 a 做 4 舍 5 入后的值，以 int 类型返回
```

其中 ceil 是天花板的意思，所以 ceil() 返回的是大于或等于参数值的最小整数；而 floor 则是地板，所以 floor() 会返回小于或等于参数值的最大整数。至于 rint()、round() 的计算方式虽然不太相同，但多数情况下其计算结果都相同，只是返回值的类型不同，范例如下。

程序 FloorCeil.java 示范 Math 类求近似值方法的效果

```
01 import java.io.*;
02 
03 public class FloorCeil {
04 
05   public static void main(String args[]) throws IOException {
06 
07     System.out.print("示范 Math 类求近似值方法的程序，");
08     System.out.print("请输入一个数值：");
09 
10     BufferedReader br =
11       new BufferedReader(new InputStreamReader(System.in));
12     String str = br.readLine();
13     double test = Double.parseDouble(str);          //取得数值
14 
15     //依次调用各近似值方法并输出结果
16     System.out.println("floor(" + test + ") = " + Math.floor(test));
17     System.out.println("ceil(" + test + ") = " + Math.ceil(test));
18     System.out.println("rint(" + test + ") = " + Math.rint(test));
19 
20     System.out.println("long round(" + test + ") = " +
21                        Math.round(test));
22     System.out.println("int round(" + (float)test + ") = " +
23                        Math.round((float)test));
24   }
25 }
```

执行结果 1

```
示范 Math 类求近似值方法的程序，请输入一个数值：4.51
floor(4.51) = 4.0
 ceil(4.51) = 5.0
 rint(4.51) = 5.0
long round(4.51) = 5
 int round(4.51) = 5
```

执行结果 2

```
示范 Math 类求近似值方法的程序, 请输入一个数值: -1.49999
floor(-1.49999) = -2.0
 ceil(-1.49999) = -1.0
 rint(-1.49999) = -1.0
long round(-1.49999) = -1
 int round(-1.49999) = -1
```

在此要补充说明上述方法的一些特别状况。

◎ 调用 Math.ceil() 时的参数值若小于 0 且大于 –1，则返回值会是 –0.0。

◎ 调用 Math.round() 时的参数值若小于 Integer.MIN_VALUE，则返回值为 Integer.MIN_VALUE；若大于 Integer.MAX_VALUE，返回值会是 Integer.MAX_VALUE。

◎ 同理，调用 Math.round() 时的参数若小于 Long.MIN_VALUE 或大于 Long.MAX_VALUE，则分别返回 Long.MIN_VALUE 或 Long.MAX_VALUE。

17.3.3 基本数学计算

扫一扫，看视频

下面是 Math 类中常用的几个数学计算方法。

```
static double exp(double a)                //返回自然对数 e 的 a 次方值
static double log(double a)                //返回以 e 为底, a 的对数值
static double log10(double a)              //返回以 10 为基底, a 的对数值
static double pow(double a, double b)      //返回 a 的 b 次方值
static double sqrt(double a)               //返回 a 的开根号值
static double cbrt(double a)               //返回 a 的立方根
```

pow()、sqrt()、cbrt() 的用法都很简单，应不必再加说明。至于 exp()、log() 虽然一般人不太会用到，但在数学、物理、金融、财务等各种领域都会看到使用自然对数的计算式。

下面是一个使用 pow() 来计算定期存款本利和的范例。

程序 FutureValue.java 利用 pow() 计算定存的本利和

```
01 import java.io.*;
02
03 public class FutureValue {
04
05   public static void main(String args[]) throws IOException {
06
07     System.out.println("计算长期储蓄的本利和");
08
09     BufferedReader br =
```

```
10          new BufferedReader(new InputStreamReader(System.in));
11
12        System.out.print("请输入定存利息 (%): ");
13        String str = br.readLine();
14        float rate = Float.parseFloat(str);        //取得利息
15
16        System.out.print("要存几年? : ");
17        str = br.readLine();
18        int year = Integer.parseInt(str);         //取得年数
19
20        final int pv = 1_000_000;                  //本金定为一百万元
21        System.out.println("\n"+ pv + " 元以利率 " + rate  +
22                           " % 存 " +year + "年");
23        System.out.printf("以复利计算, 到期时的本利和为 %.1f元",
24                           pv * Math.pow(1+rate/100, year));
25    }
26 }
```

执行结果

```
计算长期储蓄的本利和
请输入定存利息 (%): 2
要存几年? : 20

1000000 元以利率 2.0% 存 20 年以复利计算, 到期时的本利和为 1485946.8 元
```

◎ 第 7 ~ 18 行分别取得利率及存款年数。

◎ 第 24 行用 Math.pow() 来计算复利的本利和，然后用格式化输出方式，以 printf() 及“%.1f”（只显示小数后 1 位）的方式输出。

17.3.4　三角函数

扫一扫，看视频

Math 类提供了下列三角函数、反三角函数的方法。

```
static double sin(double a)          //返回正弦函数值
static double cos(double a)          //返回余弦函数值
static double tan(double a)          //返回正切函数值

static double asin(double a)         //返回反正弦函数值
static double acos(double a)         //返回反余弦函数值
static double atan(double a)         //返回反正切函数值
```

相关用法的说明如下。

◎ 只要以角度值为参数调用三角函数方法，就会返回对应的三角函数值。传入的参数需以“弧度”为单位，也就是以 π（=180°）为角度的单位。

◎ 只要以三角函数值为参数调用反三角函数方法，就会返回对应的反三角函数值，也就是该三角函数值所对应的角度。返回的角度同样是以“弧度”为单位。

TIP sin、cos 函数的值域为 -1～1，所以调用反三角函数 asin()、acos() 时的参数值也必须在此范围内，否则会返回 NaN 的结果。

为方便进行角度和弧度的转换，Math 类也提供两个转换用的方法。

```
static double toDegrees(double angrad)      //将弧度 angrad 转换为角度
static double toRadians(double angdeg)      //将角度 angdeg 转换为弧度
```

所以若你习惯使用角度，可在调用三角函数前先用 toRadians() 将角度转换成弧度；也可在调用反三角函数后用 toDegrees() 将结果转成角度。

由于在计算机中只能以浮点数来表示 π 的“近似值”（像是前面提到的 Math.PI 为 3.141592653589793d），再加上很多情况下，浮点数也只能表示指定数值的“近似值”，所以做这类三角函数计算时有可能会出现误差。

例如，分别用常量 Math.PI 及 Math.toRadians() 取得所需的弧度值，并用以调用 Math.sin() 计算正弦函数值，最后将结果以不同有效位数显示，比较其间差异。

程序 Trigonometric.java 测试 Java 三角函数计算

```
01 public class Trigonometric {
02
03   public static void main(String args[]) {
04
05     System.out.println("角度\tsin()(取5位)\tsin()(取17位)");
06
07     for(int i=1;i<=3;i++)                //计算 30°、60°、90° 的 SIN 函数值
08       System.out.printf("%3d\t%+.5f\t%2$+.17f\n",
09                         30*i, Math.sin(i*Math.PI/6));
10
11     for(int i=4;i<=6;i++)                //计算 120°、150°、180° 的 SIN 函数值
12       System.out.printf("%3d\t%+.5f\t%2$+.17f\n",
13                         30*i, Math.sin(Math.toRadians(30*i)));
14   }
15 }
```

执行结果

```
角度       sin()(取5位)      sin()(取17位)
 30°      +0.50000          +0.49999999999999994
 60°      +0.86603          +0.86602540378443860
 90°      +1.00000          +1.00000000000000000
120°      +0.86603          +0.86602540378443870
150°      +0.50000          +0.49999999999999994
180°      +0.00000          +0.00000000000000012
```

◎ 第 7 ~ 9 行以循环的方式，用 Math.PI 计算并输出 30° 、60° 、90° 的正弦函数值。

◎ 第 11 ~ 13 行则改用 Math.toRadians() 取得弧度后，再计算 120° ~ 180° 的正弦函数值。在绝大部分情况下，使用两种方法所得的结果都是相同的。

◎ 第 8、12 行都使用相同的格式化字符串方式，其中“%+.5f” 表示以含正负号、取小数点后 5 位的方式显示；“%2$+.17f” 中的 2$ 表示要使用格式化字符串后所列的“第二个”参数值，此次显示至小数点后 17 位。

先检查一下计算结果的正确性，sin 函数在以下几个角度都是特别的值（见图 17.5）。

◎ 90° （π/2) 的奇数倍时为 ±1：范例程序不管取到小数点后几位，计算结果都正确。

◎ 180° （π）的整数倍时为 0：范例程序显示到小数点后 17 位时，变成只是“接近 0” 的值。

◎ 30° 、150° 都是 +0.5：同样是显示到小数点后 17 位时即出现误差。

1
(90°)
0
(180°)
0
(0/360°)
(270°)
–1

图17.5

17.3.5 产生随机数方法

所谓随机数，就是一个随机产生的数字，就像请大家随便想一个数字写下来，每次想的都可能不同、各数字彼此间也没什么关联性，就叫随机数。

扫一扫，看视频

在编写某些应用程序时就经常需要用到随机数，例如射击游戏中的射击目标每次出现的位置、行动方向都要有变化，这时就需利用生成随机数方法来产生一个随机数字，以决定射击目标的出现位置、行动方向等性质。

Math 类的 random() 可随机返回大于等于 0、小于 1 之间的双精度浮点数，让程序取得需要的随机数。

TIP 其实计算机并不像人脑，可以随便乱想一个数字出来，所以 random() 是用特定的算法产生不规则的数字，并非真的随机数，因此也称之为“虚拟” 随机数 (pseudo random number)。

利用随机数方法来产生随机乐透号码的范例如下。

程序 RandomLotto.java 乐透计算机选号

```
01 import java.io.*
02
03 public class RandomLotto {
04   public static void main(String args[]) {
05
06     System.out.println("乐透计算机选号——自动产生5组号码");
07     System.out.println("未满18岁不得购买及兑换彩券！");
08
09     int[] lotto= new int[49];           //创建乐透号码数组
10     for(int i=1;i<=5;i++) {             //产生 5 组号码的循环
11       System.out.printf("%d)",i);       //显示开头编号
12       for (int j=0;j<49;j++)            //将数组元素值设为 1～49
13         lotto[j]=j+1;
14
15       int count=0;                      //用来记录已产生几个号码
16       do {
17         int guess = (int)(Math.random()*49);
18
19         if(lotto[guess]==0)             //若号码所指的元素值为 0，表示此数字已
20           continue;                     //出现过，就重新执行循环，产生另一随机数
21         else {
22           System.out.print(lotto[guess]+"\t");
23           lotto[guess]=0;               //将号码所指的元素值设为 0，以免重复用到
24           count++;
25         }
26       } while (count<6);                //输出 6 个号码才停止
27
28       System.out.print('\n');           //每产生一组号码就换行
29     }
30   }
31 }
```

执行结果

```
乐透计算机选号——自动产生5组号码
未满18岁不得购买及兑换彩券!
1) 19   13   7    42   46   6
2) 27   26   20   36   9    14
3) 33   39   22   15   3    45
4) 12   28   16   30   27   31
5) 9    43   2    38   27   1
```

◎ 第 9 行声明一个整数数组，在第 11、12 行再用循环填入数值 1 ~ 49。

◎ 第 10 ~ 29 行的循环就是在产生 5 组号码。

◎ 第 16 ~ 26 行的 do...while 循环进行产生 6 个随机数字的动作。因为程序可能产生重复的号码，但这是不允许的，所以不确定循环会执行几次，故以 do...while 循环来执行。

◎ 第 17 行调用 Math.random() 再乘 49 以产生 0 ~ 48 间的随机数。

◎ 第 19 ~ 25 行的 if...else 用来判断产生的数字是否重复。每产生一个新随机数时，就取出对应的 lotto[] 数组元素值，并将该元素值设为 0，下次若又产生同一数字时，就会发现该元素值为 0，因此就会执行第 20 行的 continue 语句，重新执行循环产生另一个随机数。

◎ 第 24 行表示每产生一个数字，就将 count 加 1；当第 26 行的 while 检查到 count 不小于 6，表示已产生 6 个数字了，就不再执行循环。

17.4 Java Collections

在编写程序时，经常需要处理一群同性质数据的集合，因此 Java API 特别在 java.util 包中提供了一组接口和类，让我们可创建这类数据集合的对象，这类对象就称为 Collection（集合对象）。为了使这些集合类有一致性，Java 特别将 Collection 相关接口设计成一个完整的 Collections Framework 框架。

17.4.1 Collections Framework 简介

当程序需要处理集合式的数据时，例如要处理学生数据库，就可利用 Collections Framework 中的集合类来创建代表学生数据的集合对象，接着即可利用集合类提供的现成方法来处理集合对象中的每一笔数据。

Collections Framework 的核心就是各集合的相关接口，这些接口分成如图 17.6 所示的 2 个体系。

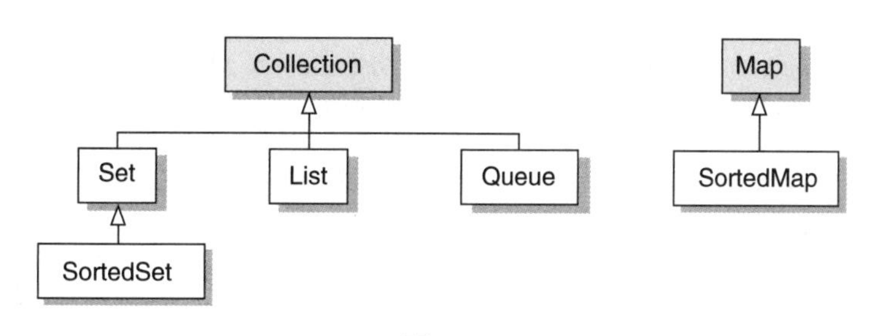

图17.6

◎ Collection 接口：最上层的 Collection 接口具有相当的弹性，它可代表任何对象集合，这些对象可以是有序或无序、有重复或没有重复的。此接口定义了基本的集合操作方法，像

是新增 / 移除集合中的元素、将另一个集合新增进来或移除、将集合对象转成数组等。

◎ Set 及 SortedSet 接口：Set 代表的是没有重复元素的集合，和 Collection 接口一样，Set 接口也提供基本的元素新增 / 移除等方法。SortedSet 接口则表示集合中的元素会自动排序，因此 SortedSet 接口也多定义了几个与次序相关的方法，例如可返回最前面或最后面元素的方法。

◎ List 接口：List 代表有序但元素可能有重复的集合。List 的元素类似于数组元素的索引码，因此可通过 List 接口的方法快速访问指定索引的元素或某索引范围内的元素。

◎ Queue 接口：和 List 有点类似，也是有序及可重复的集合，而其特色则是着重于队列式的访问，也就是加入元素时会加到最后面，而取出元素时则由最前面取出。这就是所谓的先进先出（First In First Out）访问方式，也就是最先加入的元素会最先被取出。

◎ Map 及 SortedMap 接口：Map 是一个有“键 - 值”（key-value）对应关系的元素集合，例如每个学号对应到一名学生，就是一种 Map 对应，其中 key 的值不能有重复。至于 SortedMap 接口，则是代表会自动排序的 Map 集合。

17.4.2 Collection 接口与相关类

扫一扫，看视频

如前所述，Collection 接口提供了基本的集合操作方法，Set 与 List 类的集合类都有实现这些方法，以便进行相关操作。在实际使用各集合类之前，先要了解 Collection 接口提供的基本方法，然后学习各集合类后，即可直接使用这些方法。

Collection 接口提供的操作方法可分为基本管理、大量元素管理及数组转换三类。

1. 基本管理方法

基本管理的方法如下。

```
boolean add(Object o)                //将对象 o 加入集合中，会返回是否成功
boolean contains(Object o)           //检查集合中是否包含 o 对象
boolean isEmpty()                    //检查集合中是否没有元素
Iterator iterator()                  //返回代表此集合的 Iterator 对象
boolean remove(Object o)             //将指定的 o 对象从集合中移除
int size()                           //返回集合中的元素个数
```

除了 iterator() 方法外，其他几个方法应该都很直观，不必多加说明，至于 Iterator 接口与 iterator() 方法会在 17.4.6 小节说明。

2. 大量元素管理方法

为方便一次进行大量元素的增删操作，Collection 接口提供以下几个实用方法。

```
boolean addAll(Collection c)         //将集合 c 的全部元素加到此集合中
void clear()                         //将集合中所有元素清空
```

```
boolean containsAll(Collection c)    //检查集合是否含集合 c 中所有元素
boolean removeAll(Collection c)      //将所有与集合 c 相同的元素都移除
boolean retainAll(Collection c)      //将所有与集合 c 相同的元素保留,
                                     //其他元素则全部移除
```


3. 数组转换方法

如果遇到需用数组的方式来操作集合的情况，就可用下列方法将集合内容存到一个全新的数组中，然后用该数组进行处理。

```
Object[] toArray()                   //返回一包含集合中所有元素的数组
Object[] toArray(Object[] a)         //同上，但可指定存放的数组
                                     //若 a 数组大小不够存放所有元素,
                                     //程序会另行创建足够大的同型数组
```

请注意，产生的新数组除了其元素值与集合元素相同外，两者并无其他关系，例如修改数组元素的值，并不会影响到集合元素。

4. Collections 类

在 java.util 包中，还有一个名为 Collections 的类。它提供一些 static 方法，方便我们对集合对象进行查找、排序之类的处理，虽然此类的名称是 Collections，不过其意思泛指所有的集合对象，而不限于只有实现 Collection 接口的类，所以它所提供的部分方法也能用于 Map 类的集合对象。

稍后会示范一些 Collections 类的 static 方法的用法。

17.4.3 Set 接口与相关类

Set 接口代表的是元素内容都不重复的集合，因此在 Set 类型的集合对象中，每个元素都是不同的。Set 接口并未提供新的方法，所以其方法都是继承自 Collection 接口。由于“元素内容都不重复”，所以无法用 add()、addAll() 等方法将重复的元素加入 Set 类型的集合对象中。

扫一扫，看视频

实现 Set 接口的类为抽象类 AbstractSet，它有三个派生类，即 HashSet、LinkedHashSet、TreeSet。此外，前面提过有个继承自 Set 接口的 SortedSet 接口，TreeSet 实现这个 SortedSet 接口。这些类与 Set 接口的关系如图 17.7 所示。

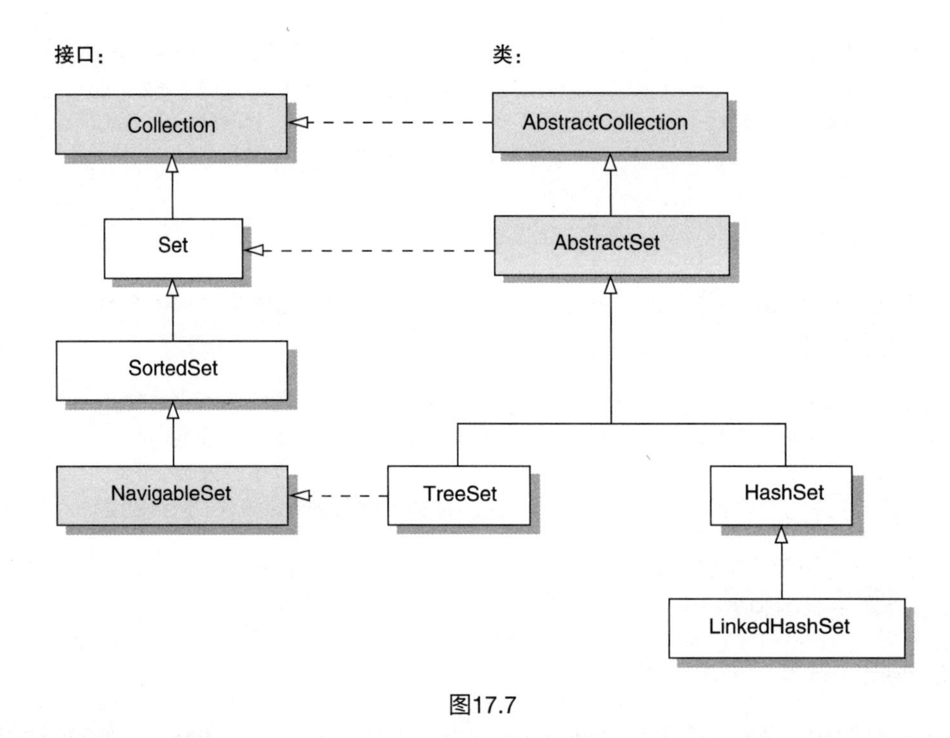

图17.7

TIP 白底框为较重要的部分

各集合类的构造方法都和数组一样可指定初始的大小，例如下面就是一个创建可存放 10 个 String 元素的 HashSet 类对象。

```
HashSet<String> MySet = new HashSet<String>(10);
```

TIP 在创建时若未指定大小（小括号中留白），则会创建空的集合。另外，会自动排序的集合（例如 TreeSet）在创建时不可指定大小，只允许创建空的集合。

上列代码中的尖括号为 Java 的泛型（Generics）语法。因为在创建集合对象时，需标明此集合将存放何种类型的对象，此时就要用 < 类名称 > 语法来表示。从 Java 7 开始，为简化程序编写，可在构造方法中只简写成一对 <>。

```
HashSet<String> MySet = new HashSet<>(10);
```


另外，也可改用 Java 10 开始才有的 var（局部变量类型推断，见 3.4 节最后的说明框）来声明。

```
var MySet = new HashSet<String>(10);        //Java 会从等号右边来推断变量的类型
```

此时就不能省略 <> 中的 String 了，否则 Java 编译器会无法推断变量的泛型类型。

集合对象和数组元素不同，集合对象大小是可以改变的，所以当程序加入或删除元素时，集合的大小就会自动调整，不像数组一开始就要设置大小且不能变动。

1. HashSet

HashSet 适用于任何希望元素不重复，但不在意其次序性的集合。要创建 HashSet 对象可先创建空的 HashSet 对象，再用 add() 方法将对象加入，或是用另一个集合对象为参数调用构造方法。除了继承自 Collection 接口的各方法外，HashSet 并未定义其他新的方法。

例如，用 HashSet 设计文字接龙游戏，程序会创建一个 HashSet 对象，而用户每输入一个新词，就会加到 HashSet 中。由于 HashSet 中不能有重复的元素，所以用户输入重复的词时，就无法被加到 HashSet 中，游戏即结束。程序如下。

程序 WordsGameHS 文字接龙游戏

```
01 import java.util.*;
02
03 public class WordsGameHS {
04
05   public static void main(String args[]) {
06
07     System.out.println("文字接龙游戏，不可用重复的词");
08     System.out.print("请输入第一个词：");
09     Scanner sc = new Scanner(System.in);
10     String str = sc.next();
11     //创建集合对象
12     HashSet<String> words = new HashSet<>();
13
14     while (true) {
15       if (!words.add(str)) {
16         System.out.println("失败！这个词已用过");
17         break;
18       }
19       System.out.print("请输入下一个词：");
20       str = sc.next();
21     }
22
23     System.out.println("\n输入过的词：" + words);
24   }
25 }
```

执行结果

```
文字接龙游戏，不可用重复的词
请输入第一个词：happy
请输入下一个词：yes
请输入下一个词：search
请输入下一个词：happy
失败！这个词已用过

输入过的词：[search, yes, happy]
```

◎ 第 12 行创建一个空的 HashSet <String> 对象 words。

◎ 第 14 ~ 21 行以 while 循环的方式让用户输入字符串加入集合，以及请用户输入下一个字符串的操作。为简明起见，本范例没有像真的文字接龙一样，检查新输入的字首与先前的字尾是否一致。

◎ 第 15 ~ 18 行以 if 执行 add() 将字符串加入集合，若 add() 返回 false，表示集合中已有相同内容的对象（Set 类型集合不允许重复的元素）。此时就会用 break 语句跳出循环。

◎ 第 23 行直接将 words 的内容输出，集合类的 toString() 会自动在前后加上一对中括号。

从程序最后输出的结果可发现，HashSet 对象中元素的顺序和加入的顺序并不相同，这即是 HashSet"无次序性" 的特性。如果希望元素的次序能保持一致，则可改用 LinkedHashSet。

2. LinkedHashSet

LinkedHashSet 是 HashSet 的子类，两者的特性也类似，只不过 LinkedHashSet 会让集合对象中各元素维持加入时的顺序。我们将上述的程序改用 LinkedHashSet 类来测试。

程序 WordsGameLHS 改用 LinkedHashSet 类的文字接龙游戏

```
11    //创建集合对象
12    LinkedHashSet<String> words = new LinkedHashSet<>();
```

执行结果

```
文字接龙游戏，不可用重复的词
请输入第一个词：happy
请输入下一个词：yes
请输入下一个词：search
请输入下一个词：happy
失败！这个词已用过
输入过的词：[happy,yes,search]
```

由结果可知，改用 LinkedHashSet 后，元素存放的顺序就和加入时一样。

3. TreeSet

TreeSet 和前两个类最大的差异，在于 TreeSet 实现了具有排序功能的 SortedSet 接口，一旦对象加入集合就会自动排序。也因为这个特点，此类多了几个和次序有关的方法。

```
Object first()    //返回集合中的第一个元素
Object last()     //返回集合中的最后一个元素

SortedSet headSet(Object toElement)
                  //返回到 toElement 元素之前的子集合 (不含 toElement)
SortedSet subSet(Object fromElement, Object toElement)
                  //返回从 fromElement 到 toElement 的子集合
                  //含 fromElement 元素但不含 toElement 元素
SortedSet tailSet(Object fromElement)
                  //返回到 fromElement 之后的子集合 (含 fromElement)
```

要特别注意的是，xxxSet() 方法返回的子集合仍"属于"原始的集合对象，所以若改变子集合的内容，原集合的内容也会改变，请参考以下程序。

程序 IntTree.java 整数对象的 TreeSet 集合

```
01 import java.util.*;
02
03 public class IntTree {
04
05   public static void main(String args[]) {
06
07     //用 Integer 对象创建 TreeSet 集合对象
08     TreeSet<Integer> IntTS = new TreeSet<>();
09     for (int i=1;i<=10;i++)
10       IntTS.add(i*10);
11     System.out.println("集合 IntTS 的大小为 " + IntTS.size());
12
13     //取得一个子集合并移除其内容
14     TreeSet subInt =  (TreeSet) IntTS.headSet(50);
15     System.out.println("子集合 subInt 的大小为 " + subInt.size());
16     subInt.clear();      //清空 subInt 集合的所有元素
17
18     System.out.println("移除子集合后, 集合 IntTS 的大小为 " +
19                        IntTS.size());
20   }
21 }
```

执行结果

```
集合 IntTS 的大小为 10
子集合 subInt 的大小为 4
移除子集合后, 集合 IntTS 的大小为 6
```

◎ 第 8 ~ 10 行创建一个新的 TreeSet 对象，随后以循环将 10 ~ 100 间 10 的倍数的整数对象加到其中。

◎ 第 14 行取得小于 50 的元素所形成的子集合，并于第 16 行用 clear() 方法将之清除。

◎ 第 11、18 行分别输出移除子集合前后的原集合大小，以供比较。

如执行结果所示，当我们移除子集合后，原集合的元素也跟着变少了，这就表示 xxxSet() 方法返回的子集合仍是原集合的一部分。

17.4.4 List 接口与相关类

扫一扫，看视频

List 适用于有序但元素可能重复的集合。List 集合和数组类似，也可通过索引（index）来访问元素。因此 List 接口定义了一些与索引有关的方法，例如除了继承自 Collection 接口的 add()、remove() 外，也增加了可指定索引值来新增或移除元素的方法。

```
void add(int index, Object element)           //将 element 加到 index 位置
boolean addAll(int index, Collection c)       //从 index 位置将 c 集合的内容加入
Object get(int index)                         //取得第 index 个元素
int indexOf(Object o)                         //返回第一个 o 对象的索引码
int lastIndexOf(Object o)                     //返回最后一个 o 对象的索引码
Object remove(int index)                      //移除并返回第 index 个元素
Object set(int index, Object element)         //将第 index 个元素换成
                                              //element，并返回原对象
List subList(int fromIndex, int toIndex)      //取得从 fromIndex(含)到
                                              //toIndex(不含)的子集合
```

上述的 add() 和 set() 方法看起来都是将第 index 元素设为对象 element，但其实两者的意义差别很大：set() 是将原位置上的对象“取代”掉；而 add() 则是加入新对象，原对象则是往后移，如图 17.8 所示。

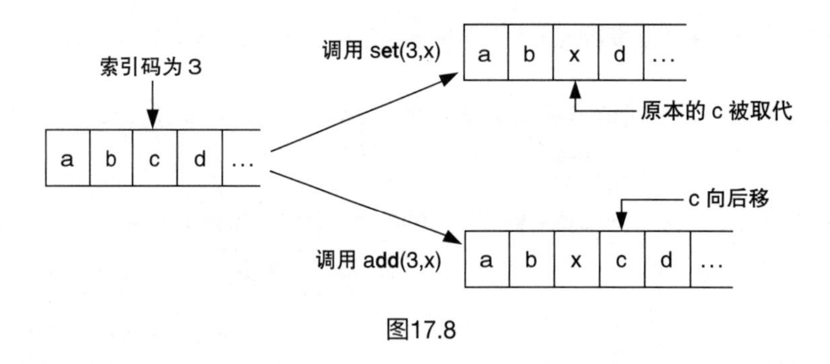

图17.8

在 java.util 包中实现 List 接口的类，最常用的大概就是 ArrayList 了，如图 17.9 所示。

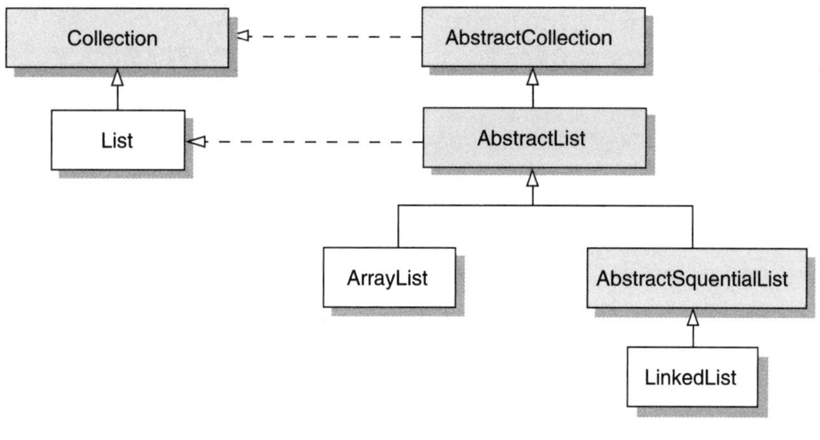

图17.9

TIP 白底框为较重要的部分。

1. ArrayList

可将 ArrayList 看成是个伸缩自如的数组，第 7 章介绍的数组在声明之后，元素的数量就固定了，若要在数组中插入或删除一个元素，都必须做相应的处理，相当不便，但使用 ArrayList 就简单多了。

另外，不断变动大小或配置过多未用的空间，对程序的效率都有负面影响，因此 ArrayList 提供了两个与使用空间有关的方法。

```
void ensureCapacity(int minCapacity)        //让集合至少可存 minCapacity
                                            //个元素，未来若不够放，仍会自动
                                            //加大集合的空间
void trimToSize()                //将集合未用的空间都释放掉，使其刚好够存现有的元素
```

简单示范 ArrayList 的用法如下。

程序 AnimalSigns.java　在 ArrayList 中插入元素

```
01 import java.util.*;
02 
03 public class AnimalSigns {
04 
05   public static void main(String args[]) {
06 
07     char[] animal={'鼠','虎','兔','龙','蛇','猴','鸡','狗','猪'};
08     ArrayList<Character> Twelve = new ArrayList<>();
09     for (int i=0;i<animal.length;i++)         //将字符数组的内容加到集合
10       Twelve.add(animal[i]);
11 
```

```
12      System.out.println("集合的大小为" + Twelve.size());
13      System.out.println("集合内容为: " + Twelve);       //列出所有元素
14
15      Twelve.add(1,'牛');                                //插入 3 个元素
16      Twelve.add(6,'马');
17      Twelve.add(7,'羊');
18
19      System.out.println("\n集合的大小为 " + Twelve.size());
20      System.out.print("集合内容为: ");                   //列出所有元素
21      for (int i=0;i<Twelve.size();i++)                 //依次列出所有元素
22        System.out.print(Twelve.get(i) + " ");
23    }
24  }
```

执行结果

```
集合的大小为 9
集合内容为: [鼠, 虎, 兔, 龙, 蛇, 猴, 鸡, 狗, 猪]

集合的大小为 12
集合内容为: 鼠 牛 虎 兔 龙 蛇 马 羊 猴 鸡 狗 猪
```

◎ 第 8 行创建 ArrayList 对象，随后用循环将字符数组的内容加到其中。

◎ 第 12、13 行分别是先输出集合目前大小，再输出所有的元素。

◎ 第 15 ~ 17 行用 add() 方法在指定位置加入新元素，旧元素则向后移。

◎ 第 21、22 行是故意换用循环调用 Collection 类的 get() 方法取得所有的元素，让读者认识其用法。

以 .add() 指定索引来加入元素时，元素会加到指定的位置，而原位置及其后的元素都会依次向后移一位。若不指定索引，则元素会加到集合的“最后面”，所以前面元素的排列顺序不会改变。

当想使用数组来处理数据，但在程序执行过程中可能需移除或增加数组元素，就可先用 ArrayList 来创建集合，待一切确定且元素数量都不会改动后，再调用继承自 Collection 接口的 toArray() 将其转成数组。

2. LinkedList

LinkedList 是另一类型的 List 类，其特点是它提供了一组专门处理集合中第一个、最后一个元素的方法：

```
void addFirst(Object o)        //加入新元素，且将它排在最前面
void addLast(Object o)         //加入新元素，且将它排在最后面
```

```
Object getFirst()              //取得排在最前面的元素
Object getLast()               //取得排在最后面的元素
Object removeFirst()           //移除排在最前面的元素
Object removeLast()            //移除排在最后面的元素
```

由于上述特性，LinkedList 很适合用来实现两种基本的“数据结构”（Data Structure），即堆栈和队列。所谓堆栈（stack），是指一种后进先出（Last In First Out，LIFO）的数据结构，也就是说，加入此结构（集合）的对象要被取出时，必须等其他比它后加入的对象全部被取出后，才能将它取出。例如一端封闭的网球收纳筒，就是一种堆栈结构，如图 17.10 所示。

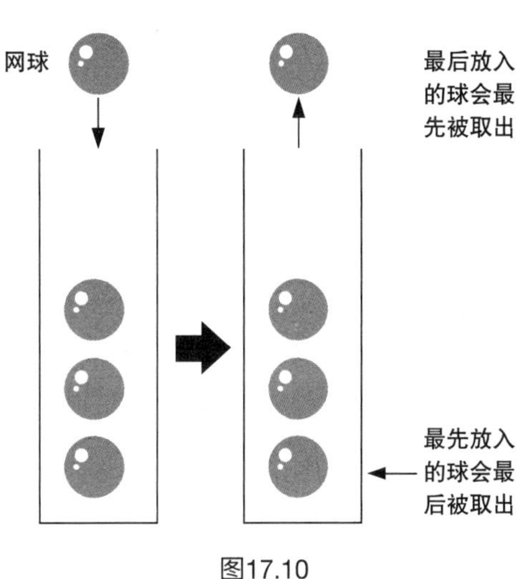

图17.10

至于队列（queue）则是一种先进先出（FIFO）的数据结构，像日常生活中常见的排队购物，如图 17.11 所示，此队伍就是个先进先出的队列。

在 17.4.1 小节提过 Java 集合中还有一个 Queue 接口，定义了操作队列的相关方法，LinkedList 类也实现了此接口，详见官方文件。

初学程序语言者可先记住，java.util 包已事先设计好 LinkedList 等类，当日后遇到需使用堆栈或队列时，就可直接用 LinkedList 来设计程序，而不必自行从头设计数据结构。

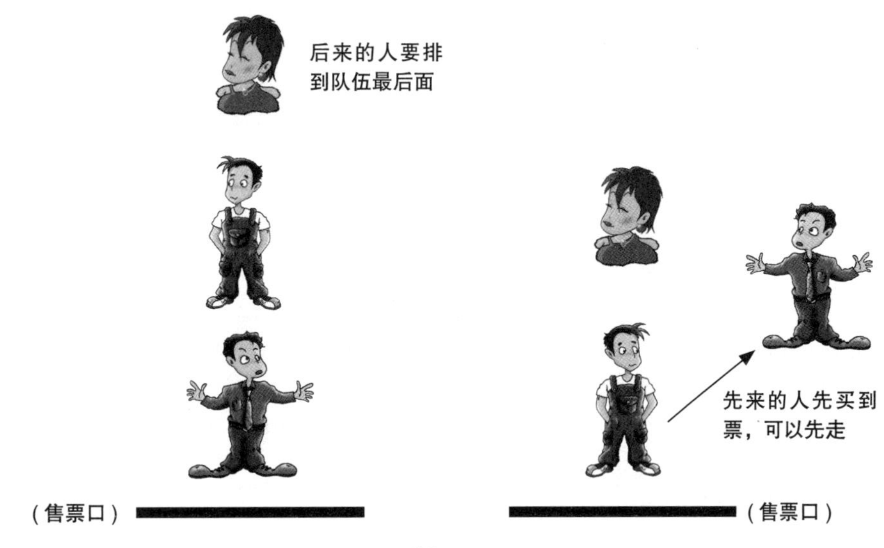

图17.11

下面是一个简单的 LinkedList 应用范例。

程序　MatchParenthesis.java 分析表达式中左右括号数量是否相符

```
01 import java.util.*;
02 import java.io.*;
03
04 public class MatchParenthesis {
05   public static void main(String args[]) throws IOException {
06     System.out.print("请输入一段算式或程序\n->");
07     BufferedReader br =
08       new BufferedReader(new InputStreamReader(System.in));
09     String str = br.readLine();
10
11     LinkedList<Character> match = new LinkedList<>();
12     try {
13       for (int i=0;i<str.length();i++) {     //用循环读取每个字符
14         if (str.charAt(i)=='(')              //若是左括号
15           match.addFirst('(');               //加入集合对象中
16         else if (str.charAt(i)==')')         //若是右括号
17           match.removeFirst();               //移除集合中第 1 个左括号
18       }
19
20       if(match.isEmpty())
21         System.out.print("左右括号数量相符");
22       else
23         System.out.print("左右括号数量不符, 右括号太少");
24
25     } catch (NoSuchElementException e) {
26         System.out.print("左右括号数量不符, 左括号太少");
27     }
28   }
29 }
```

执行结果 1

```
请输入一段算式或程序
->1-(2*(3+4))
左右括号数量相符
```

执行结果 2

```
请输入一段算式或程序
->(5+6)*7/8)+1-(2*(3+4))
左右括号数量不符,左括号太少
```

◎ 第 11 行创建 LinkedList 对象。

◎ 第 13 ~ 18 行的 for 循环逐一检查输入字符串中所含的左右括号。

◎ 第 14、15 行读到左括号时就用 addFirst() 加入一个新元素。

◎ 第 16、17 行读到右括号时就用 removeFirst() 移除一个元素。

◎ 第 25 ~ 27 行，若发生 NoSuchElementException 异常，表示集合中已无元素，但仍有右括号，表示右括号是多出来的或先前漏打了一个左括号。

17.4.5 Map 接口与相关类

扫一扫，看视频

Map 接口是用来存放“键值对”（key-value pair）对应关系的元素集合，在加入元素时，必须指定此元素的 key 及 value 两项内容，而且 key 的内容不可重复。例如有个学生的集合，就可用学号为“键”、学生姓名为“值”。如果在加入元素过程中，加入了重复的“键”，则新的值会取代旧的值。

由于上述的特性，因此 Map 接口只有 isEmpty()、size() 这两个方法和 Collection 的同名方法相似，而元素的新增 / 移除需改用下列方法。

```
void clear()                                   //清除所有内容
Object put(Object key, Object value)           //加入 key、value 键值对
void putAll(Map t)                             //将 t 的内容加到此集合中
Object remove(Object key)                      //移除 key 及其对应的值
```

至于整个 Map 集合的操作则有下列方法。

```
boolean containsKey(Object key)                //检查集合中是否含 key 这个键
boolean containsValue(Object value)            //检查集合中是否含 value 这个值

Set entrySet()                                 //将所有键值对以 Set 的形式返回
                                               //返回的集合中，每个元素的格式是“键=值”
Object get(Object key)                         //返回 key 所对应的值
Set keySet()                                   //将所有键以 Set 的形式返回
Collection values()                            //将所有值以 Collection 的形式返回
```

实现 Map 接口的类很多，本小节仅示范较基本的 HashMap 类（见图 17.12），其他类请参见官方文件中 Map 接口的介绍。

AbstractMap 和 AbstractCollection 一样定义了 toString() 方法，所以也可调用 System.out.println() 方法直接输出 Map 集合对象的内容。

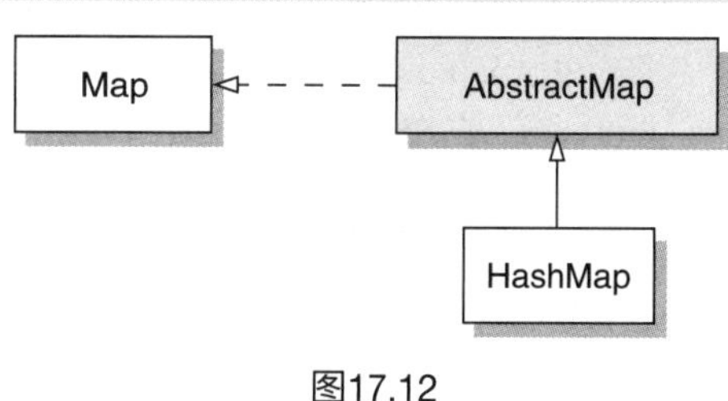

图17.12

HashMap 就像 Set 中的 HashSet，用来存放无先后次序的键值对集合（若要存放会自动排序的键值对，可使用 TreeMap），简单的范例如下：

程序 FiveCities.java 用 HashMap 存放邮政区号对应关系

```
01 import java.util.*;
02
```

```
03 public class FiveCities {
04
05   public static void main(String args[]) {
06
07     String[] cities= {"台北","100",
08                        "台南","700",
09                        "台西","636",
10                        "台东","950"};
11      //创建可放六对元素的对象
12     HashMap<String,String> thecities = new HashMap<>(6);
13
14     for (int i=0;i<cities.length;i+=2)
15       thecities.put(cities[i],cities[i+1]);
16
17     System.out.println("HashMap 的内容为: " + thecities);
18
19     System.out.println("将台中加入HashMap!");
20     thecities.put("台中","400");
21     System.out.println("HashMap 的内容变成: " + thecities);
22
23     System.out.println("再加一个台中!");
24     thecities.put("台中","401");              //加入重复的键
25     System.out.println("HashMap 的内容变成: " + thecities);
26   }
27 }
```

执行结果

```
HashMap 的内容为:{台东=950, 台南=700, 台西=636, 台北=100}
将台中加入 HashMap!
HashMap 的内容变成:{台东=950, 台南=700, 台中=400, 台西=636, 台北=100}
再加一个台中!
HashMap 的内容变成:{台东=950, 台南=700, 台中=401, 台西=636, 台北=100}
```

◎ 第 12 行创建一个新的 HashMap 对象。注意因为尖括号中要分别指定键、值的类，所以写成 HashMap<String，String>。

◎ 第 14、15 行的 for 循环逐一将 cities 数组的内容以键值对的方式加入 HashMap 对象中。

◎ 第 20、21 行加入新的键值对并输出内容。

◎ 第 24 行用重复的键加入键值对，结果会取代原有的键值对。

17.4.6 Iterator 迭代器

Iterator（迭代器）是 java.util 包中的另一个接口，它不是用来创建集合，而是用来逐一浏览集合中所有元素的工具。所有 Collection 类都有一个 iterator() 方法，以集合对象调用此方法可以返回 Iterator 对象，然后即可用此对象调用 Iterator 接口的方法来逐一取得、移除集合中的元素。Map 型的类无 iterator() 方法，但可用上一小节所讲的 entrySet() 等方法取得代表 Map 对象的集合对象，再用它创建 Iterator 对象。

扫一扫，看视频

Iterator 接口提供了 3 个浏览集合对象的方法。

```
boolean hashNext()        //检查是否还有下一个元素
Object next()             //返回下一个元素对象
void remove()             //从集合中移除上一次 next() 方法返回的对象
```

下面修改前面的 IntTree.java 范例，示范 Iterator 接口的用法。

程序 IterateInt.java 显示 1 ~ 100 中所有 9 的倍数

```
01 import java.util.*;
02 
03 public class IterateInt
04 
05   public static void main(String args[]) {
06 
07     //用 Integer 对象创建 TreeSet 集合对象
08     TreeSet<Integer> IntTS = new TreeSet<>();
09     for (int i=1;i<=100;i++)            //将 1 到 100 的数字加到集合中
10       IntTS.add(i);
11     System.out.println("初始集合大小为: " + IntTS.size());
12 
13     //创建 Iterator 对象
14     Iterator i=IntTS.iterator();
15 
16     while (i.hashNext())                //只要还有下个元素，就继续循环
17       if (((Integer)i.next()).intValue()%9 != 0)
18         i.remove();                     //不能被 9 整除的元素，就会被移除
19 
20      System.out.println("最后集合的内容为: " + IntTS);
21   }
22 }
```

执行结果

```
初始集合大小为：100
最后集合的内容为：[9, 18, 27, 36, 45, 54, 63, 72, 81, 90, 99]
```

◎ 第 8 ~ 10 行创建一个 TreeSet 对象并将 1 ~ 100 的整数存入其中。

◎ 第 14 行创建 Iterator 对象 i。

◎ 第 16 ~ 18 行用 while() 循环逐一读取所有元素，并检查该元素值是否可被 9 整除，不行就将元素移除。

◎ 第 20 行最后输出的集合内容就只剩下 9 的倍数。

for...each 循环

在介绍数组时，曾简单介绍过 for...each 循环的用法，其实 for...each 循环也非常适合用于集合对象上，它比 Iterator 更方便使用。

for...each 循环仍然属于 for 循环，但其语法是要指定一个要“逐一读取所有元素”的集合对象（或是数组），以及一个代表单一元素的变量。语法如右所示。

```
for (变量名称：集合对象){
  // 循环中的语句
}
```

下面我们直接修改前一个程序，来示范 for...each 循环的用法。

程序 ForEachInt.java 显示 1 ~ 100 中所有 9 的倍数

```
 ⋮
09      for (int i=1;i<=100;i++)    //将 1 到 100 的数字加到集合中
10        IntTS.add(i);
11
12      System.out.print("1～100 中 9 的倍数有：");
13
14      for (Integer i:IntTS)       //对 IntTS 中的每个元素 i 做循环处理
15        if (i%9 == 0)             //元素 i 若能被 9 整除
16          System.out.print(i + " ");
17    }
18  }
```

执行结果

```
1～100 中 9 的倍数有：9 18 27 36 45 54 63 72 81 90 99
```

第 14 行即为 for...each 循环，括号中前面声明一个 Integer 对象 i，后面则是集合对象 IntTS。所以 for...each 循环的作用就是：“从头开始，依次取出 IntTS 中的每个元素”，而每一轮循环中可用对象 i 来代表该轮循环所取出的元素。

17.5 综合演练

17.5.1 求任意次方根

扫一扫，看视频

Math 类只提供了 sqrt()、cbrt() 求平方根及立方根的方法，那要求其他次方根怎么办？很简单，开 *N* 次方就相当于计算 1/*N* 次方，所以利用 Math.pow() 方法就可以了，不过负数的开 *N* 次方可能产生基本数值类型无法表示的虚数，所以此法只能计算正数的开 *N* 次方。

程序 NRoot.java 求任意数的 N 次方根

```
01 import java.io.*;
02
03 public class NRoot {
04
05   public static void main(String args[]) throws IOException {
06
07     System.out.println("要求几次方根");
08     System.out.print("限输入整数→");
09
10     BufferedReader br =
11       new BufferedReader(new InputStreamReader(System.in));
12     String str = br.readLine();
13     try {
14          int n = Integer.parseInt(str);
15          System.out.println("要求什么数的 " + str +" 次方根");
16          System.out.print("(需大于零)→");
17
18          str = br.readLine();
19          double y = Math.abs(          //用绝对值方法取正值
20                          Double.parseDouble(str));
21          System.out.printf("%f的%d次方根为%f",y,n,Math.pow(y, 1.0/n));
22     }
23    catch (NumberFormatException e) {
24          System.out.println("输入格式错误");
25     }
26   }
27 }
```

执行结果

```
要求几次方根
限输入整数→5
要求什么数的 5 次方根
(需大于零)→32
32.000000 的 5 次方根为 2.000000
```

第 19 行用 Math.abs() 确保要被开 *N* 次方的数值为正值，第 21 行就用 Math.pow() 算出 *N* 次方根。

17.5.2 利用集合对象产生乐透号码

扫一扫，看视频

前面曾用过 Math.random() 产生随机数的方式来产生随机的乐透号码，在此用另一种方式，也就是用 List 类型的集合对象来产生乐透号码。

Collections 类有一个特别的方法 shuffle()，可以将 List 对象中的元素顺序打乱重排，shuffle 的意思就是“洗牌”，所以 shuffle() 就是把 List 对象做洗牌的动作，每次洗牌后再重新取前 6 个元素，就会取到不同的内容。

程序 ListLotto.java 利用集合对象产生乐透号码

```
01 import java.util.*;
02
03 public class ListLotto {
04
05   public static void main(String args[]) {
06
07     System.out.println("乐透计算机选号——Java/ArrayList 版");
08     System.out.println("以下是五组随机号码：");
09
10     ArrayList<Integer> num = new ArrayList<>();
11     for (int i=1;i<50;i++)              //初始化集合元素值
12       num.add(i);
13
14     for(int i=1;i<=5;i++) {
15       Collections.shuffle(num);       //将集合“洗牌”
16       System.out.println(num.subList(0,6));
17     }               //取集合中前 6 个元素的子集合(由索引 0 到 5, 不含 6)
18     System.out.println("未满18岁不得购买及兑换彩券!");
19   }
20 }
```

执行结果

```
乐透计算机选号——Java/ArrayList 版
以下是五组随机号码:
[41, 5, 19, 7, 12, 42]
[30, 42, 31, 16, 34, 20]
[37, 22, 16, 3, 44, 33]
[15, 35, 34, 14, 45, 24]
[43, 37, 6, 33, 29, 13]
未满18岁不得购买及兑换彩券!
```

◎ 第 11、12 行创建一个新的 ArrayList 对象，并用循环将 1 到 49 的数值加到其中。

◎ 第 14 ~ 17 行的 for 循环将产生 5 组随机乐透号码。

◎ 第 15 行用 Collections.shuffle() 方法打乱集合内容。

◎ 第 16 行用 List 接口的 subList() 方法取洗牌后的第 0 ~ 5 个元素所形成的子集合，并将它输出到屏幕，即为随机的乐透号码。当然要取第 3 ~ 8 个元素、第 19 ~ 24 个元素也可以。

17.5.3 简单英汉字典

扫一扫，看视频

在日常生活中经常会用到“字典”，例如英汉字典；而一些有对应关系的项目，也可视为一种字典，例如小明和小华约定的暗号，就可编成一份暗号与实际意义对照的字典。要用 Java 实现这类字典，最方便的做法就是使用 Map 对象。而要让查找效率最佳，则需要使用会自动排序的 TreeMap 类。

下面是一个最基本的英汉字典程序，是从文档中读取英文单词与中文解释对照，并创建 TreeMap 对象供用户进行查询。

程序 EasyDict.java 简单英汉字典

```
01 import java.io.*;
02 import java.util.*;
03
04 public class EasyDict {
05   TreeMap<String,String> dict;                  //存储字典内容
06
07   //构造方法
08   public ReadDict() throws IOException {
09     dict = new TreeMap<>();                     //创建 TreeMap 对象
10     String enword,chword;                       //字典为 "dict.txt"
11     Reader r = new BufferedReader(new FileReader("dict.txt"));
12     StreamTokenizer fr = new StreamTokenizer(r);
13                              //用 StreamTokenizer 读取流中的“字符”
```

```
14                                                   //读到文件结尾前
15     while (fr.nextToken()!=StreamTokenizer.TT_EOF) {        //持续读取
16       enword = fr.sval;                               //取得英文单词
17       if (fr.nextToken()!=StreamTokenizer.TT_EOF) {
18         chword = fr.sval;                             //取得中文解释
19         dict.put(enword,chword);
20       }
21       else
22         break;                                        //若没有读到对应的中文解释也跳出循环
23     }
24   }
25
26   public void ask(String str)  {
27     if (dict.get(str)!=null)                          //用 get() 方法找出集合中对应的值
28       System.out.println(str + " ==> " + dict.get(str) + "\n");
29     else
30       System.out.println("对不起, 找不到这个单词\n");
31   }
32
33   public static void main(String args[]) throws IOException {
34
35     EasyDict mydict = new EasyDict();                 //调用构造方法
36
37     BufferedReader br =
38       new BufferedReader(new InputStreamReader(System.in));
39     String str = new String();
40
41     while(true) {                                     //用循环让用户可重复查询
42         System.out.println("要查什么英文单词");
43         System.out.print("(直接按 Enter 键可结束程序)->");
44         str = br.readLine();
45         if (str.equals(""))                           //若没有内容就跳出循环
46             break;
47         mydict.ask(str);                              //调用 ask() 方法来找中文解释
48     }
49   }
50 }
```

执行结果

```
要查什么英文单词
(直接按 Enter键可结束程序)->comb
comb ==> 梳子
```

```
要查什么英文单词
(直接按 Enter键可结束程序)->bomb
对不起，找不到这个单词

要查什么英文单词
(直接按 Enter 键可结束程序)->   ←— 直接按 Enter 键结束程序
```

◎ 第 8 ~ 24 行为 EasyDict 的构造方法。此构造方法的主要工作是读取 "dict.txt" 文档中的英文单词与中文解释，然后将它们存到 TreeMap 对象中。

◎ 第 12 行使用的 StreamTokenizer 类提供以字符为单位读取输入流的功能，第 15 行调用的 nextToken() 方法读取流中的下一个字符（常量 TT_EOF 表示文件结尾），若读到，则可由其成员变量 sval 取得该字符的字符串（若要读取数值，则使用 nval）。

◎ 第 26 ~ 31 行的 ask() 方法会以参数字符串为键，查找 TreeMap 对象中有无对应的中文解释，有就显示英文单词与中文解释；没有就显示找不到的信息。

◎ 第 33 ~ 49 行为 main() 方法，一开始就先调用 EasyDict() 构造方法，进行读取文档及创建 TreeMap 对象的动作。

◎ 第 41 ~ 48 行以循环的方式让用户可重复查询。第 47 行调用 ask() 方法进行查询的动作。

课后练习

※ 选择题可能单选或多选

1. Math类属于_______包。

2. (　　)下列哪个不是 java.util 包中的类？

   (a) Integer　(b) TreeMap　(c) Collections　(d) HashSet

3. (　　)下列关于 Math 类的描述哪个是错误的？

   (a) 有提供计算三角函数的方法

   (b) random() 方法会返回 0 ~ 10 之间的随机数值

   (c) ceil (d) 会返回不小于 d 的最小整数

   (d) 用来比较大小的 max()、min() 方法可用来比较整数或浮点数

4. (　　)以下哪个选项会返回代表 100 的十六进制数字字符串？

   (a) Integer.parseInt(100, 16)　(b) Long.toHexString(100)

   (c) Integer.toString(100, 16)　(d) Short.valueOf("0x64");

5. (　　)下列哪个类型的集合不能存放相同的元素？

   (a) Set　(b) Collection　(c) List　(d) Stack

6. (　　)下面关于 Map 的叙述哪个是错误的？

   (a) 每个元素都是一组键值对 (key-value pair)

   (b) 键可以重复出现

（c）值可以重复出现

（d）HashMap 类实现 Map 接口

7.（　　）下列关于 Collection 接口的描述哪个是正确的？

（a）Set、List、Map 都是其子接口

（b）其 addAll() 方法可将另一个集合的内容加到目前集合

（c）其 shuffle() 方法可将 List 类型的集合“洗牌”

（d）Collections 类就是实现此接口的类

8. 假设a = Math.PI，则：Math.ceil(a)=_____；

Math.floor(a)=_____；

Math.rint(a)=_____；

9.（　　）下面关于基本数据类型的叙述哪个是错误的？

（a）除了 Boolean、Character 外，其他基本数据类型都是 Number 这个抽象类的子类

（b）常用的 parseInt()、parseDouble() 方法，都是基本数据类型提供的 static 方法

（c）用 Float(d) 构造方法创建 Float 对象时，d 可以是 double 类型

（d）以基本数据类型包装好的对象，可用 set() 方法变更其值

10. 请问下列程序有何问题？

```
ArrayList<String> mylist = new ArrayList<>()
...
...
Iterator it = mylist.iterator();
while (it.hashNext())
  it.remove();
System.out.println("已移除所有元素: ");
```

程序练习

1. 请试写一个程序，用户只要输入三角形的两边长及夹角，就能算出第三边的边长。（提示：余弦定理：$a^2=b^2+c^2-2bc*\cos A$）
2. 请用 Math 类的 min()、max()、random() 方法设计一个简单的猜数字游戏，玩者猜未知数比 7 大或比 7 小，正确即可进入下一关。
3. 请用集合类设计一个 1—12 月英文单词的查询功能，用户输入 1 ~ 12 的数字，程序即输出该月的英文单词。
4. 请试写一个程序，可计算指定文件中有多少个数字字符。
5. 请设计一个掷骰子程序，会连续掷骰子 100 次，程序需统计 1 ~ 6 各数字出现的概率。
6. 请设计一个简单的二进制数字计算机，用户输入两个二进制数字及要做的四则运算（+、-、*、/），程序会将计算结果以二、八、十、十六进制表示出来。
7. 接上题，加入计算 *X* 的 *Y* 次方的功能，以输入的第一个数字为 *X*，第二个数字为 *Y*。
8. 请试写一个简单的扑克牌发牌程序，每次执行时，就会输出将 52 张牌发给 4 个人的结果。
9. 请试写一个程序，将学号与学生姓名对应存于集合中，用户可用学号快速找出是哪一位学生。
10. 接上题，将学生姓名的部分改成一个自定义的学生类对象，学生类至少要存放学生姓名和身高、体重。

18

CHAPTER

第 18 章 图形用户界面

学习目标

- 了解 Swing GUI 组件的用法
- 学习各种事件处理方法及设计技巧
- 使用 AWT 布局管理
- 学习 Graphics2D 类及 Java 2D 绘图

第 17 章提过，在 Java 的众多包中，包含了处理图形用户界面的 AWT 与 Swing，以及绘制平面图形的 Java 2D API，本章就来介绍这些实用又有趣的工具。

18.1 什么是图形用户界面

图形用户界面（Graphics User Interface，GUI）是指以图像的方式与用户互动，也就是提供图形化的操作界面，让用户能以此界面操作程序。最明显的例子就是 Windows 操作系统，其应用程序一般都是以窗口（Window）的方式呈现，窗口中可能会有菜单、按钮、图标等各式各样的组件，供用户操作使用。图 18.1 所示为 Windows10 系统下的计算机窗口。

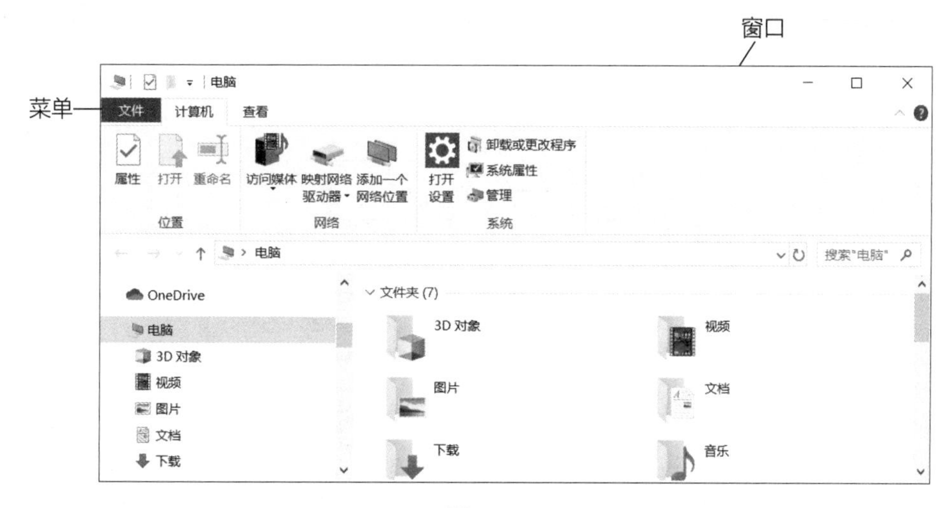

图18.1

本书之前所写的范例程序都只是“文字模式”（Text-based）的应用程序，程序显示的信息、用户的输入都只是文字而已。

如果要让 Java 程序也能在微软 Windows 操作系统或 Linux/UNIX 的 X Window 环境下以图形的方式呈现，就可以使用 Java 的 AWT 或 Swing 包，以它们提供的各种 GUI 组件来“画出” 程序的用户界面。

本章要介绍的 GUI 组件以 Swing 包为主，但也需要用到 AWT 包中的一些功能，下面就先来认识这两个包。

18.2 Java 的 GUI 基本框架

Java 应用程序要呈现图形化的界面，可使用 AWT 或 Swing 包，为什么会有两种不同的方式呢?

18.2.1 Java AWT 与 Java Swing

扫一扫，看视频

早在 Java 刚推出之时，只提供 AWT（Abstract Window Toolkit）这套 GUI 组件（或称 GUI 类库），但后来又推出了 Swing 这一组强化 AWT 的 GUI 组件类库，下面简单介绍两者的功能与差异。

1. 功能简易的 AWT

AWT 这个“抽象化”的窗口工具组提供了一套最基本的 GUI 组件，例如窗口、按钮等，只要用所需的 GUI 组件类创建对象，就能在屏幕上画出一个组件。AWT 在绘制组件时，其实都是由对应的同级类（peer class，也称为对等类）调用操作系统的功能来画出现成的“原生”（native）组件，如图 18.2 所示。

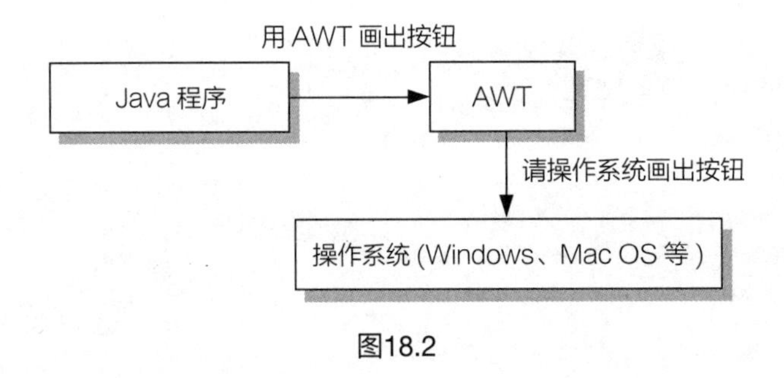

图18.2

例如 Java 程序用 AWT 组件在 Windows 环境下显示一个按钮，此时 AWT 会调用 Windows 操作系统本身的 GUI 功能来显示一个按钮；如果把同一个程序拿到 Window 环境下执行，就是由 Window 来画出这个按钮。

由于不同操作系统的图形用户界面的表现方式各异，所以依赖同级类来绘制组件的 AWT，在使用上就需面对一个问题：程序显示的 GUI 界面，在不同的操作系统上可能显示不同。

除了提供“看得到”的 GUI 组件外，AWT 也提供了设计窗口应用程序所需的一些功能与框架，例如事件驱动（event-driven）的程序设计模式，在本章稍后就会介绍。

2. 进化的 Swing

Swing 和 AWT 最大的不同就是，它并不依赖操作系统的同级类来绘制 GUI 组件，而是由 Java 自行绘制。由于不依赖操作系统，所以使用 Swing 绘制出来的 GUI 界面就能拥有一致的外观和行为（另外还可以套用不同的样式来显示出不同的外观）。

不过 Swing 并未取代掉 AWT，因为 Swing 组件虽然是由 Java 自己绘制，但 Swing 仍是基于 AWT 之上，例如，在 GUI 环境下所需的事件驱动机制就仍是沿用 AWT 所提供的框架。

虽然 AWT 和 Swing 各有优缺点，但基于 Swing 提供更全面的 GUI 设计功能，因此本章介绍的 GUI 设计将以 Swing 为主。不过读者也不需担心不会 AWT，因为设计 GUI 时所需的事件驱动程序设计框架、组件配置管理员都仍是源自 AWT，所以我们也会介绍这一部分的 AWT 功能。

18.2.2 认识 javax.swing 包

用 Swing 来设计 GUI 的主要步骤如下。

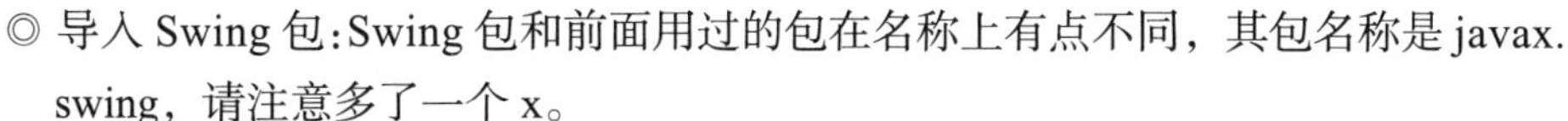

◎ 导入 Swing 包:Swing 包和前面用过的包在名称上有点不同，其包名称是 javax.swing，请注意多了一个 x。

◎ 使用 Swing 类创建对象：导入 Swing 包后，就可利用它的各种 GUI 组件类创建 GUI 对象了。

1. Component 类

javax.swing 包中最常用到的一群类就是各种 GUI 组件（Component）类了，如按钮、菜单、工具栏、文本框、下拉菜单等，都有其对应的类可使用，javax.swing 包中常用的组件类如图 18.3 所示。

由图 18.3 可发现 Swing 创建在 AWT 之上，因为 JComponent 这个上层的 Swing 组件类是继承自 AWT 的 Container 类。另外，也可发现 Swing 类的一项共同点，就是类名称多以大写的 J 开头，后面则接上组件或其他名称。

例如想显示一段文字信息，就可创建 JLabel 对象；要显示一个简单的确定按钮，就可创建一个 JButton 对象。

2. 容器类

要显示按钮、文字标签等各种 GUI 组件，必须先有窗口或其他类型的容器对象来包含这个组件，所以程序中必须先创建一个容器对象，才能将组件“加”到容器对象之中，并显示出来。

容器（Container）也算是一种组件，一如其名，它是用来“容纳”其他组件用的。延续刚刚的例子：如果想显示一段文字信息，并有一个确定按钮，就必须创建一个容器对象来容纳文字信息和按钮，Swing 的容器对象有 JFrame、JDialog、JInternalFrame、JPanel、JWindow 五种。

◎ JFrame：典型的窗口，要创建一般的窗口都是使用 JFrame。

◎ JDialog：对话框类型的窗口。

◎ JWindow：不含窗口标题等基本窗口组件的简易窗口。

◎ JInternalFrame、JPanel：这两者不能用来创建独立的窗口，它们必须包含在前三种容器之中使用。例如 JInternalFrame 用来创建窗口内的子窗口；而 JPanel 可创建窗口中的面板。

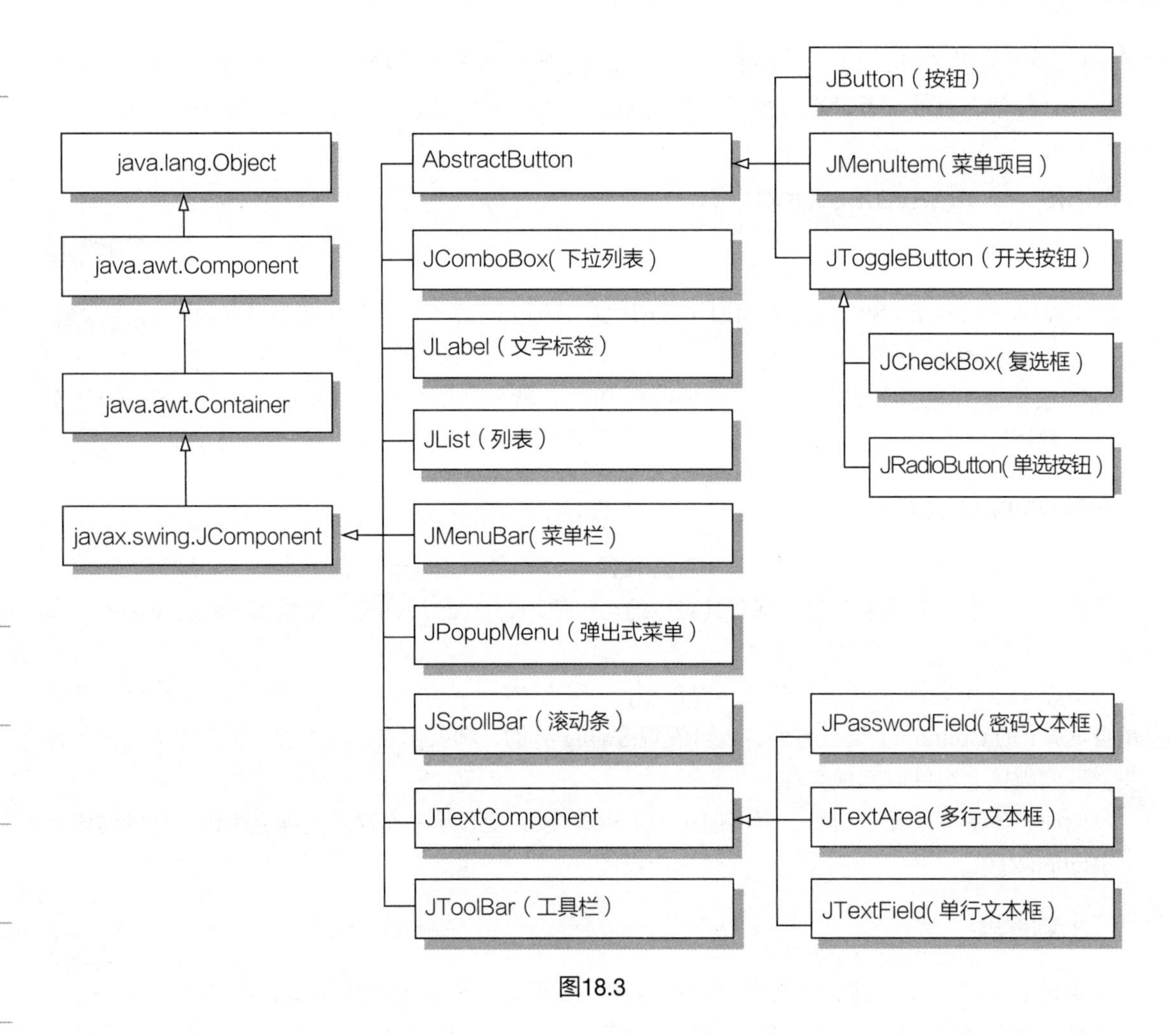

图18.3

这几个容器类的继承关系如图 18.4 所示。

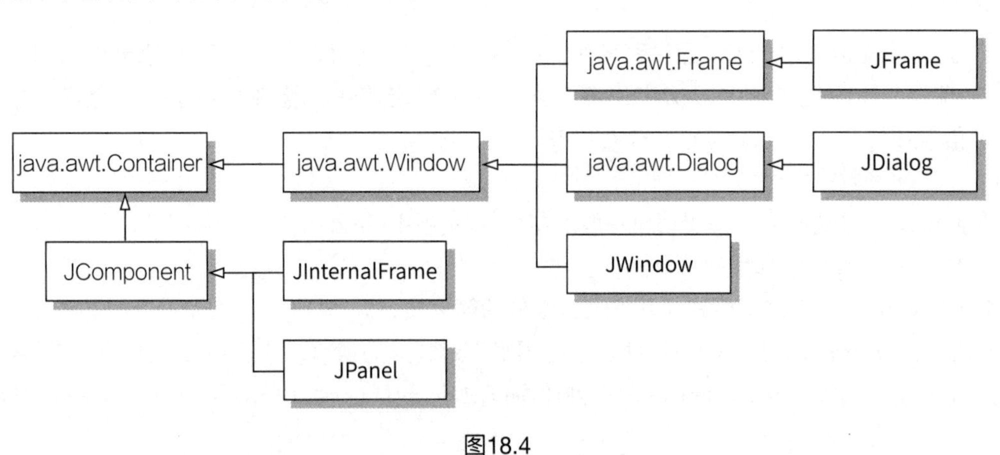

图18.4

JFrame、JDialog、JWindow 都是 java.awt.Window 的派生类，后者定义了一组窗口容器共享的操作方法，基本方法如下。

```
boolean isActive()                          //检查窗口是否在使用中
boolean isAlwaysOnTop()                     //检查窗口是否永远在最上层
boolean isShowing()                         //检查窗口是否被显示

void setAlwaysOnTop(boolean alwaysOnTop)
   //设置窗口是否永远在最上层
void setBounds(int x, int y, int width, int height)
   //设置窗口位置 (x,y) 和宽高 (width, height)
void setSize(int width, int height) //设置窗口大小 (宽与高)
void setVisible(boolean b)                  //设置是否显示窗口

void toBack()                               //将窗口移到背景
void toFront()                              //将窗口移到前景 (画面最前面)
```

3. 简易的窗口程序

扫一扫，看视频

认识窗口的类后，下面就来编写一个简易的窗口程序，此范例只是单纯地显示窗口，并无任何功能（其执行结果如图 18.5 所示）。

程序 OnlyFrame.java 显示窗口

```
01 import javax.swing.*;
02
03 public class OnlyFrame {
04   public static void main(String[] args) {
05
06     //创建 JFrame 容器对象
07     JFrame myframe = new JFrame("简易窗口");
08
09     //设置当用户关闭窗口时，即结束程序
10     myframe.setDefaultCloseOperation(JFrame.EXIT_ON_CLOSE);
11
12     myframe.setSize(320,240);          //设置窗口的宽与高
13
14     myframe.setVisible(true);          //将窗口设为要显示
15   }
16 }
```

执行结果

简易窗口

没有内容的简易窗口

图18.5

◎ 第 1 行，因为要使用 Swing 对象，所以在程序开头先导入 javax.swing 包。

◎ 第 7 行创建一个 JFrame 组件，并在调用构造方法时传入一个字符串作为窗口标题，如图 18.4 所示。

◎ 第 10 行调用 setDefaultCloseOperation() 方法，以设置当用户关闭窗口时要做什么操作。EXIT_ON_CLOSE 常量的意思，就是在关闭窗口时即结束程序，这也是一般窗口应用程序的行为。

◎ 第 12、14 行调用前面介绍过的 setSize()、setVisible() 方法设置窗口的初始大小，并显示窗口。

4. 在窗口中加入组件

创建窗口后，并不能直接将组件加到 JFrame、JDialog、JWindow 之中，而是要加到这几个窗口类都有的 Content Pane 子容器中。

我们可以把 JFrame 想成是窗口的“外框”，这个外框只有基本的窗口边框、标题栏以及右上角的缩放窗口和关闭按钮图标，Content Pane 则代表窗口中实际可用的区域，也就是可加入组件的地方，如图 18.6 所示。

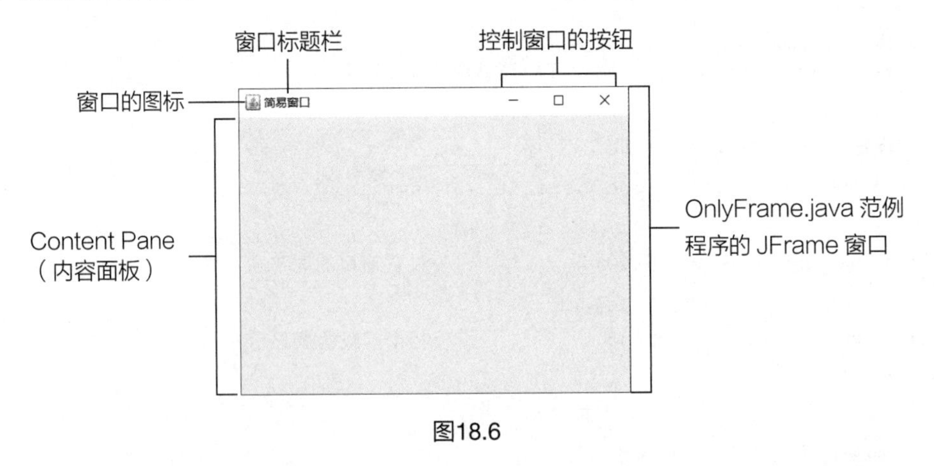

图18.6

要获取 JFrame 的 Content Pane，可调用以下方法。

```
public Container getContentPane()    //获取 Content Pane 对象
```

接着再用此对象调用继承自 java.awt.Container 的方法，即：

```
Component add(Component comp)        //将 comp 组件加到容器中
```

接着编写一个在窗口中加入 JButton 按钮对象的范例程序（效果如图 18.6 所示）。此程序会先创建 JFrame、JButton 对象，然后用 JFrame 对象获取 Content Pane 以加入 JButton 组件，之后就和前一个范例一样，用 setVisible() 方法将窗口显示出来。

程序 SimpleFrame.java 在窗口中加入按钮

```
01 import javax.swing.*;
02 
03 public class SimpleFrame {
04   public static void main(String[] args) {
05 
06     JFrame myframe = new JFrame("加个按钮");
07 
08     //创建按钮对象
09     JButton mybutton = new JButton("确定");
10 
11     //获取 Content Pane 并加入按钮
12     myframe.getContentPane().add(mybutton);
13 
14     myframe.setDefaultCloseOperation(JFrame.EXIT_ON_CLOSE);
15     myframe.setSize(320,240);
16     myframe.setVisible(true);
17   }
18 }
```

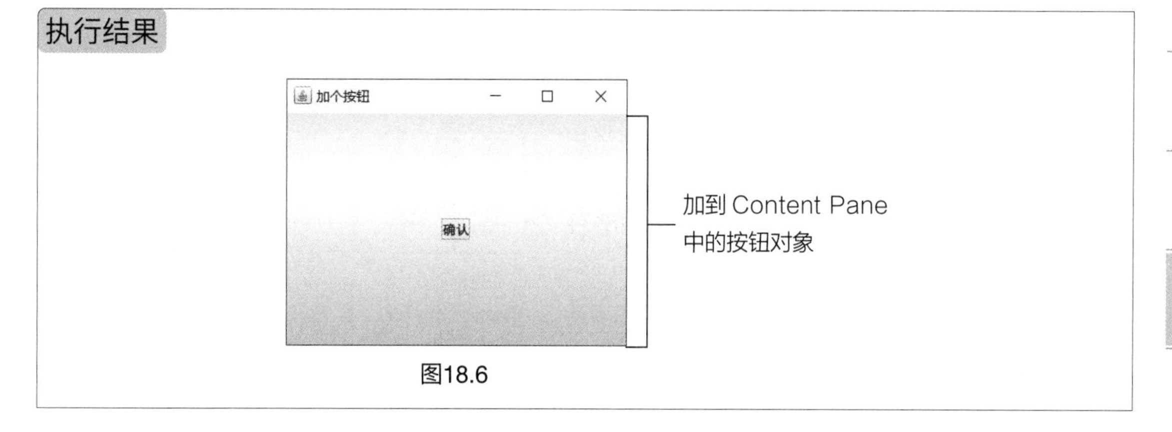

图18.6

从执行结果可发现两件事：这个按钮没有任何功能，按下去也没有反应；其次是这个按钮会占用 Content Pane 的全部空间，当调整窗口大小时，这个按钮也会随窗口一起变大或变小，和我们一般认知的“固定大小” 的按钮不同。

要解决这两个问题，必须先认识 AWT/Swing 的事件处理模型与版面配置架构，下面先来介绍整个 AWT/Swing 的事件处理模型。

Swing 的图形界面样式

Swing 还有一项有别于 AWT 的特性，即其图形界面可设置样式 (Look and Feel)，让程序产生不同的效果。限于篇幅，本书不深入介绍 Swing 的 Look and Feel，若想尝试不同的样式，可在程序中 (例如 main() 方法最前面) 加入以下的设置语句。

```
try {
  //UIManager 为 javax.swing 包中的类
  UIManager.setLookAndFeel(
    "com.sun.java.swing.plaf.windows.WindowsLookAndFeel");
} catch (Exception e) {
}
```

setLookAndFeel() 方法的参数可以是样式的名称或是代表样式的 LookAndFeel 对象 (请参考 Java 文件)，例如上例中的 "com.sun.java.swing.plaf.windows.WindowsLookAndFeel" 即代表 Windows 操作系统的样式，最后一字改成 "WindowsClassicLookAndFeel" 则为传统 Windows 样式。由于此方法可能抛出多种异常，所以调用的语句需放在 try...catch 语句块中。

18.3 GUI 的事件处理

GUI 的程序设计方式都是采取“事件驱动”（Event-Driven）的模型，以下就来认识 Swing 沿用自 AWT 的委派式（delegation）事件处理模型。

18.3.1 委托式事件处理架构

扫一扫，看视频

在 AWT 的委托式事件处理模型中，每当用户在 GUI 中做一项操作时，例如单击按钮、选择某个选项、移动一下鼠标，都会产生对应的事件（event），如图 18.7 所示。

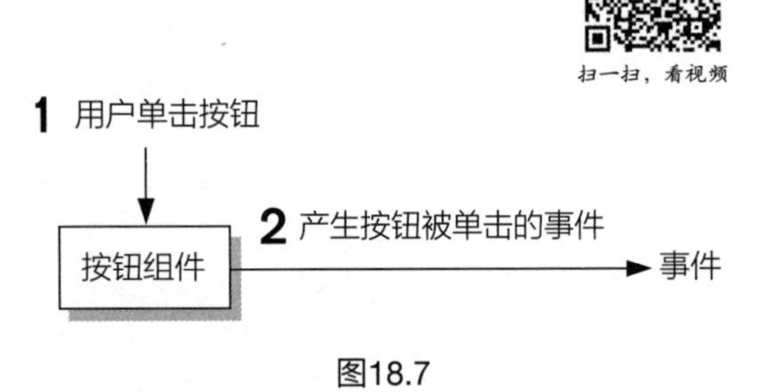

图18.7

如果要让程序在用户单击按钮时执行一个动作，就必须在某个实现监听程序（Listener）界面的类中，编写一个事件处理方法来处理对应的事件（例如按钮被单击的事件），然后用此类创建对象并通知会产生该事件的组件："我的对象要当事件的监听者"，如此在发生事件时，组件才会调用对应的事件处理方法，如图 18.8 所示。

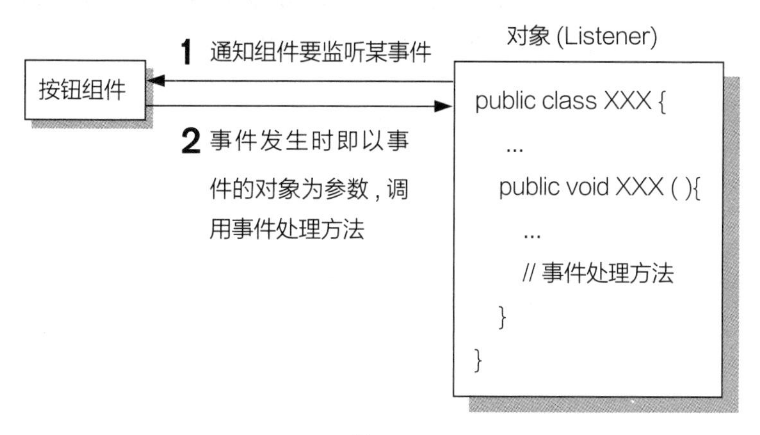

图18.8

要实现出上述的功能，必须完成以下工作。

（1）实现 XxxListener 接口：首先，包含事件处理方法的类必须声明为实现 XxxListener 接口。不同类型的事件需实现不同的接口，表 18.1 所示为几种常见的 Listener 接口。

表18.1

动作种类（事件类型）	对应的 Listener 接口
单击按钮	ActionListener
窗口打开或关闭	WindowListener
单击鼠标按钮	MouseListener
鼠标移动	MouseMotionListener

（2）编写事件处理方法：事件处理方法就是上述 Listener 接口中所声明的方法，每种接口所声明的方法名称、数量都不同。例如 ActionListener 只有一个 actionPerformed() 方法。MouseMotionListener 接口则有 mouseDragged() 和 mouseMoved() 两个方法。

在方法中可执行要响应事件的操作，例如若希望用户单击按钮时改变窗口的背景颜色，就要在 actionPerformed() 方法中加入改变窗口背景颜色的代码。

（3）告知组件我们要当监听者：必须在程序中调用按钮组件的 addActionListener() 通知该组件："我的对象是监听者"，也就是说对象中有对应的事件处理方法。如此一来，发生按钮被单击的事件时，按钮组件才会调用写好的 actionPerformed() 执行其中的操作。

调用 addActionListener() 时，需以实现 ActionListener 接口的对象为参数，也就是告知按钮组件："我这个对象是一个监听者"。

TIP 其他类型的事件则需要调用对应的 addXxxListener() 方法。

请注意，我们并不会在自己的程序中调用 actionPerformed() 事件处理方法，这个方法是提供给组件调用的。所以，事件处理框架算是一种“被动”的处理方式。如果在程序执行生命期中，用户都没有单击按钮，则对应的 actionPerformed() 也不会被执行。

18.3.2 实现 Listener 接口

扫一扫，看视频

认识 AWT 的事件处理模型后，就来看如何写一个处理按钮事件的监听程序。由于此部分的功能是源自 AWT，所以程序必须导入 awt.event.* 包。

要实现 Listener 接口，可以在主程序外另建一个类，然后将它声明为实现 Listener 接口并实现事件处理方法。不过这样做并不方便，因为我们通常会在事件处理方法中使用到窗口容器或其他组件，此时要获取这些对象将会使程序变得复杂，所以本章仍是用主程序本身来实现 Listener 接口。

以处理按钮事件为例，根据前面所述，必须完成 3 个操作。

（1）声明实现 Listener 接口：这部分应该很熟悉了，以按钮事件为例。

```
public class Xxx implements ActionListener {
```

（2）编写事件处理方法：由于 ActionListener 只声明一种 actionPerformed() 方法，所以只要实现这个方法，即可处理按钮事件。

```
public void actionPerformed(ActionEvent e) {
   //将要执行的代码放在此处
}
```

（3）告知组件我们要当监听者：必须以按钮对象调用 addActionListener() 方法。

```
按钮对象.addActionListener(有实现处理方法的类对象);
```

下面就是将前一个程序加上按钮事件处理的范例（其执行结果如图 18.9 所示）。

程序 SimpleListener.java 计算按钮被单击次数

```
01 import javax.swing.*;
02 import java.awt.event.*;                          //要处理事件必须导入此包
03
04 public class SimpleListener extends JFrame    //继承 JFrame 类
05                 implements ActionListener {       //并实现监听程序接口
06   int act = 0;                                    //用来记录按钮被单击次数的变量
07
```

```
08    public static void main(String[] args) {
09      SimpleListener test = new SimpleListener();     //创建监听程序对象
10    }
11
12    //用构造方法来创建组件、将组件加入窗口、显示窗口
13    public SimpleListener() {
14      setTitle("Listener 示范");                        //设置窗口标题
15      JButton mybutton = new JButton("换个标题");
16
17      //通知按钮对象：本对象要当监听者
18      mybutton.addActionListener(this);
19
20      getContentPane().add(mybutton);
21      setDefaultCloseOperation(JFrame.EXIT_ON_CLOSE);
22      setSize(420,140);
23      setVisible(true);
24    }
25
26    public void actionPerformed(ActionEvent e) {
27      act++;                                             //将按钮被单击次数加 1
28
29      //将窗口标题栏改为显示按钮被单击次数
30      setTitle("发生 " + act + " 次单击事件");
31    }
32  }
```

执行结果

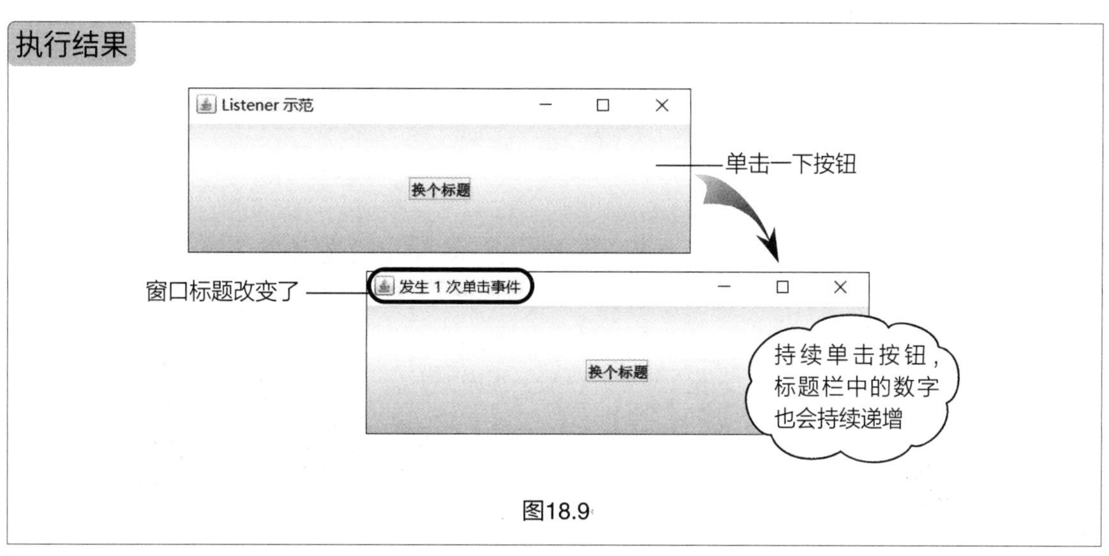

图18.9

◎ 第 4 行声明继承 JFrame 类，如此可继承 JFrame 的所有功能，因此在类的构造方法中就可

以直接调用 JFrame 的方法，例如 setSize()、setTitle() 等，而不用另外再创建 JFrame 对象。

◎ 第 6 行声明的变量 act 是用来记录按钮被单击的次数。

◎ 第 8 ~ 10 行在 main() 中以本身所属的类创建对象，以同时作为窗口对象（因继承了 JFrame 类）及监听者对象（因实现了 ActionListener 接口）。

◎ 第 13 ~ 24 行的构造方法进行主要的 GUI 创建动作，除了已熟悉的创建组件、将组件加入窗口、显示窗口外，最重要的就是第 18 行以 this 对象为参数，调用 mybutton.addActionListener() 方法，表示将本对象设为 mybutton 按钮的事件监听者。

◎ 第 26 ~ 31 行即为事件处理方法 actionPerformed() 的内容，方法中先将 act 变量加 1，然后调用 setTitle() 将窗口标题变更为显示单击按钮的次数。所以每单击一次按钮，这个方法就会被调用一次，窗口标题的数字也会递增。

由上述程序可发现一件有趣的事：在我们的程序中根本没有调用 actionPerformed() 的语句，但从执行结果中发现，每次单击按钮时，此方法就会被调用一次。由于事件处理方法是被组件（或系统）调用，不像平常是由我们调用（Call）组件（或系统）提供的方法，所以事件处理方法也称为 Call-Back 方法。

如何处理多个按钮的事件

假如窗口中有两个按钮，这两个按钮被单击时要做不同的事，但类中只能有一个 actionPerformed()，这时可用 if、switch 等方式先检查产生此事件的组件是谁，再决定要做什么操作。

```
public void actionPerformed(ActionEvent e) {
  if (e.getSource() == XXX) //getSource() 方法可获取产生事件的对象
    //XXX 按钮的处理操作
  } else {
    //其他按钮的处理操作
  }
  ...
}
```

但此法只适用于少量按钮的状况（18.4.3 小节的范例 ChangeColor.java 即是采用此种做法），如果按钮很多时，事件处理方法的内容将会变得很大，造成编写及阅读上的不方便。此时就可改用第 12 章所提到的功能：内部类与匿名类。

例如前述的按钮范例，我们可用内部类来改写，程序如下。

程序 InnerDemo.java 用匿名类实现监听程序

```
01 import javax.swing.*;
02 import java.awt.event.*;
03
04 public class InnerDemo extends JFrame {
```

```
05
06   int act = 0;                    //用来记录按钮被单击次数的变量
07
08   public static void main(String[] args) {
09     InnerDemo test = new InnerDemo();
10   }
11
12   //用构造方法创建组件、将组件加入窗口、显示窗口
13   public InnerDemo() {
14     setTitle("Listener 示范");
15     JButton mybutton = new JButton("换个标题");
16     mybutton.addActionListener(new InnerListener());
17                                   //以内部类对象为监听者
18
19     getContentPane().add(mybutton);
20     setDefaultCloseOperation(JFrame.EXIT_ON_CLOSE);
21     setSize(420,140);
22     setVisible(true);
23   }
24
25   //实现 ActionListener 接口的内部类
26   class InnerListener implements ActionListener {
27     public void actionPerformed(ActionEvent e) {
28       act++;                      //访问外部类的 act 成员
29       setTitle("发生 " + act + " 次按钮事件");
30     }
31   }
32 }
```

这个范例的执行情形和前面的 SimpleListener.java 完全相同，但此处改用第 26 ~ 31 行的内部类 InnerListener 来设计监听程序，在第 16 行创建监听程序类对象，并将它设置为按钮事件的监听者。

18.3.3 以匿名类设计事件处理类与方法

扫一扫，看视频

如前所述，当窗口有多个按钮，且各按钮要有不同的事件处理方法，但又不适合用一个类来实现所有按钮的监听程序，此时就可利用内部类或匿名类来实现不同按钮组件的监听程序处理，这样就做到让每个按钮都有自己的监听者。

不过使用内部类时有一点比较麻烦，就是要为每一个监听程序类取名字（如前面程序的 InnerListener）。若改用匿名类则无此困扰，下面就将前面程序改用匿名类来实现。

程序 AnonymousListener.java 用匿名类实现监听程序

```
01 import javax.swing.*;
02 import java.awt.event.*;
03
04 public class AnonymousListener extends JFrame {
05
06   int act = 0;           //用来记录按钮被单击次数的变量
07
08   public static void main(String[] args) {
09     AnonymousListener test = new AnonymousListener();
10   }
11
12   //用构造方法创建组件、将组件加入窗口、显示窗口
13   public AnonymousListener() {
14     setTitle("Listener 示范");
15     JButton mybutton = new JButton("换个标题");
16
17     //addActionListener() 的参数为匿名类对象
18     mybutton.addActionListener(
19       //以下就创建匿名类对象作为按钮的监听程序
20       new ActionListener() {
21         public void actionPerformed(ActionEvent e) {
22           act++;        //将按钮次数加 1
23           setTitle("发生 " + act + " 次按钮事件");
24         }
25       }
26     );
27     getContentPane().add(mybutton);
28
29     setDefaultCloseOperation(JFrame.EXIT_ON_CLOSE);
30     setSize(420,140);
31     setVisible(true);
32   }
33 }
```

第 18 ~ 26 行调用按钮组件的 addActionListener() 方法，调用此方法所给的参数就是第 20 ~ 25 行所创建的匿名类对象。当按钮对象被单击产生事件时，即会执行到第 21 ~ 24 行的处理方法，也就是在窗口标题栏显示按钮的次数。

用 Lambda 表达式让设置监听者的语法更加简洁

在第 12.4.3 小节曾介绍过 **Lambda 表达式**，它可将匿名类再简化，只需写出匿名类中要重新定义方法的参数及程序主体即可。

方法的参数->{方法的主体}

因此，前面程序第 18~26 行设置监听程序对象的匿名类也可改用 lambda 简化，即：

程序 LambdaListener.java 用 Lambda 表达式实现监听程序

```
19 mybutton.addActionListener(
20   e -> { act++ ;
21          setTitle("发生 " + act + " 次按钮事件");
22 });
```

以上的 e 即为 actionPerformed() 方法的参数，而 -> 后的大括号中则为方法的程序主体。

18.3.4 继承 Adapter 类处理事件

扫一扫，看视频

在实现接口时，需实现接口中的所有方法。在实现各种事件处理接口时也不能异常，例如有关键盘按键事件的 KeyListener 接口就有 keyPressed()、keyReleased()、keyTyped() 三个方法；而鼠标事件的 MouseListener 接口则更多，如 mousePressed()、mouseReleased()、mouseEntered()、mouseExited()、mouseClicked() 等。有时只想处理其中一两种方法，虽然只需让没有用到的方法的本体保持空白即可，但也必须实现所有的方法，例如：

```
xxx.addMouseListener(this);
...
//没有用到的方法也都要列出
public void mousePressed(MouseEvent e) { }
public void mouseReleased(MouseEvent e) { }
public void mouseEntered(MouseEvent e) { }
public void mouseExited(MouseEvent e) { }

public void mouseClicked(MouseEvent e) {
    ...//有用到的方法才编写处理的代码
}
```

但仍要在程序中列出一些未用到的方法，总是有点不方便。为此 Java 提供了另一套机制，也就是使用 Adapter 类。

Adapter 类是一组已实现好各种事件处理方法的类，当只想要处理某类事件中的一两种事件时，就可继承对应的 Adapter 类，然后只需重新定义要用的事件处理方法即可，而不必在程序中列出一堆不用的方法。java.awt.event 中定义了 7 个 Adapter 类，javax.swing 则增加了 2 个，见表 18.2。

表18.2

AWT 中的 Adapter 类

类名称	适用事件
ComponentAdapter	组件（隐藏、显示、变更大小等）
ContainerAdapter	容器（隐藏、显示、变更大小等）
FocusAdapter	输入焦点（Input Focus）
KeyAdapter	按键
MouseAdapter	鼠标按钮
MouseMotionAdapter	鼠标移动
WindowAdapter	窗口

Swing 中的 Adapter 类

类名称	适用事件
InternalFrameListener	InternalFrame 容器
MouseInputAdapter	所有鼠标（包括按钮及移动事件）

要用 Adapter 类处理事件，只需继承对应的 Adapter 类，然后重新定义所需的事件处理方法即可。例如，若只想处理按键事件中的 keyTyped() 方法，可继承 KeyAdapter 类后，改写 keyTyped() 方法即可，当然也要调用 addKeyListener() 将类对象设为监听程序。

本例执行结果如图 18.10 所示。

程序 MyKeyAdapter.java 以 Adapter 类对象设计事件处理方法

```
01 import java.awt.event.*;
02 import javax.swing.*;
03
04 public class MyKeyAdapter extends KeyAdapter {
05
06   JFrame myframe = new JFrame("Adapter 类示范");
07
08   //用来显示信息的标签
09   JLabel whatkey = new JLabel("请输入任一字符!");
10
11   public static void main(String[] args) {
12     MyKeyAdapter test = new MyKeyAdapter();
13     test.init();
14   }
15
16     //创建组件、将组件加入窗口、显示窗口的方法
```

```
17   public void init() {
18     myframe.addKeyListener(this);   //设置按键事件的监听程序
19
20     myframe.getContentPane().add(whatkey);
21     myframe.setDefaultCloseOperation(JFrame.EXIT_ON_CLOSE);
22     myframe.setSize(240,120);
23     myframe.setVisible(true);
24   }
25
26   //继承自 KeyAdapter 的方法
27   public void keyTyped(KeyEvent e) {
28     whatkey.setText("您刚刚输入的是—>" + e.getKeyChar());
29   } //keyPressed()、keyReleased() 方法都不用管
30 }
```

执行结果

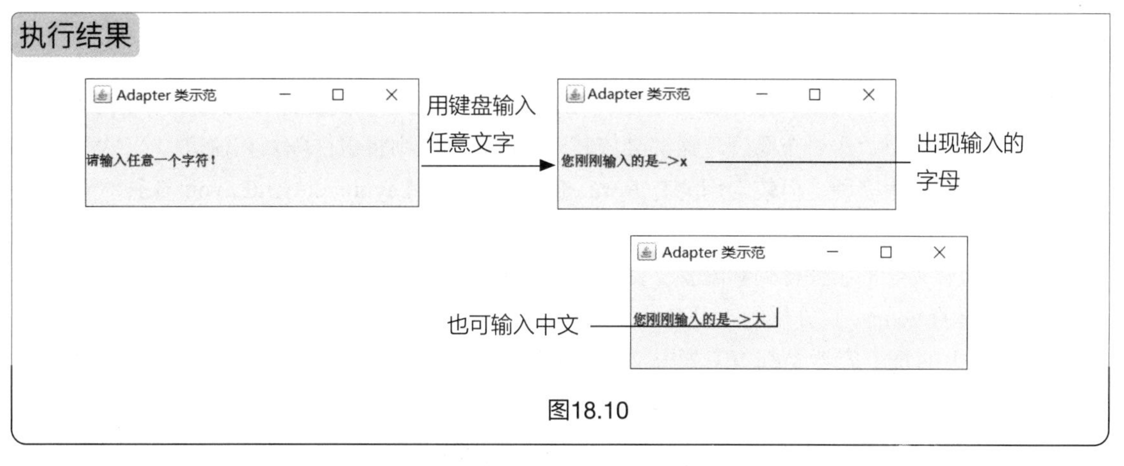

图18.10

◎ 第 4 行声明我们的类继承自 KeyAdapter 抽象类。

◎ 第 18 行调用 addKeyListener() 方法将 this 对象设为监听者。

◎ 第 27 ~ 29 行自定义 keyTyped() 方法来处理由按键输入字符的事件。

◎ 第 28 行先用事件对象 e 调用 getKeyChar() 方法获取用户输入的字符，再用 GUI 组件的 setText() 方法将指定的字符串及输入的字符设为标签所显示的文字。

其他 Adapter 类的用法也都相似。读者可参考各 Adapter 类的说明文件，了解各种事件的作用，即可利用 Adapter 类编写出不同事件的处理方法。

keyPressed 与 keyTyped 的差异

keyPressed 是按键被按下时产生的事件；至于 keyTyped 则是由某个字符被输入时所产生的事件。例如当我们只按下 Shift 键时，虽然产生 keyPressed 事件，但因单纯的 Shift 键不代表任何字符，所以不会产生 keyTyped 事件；若再按下 A 键才会产生大写（或小写）的字符“A”。同理，如果我们使用中文输入法，在输入一个字的过程中，会因按多个按键而产生多个 keyPressed 事件，但最后完成一个字的输入只会有一个 keyTyped 事件。

18.4 布局管理器

如果想在前面的程序中多加几个按钮，例如再加一个按钮让程序显示的按钮次数递减，你会发现程序仍只显示一个按钮。这是因为JFrame有默认的布局（layout）方式，如果未指定按钮的位置，则按钮都会放到同一个地方，使得窗口上只能看到一个按钮；除了指定按钮位置外，也可改变默认的布局方式。不管使用哪一种方法，都需用到AWT的布局管理器（layout manager），下面就来认识Java的GUI组件布局方式。

18.4.1 GUI组件布局管理器的基本概念

扫一扫，看视频

在Java的GUI设计中，是通过AWT的布局管理器来控制组件在容器中的排列方式和位置。AWT中定义的布局管理器多达十余种，每种都有其特殊的排列方式和规则，以供不同需求的窗口选用。

使用布局管理器的好处就是不需担心组件在窗口中的位置，只要选择合适的布局管理器，不论用户如何调整窗口大小，布局管理器都会依其内置的排列规则将组件陈列在窗口中。AWT中定义的布局管理器有很多种，但较常用的有BorderLayout、FlowLayout和GridLayout 3种（每个布局管理器都有一个对应的同名类）。

如果要做较复杂的组件排列和配置，其实使用各种Java集成开发环境（IDE，例如本书附赠资料中所介绍的Eclipse）提供的工具来绘制会比较方便。

Swing中的每个容器类都有其默认的布局管理器，以下我们就先从JFrame默认使用的BorderLayout开始学习。

扫一扫，看视频

18.4.2 BorderLayout边框布局

JFrame默认采用的BorderLayout（边框布局）布局管理器是比较固定的一种布局方式。BorderLayout将可用的空间划分为5个部分，如图18.11所示。

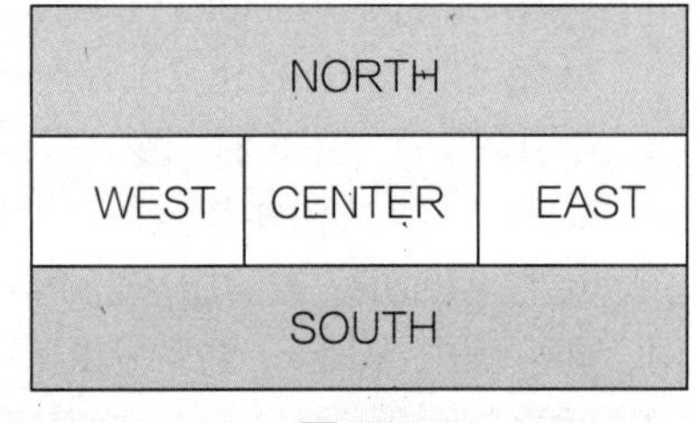

图18.11

图18.11中的NORTH、WEST等就是在加入组件时需指定的位置参数（称为Constraint），表示要将组件加到哪一个位置上。

```
add(new Button("North"), BorderLayout.NORTH);    //在上面放置 "North" 按钮
add(new Button("South"), BorderLayout.SOUTH);    //在下面放置 "South" 按钮
add(new Button("West"), BorderLayout.WEST);      //在左边放置 "West" 按钮
add(new Button("East"), BorderLayout.EAST);      //在右边放置 "East" 按钮
add(new Button("Center"), BorderLayout.CENTER); //在中间放置 "Center" 按钮
```

TIP 位置参数也可用“NORTH”“SOUTH”“EAST” 等字符串来代替。

BorderLayout 除了位置固定外，还有几个特点：加入某位置的组件将会填满整个位置；放大窗口时，将以放大中间的部分为主，上、下位置则是依窗口放大的情况动态调整。

下面就是一个应用 BorderLayout 的简例，这个程序会用到 JLabel、JText Field 这两个新的 GUI 组件，如图 18.12 所示。

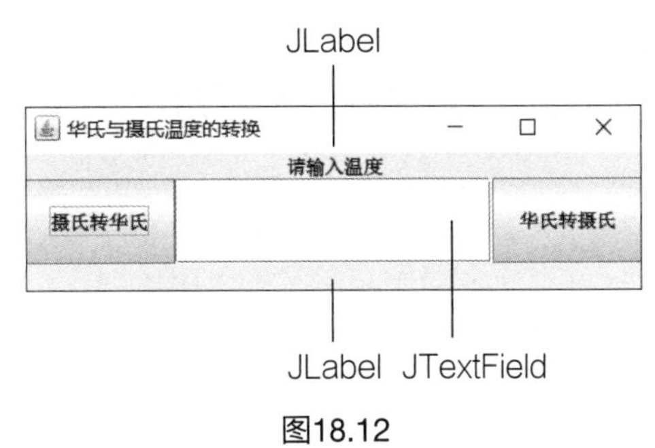

图18.12

程序 TempConverter.java 华氏、摄氏温度换算

```
01 import javax.swing.*;
02 import java.awt.event.*;
03 import java.awt.*;
04
05 public class TempConverter implements ActionListener {
06
07   JFrame myframe = new JFrame("华氏与摄氏温度的转换");
08
09   JLabel result = new JLabel(" ",SwingConstants.CENTER); //转换结果显示区
10   JTextField degree = new JTextField();                  //输入区
11   JButton f2c = new JButton("华氏转摄氏");
12   JButton c2f = new JButton("摄氏转华氏");
13
14   public static void main(String[] args) {
15     TempConverter test = new TempConverter();
16   }
17
18   public TempConverter () {                               //构造方法
19     //先获取 ContentPane 对象
20     Container contentPane = myframe.getContentPane();
21
22     //将 5 个组件加到 BorderLayout 的5个位置
23     contentPane.add(new JLabel("请输入温度",SwingConstants.CENTER),
24                     BorderLayout.NORTH);
25     contentPane.add(f2c,BorderLayout.EAST);
26     contentPane.add(c2f,BorderLayout.WEST);
27     contentPane.add(degree,BorderLayout.CENTER);
28     contentPane.add(result,BorderLayout.SOUTH);
29
```

```
30     //设置 this 对象为监听者
31     f2c.addActionListener(this);
32     c2f.addActionListener(this);
33
34     myframe.setDefaultCloseOperation(JFrame.EXIT_ON_CLOSE);
35     myframe.setSize(400,120);
36     myframe.setVisible(true);
37   }
38
39   public void actionPerformed(ActionEvent e) {
40     try {
41       //获取输入区的字符串，并转成浮点数
42       double value = Double.parseDouble(degree.getText());
43
44       String msg="";                  //显示转换结果的字符串
45       if(e.getSource() == f2c)        //依按钮决定转换方式
46         msg= "华氏 " + value + " 度等于摄氏 " +
47                     ((value-32)*5/9) +" 度";
48       else
49         msg= "摄氏 " + value + " 度等于华氏 " +
50                     (value/5*9 + 32) +" 度";
51       //并将结果写到窗口最下方
52       result.setText(msg);
53     } catch (NumberFormatException ne) {
54       degree.setText("");             //发生异常时清除输入区内容
55     }
56   }
57 }
```

执行结果

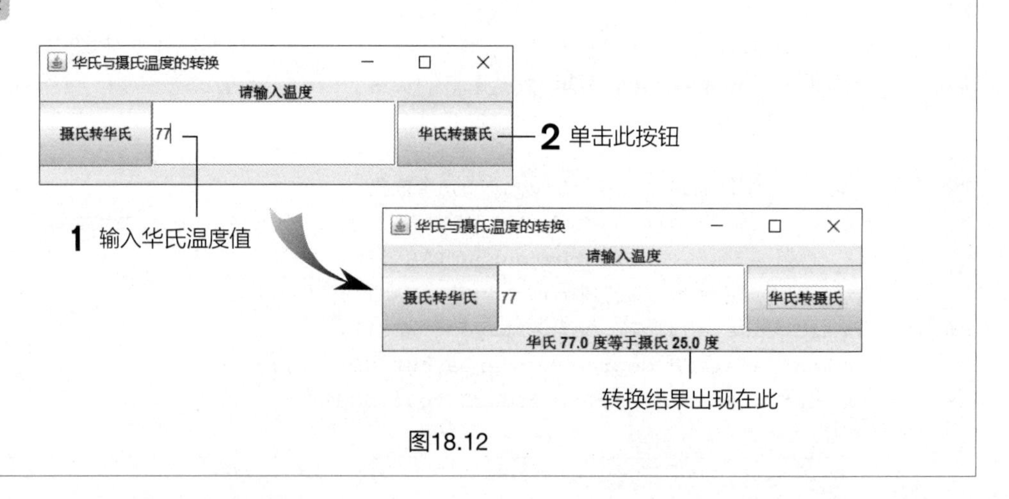

图18.12

◎ 第 7 ~ 12 行创建 JFrame 及窗口中的按钮和文字输入字段等对象。

◎ 第 9 及 23 行 JLabel 构造方法的第 2 个参数，是设置文字对齐方式，此处使用 SwingConstants 类中定义的常量 CENTER，表示文字要居中。若省略此参数，则文字默认会向左对齐。

◎ 第 23 ~ 28 行调用 add() 将 5 个组件加到 BorderLayout 的五个位置。第 23 行加入的 JLabel 对象因为只是用来显示提示文字，在程序中不会再用到，因此是在 add() 内直接用 new 语句立即创建。

◎ 第 31、32 行将 2 个按钮的监听者都设为 this，第 39 ~ 56 行实现按钮事件处理方法。

◎ 第 42 行用 JTextField 的 getText() 获取用户输入的字符串，并将之转成浮点数。程序用 try...catch 的方式捕捉可能发生的格式不符合的异常。

◎ 第 45 ~ 50 行判断被单击的按钮，以此来决定要进行“摄氏转华氏” 或“华氏转摄氏” 的处理。

◎ 第 52、54 行调用 JLabel 的 setText() 来设置所要显示的文字信息。

BorderLayout 的特点就是布局的方式 / 位置都预先设好了，无法做变动。但如果要放的组件不到 5 个，则仍是有些弹性，因为未用到的区域就不会显示出来，所以就能产生不同的布局效果，如图 18.13 所示。

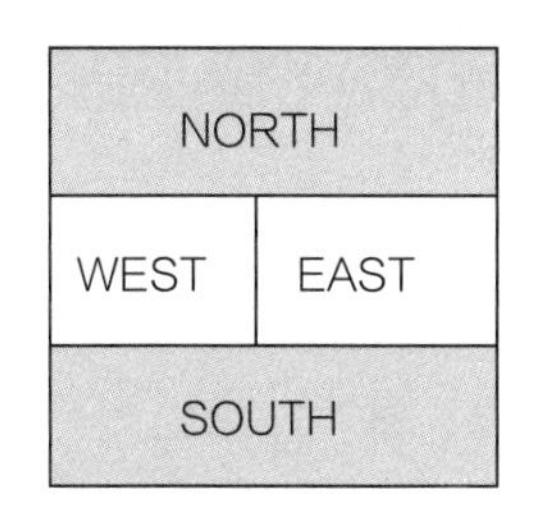

（a）没有用到 CENTER 时的配置

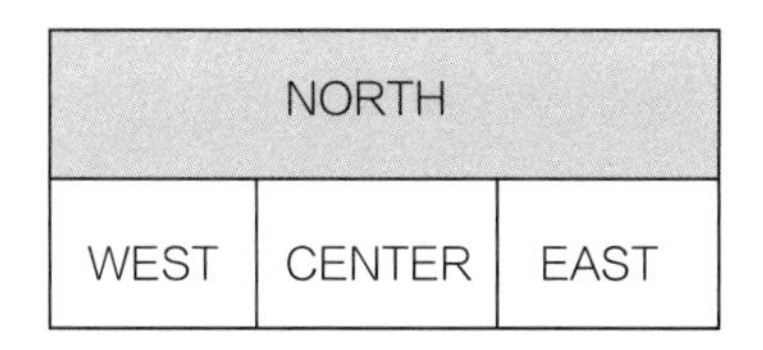

（b）没有用到 SOUTH 时的配置

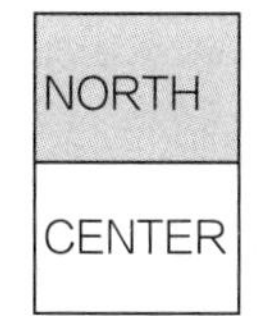

（c）只用到 NORTH 和 CENTER 时的配置

图18.13

例如将 TempConverter.java 的第 23、24 行的程序去掉时，会产生如图 18.14 所示的窗口画面。

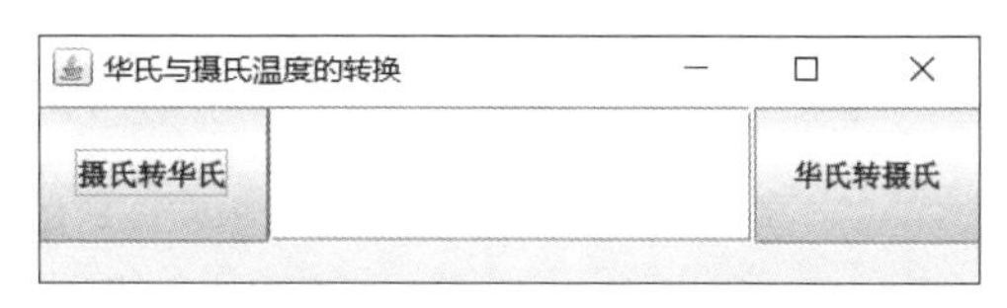

没有用到 NORTH 时的布局效果

图18.14

BorderLayout 的主要缺点就是只有 5 个区域，最多只能放 5 个组件。若要放置更多的组件，就需放入额外的容器对象；若想让组件以不同的方式排列，则需改用其他的布局管理器。基于这两个理由，若组件较多时，一般都会换用其他的布局管理器。

18.4.3 FlowLayout 流布局

扫一扫，看视频

FlowLayout（流布局）布局管理器排列组件的方式很简单，就是将加入的对象依次由容器左上角向右排列，到窗口右边界时会自动换行继续排列，所以各组件间的相对位置可能会随窗口大小不同而变动。

Swing 中默认采用 FlowLayout（流布局）布局管理器的容器类是 JPanel，一般在设计 GUI 程序时，并不会将组件直接加到 JFrame，而是将 JPanel 加到 JFrame 中，然后再将所需的组件加入 JPanel 容器，如此会比较有弹性。但如果要设计的 GUI 并不复杂，而想直接在 JFrame 使用 FlowLayout（流布局）布局管理器，则可用 Content Pane 对象的 setLayout() 来设置。

```
JFrame myframe...
...
myframe.getContentPane().setLayout(new FlowLayout());
```

下面就是一个使用 JPanel 的简单范例，此范例将 5 个按钮组件加到 JPanel 容器中（见图 18.15），因此组件的排列方式是由 FlowLayout（流布局）布局管理器处理，读者可从此认识 FlowLayout 布局的特性。

程序 ChangeColor.java 单击按钮即可改变窗口的背景颜色

```
01 import java.awt.*;
02 import java.awt.event.*;
03 import javax.swing.*;
04
05 public class ChangeColor extends JPanel      //继承 JPanel 类
06                          implements ActionListener {
07   JButton red = new JButton("红");
08   JButton orange = new JButton("橙色");
09   JButton yellow = new JButton("黄");
10   JButton green = new JButton("绿色");
11   JButton blue = new JButton("蓝");
12
13   public static void main(String[] args) {
14     //创建 ChangeColor (JPanel 的子类) 对象
15     ChangeColor p = new ChangeColor();
16
17     JFrame f = new JFrame("变换窗口背景");
18     //将 JPanel 对象加到 JFrame 中
19     f.getContentPane().add(p);
20     f.setDefaultCloseOperation(JFrame.EXIT_ON_CLOSE);
21     f.setSize(360,80);
22     f.setVisible(true);
```

```
23    }
24
25    public ChangeColor() {                          //构造方法
26      //将 5 个按钮组件加到面板中
27      add(red);
28      add(orange);
29      add(yellow);
30      add(green);
31      add(blue);
32
33     //将5个按钮的监听者都设为此对象
34     red.addActionListener(this);
35     orange.addActionListener(this);
36     yellow.addActionListener(this);
37     green.addActionListener(this);
38     blue.addActionListener(this);
39    }
40
41     //5个按钮的事件处理方法
42    public void actionPerformed(ActionEvent e) {
43      JButton s = (JButton) e.getSource();     //获取产生事件的按钮
44
45      //将面板背景颜色换成按钮对应的颜色
46      if (s == red) setBackground(Color.red);
47      else if (s == orange) setBackground (Color.orange);
48      else if (s == yellow) setBackground (Color.yellow);
49      else if (s == green) setBackground (Color.green);
50      else setBackground (Color.blue);
51    }
52  }
```

执行结果

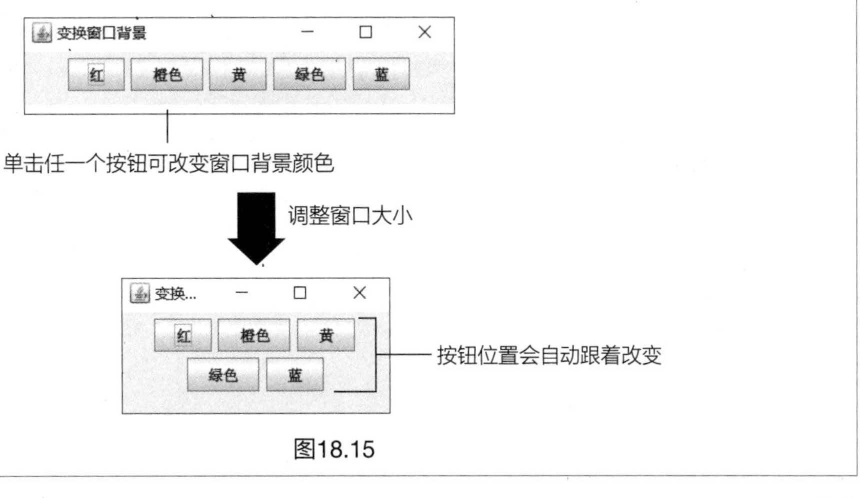

图18.15

◎ 第 5 行声明继承 JPanel 类，则此类将继承 JPanel 的所有功能，并且此类的对象可被当成 JPanel 对象来使用。

◎ 第 7 ~ 11 行创建 5 个可改变窗口背景颜色的按钮。

◎ 第 17 行创建 JFrame 对象，并在第 19 行将 ChangeColor（JPanel 的子类）对象当成 JPanel 对象加到 JFrame 中。

◎ 第 25 ~ 39 行为 ChangeColor 的构造方法，第 27 ~ 31 行用 JPanel 的 add() 将 5 个按钮组件都加到其中；第 34 ~ 38 行将 5 个按钮的监听者都设为 this 对象。

◎ 第 42 ~ 51 行为 5 个按钮共享的事件处理方法，发生按钮事件时，程序先在第 43 行以事件对象调用 getSource() 获取产生事件的按钮对象，接着用 if...else 语句比对按钮对象，然后用 JPanel 对象调用 setBackground() 设置 JPanel 的背景颜色。

调整窗口大小时，就能观察 FlowLayout 的动态布局效果：当窗口够宽时，按钮都会放在同一列；当窗口变窄时，按钮就会被挤到下一行显示。

18.4.4 GridLayout 网格布局

扫一扫，看视频

GridLayout（网格布局）布局管理器是将容器内部切割成整齐的格子（就像表格一样），放置组件时依次放到每个规划好的格子里。在创建 GridLayout 布局管理器对象时，需在构造方法中指定格子的行数与列数，如图 18.16 所示。

```
GridLayout(int rows, int cols)  //纵向分成 rows 格
                                //横向分成 cols 格
GridLayout(int rows, int cols, int hgap, int vgap)
                                //纵向格子间距为 hgap 像素 (pixel)
                                //横向格子间距为 vgap 像素
```

2 cols
3 rows

图18.16

下面将前一个程序改成在 JFrame 中放入使用 GridLayout 布局管理器的 JPanel 容器（如图 18.17 所示）。

程序 GridChangeColor.java 使用 GridLayout 布局容器中的组件

```
13  public static void main(String[] args) {
14    //创建 ChangeColor (JPanel 的子类) 对象
15    GridChangeColor p = new GridChangeColor();
16    p.setLayout(new GridLayout(3,2));       //使用 3×2 的布局
17
18    JFrame f = new JFrame("变换窗口背景GridLayout版");
19    //将 JPanel 对象加到 JFrame 中
20    f.getContentPane().add(p);
21    f.setDefaultCloseOperation(JFrame.EXIT_ON_CLOSE);
22    f.setSize(360,80);
23    f.setVisible(true);
24  }
```

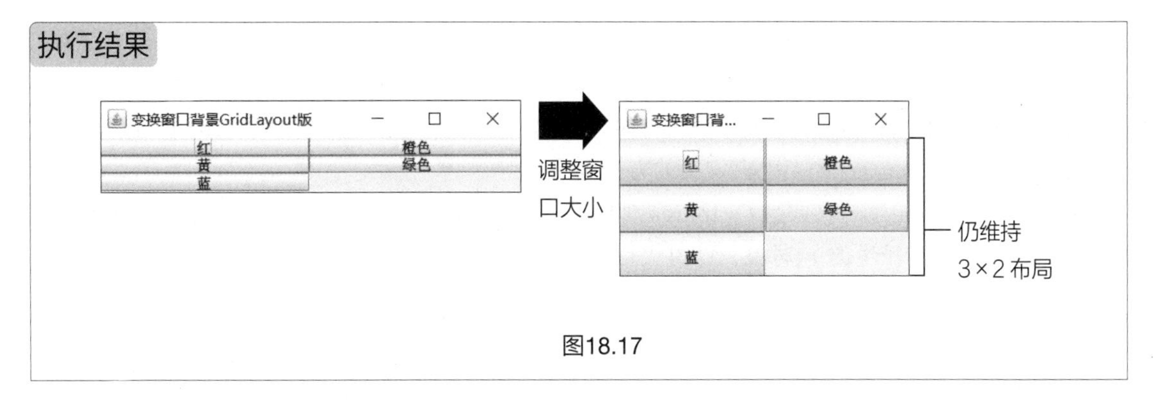

图18.17

除了在第 16 行调用 setLayout() 方法，将 JPanel 改用 3 × 2 的格状的布局外，程序其他部分都与前一范例相同。由执行结果可看到，不管如何调整窗口大小，窗口内的按钮仍会维持所设置的布局方式，因此按钮大小也会自动调整。

18.5 2D 绘图

学会 AWT/Swing 的应用后，本节要介绍 2D 绘图 API，利用这组 API 即可在屏幕上作画或是以不同的字型来显示文字。

18.5.1 Java 2D 绘图的基本概念

Java 2D API 的类分散于 java.awt、java.awt.geom、java.awt.font 等多组包中，而其中最基本的就是 java.awt 包中的 Graphics2D 类。

1. Graphics2D：绘图用的画布

Graphics2D 类就像作画时用的画布及绘图工具，可通过它所提供的方法来设置各种绘图属性，例如定义画布的颜色（背景颜色）、画笔的样式、字型种类、图形内部的涂满颜色等，当然也有绘制图形、显示图片的方法。要在屏幕上显示图形，一定要先获取一个 Graphics2D（或 Graphics）对象，不过这个对象并非由我们自行产生，而是由系统提供。

回想一下 Windows 或其他 GUI 环境，每个程序可控制、画图的范围受限于它的窗口范围。对应到 Java，就是必须向操作系统获取一个 Graphics2D 对象，此对象将代表程序可绘图的范围，所以程序不会随便画在屏幕上任一角落甚至画到其他程序的窗口中。

2. 如何获取 Graphics2D 对象

GUI 环境的特性之一，就是窗口随时会被其他的窗口盖住或是被用户缩小不见，而当窗口再度显示时，程序就需重新绘制先前被盖住 / 看不见的地方，以恢复其原来的画面。以 Swing 为例，当组件或容器需要被绘制时，系统会调用该组件的 Callback 方法 paintComponent()（AWT 组件则是 paint()），让该方法重新把组件画出来。在使用 Swing 组件时，都未改写各组件的 paintComponent()，所以各组件都是以其原有的行为绘出。若想让按钮长得和默认的不同，就必须改写按钮的 paintComponent()，以自定义的方式画出按钮。

paintComponent() 的参数为 Graphics 对象，只要在 paintComponent() 中，将此对象转换成 Graphics2D（前者的派生类）对象，即可进行 2D 绘图。

```
public void paintComponent(Graphics g) {
  Graphics2D g2d = (Graphics2D)g;              //先做类型转换

  //调用 Graphics2D 的方法进行设置
  g2d.setStroke(penThicknessOrPattern);

  xxxShape s = new xxxShape(...);              //创建几何图形

  g2d.draw(s);                                 //绘制图形
  ...
}
```

3. Java 2D 坐标系统

Java 2D 的绘图坐标系统分为用户空间（user space）及设备空间（device space，或称硬件空间），后者代表的是整个屏幕（或打印机等输出设备）的画面。如前所述，通常我们不会对整个屏幕画面做绘图的操作，而是只在自己程序的容器、组件上作画，所以只会用到“用户空间”。

用户空间是以组件的左上角为原点，然后横向为 X 轴、纵向为 Y 轴，如图 18.18 所示。

(0,0)
X
Y

图18.18

以画直线为例，必须指定直线两个端点的坐标参数来调用画线方法，下一小节就来介绍如何用 Graphics2D 图形类来绘制图形。

18.5.2 基本图形的绘制

扫一扫，看视频

使用 Java 2D 绘图的基本步骤如下。

（1）获取 Graphics2D 对象。

（2）设置画笔样式、颜色、粗细，也可设置图形的内部填色方式等。若省略此步骤，则是以默认的画笔样式、不填色的方式绘图。

（3）创建图形对象，绘制图形。

以上所列只是基本的步骤，视图形的复杂度，有时还需设置额外的 Graphics2D 属性。下面我们就先从最简单的线条和基本图形开始学习。

1. 基本 2D 绘图

Java 2D 提供许多绘制基本线条、几何图形的类及方法，这些类均能实现 Shape 这个定义了一些图形相关方法的接口。部分图形类（均属 java.awt.geom 包）如下。

◎ 线段:Line2D.Double、Line2D.Float。

◎ 椭圆形:Ellipse2D.Double、Ellipse2D.Float。

◎ 矩形:Rectangle2D.Double、Rectangle2D.Float。

◎ 圆角矩形:RoundRectangle2D.Double、RoundRectangle2D.Float。

TIP 完整的图形类清单,请参见 JDK 文件。

要创建这些图形对象，需视图形种类提供不同数量的参数。例如创建最简单的直线线段，需以 2 个端点的坐标点为参数；创建矩形时，需先指定左上角的坐标，然后指定宽与高（若宽等于高，就是正方形）；创建椭圆形时，需指定“外切矩形” 的左上角坐标及宽与高（若宽等于高，就是圆形）。

要绘制这类图形，最简单的方式就是在创建对象后，即用 Graphics2D 的 draw() 方法画出，此时 Java 会以默认的画笔来画出图形，范例如下。

程序 SimpleShape.java 绘制简单的几何图案

```
01 import java.awt.*;
02 import java.awt.geom.*;
03 import javax.swing.*;
04
05 public class SimpleShape extends JPanel {          //继承 JPanel 类
06
07   public void paintComponent(Graphics g) {
08     //请上层容器重画, 以清除原有内容
09     super.paintComponent(g);
10
11     //用 getSize() 获取面板 (JPanel 组件) 的宽与高, 再算出每个图形的宽高
12     double Width  = getSize().width - 10;          //减 10 是要在每个图形的上、下
13     double Height = getSize().height / 4 - 10;     //与左、右各保留 5 点空间
14
15     Graphics2D g2 = (Graphics2D) g;
16
17     g2.draw(new                                     //画线
18        Line2D.Double(5,5,5+Width,5+Height));
19
20     g2.draw(new                                     //画矩形
```

```
21          Rectangle2D.Double(5,10+Height,Width,Height));
22
23      g2.draw(new                    //画圆角矩形
24          RoundRectangle2D.Double(5,15+2*Height,Width,Height,20,30));
25
26      g2.draw(new                    //画椭圆
27          Ellipse2D.Double(5,20+3*Height,Width,Height));
28    }
29
30    public static void main(String[] args) {
31      JFrame f = new JFrame("几何图案");
32      f.getContentPane().add(new SimpleShape());
33      f.setDefaultCloseOperation(JFrame.EXIT_ON_CLOSE);
34      f.setSize(640,480);
35      f.setVisible(true);
36    }
37  }
```

本例效果如图 18.19 所示。

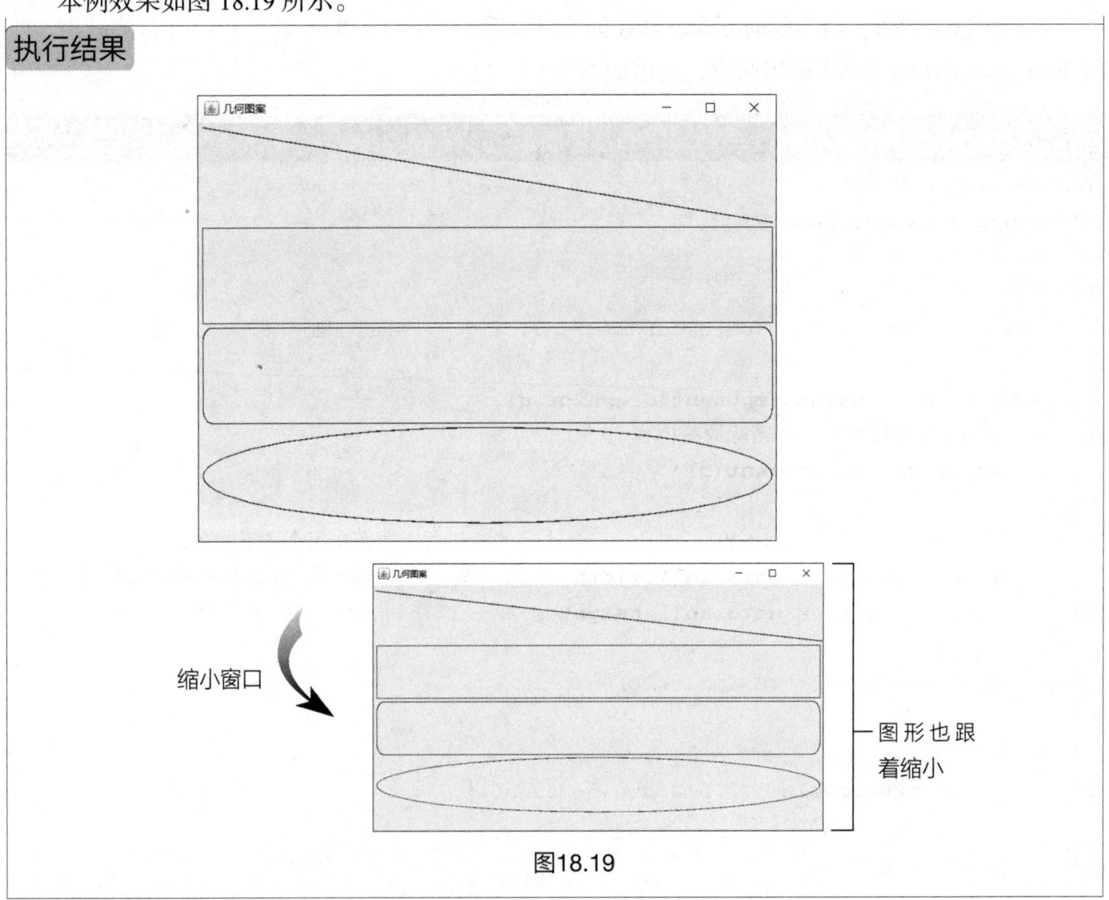

图18.19

◎ 第 2 行导入 java.awt.geom.*，因 Java 2D 图形类均属于此包。

◎ 第 7～28 为重新改写的 paintComponent() 方法。

◎ 第 9 行调用上层对象的 paintComponent() 方法，让上层对象刷新。若不做此操作，则调整窗口大小时，不一定会刷新整个窗口，如此可能使窗口内留有先前所画的图形。

◎ 第 12、13 行调用 getSize() 方法获取面板的大小。

◎ 第 17～27 行为绘制 4 种基本图形的代码。

TIP 如果想画出不同样式、粗细的图案线条，可用 BasicStroke 类创建画笔对象，再调用 Graphics2D 的 setStroke() 方法将之设为目前画笔，详细用法请参见 JDK 文件。

2. 设置图案颜色

若要设置颜色，应先创建颜色对象，再指定 Graphics2D 使用此颜色对象，接下来绘制的图案就会使用此颜色了。要创建颜色对象最简单的方式是直接访问 Color 类所定义的 static 库存颜色，这在前面的 ChangeColor.java 范例中已使用过了，如表 18.3 所示。

表18.3

类定义	颜　色	类定义	颜　色
Color.black Color.BLACK	黑色	Color.green Color.GREEN	绿色
Color.blue Color.BLUE	蓝色	Color.red Color.RED	红色
Color.cyan Color.CYAN	青色	Color.white Color.WHITE	白色
Color.gray Color.GRAY	灰色	Color.yellow Color.YELLOW	黄色

Color 类中定义的颜色只有 13 种，若想使用其他的颜色就必须以红（r）、绿（g）、蓝（b）三原色来调用 Color 类的构造方法，创建自定义的颜色对象。

```
Color(float r, float g, float b)        //浮点数数值范围为 0.0～1.0
Color(int r, int g, int b)              //整数数值范围为 0～255
```

这种颜色组合法和电视、计算机屏幕产生彩色的原理一样，将红、绿、蓝三原色的电子枪调整为不同的强度，组合出不同的颜色，例如：

```
Color(0,0,0)                            //Color.black
Color(0,0,255)                          //Color.blue
Color(255,255,0)                        //Color.yellow
Color(255,255,255)                      //Color.white
```

创建 Color 对象后，再以其为参数，调用 Graphics2D 的 setPaint()，接下来画的图案或线条就是使用此 Color 对象。如果想在封闭图案中填满颜色，例如画一个内部都是红色的矩形，则需改用 Graphics2D 的 fill() 取代 draw() 来绘制图形，例如：

```
g2.setPaint(Color.red);
g2.fill(new Rectangle2D.Double(5,5,10,20));   //画红色的矩形
```

但若要填入颜色渐变，则需使用 GradientPaint 类。其原理是指定 2 个点坐标，并指定 2 个点的颜色，此时 Graphics2D 就会自动将 2 点之间以渐变的方式涂满，建好 GradientPaint 对象后，同样调用 Graphics2D 的 setPaint()，接着以 fill() 画的图案，其内部就会填上指定的渐变颜色。

以上几个着色应用的范例如下（效果如图 18.20 所示）。

程序 ColorShape.java 绘制不同色彩的图形

```
01 import java.awt.*;
02 import java.awt.geom.*;
03 import javax.swing.*;
04
05 public class ColorShape extends JPanel {
06   public void paintComponent(Graphics g) {
07     super.paintComponent(g);
08     Graphics2D g2 = (Graphics2D) g;
09
10     //根据 MyPanel 的宽与高来调整图案大小
11     float Width  = getSize().width - 10;
12     float Height = getSize().height/3 - 10;
13
14     //画两条红色线
15     g2.setPaint(Color.red);
16     g2.draw(new Line2D.Float(5,5,5+Width,5+Height));
17     g2.draw(new Line2D.Float(5,5+Height,5+Width,5));
18
19     //画自定义颜色的矩形
20     g2.setPaint(new Color(97,210,214));
21     g2.fill(new Rectangle2D.Float(5,10+Height,Width,Height));
22
23     //画渐变椭圆
24     g2.setPaint(new GradientPaint (5,5,Color.white,
25                                    5+Width,5,Color.black));
26     g2.fill(new Ellipse2D.Float(5,20+2*Height,Width,Height));
27   }
28
29   public static void main(String[] args) {
```

```
30      JFrame f = new JFrame("色彩应用");
31      ColorShape p = new ColorShape();
32      p.setBackground(Color.white); //将背景设为白色
33      f.getContentPane().add(p);
34      f.setDefaultCloseOperation(JFrame.EXIT_ON_CLOSE);
35      f.setSize(640,480);
36      f.setVisible(true);
37    }
38 }
```

执行结果

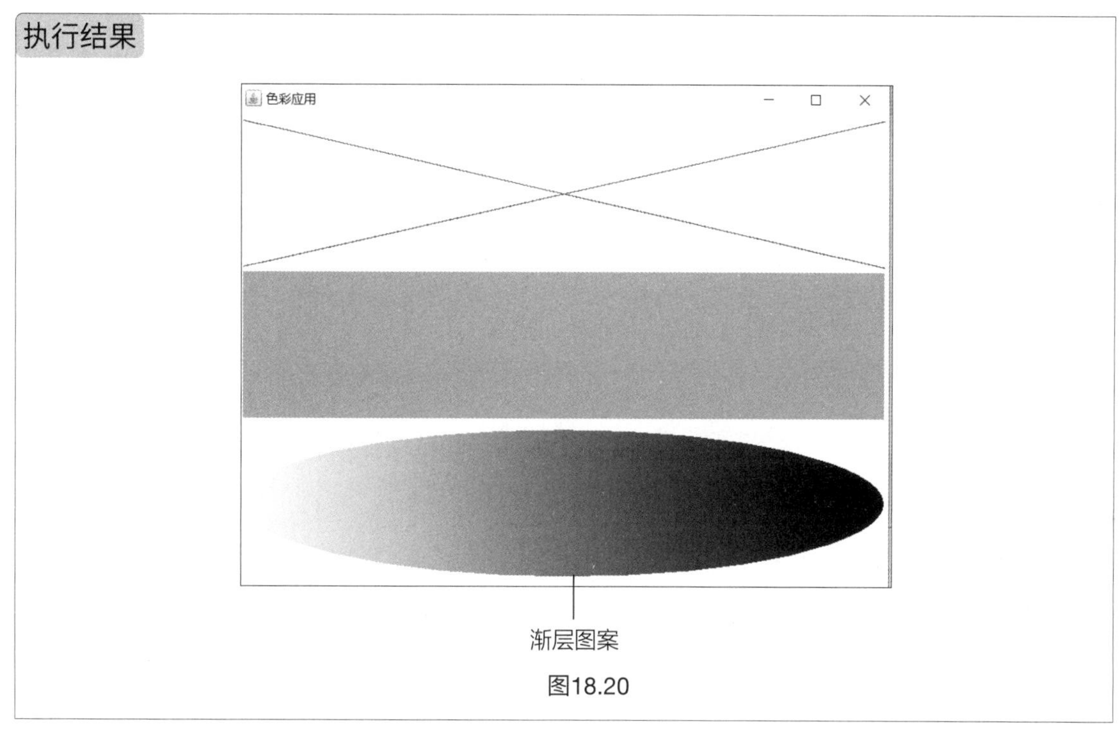

图18.20

◎ 第 15、20、24 行分别调用 Graphics2D 的 setPaint() 方法设置目前绘图所用的颜色或渐变样式。

◎ 第 20 行以自定义红、绿、蓝三色强度的方式创建 Color 对象。

◎ 第 32 行调用继承自 JComponent 的 setBackground() 方法将背景设为白色。

18.5.3 显示影像

要用 Graphics2D 显示图片，基本上需进行以下操作。

扫一扫，看视频

（1）获取图片。

（2）设置将图片显示到画面上时的缩放方式、比例。

（3）显示图片。

1. 获取图片

只是单纯获取图片时，并不需用到输入流，可直接使用 AWT 的 Toolkit 工具类对象，其 getImage() 可获取指定的图片内容，用法如下。

```
//调用 static 方法获取默认对象
Toolkit tk = Toolkit.getDefaultToolkit();

//获取文件名字符串所指的图片，可为 GIF、JPEG、PNG 格式
Image img = tk.getImage("影像文件名称");
```

2. 设置缩放比例

Java 2D API 中有一个特殊的 AffineTransform 类，可用来设置坐标系统转换的方式，因此可将图形和图片做放大 / 缩小、变形 / 扭曲等变化。由于调用 Graphics2D 显示图片的方法时，一定要指定 AffineTransform 对象为参数，所以我们简单看一下如何创建此对象。

只要直接调用 AffineTransform 的构造方法，就可创建一个 1：1（也就是不做转换）的 AffineTransform 对象。

```
AffineTransform at = new AffineTransform();
```

若要设置缩放，最简单的方式就是以 X、Y 轴的缩放比例为参数，调用 AffineTransform 的 scale() 方法。

```
at.scale(0.5,0.5); //缩小一半
```

3. 显示图片

Graphics2D 的 drawImage() 方法有多种形式，若想缩放图形可使用：

```
boolean drawImage(Image img,
                  AffineTransform xform,
                  ImageObserver obs)
```

前两个参数分别是先前载入的图片对象及 AffineTransform 转换对象，至于第 3 个参数则要说明一下 Java 的图片处理方式。

当调用 Toolkit 的 getImage() 获取图片时，程序并不会立即载入图片，而是在程序第 1 次调用 drawImage() 方法时，才“开始” 载入图片，此时 drawImage() 并不会等 Java 读完整个图片内容，而会先返回调用者。因此必须有一项机制，让 Java 载入整个图片后，通知绘制图片的组件。这个机制就是通过上列第 3 个参数达成，ImageObserver 接口就是用于此种异步载入图片时获取通知的接口，AWT 的 Component 类即有实现此接口，因此 AWT、Swing 所有容器、组件都可用

于这第 3 个参数，例如在 JPanel 中显示图片，即可用 JPanel 对象为第 3 个参数调用 drawImage() 方法。

下面就是一个简单的显示图片程序，执行此程序时需在程序名称后面加上要显示的图片文件名称，接着程序就会自动载入该图片，并显示于窗口中。此外，程序也会依目前窗口大小自动调整缩放的比例，如图 18.21 所示。

程序 ShowImage.java 显示图片

```
05 public class ShowImage extends JPanel {
06     Image img = null; //代表图片的对象
07
08     public ShowImage(String filename) {
09       img = getToolkit().getImage(filename);  //载入指定的图片
10     }
11
12   public void paintComponent(Graphics g) {
13     super.paintComponent(g);
14     Graphics2D g2 = (Graphics2D) g;
15
16     Dimension d = getSize();                //获取面板的大小
17
18     //创建坐标转换对象
19     AffineTransform at = new AffineTransform();
20
21     //依 Panel 的区域大小来调整显示比例
22     double sc = Math.min(d.width/(double)img.getWidth(null),
23                          d.height/(double)img.getHeight(null));
24     at.scale(sc,sc);
25
26     g2.drawImage(img, at, this);            //显示图片
27   }
28
29   public static void main(String[] args) {
30     try {
31       ShowImage dimg = new ShowImage(args[0]);
32
33       JFrame f = new JFrame(args[0]);
34       f.getContentPane().add(dimg);
35       f.setDefaultCloseOperation(JFrame.EXIT_ON_CLOSE);
36       f.setSize(640,480);
37       f.setVisible(true);
38     }
```

```
39      catch (Exception e) {
40        System.out.println("用法: java ShowImage <图片文件名称>");
41        System.exit(0);
42      }
43    }
44  }
```

执行结果
Cloud.jpg
Cloud.jpg
执行时需用命令行参数指定要载入的图片，例如“java ShowImage Cloud.jpg”，并确定 Cloud.jpg 图档与程序文件位于同一个文件夹。
图片会自动缩放
调整窗口大小

图18.21

◎ 第 9 行用 Toolkit 类的 getImage() 获取图片。此处是调用 JPanel 的 getToolkit() 来获取 Toolkit 对象（因目前类继承 JPanel 类，所以也继承到此方法）。

◎ 第 16 行获取 JPanel 的大小，以便计算缩放图片的比例。

◎ 第 19 行创建 AffineTransform 对象。

◎ 第 22、23 行则是以 img 对象调用 getWidth()、getHeight() 获取图片的宽与高，并用它们来除 JPanel 的宽与高，取其中较小者为缩放比例。并在第 24 行更改 AffineTransform 对象的缩放比。

◎ 第 29 ~ 43 行的 main() 中用 try...catch 检查用户是否有在执行程序时加上图片文件名称为参数，若抛出异常，即显示程序用法的信息。

若想让图片填满整个窗口，可作 X、Y 轴非等比例式的缩放，只需将上述程序中第 22 ~ 24 行计算缩放比的语句去掉，并将程序改为让 X、Y 轴各自依计算出的比例缩放即可。

```
at.scale(d.width/(double)img.getWidth(null),
        d.height/(double)img.getHeight(null));
```

18.6 综合演练

18.6.1 简易型三角函数计算器

我们将前一章所学的数学运算与本章的 Swing 组件结合，设计一个简单的三角函数计算器，如图 18.22 所示。

扫一扫，看视频

程序 TrigonoCalc.java 简易型三角函数计算器

```
01 import java.awt.*;
02 import java.awt.event.*;
03 import javax.swing.*;
04
05 public class TrigonoCalc extends KeyAdapter
06                         implements ActionListener {
07   JFrame f = new JFrame("计算三角函数");
08   JRadioButton deg = new JRadioButton("角度");
09   JRadioButton rad = new JRadioButton("弧度");
10   JTextField degree = new JTextField();
11   JTextField sintxt = new JTextField();
12   JTextField costxt = new JTextField();
13   JTextField tantxt = new JTextField();
14   JLabel sinlab =new JLabel("SIN()");
15   JLabel coslab =new JLabel("COS()");
16   JLabel tanlab =new JLabel("TAN()");
17   JButton go = new JButton("计算");
18   double convert = 180/Math.PI;           //一弧度等于 (180°/π)
19
20   public static void main(String[] args) {
21     TrigonoCalc tri = new TrigonoCalc();
22     tri.init();
23   }
24
25   public void init() {
26     Container contentPane = myframe.getContentPane();
27     JPanel p = new JPanel();
28     //将两个组件及 JPanel 加入 JFrame
29     contentPane.add(degree,"North");
30     contentPane.add(p,"Center");
31     contentPane.add(go,"South");
```

```
32
33      //将 JPanel 设置为使用 GridLayout (4 行、2 列)
34      p.setLayout(new GridLayout(4,2));
35      //将各组件加到 JPanel 中
36      p.add(deg);       p.add(rad);
37      p.add(sinlab);    p.add(sintxt);
38      p.add(coslab);    p.add(costxt);
39      p.add(tanlab);    p.add(tantxt);
40
41      //设置选择角度单位的快捷键
42      deg.setMnemonic(KeyEvent.VK_D);
43      rad.setMnemonic(KeyEvent.VK_R);
44
45      //将两个单选按钮设为一组
46      ButtonGroup group = new ButtonGroup();
47      group.add(deg);
48      group.add(rad);
49      deg.setSelected(true);     //将 deg 设为默认选取的项目
50
51      go.addActionListener(this);
52      degree.addKeyListener(this);
53
54      //单选按钮的选取事件的处理方法
55      deg.addItemListener(
56        new ItemListener() {
57          public void itemStateChanged(ItemEvent e) {
58            if (e.getStateChange() == ItemEvent.SELECTED)
59              convert = 180/Math.PI;
60            else
61              convert = 1;
62          }
63        }
64      );
65
66      f.setDefaultCloseOperation(JFrame.EXIT_ON_CLOSE);
67      f.setSize(250,200);
68      f.setVisible(true);
69    }
70
71    public void actionPerformed(ActionEvent e) {
72      calc();
73    }
```

```
74
75    //在输入区按 Enter 键也进行计算
76    public void keyPressed(KeyEvent e) {
77      if (e.getKeyCode() == KeyEvent.VK_ENTER) calc();
78    }
79
80    public void calc() {
81      try {
82        //获取输入区的字符串，转成浮点数后除以角度换算单位
83        double theta = Double.parseDouble(degree.getText())/convert;
84        //计算三角函数值，并将结果写到各文本框中
85        sintxt.setText(String.format("%.3f", Math.sin(theta)));
86        costxt.setText(String.format("%.3f", Math.cos(theta)));
87        tantxt.setText(String.format("%.3f", Math.tan(theta)));
88      } catch (NumberFormatException e) {
89        degree.setText("");    //发生异常时清除输入区内容
90      }
91    }
92 }
```

执行结果

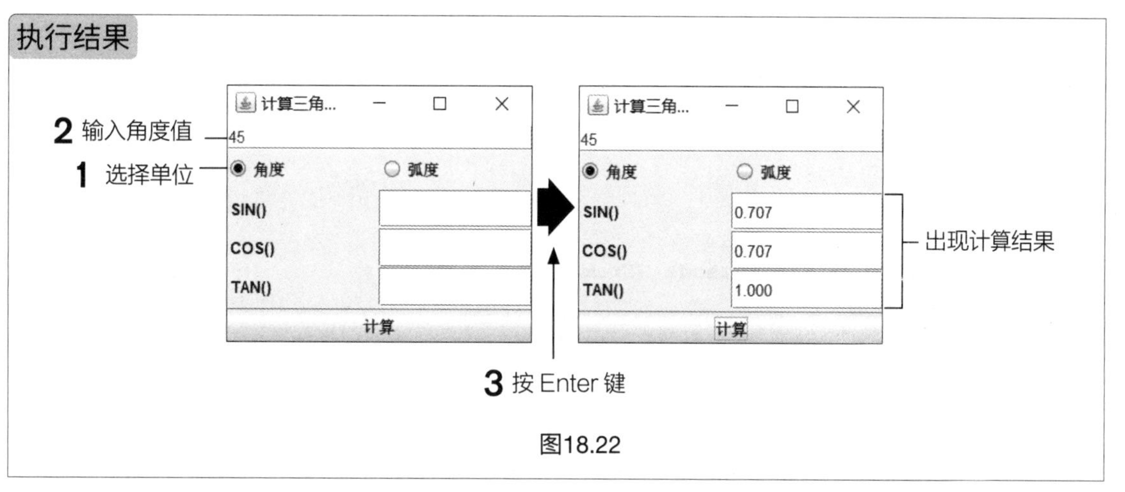

图18.22

◎ 第 5、6 行将 TrigonoCalc 类声明为 KeyAdapter 的子类并实现 ActionListener 接口。

◎ 第 7 ~ 17 行创建 Swing 容器及组件成员。第 18 行的 convert 变量是用来将角度换算成弧度的常量。

◎ 第 34 行将 JPanel 设为使用 GridLayout 布局管理器，并指定为 4 行 2 列。接着在第 36 ~ 39 行用 JPanel 对象调用 add() 方法将 8 个组件依次加入其中。

◎ 第 42 ~ 43 行的 setMnemonic() 方法是用来设置单选按钮的快捷键，让用户按 Alt 及指定按键，即可选择该单选按钮。KeyEvent.VK_D、KeyEvent.VK_R 都是 KeyEvent 类的 static 成员，分别代表按键 D、R。

◎ 第 46 ~ 48 行用 ButtonGroup 类将 deg、rad 这两个单选按钮设为一组。第 49 行则是用

setSelected() 方法将 deg 设为默认选取的项目。

◎ 第 51、52 行将按钮事件及输入区的按键事件监听者都设为 this 对象。

◎ 第 57 ~ 62 行为 deg 单选按钮的选取事件处理方法，当用户选取 deg 项目时，就将 convert 变量设为（180°/π）；若 deg 变成未被选取时（表示用户选择了 rad），就将 convert 设为 1。

◎ 第 71 ~ 73 行为按键事件处理方法，用户单击按钮时，即调用 calc() 方法进行计算。第 76 ~ 78 行的文本输入区的按键事件处理方法也是在按下 Enter 键时，调用 calc() 方法。

◎ 第 80 ~ 91 行的 calc() 方法会计算三角函数值，并将结果显示到窗口中。在第 85 ~ 87 行使用 String 类的 format() 方法，以格式化字符串的方式，控制输出的数字只显示到小数点后 3 位。

18.6.2 简易文本编辑器

扫一扫，看视频

本章实际介绍的 Swing 组件虽然不是很多，但各组件的基本用法都相同，只是彼此的属性及功能不同，所以要举一反三将其他组件应用在程序中也不难。

下面我们就应用几个 Swing 组件（JMenuBar、JTextArea、JScrollPane），结合第 16 章学过的字符流，创建一个可打开及存储文件的简易型文本编辑器（见图 18.23），您会发现，利用 Java 所提供的类可轻松完成功能强大的应用程序。

程序 MyEditor.java 文本编辑器

```
01 import java.awt.*;
02 import java.awt.event.*;
03 import javax.swing.*;
04 import java.io.*;
05
06 public class MyEditor extends JFrame {
07   JTextArea txt;                                          //文字编辑区对象
08   JFileChooser file = new JFileChooser(".");              //文件选择对话框对象
09
10   public static void main(String[] args) {
11     MyEditor f = new MyEditor();
12     f.setDefaultCloseOperation(JFrame.EXIT_ON_CLOSE);
13     f.setSize(240,240);
14     f.setVisible(true);
15   }
16
17   public MyEditor() {                                     //构造方法
18     txt = new JTextArea(80,80);
19     JScrollPane p = new JScrollPane(txt);
20
21     Container contentPane = getContentPane();
22     contentPane.add(buildMenu(),"North");
```

```
23      contentPane.add(p,"Center");
24    }
25
26    //创建菜单内容的方法
27    public JMenuBar buildMenu() {
28      JMenuBar mbar = new JMenuBar();          //创建菜单栏
29      JMenu menu = new JMenu("文件(F)");
30      menu.setMnemonic(KeyEvent.VK_F);
31      mbar.add(menu);
32
33      //设置文件菜单的项目
34      // "打开文件"
35      JMenuItem item = new JMenuItem("打开 (O)", KeyEvent.VK_O);
36      item.addActionListener(new ActionListener() {
37        public void actionPerformed(ActionEvent e) {
38          readfile();
39        }
40      });
41      menu.add(item);                          //将项目加到菜单中
42
43      // "保存文件"
44      item = new JMenuItem("保存 (S)", KeyEvent.VK_S);
45      item.addActionListener( new ActionListener() {
46        public void actionPerformed(ActionEvent e) {
47          writefile();
48        }
49      });
50      menu.add(item);                          //将项目加到菜单中
51
52      // "退出程序"
53      item = new JMenuItem("退出(X)", KeyEvent.VK_X);
54      item.addActionListener(new ActionListener() {
55        public void actionPerformed(ActionEvent e) {
56          System.exit(0);
57        }
58      });
59      menu.add(item);                          //将项目加到菜单中
60
61      return mbar;
62    }
63
64    public void readfile() {
65      int state = file.showOpenDialog(this);  //显示打开文件对话框
66      if (state == JFileChooser.APPROVE_OPTION) {
67        File f = file.getSelectedFile();
68        try {
```

```
69          //读取文件
70          txt.read(new FileReader(f), "");
71        } catch (IOException e) {
72          System.out.println(e);
73        }
74        setTitle(f.getName());                          //将窗口标题设为文件名称
75      }
76    }
77
78    public void writefile() {
79      int state = file.showSaveDialog(this);          //显示存储文件对话框
80      if (state == JFileChooser.APPROVE_OPTION) {
81        File f = file.getSelectedFile();
82        try {
83           //写入文件
84           txt.write(new FileWriter(f));
85        } catch (IOException ie) {
86          System.out.println(ie);
87        }
88      }
89    }
90  }
```

执行结果

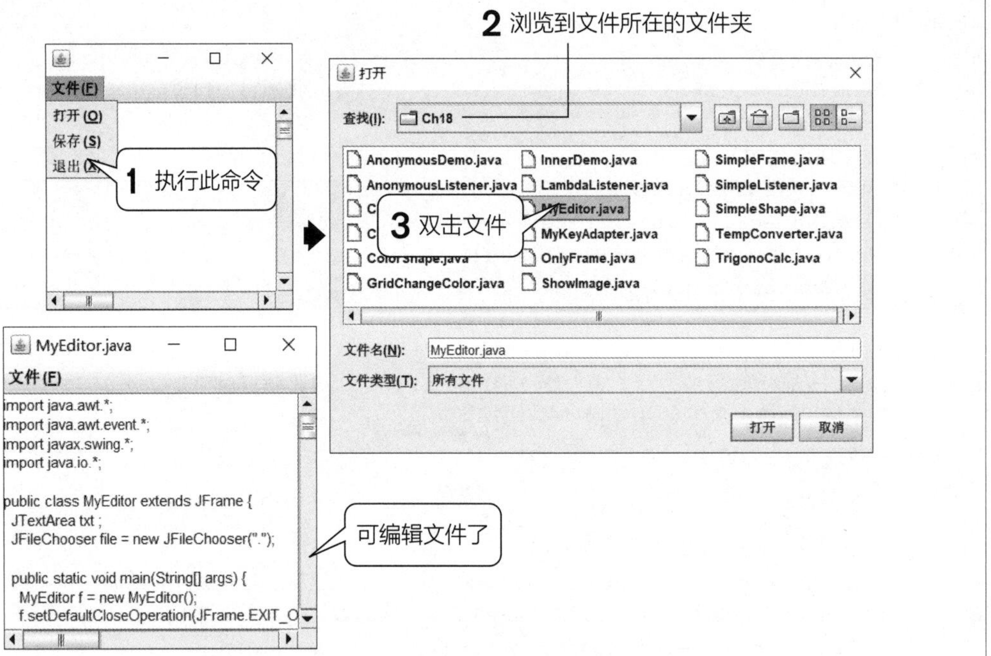

图18.23

◎ 第 6 ~ 8 行将程序的 MyEditor 类声明为 JFrame 的子类，并包含 JTextArea（编辑区）、JFileChooser（文件选择对话框）等两个成员。

◎ 第 17 ~ 24 行为 MyEditor 构造方法，程序将文字编辑区加到 JScrollPane，再将 JScrollPane 对象加入窗口，如此文字编辑区就会自动具有滚动的功能。此外在第 22 行加入的则是自定义的 buildMenu() 返回的 JMenuBar 对象（菜单栏）。

◎ 第 27 ~ 62 行的 buildMenu() 的用途是创建此程序的菜单栏。虽然此方法稍长，但其内容很简单，主要是执行以下操作。

- 先创建此方法要返回的 JMenuBar 对象。
- 将“文件” 菜单加到 JMenuBar 对象。
- 将三个菜单项目（JMenuItem 对象）加到“文件” 菜单。由于 JMenuItem 是 AbstractButton 的子类，所以用户选择菜单项目时也是产生按钮事件，程序中同时以匿名类的方式加入三个按钮事件的处理方法。

◎ 第 64 ~ 76 行的 readfile() 会在用户选择打开文件时用 JFileChooser 对象调用 showOpenDialog() 显示“打开文件” 对话框，参数 this 表示对话框的父窗口是 MyEditor。第 66 行检查用户是否有选择文件，有就创建 FileReader 流对象，并调用 JTextArea 的 read() 来读取文件。

◎ 第 78 ~ 89 行的 writefile() 内容和 readfile() 类似，只是读取的操作换成写入的操作。

虽然程序里有用到本章未曾介绍的组件，但只要学会基本组件的用法，再使用这些新组件都很容易上手。例如本范例中设置菜单项目时，利用了 KeyEvent.XXX 常量来设置快捷键，也使用了匿名类来设置菜单项目被选取时的处理方法。

想设计功能更强、变化更多的 GUI、2D 绘图应用程序，只要以本章为基础，再查询 Java SDK API 组件，即可活用这些功能强大的 Swing、Java 2D 类。

课 后 练 习

※ 选择题可能单选或多选

1．Java中有关GUI组件的类都是放在______及______包中。

2．(　　)下列哪个选项不属于 Swing 类？

(a) JFrame　　(b) BoxLayout　　(c) JPanel　　(d) JButton

3．(　　)下列关于匿名类的描述哪个是错误的？

(a) 匿名类的定义是放在另一个类中

(b) 定义匿名类后，可在程序任何位置创建匿名类对象

(c) 匿名类可以访问外部类的私有成员

(d) 匿名类也是 Inner Class 的一种

4．(　　)要设计 OX 井字游戏的界面，使用 AWT 中哪一种布局最适当？

(a) FlowLayout　　(b) BorderLayout

(c) GameLayout　　(d) GridLayout

5.（　　）下列哪种布局会因窗口大小改变使组件相对位置改变?

（a）FlowLayout　（b）BorderLayout

（c）GridLayout　（d）CardLayout

6.（　　）以下关于事件的叙述哪个是错误的?

（a）每个组件都要使用自己的事件处理方法

（b）可用内部类或匿名类来设计监听程序

（c）要处理按钮事件，需实现 ActionListener 接口

（d）XXXAdapter 类实现对应的 XXXListener 接口

7.（　　）下列关于 Adapter 类的描述哪个是正确的?

（a）Adapter 类是匿名类

（b）Adapter 类都属于 Swing 包

（c）继承 Adapter 类时，需改写该类的所有事件处理方法

（d）有些事件没有对应的 Adapter 类

8. 以下程序片段所画的是______色线条及______色的矩形。

```
public void paintComponent(Graphics g) {
  super.paintComponent(g);
  Graphics2D g2 = (Graphics2D) g;

  g2.draw(new Line2D.Float(0,0,100,100));

  g2.setPaint(new Color(255,0,0));
  g2.fill(new Rectangle2D.Float(50,50,50,50));
  ...
}
```

9.（　　）以下关于 Graphics2D 的叙述哪个是错误的?

（a）Graphics2D 是 Graphics 的派生类

（b）Graphics2D 属于 javax.swing 包

（c）Graphics2D 提供多种几何图形的绘制方法

（d）显示 GUI 时，不必用到 Graphics2D

10. 请问下列程序有何问题?

```
import java.awt.event.*;
import javax.swing.*;

public class EX18_10 extends JFrame {
  public static void main(String[] args) {
    EX18_10 f = new EX18_10();
    f.setDefaultCloseOperation(JFrame.EXIT_ON_CLOSE);
    f.setSize(240,240);
```

```
    f.setVisible(true);
  }

  public EX18_10() {
    JButton hello = new JButton("Hello");
    getContentPane().add(hello);
    hello.addActionListener(this);
  }

  public void actionPerformed(ActionEvent e) {
    setTitle("Hello World");
  }
}
```


程序练习

1. 请用 Swing 设计一个重量单位转换程序,用户可输入千克数或磅数,程序会转换为另一种单位的值。
2. 请用 Swing 设计一个猜数字游戏,玩者猜未知数比 7 大或比 7 小,正确即可进入下一关。
3. 请替第 17 章的 EasyDict.java 范例程序设计一个简单的 GUI 界面,用户输入要查询的英文单词,程序即显示中文解释。
4. 请试改写 18.6.1 小节中的 TrigonoCalc.java,让选择角度 / 弧度的操作改成从菜单中选择。(提示:要设计有选取状态的菜单项目,可使用 JMenuItem 的子类 JCheckBoxMenuItem,用法请参考 Java SDK 文件。)
5. 请用 Swing 设计一个简单的计算机程序,可做基本的四则运算。
6. Swing 中有一个和 FileChooser 类似的 ColorChooser 类,可让用户选择任意的颜色。请参考 Java SDK 文件的 ColorChooser 类及方法说明,设计一个可让用户选择任意颜色的程序。
7. 接上题,让程序以用户选择的颜色来画出矩形。
8. 接上题,让用户也可指定画图形时的画笔宽度(粗细)。
9. 请修改 18.5.3 小节中的 ShowImage.java,将它改为按原尺寸显示图片,但图片尺寸超过窗口大小时,可用滚动条滚动图片内容。
10. 接上题,将程序加上具有放大、缩小图片的功能,用户只要按"+""-"键即可让图片放大一倍或缩小一半显示。